각 국가들의 육군교범을 읽다

각 국가들의 육군교범을 읽다

초판발행일 | 2021년 11월 11일

지은이 | 타무라 나오야(田村 尚也)
옮긴이 | 장형익
펴낸곳 | 도서출판 황금알
펴낸이 | 金永馥

주간 | 김영탁
편집실장 | 조경숙
인쇄제작 | 칼라박스
주소 | 03088 서울시 종로구 이화장2길 29-3, 104호(동숭동)
전화 | 02) 2275-9171
팩스 | 02) 2275-9172
이메일 | tibet21@hanmail.net
홈페이지 | http://goldegg21.com
출판등록 | 2003년 03월 26일 (제300-2003- 230호)

©2021 장형익 & Gold Egg Publishing Company. Printed in Korea

값은 뒤표지에 있습니다.

ISBN 979-11-6815-004-1-93390

제2차 세계대전 직전

각 국가들의 육군교범을 읽다

— 독일, 프랑스, 소련, 일본 전술교범 비교 —

타무라 나오야(田村 尚也) 지음

장형익 옮김

황금알

차 례

추천서

제2차 세계대전 발발 직후 E.H. 카는 『위기의 20년』을 출간했는데, 막 전쟁이 시작된 중요한 시기에 영국정부와 국민에게 찬물을 끼얹는 말을 했다. "어리석음 혹은 사악함 때문에 사람들이 올바른 원리를 적용하지 못한 것이 아니다. 원리 그 자체가 틀렸거나 적용이 불가능했던 것이다."라고 일갈했다.

역사가의 역할은 과거의 사건을 정확히 포착하여 보여줌으로써, 미래를 창조하는데 도움을 주는 것이라 말하고 있다. 만주사변 후 유엔은 '리튼조사보고서'를 통해 일본에게 선택의 길을 물었지만, 일본은 국제연맹에서 탈퇴하며 전쟁으로 들어섰다. 태평양전쟁 직전인 1941년 미일교섭 때도 미국은 일본에게 세계의 길을 제시하였지만, 일본이 내놓은 답은 전쟁이었다.

국민의 생명과 재산을 동원해야 하는 정부입장에서는 전쟁의 명분과 동원에 대한 이유가 분명하고, 논리 정연하게 국민을 설득시켜야 한다. 아무리 군주제 국가라 해도 국민을 동원하여 전쟁터에서 생명을 바치게 하기 위한 설득은 쉬운 문제가 아니다. 일본은 청일전쟁 이후 10년 주기로 국민을 설득하고 큰 전쟁을 통해 성장해 온 나라다.

제2차 세계대전까지 세계의 강대국이었던 러시아, 중국, 미국 등과 전쟁을 해본 나라는 일본뿐이었다. 메이지유신 이후 부국강병의 길을 모색하던 일본은 근대국가로의 변신과 근대적인 지역질서 구축을 추구했다. 그리고 비축되어온 힘으로 러시아를 상대로 승리했고 만주사변을 거쳐 중일전쟁 그리고 태평양전쟁으로 미국에 도전했다.

근대화 이후 일본육군은 독일군을 모델로, 해군은 영국군을 모델로 군사력을 양성해왔다. 왜 일본이 패망하였는가? 라는 질문에 혹자는 해군과 육군의 주도권 다툼과 전략경쟁 그리고 과도한 정신주의 강조, 백병전주의 때문이었다고 폄하하는 견해가 있다.

그러나 일본은 일본군이 패전한 전쟁사를 돌아보면서 교훈을 도출하고 있다. 왜 졌는지, 무엇이 문제였는지를 계속 반문하며 방위대에서 가르치고 있다. 일본이 패배하게 된 바탕에는 만주에서 대륙으로 진출하는 과정에서 미군과 남방에서 전투를 하였고, 종전 직전에 소련군의 기습공격에 압도당해 관동군이 무너져버린 사실이 있다. 일본육군으로서는 이렇게 패배로 내몰린 상황에 대하여 억울하다는 느낌을 지울 수 없을 것이다.

2015년 일본은 안보법제가 통과되면서 전후 일본 사회의 근간을 이루었던, 전쟁포기와 평화헌법에 기초한 평화주의가 흔들리는 상황에 놓였다. 언제 어떤 일이 일어날지 예측 불가능한 미래에 대한 위기의식을 토로하는 분위기가 일었다. 그런 분위기가 있기 전부터 일본 자위대 장교들은 벤교카이(勉強會)를 통해 군사학을 연구하는 단체가 많았다. 또한 전국적으로 수백 개가 넘는 연구모임을 통해 안보와 군사학을 연구하는 분위기가 팽배했다.

일본은 자위대는 군으로 거듭나기 위하여, 그리고 전쟁할 수 있는 보통국가가 되기 위하여 노력하고 있다. 이는 이론과 교리 그리고 사상이 뒷받침되지 않으면 사상누각이 될 가능성이 크다. 우리가 과거를 되돌아보고 역사를 공부하는 것은 대개 교훈을 얻고자 하는 것이다. 이는 단순히 과거를 기억하기 위한 것이 아니라 미래에 대비하기 위한 것이다.

군사교리와 군사사상과 군사이론은 논리적 동일체이다. 이 책은 세계 4대국 육군이 군사교육과 전투수행을 위하여, 제2차 세계대전 발발 직전에 발간한 교범을 통해, 그 나라의 전투수행 방안이 무엇을 강조하고 어떻게 전투를 했는지, 그리고 그 결과가 어떻게 나타났는지를 사례를 들어 분석한 역작이다.

독일군의 『부대지휘교범』, 소련군의 『적군야외교령』, 프랑스군의 『대단위부대 전술적 용법 교령』, 일본군의 『작전요무령』을 비교 분석하여, 구성·목차·내용의 비교는 물론 어떤 개념으로 항목을 강조하고 있는

지 교전 이상의 부대 운용을 분석하고 있다. 각국의 군사사상의 뿌리에서 시작하여 행군, 수색, 공격, 방어를 논하고 있고, 각국 교범의 평가를 비교 분석하고 있다. 행군과 수색은 프랑스군을 먼저 설명하고, 공격과 방어는 독일군을 선도군으로 논리를 전개하는데 일견 수긍이 되고 타당하다. 제1차 세계대전에서 각국이 추구하였던 교훈을 어떻게 교범에 반영했는지 그 근원을 밝히고 있다.

우리는 흔히 일본이 히로시마와 나가사키에 원자탄이 투하되어 제2차 세계대전이 끝났다고 알고 있지만, 일본은 오히려 소련군의 전격기습으로 일본이 분단될 위기에 처하자 항복했다. 1930년대에 군사력으로 세계를 선도하고 있던 프랑스, 독일, 소련과 일본의 교범을 비교하여, 어떻게 전투를 강조하고 수행하고자 했는지를 비교 분석하는 특이한 텍스트이다.

교리를 비교 분석한 책은 그렇게 많지 않다. 프랑스와 독일 그리고 소련군과 일본군이 전투한 사례와 일본과 미군이 겨루었던 전쟁에서 패할 수밖에 없었는지 비교를 한 후, 저자의 해설을 덧붙여 설명하는 고전 문학의 입문서 형식을 빌려서 전개한다. 일본이 주적으로 삼은 소련군에게 왜 졌는지에 대한 뼈아픈 반성을 통해, 절치부심으로 교리를 분석한 노력이 돋보이는 책이다.

솔직히 이런 책을 낼 수 있는 일본 국민과 자위대의 저력이 부럽다. 우리는 일본이 우리에게 행하였던 과거사에 얽매여 분노로 일본을 배척하는데, 친일파라는 말은 다른 어떤 용어보다 꺼리는 말이다. 그러나 일본은 과거를 정확하게 분석하여 미래에 대비하는 자세를 보면, 참 대단한 국가라는 생각이 든다. 그러므로 일본에게 배울 건 배워야 한다.

이 책을 번역한 장형익 중령은 일본 방위대학교와 지휘참모대학 막료과정을 수료한 엘리트 장교로서, 각국 육군의 교범을 비교 분석하는 책자를 번역하여 발간했다. 독파가 쉽지 않은 어려운 책을 번역한 그의 노고에 경의를 표하며 독자들의 일독을 권한다.

한국전략문제연구소 부소장 예)준장 주은식

서장

육군의 교리와 교범

　1939년 9월 1일, 제2차 세계대전이 발발하자 독일군은 기갑사단의 빠른 기동력과 항공부대의 근접항공지원을 조합한 '전격전(Blitzkrieg)'을 이용하여 폴란드와 프랑스를 단기간에 굴복시켰고, 각 국가의 군사 관계자에게 큰 충격을 주었다. 그러나 독일군의 '전격전'이 전장에서 그 위력을 증명하기 이전에 주요국의 육군들은 어떠한 전술로 다음 전쟁에 임하고자 하였을까?

　통상적으로 군은 군사작전의 지침이 되는 기본적인 사상과 원칙을 정리하여 '교리'를 작성하고, 이러한 교리에 따라서 각종 교범을 편찬한다. 따라서 당시의 교범을 살펴보면 그 국가의 군사교리를 알 수 있다. 한편, 교리는 작전 교리, 전술 교리, 전투 교리 등으로 세분화할 수 있으나, 군사작전의 기본단위가 되는 사단~야전군 수준의 부대 운용에 관한 교범을 연구한다면 전술 교리를 보다 구체적으로 이해할 수 있다. 이 책에서는 주요 국가들의 육군에서 편찬되었던 사단~야전군에 관한 교범을 살펴봄으로써 어떠한 전술을 가지고 다음 전쟁에 임하고자 하였는지를 밝히고자 한다.

　여기서 중요한 것은 '어느 국가의 교범을 살펴볼 것인가'이다. 예로부터 독일과 프랑스는 대표적인 육군 국가였을 뿐만 아니라, 군사학 분야에서도 오랫동안 세계를 이끌어 가는 지위에 있었다. 또한, 소비에트 연방도 독일 · 프랑스와 어깨를 나란히 하는 육군 국가였고, 특히 1918년에 창설된 붉은군대(노농적군, 勞農赤軍)는 독자적인 군사이론을 빠르게 심화시켜 나갔다. 한편, 강대국이었지만 해양국가였던 영국과 상비군 전통이 없었던 미국은 지상전에 관한 군사사상에 있어서 부족한 측면이 있었다.

이에 따라 이 책에서는 독일, 프랑스, 소련, 그리고 일본을 포함한 4개 국가의 육군을 대상으로 제2차 세계대전 직전에 편찬된 사단~야전군의 부대운용에 관한 교범을 살펴보고자 한다. 구체적으로 독일군의 『군대지휘』(1936년), 프랑스군의 『대단위부대 전술적 용법 교령』(1936년), 소련군의 『적군야외교령』(1936년), 일본군의 『작전요무령』(1938년)이다. 『작전요무령』 이외의 교범은 일본 육군대학교 장교집회소(陸軍大学校将校集会所) 또는 카이코우샤(偕行社)[1]에서 번역했던 자료를 이용하였다. 이는 체계적인 군사교육을 받은 우수한 장교들이 각 국가에서 유학했던 경험을 바탕으로 번역한 결과물이었다.

교범 제정의 시대 배경

각 교범의 세부 내용을 설명하기에 앞서 교범이 제정될 당시의 시대 배경에 대해서 먼저 살펴보겠다.

제1차 세계대전(1914.7.28~1918.11.11) 이후, 독일군은 보병, 포병, 기병, 공병 등 각 병과의 부대들을 조합한 '제병과 협동부대'인 사단~

---

1) 역자 주〉 패전 이전 일본 육군 장교의 친목 및 학술연구 단체였고, 현재에도 자위대 출신 장교들의 친목 및 학술연구 단체로 운영되고 있다.

야전군을 대상으로 지휘와 전투의 원칙을 정리하여 『연합 병과의 지휘 및 전투』를 1921년에 반포하였고, 그 후속편을 1923년에 발간하였다. 이 교범은 당시 병무청장이었던 한스 폰 젝트(Hans von Seeckt, 1866년 ~1936년)의 이름으로 발간되어 『젝트 교범』으로 알려졌다. 한편, 프랑스군도 이에 대항하듯이 1922년에 사단~야전군을 중심으로 전술의 원칙을 정리하여 『대부대 전술적 용법 교령 초안』[2]을 반포하였다. 이 교범은 '초안'이라고 되어 있지만, 사실상 완성본에 준하는 취급을 받았다. 참고로 이보다 먼저 프랑스군은 새로운 『보병조전 초안』을 1920년에 작성하였고, 이에 대항하듯이 독일군도 새로운 『보병조전』을 1922년에 편찬하였다. 여기서 '조전(操典)'이란, 영어로 'Drill Regulation'이며 '훈련규정'을 의미한다. 이처럼 독일군과 프랑스군은 제1차 세계대전 종결 직후부터 육군의 주력인 보병의 훈련규정과 사단~야전군 수준의 전술교범을 차례로 개정해왔던 것이었다.

제1차 세계대전 개전 당시에는 독일군과 프랑스군 모두 전쟁 이전에 편찬되었던 훈련규정과 전술교범을 적용하고 있었으나, 전쟁의 경과에 따라 각종 전투의 교훈을 반영하여 각종 교령을 수시로 제정함으로써 교범의 내용을 추가하거나 보완하였다. 그리고 제1차 세계대전이 종결되자 전쟁 중에 제정했던 많은 교령들을 정리하였고, 동시에 전쟁 중에 있었던 전투 양상을 본격적으로 분석하여 전훈(戰訓)을 염출하였다. 이러한 내용들을 반영하여 훈련규정과 전술교범을 편찬하는 작업에는 많은 시간이 필요했다.

---

2) 프랑스군 『대단위부대 전술적 용법 교령』에서는 '대단위부대'를 '동일 지휘관 예하에 각 병과 중에서 전투에 필요한 부대들을 건제 상으로 편성한 부대의 집합'이라고 정의하고 있다. 일반적으로 '배속'은 일시적인 소속을 의미하며, 영속적인 소속을 의미하는 '예속', '건제'와는 구별하여 사용한다.

한편, 1918년에 창설된 붉은군대는 혁명 직후부터 시작된 내전과 소련·폴란드 전쟁, 혁명간섭 전쟁 등이 어느 정도 마무리된 이후부터 사단과 군단을 중심으로 '전술원칙'을 정리하여 『적군야외교령』을 1925년에 제정하였고, 이를 1929년에 개정하였다. 1933년에 히틀러가 정권을 잡은 독일에서는 제1차 세계대전의 강화조약인 '베르사유 조약'의 군비제한 조항에 대한 파기를 선언하고, 1935년부터 공공연하게 군비를 증강하기 시작하였다. 이어서 1936년에는 '베르사유 조약'에서 비무장지대로 규정하였던 독일 서부의 라인란트에 진주함과 동시에 코민테른[3]에 대항하는 '독·일 방공협정'을 체결하였다.

이렇게 전운이 감도는 상황 속에서 독일군은 『연합 병과의 지휘 및 전투』에 이어서 1933년에 새로운 전술교범인 『군대지휘』[4]를 제정하였고, 이를 1936년에 개정하였다. 또한, 프랑스군은 『대부대 전술적 용법 교령 초안』을 개정하여 『대단위부대 전술적 용법 교령』을 1936년에 반포하였다. 게다가 소련군도 1929년에 제정했던 『적군야외교령』을 폐지하고, 1936년에 새로운 『적군야외교령』의 시행을 명하였다. 이렇게 교범의 제정 및 개정이 1936년에 집중되었던 것은 단지 우연이 아니었다. 당시 유럽에서는 국제적 긴장감이 급속하게 고조되고 있었고, 주요 국가들이 전쟁의 발발을 강하게 의식하고 있었다는 것을 반영하고 있다.

일본군도 1936년에 『제국국방방침(帝國國防方針)』의 3차 개정을 실시하였다. 『제국국방방침(帝國國防方針)』은 국방전략의 상위 방침을 규정하고 있는 『국방방침(國防方針)』, 도입해야 하는 전력소요의 장기 목표를 규정하고 있는 『국방에 필요한 병력』, 상세한 작전 입안의 기초가 되

---

3) 세계혁명을 목표로 하는 국제조직인 공산주의 인터네셔널(Communist International)의 약자
4) 역자주〉 저자는 독일군 교범인 『Truppenführung』를 『군대지휘』로 번역하여 사용하고 있으나, 우리 군에서는 『부대지휘교범』으로 알려져 있다.

는 『제국군의 용병강령』이라는 세 부분으로 구성되어 있었다. 그리고 다음 해인 1937년부터는 극동 소련군에 대한 대항을 염두에 둔 「육군 군비 충실계획」, 즉 「1호 군비」의 정비가 시작되었다. 게다가 1938년에는 이러한 「1호 군비」를 통해서 개선될 장비와 편제를 반영한 사단을 기준으로 '전투의 원칙'과 '훈련의 방침'을 정리한 『작전요무령(作戰要務令)』을 제정하였다. 『작전요무령』은 내용이 중복되고 편찬 시기에 따라서 내용의 차이가 있었던 『진중요무령(陣中要務令)』과 『전투강요(戰鬪綱要)』를 통합하는 형태로 편찬되었다. 구체적으로 제1부는 기존의 『진중요무령』의 전투서열 및 부대 구분, 지휘 및 연락, 정보, 경계, 행군, 숙영, 통신에 관한 내용, 제2부는 기존의 『전투강요』의 내용, 제3부는 『진중요무령』의 나머지 내용, 제4부는 보안유지를 위해서 일반에는 공개할 수 없는 내용[5]으로 구성되어 있었다.

이러한 『작전요무령(作戰要務令)』은 단계적으로 편찬되었다. 1938년에는 제1부와 제2부가 완성되었고, 1940년에는 나머지 부분들이 완성되었다. 제4부는 소련과의 전투에서 예상되는 특수한 상황을 염두에 둔 것이었기 때문에, 일본군의 보편적인 전술이라고 하기 어려운 측면이 있어서 이 책에서는 다루지 않기로 한다.

---

5) 구체적으로는 특화점을 근간으로 치는 소련군 진지에 대한 공격방법, 소련 지역의 폭이 넓은 강에 대한 도하 방법, 독가스의 사용방법 등이다.

【칼럼 1】 젝트 교범

　제1차 세계대전 이후, 독일군은 『연합 병과의 지휘 및 전투』를 1921년에 반포하였고, 그 속편을 1923년에 반포하였다. 이 교범은 당시 병무청장이었던 폰 젝트 장군의 이름으로 반포되어 『젝트 교범』으로 알려졌다. 이 교범의 목차는 아래와 같다. 이를 『군대지휘』의 목차와 비교해보면, 『군대지휘』가 『젝트 교범』을 초안으로 삼고 있다는 것을 알 수 있다.

　이러한 『젝트 교범』의 서문에는 다음과 같은 문장이 있다.

**　각 병과, 그중에서도 특히 보병·포병의 협동작전에 관해서는 최소 부대의 협동일지라도 결정적인 가치를 두어야 한다.**

독일군 교범 편찬의 책임자였던 젝트 상급대장. 그는 바이마르 공화국 시기 독일 육군의 대표적인 인물이었다.

　다시 말해, '제병과 협동, 그중에서도 보병과 포병의 협동은 소규모의 제병과 협동부대일지라도 결정적인 가치가 있다'라고 기술하고 있다. 이러한 제병과 협동부대의 중요성은 제1차 세계대전의 전훈을 통해서 인식하게 되었고, 제2차 세계대전 이전에 독일군 『군대지휘』는 물론 소련군 『적군야외교령』과 일본군 『작전요무령』에서도 다루고 있을 정도로 일반적이었다.

　그리고 주요 국가들은 제병과 협동부대 중에서도 특히 보병부대와 전차부대를 함께 운용하기 위해서 '보병지원용 전차의 속도를 보병의 도보 속도에 맞출 것인지' '보병을 차량화 또는 기계화하여 전차의 신속한 속도에 맞출 것인지' 의견이 양분되어 있었다.

◆ 『연합 병과의 지휘 및 전투』 목차

제1장 지휘 및 그 수단
　제1절 전투서열 및 부대구분
　제2절 지휘

　제3절 통보 및 보고, 상황도
　제4절 상황판단, 결심
　제5절 명령

제1장 군사사상의 근간

전술교범의 구성

본격적으로 전술교범의 내용을 설명하기에 앞서 교범의 전반적인 구성을 먼저 살펴보겠다. 먼저, 독일군 『군대지휘』와 프랑스군 『대단위부대 전술적 용법 교령』의 목차를 비교하면, 구성방식과 각 장(章)의 제목이 완전히 다르다는 것을 알 수 있다. 예를 들어 『군대지휘』에서는 「공격」과 「방지(防支)」[6]를 각각 상위 항목인 '장(章)'으로 구성하고 있다. 이에 반해 『대단위부대 전술적 용법 교령』에서는 총론적인 「회전」을 시작으로 「야전군의 회전」, 「군단의 회전」, 「보병사단의 회전」, 그리고 「기병 대단위부대의 사용에 관한 총칙」과 「차량화 대단위부대의 사용에 관한 총칙」을 각각 상위 항목인 '편(篇)'[7]으로 구성하여 부대의 규모와 병과에 따라서 상세히 기술하고 있다. 이것만 보더라도 프랑스군과 독일군의

---

6) '방지(防支)'는 독일어 'Abwehr'를 번역한 것으로 일반적인 '방어(Verteidigung)'와는 다른 용어를 사용하고 있다. 이와 관련해서는 제5장에서 상세하게 설명하겠다.

7) 독일군 『군대지휘』의 '장(章)'에 해당함

군사사상이 크게 다르다는 것을 알 수 있다.

또한, 소련군 『적군야외교령』의 목차를 보면, 프랑스군 『대단위부대 전술적 용법 교령』 정도의 큰 차이는 아니지만, 독일군 『군대지휘』와는 어느 정도 차이가 있다는 것을 알 수 있다. 한 가지 사례를 들면, 『적군

독일군 『군대지휘』 목차

서장
제1장 전투서열과 부대편성
제2장 지휘
　통보, 보고, 상보(詳報), 상황도
　상황판단, 결심
　명령하달
　명령과 보고의 전달
　상급사령부 및 부대 간의 연락
　상급지휘관의 위치 및 사령부
제3장 수색
　수색기관, 수색에서의 협동
　수색 실시
　특수한 수단을 이용한 정보 입수
　간첩의 방지
제4장 경계
　휴식 간의 경계
　　－ 전초
　　－ 전투전초
　기동 간의 경계
　　－ 행군간의 경계
　　－ 전투 이전 전개를 활용한 경계
　엄폐
제5장 행군
제6장 공격
　공격실시
　　－ 제병과 협동의 기초

　　－ 공격준비배치
　　－ 공격 경과
　조우전
　진지공격
제7장 추격
제8장 방지(防支)
　방어
　지구저항
제9장 전투중지와 퇴각
　전투중지
　퇴각
제10장 지구전
제11장 특수한 종류의 전투
　야간 및 농무에서의 전투
　주민지역에서의 전투
　삼림전
　하천의 공방(攻防)
　산악전
　애로지역에서의 전투
　국경수비
　소전(小戰)
제12장 숙영
제13장 군기병(軍騎兵)
　임무
　운동과 전투의 특이사항

프랑스군 『대단위부대 전술적 용법 교령』 목차

『야외교령』은 다른 교범들과 달리 「후방근무」, 「야간행동」, 「정치작업」, 「동계행동」을 각각 독립된 상위 항목인 '장(章)'으로 구성하고 있어 소련군이 이것들을 중시했다는 것을 알 수 있다. 그중에서도 「정치작업」과 「동계행동」에 일부러 1개 장(章)을 할애하고 있는 것은 다른 국가와 크게 상이한 소련의 국가체제와 기상조건을 반영한 것이라고 볼 수 있으며, 이러한 요소들도 교범의 내용에 크게 영향을 준다는 것을 알 수 있다.

이처럼 목차의 구성방식을 비교하는 것만으로도 각 교범의 내용이 크게 다르다는 것을 명확히 알 수 있다.

한편, 독일군 『군대지휘』와 일본군 『작전요무령』의 목차를 비교하면, 전체적인 구성이 매우 유사하다는 것을 알 수 있다. 구체적으로 말하자

소련군 『적군야외교령』 목차

소련 국방인민위원 명령
제1장 강령
제2장 수색과 경계
　1. 수색
　2. 경계
　3. 대공방어
　4. 대화학방어
　5. 대전차방어
제3장 후방근무
　1. 후방 부대와 기관
　2. 보급근무
　3. 위생근무
　4. 인원의 보충
　5. 포로의 취급
　6. 수의근무
제4장 정치작업
제5장 전투지휘의 원칙
제6장 조우전
제7장 공격
　1. 행군 이후 시작하는 공격

　2. 대치상태에서 시작하는 공격
　3. 축성지역에 대한 공격
　4. 하천을 도하하여 실시하는 공격
제8장 방어
제9장 야간행동
제10장 동계행동
제11장 특수한 상황에서의 행동
　1. 산지에서의 행동
　2. 산림에서의 행동
　3. 사막에서의 행동
　4. 주민지역에서의 행동
　5. 함대와의 합동
제12장 부대이동
　1. 행군
　2. 행군 간의 경계
　3. 자동차 수송
제13장 숙영과 숙영간의 경계
　1. 숙영지 배치
　2. 전초

면, 『군대지휘』의 제1장 「전투서열과 부대편성」에 대응하는 것이 『작전요무령』의 제1부 제1편 「전투서열 및 부대편성」이다. 또한, 제2장 「지휘」에 대응하는 것은 제2편 「지휘 및 연락」, 제3장 「수색」에 대응하는 것은 제3편 「정보」의 제1장 「수색」과 제2장 「첩보」이다. 더욱이 제4장 「경계」와 제4편 「경계」, 제5장 「행군」과 제5편 「행군」처럼 제목을 포함하여 대부분이 동일하게 구성되어 있다. 앞서 설명했던 프랑스군 『대단위부대 전술적 용법 교령』과 비교하면, 일본군 『작전요무령』은 독일군 『군대지휘』와 매우 유사하다고 할 수 있다.

일본군 『작전요무령』 목차

강령
총칙
제1부
  제1편 전투서열 및 부대편성
  제2편 지휘 및 연락
    통칙
    제1장 명령
    제2장 보고 및 통보
    제3장 연락
      제1절 연락시설
      제2절 연락실시
    제4장 문서기술의 요칙
  제3편 정보
    통칙
    제1장 수색
      제1절 항공기부대, 기구(氣球)부대
      제2절 기병
        제1관 대규모 기병부대
        제2관 그 밖의 기병부대
      제3절 기계화 부대
      제4절 그 밖의 부대
      제5절 척후
    제2장 첩보
  제4편 경계
    요칙
    제1장 행군간의 경계

요칙
  제1절 전위(前衛)
  제2절 측위(側衛)
  제3절 후위(後衛)
  제4절 기병 및 기계화 부대의 경계
  제2장 주둔간의 경계
    요칙
    제1절 행군간의 경계와 주둔간의 경계의 상호 전환
    제2절 전초대대
    제3절 전초중대
    제4절 소초(小哨)
    제5절 보초(步哨)
    제6절 대공감시초
    제7절 척후, 순찰
    제8절 전초부대의 교대
    제9절 기병과 기계화부대의 경계
    제10절 비행장에서의 항공부대 경계
  제5편 행군
    통칙
    제1장 행군 편성
    제2장 행군의 실시
    제3장 교통정리
  제6편 숙영

교범 서두의 내용

다음은 각 교범의 서두에서 다루고 있는 내용을 비교하고자 한다. 왜냐하면 교범의 서두 내용은 그 교범에서 가장 중요시하는 사항이기 때문이다.

먼저 프랑스군『대단위부대 전술적 용법 교령』을 살펴보면, 제1편 「지휘 및 지휘의 계통」의 제1장 「지휘」는 제1관(款) 「지휘관과 그 책무」의 첫 항목에서 다음과 같이 규정하고 있다.

제1항 지휘관의 인격은 작전의 사상과 지휘에 있어서 가장 중대한 영향을 미친다. 판단, 의지, 성격, 책임감은 근본적인 특질이며, 대단위부대의 지휘관이 반드시 지녀야 하는 체력적, 지력적, 정신적, 기술적인 특성의 전반을 지배한다. 하지만 의무의 관념과 이성적인 군대 규율의 집행은 상관으로부터 부여된 임무에 따라 정해진 한계 내에 있어야 한다.

이처럼 프랑스군은 지휘관의 인격을 매우 중시하였다. 한편으로 지휘관에게 요구되는 의무와 군대 규율의 집행에는 한계가 있으며, 상관으로부터 부여된 임무의 범위 내로 한정되어야 한다고 기술하고 있다. 이러한 '의무'와 '군대 규율의 집행'에 대한 극단적인 사례로는 사수(死守) 명령에 대한 복종과 이를 위반하고 도주한 장병의 처형을 들 수 있다. 이러한 사항은 지휘관에게 무제한으로 허용되는 것이 아니라, 어디까지나 '상관으로부터 부여된 임무의 범위 내로 한정되어야 한다'라고 명확히 기술하고 있다.

이러한 내용을 교범에서 제일 먼저 제시하고 있는 이유는 제1차 세계대전 후반에 증가했던 병력 손실과 지휘관 능력에 대한 불신으로 인해서 프랑스군의 각 부대에서 명령 불복종과 반란이 빈발했던 역사적 사실을 배경으로 하고 있다. 이러한 혼란을 바로 잡을 수 있었던 것은 전쟁 중에 육군 총사령관으로 취임했던 필립 페탱(Philippe Pétain, 1856년~1951년) 원수의 뛰어난 인격 덕분이었다고 한다. 이에 프랑스군은 지휘관의 인격에 대한 중요성을 강조함과 동시에 '의무'와 '군대 규율의 집행'에는 한계가 있다고 밝히게 되었다.

이에 비해 독일군 『군대지휘』는 서두에서 다음과 같이 규정하고 있다.

제1항 전술은 하나의 '술(術)'이며, 과학을 기초로 하는 자유롭고 창조적인 행위이다. 인격은 전술에 있어서 최고의 요건이다.

흔히 교범에 규정된 '전술'은 정형적이고 교조적인 것으로 생각하기 쉬우나, 독일군은 '일종의 술(術, Art)이며, 자유롭고 창조적인 행위'라고 기술하고 있다. 제2차 세계대전 당시 독일군 지휘관은 전술적 유연성 측면에서 연합군 지휘관에 비해 높이 평가 받았다. 이러한 유연성은 교범의 서두에서 그 근원을 찾을 수 있다. 한편, 프랑스군에서 중시하였던 지휘관의 인격에 대해서는 간략히 '최고의 요건'이라고 기술하고 있다. 그 문구 자체는 짧지만, '최고'라고 표현하여 매우 중시하였다는 것을 알 수 있다.

일본군 『작전요무령』은 서두인 「강령(綱領)」에서 다음과 같이 규정하고 있다.

제1항 군(軍)이 주(主)로 해야 하는 것은 전투이다. 따라서 모든 일은 전투를 기준으로 삼아야 한다. 그리고 전투의 일반 목적은 적을 압도하여 섬멸함

으로써 신속히 전쟁에서 승리하는 것에 있다.

앞으로 설명하겠지만, 『작전요무령』의 구성은 『군대지휘』와 매우 유사하다. 하지만, 서두의 내용을 보면 알 수 있듯이 일본군이 가장 중시한 것은 독일군과 크게 다르다. 일본군 교범에서는 '자유'나 '창조'에 대한 언급이 전혀 없고, '신속히 전쟁에서 승리하는 것', 즉 '속전즉결(速戰即決)'을 목적으로 하며, '모든 것은 전투를 기준으로 삼아야 한다'라고 기술하고 있을 뿐이다. 일본군이 '속전즉결'을 중시한 이유는 전쟁이 장기·소모전으로 진행되면 국내 자원과 생산력이 빈약한 일본에게 불리하다고 판단했기 때문이다. 이러한 취약성을 당시 일본군은 강하게 의식하고 있었다.

그렇다면 『작전요무령』은 다른 교범들이 서두에서 기술하고 있는 지휘관의 '인격'에 대해서 어떻게 기술하고 있을까? 「강령」의 제10항에서 다음과 같이 기술하고 있다.

제10항 지휘관은 부대 지휘의 중추이며, 또한 단결의 핵심이다. 따라서 항상 강한 책임감과 굳센 의지를 갖추고 그 직책을 수행함과 동시에 고매한 덕성을 갖추고 부하와 고락을 함께해야 한다. 그리고 솔선수범하여 부대의 모범으로서 존경과 신뢰를 받아야 하고, 빗발치는 탄환 속에서도 용감하고 침착하게 행동하여 '후지산'과 같은 진중함과 존경심을 부하들이 느끼게 해야한다. 아무것도 하지 않거나 행동을 의심하여 지체하는 것은 지휘관이 가장 경계해야 한다.

일본군은 지휘관의 인격에 대해서 '창조성'보다도 '강한 책임감과 의지', '높은 도덕성' 등을 요구하고 있다. 이러한 내용은 독일군 『군대지휘』보다도 오히려 프랑스군 『대단위부대 전술적 용병 교령』에 가깝다.

한편, 이 조문이 교범의 서두가 아니라 10번째 항목에 기술되어 있다는 것에 유의해야 한다. 또한, 아무것도 하지 않거나 행동을 의심하여 지체하는 것은 잘못된 방법보다 위험하다고 강하게 경계하고 있다. 이는『손자병법』의 '병문졸속(兵聞拙速, 용병은 졸렬하여도 빠른 것이 좋다)'이라는 격언과 일맥상통하며, '속전즉결'이라는 기본방침을 반영한 결과라고 할 수 있다.

소련군『적군야외교령』은 제1장「강령」의 서두에서 다른 교범들과 다르게 다음과 같이 규정하고 있다.

제1항 붉은군대의 임무는 노동자 · 농민의 사회주의 국가를 방위하는 것이다. 따라서 붉은군대는 어떤 경우에도 소비에트 사회주의 공화국 연방의 국경과 독립을 보전해야 한다. 만약에 노동자 · 농민의 사회주의 국가를 침범하는 세력이 있다면, 강력한 소련의 모든 무력을 사용하여 이에 반격하고, 나아가 적국 영토로 진격하여야 한다.

이처럼 다른 국가에서는 자명한 군의 임무를 일부러 서두에 기술하고 있다. 그 이유는 적위대(赤衛隊)를 전신으로 하는 혁명군인 붉은군대가 '백군(白軍)과의 내전'을 통해서 발전했기 때문이다. 이로 인해 '붉은군대는 사회주의 국가를 지키기 위한 군대이고, 백군과는 이러한 부분에서 차이가 있다'라고 자신을 규정해야 할 정치적인 필요성이 있었다.

한편, 지휘관의 인격에 대해서는 교범의 서두가 아닌「강령」의 제13항에서 겨우 다음과 같이 기술하고 있다.

제13항 현대전의 복잡화와 어려움의 증가는 인적 요소의 가치를 비약적으로 높였고, 특히 체력과 정신력에 대한 요구를 증가시켰다. 또한, 인적 요소

인 병력 상태에 대한 부단한 관심은 간부의 최대 책무가 되었다. 부하를 잘 파악하고 고락(苦樂)을 함께하며, 부하의 상태와 그 욕구 및 업적에 유의해야 한다. 임무 수행을 위한 희생정신의 함양에 노력하고, 스스로 솔선수범하여 부하에게 모범을 보이는 것은 군대의 전투적 단결력을 강화하고 정치적 항감력(堪抗力)[8]을 향상시킬 뿐만 아니라, 전투 준비의 만전과 전승의 획득을 보장한다.

일본군 『작전요무령』처럼 '고매한 덕성'이나 '후지산과 같은 진중함과 존경심을 부하들이 느끼게 하는 정도'까지는 요구하고 있지 않으나, 부하와 고락을 함께하고 솔선수범하여 모범을 보일 것을 요구하는 등 의외로 공통점이 많다.

지금까지의 내용을 요약하면, 프랑스군은 지휘관의 인격을, 독일군은 지휘관의 창조성을 중시하고 있는 것에 비해서, 일본군은 '속전즉결'이라는 전투의 목적을, 소련군은 군의 임무를 교범의 서두에서 강조하고 있다. 이것만 보아도 국가별 군대들의 차이를 잘 알 수 있다.

---

8) 역자 주〉 적의 공격을 받았을 때도 기능을 상실하지 않고 군사활동을 실시할 수 있는 능력

프랑스 군사사상의 근간

먼저, 프랑스군 전술교범에서 볼 수 있는 군사사상에 대하여 살펴보겠다. 『대단위부대 전술적 용법 교령』의 서두에는 다음과 같은 「육군성 장관에게 제출하는 보고서」가 함께 게재되어 있다.

『1921년 교령 초안』의 편찬위원회는 육군성 장관에게 제출했던 보고서를 통해서 모두의 머릿속에 각인되어 있던 전쟁의 교훈을 기초로 대단위부대의 전술적 사용조건을 제안하였다.

이번 교령 편찬위원회는 그 이후에 전투 및 수송 수단이 크게 진보하였다는 것을 인지하고 있으나, 이러한 기술적인 진보가 선각자들이 제시했던 전술 영역의 근본원칙을 크게 변경시키는 것이 아니라고 판단하였다.

여기서 『1921년 교령 초안』은 이 책의 서장에서 설명했던 『대부대 전술적 용법 교령 초안』을 가리키며, '전쟁의 교훈'은 제1차 세계대전의 교훈을 의미한다. 이 보고서의 내용을 보면, 프랑스군은 제1차 세계대전 이후의 전투수단과 수송수단의 기술적인 진보가 제1차 세계대전의 전훈을 기초로 작성된 『1921년 교령 초안』의 근본원칙을 변경할 정도가 아니라고 판단했다는 것을 알 수 있다. 이어서 보고서는 다음과 같이 기술하고 있다.

이에 따라 이번 위원회는 싱급제대를 지휘했던 탁월한 지휘관들이 전승 직후에 객관적으로 작성했던 교리들을 『대단위부대의 전술적 용법 교령』의 근간으로 삼아야 한다고 결정하였다. 따라서 무기체계의 발달과 함께 이에 따른 부대편성의 변화를 참작하여 새로운 교령은 다음의 내용을 목적으로 하고 있다.

△ 현대 전투수단의 가능성을 정확하게 제시하는 것

△ 전투에 있어서 현대 전투수단의 사용조건을 제시하는 것

△ 최근 창설된 대단위부대(차량화 및 기계화 부대)의 지휘에 관한 일반사항을 규정하는 것

△ 「1921년 교령」의 일부를 보완하는 것

이처럼 새롭게 편찬한 『대단위부대 전술적 용법 교령』은 제1차 세계대전의 전훈을 기초로 편찬되었던 『대부대 전술적 용법 교령 초안』을 보완하는 것에 지나지 않았다. 이로 인해 제2차 세계대전에서 프랑스군의 전술은 제1차 세계대전과 큰 차이가 없는 진부한 것이 될 수밖에 없었다. 다시 말해, 프랑스군은 제1차 세계대전 당시의 전술로 제2차 세계대전에 임했던 것이다.

그리고 이어지는 조항에서 다음과 같이 기술하고 있다.

『교령 초안』의 제정으로부터 15년이 지난 시점에서 각 국가들의 군대에서는 중요한 새로운 무기체계들이 만들어지거나 개량되고 있으며, 이와 함께 그 효과를 감소시키는 대항 수단도 고안되고 있다.

이에 따라 새로운 교령은 특히 다음의 내용을 대상으로 하고 있다.

△ 축성 정면의 편성

△ 차량화 부대 및 기계화 부대의 창설과 이에 대항하는 대전차 화기의 출현

△ 항공 위력의 증대와 이에 따른 방공수단의 현저한 발달

△ 통신수단의 완성

여기서 말하는 '축성 정면'이란, 제2차 세계대전 직전에 독일·룩셈부르크·벨기에 국경 부근에 건설하였던 영구 축성물인 '마지노선'을 가리킨다.(【칼럼 2】참조) 다시 말해, 개정된 프랑스군 전술교범에서 '새로운 생각'의 첫 번째로 들고 있는 것은 '마지노선'에 관한 것이고, 훗날 제2차 세계대전에서 큰 위력을 발휘하게 되는 '기계화 부대와 차량화 부대'를 그다음으로 들고 있다.

그러나 제2차 세계대전에서 독일군은 마지노선이 가장 견고하게 축성되어 있었던 독일-프랑스 국경을 주공 정면으로 하지 않고, 벨기에 남부로부터 룩셈부르크 부근에 펼쳐진 아르덴 삼림지대를 지향함으로써 방비가 허술했던 '마지노선의 연장지역'을 신속하게 돌파하였다. 차량화 군단 3개(장갑사단 5개, 차량화 보병사단 3개)를 집중 운용한 '크라이스트 기갑집단'의 높은 기동력을 활용하여 영불해협까지 신속하게 돌파하였고, 연합군을 분단하여 주력인 1개 야전군 집단을 포위함으로써 승리하였다.

이러한 결과만 놓고 본다면, '프랑스군 교범의 우선순위가 잘못되었다'라고 말할 수밖에 없을 것이다. 결과론적이지만 프랑스군은 요새선 보다도 기계화 부대와 차량화 부대에 더욱 노력을 기울였어야 했었다. 이러한 기계화 부대와 차량화 부대에 관해서 당시 프랑스군은 어떤 생각을 하고 있었을까?

「기계화 및 차량화 부대, 그리고 대전차 무기」 항목에서 다음과 같이 기술하고 있다.

기계화 및 차량화 대단위부대의 창설과 함께 장갑무기, 특히 전차의 성능은 끊임없이 진보하고 있다. 전차의 속력은 현저하게 빨라지고 있으며, 대전차 화기의 진보에 대응하여 장갑의 두께도 계속해서 증가하고 있다.

화포와 장갑의 상호 경쟁은 최근 수년간 활발히 이루어졌고, 오늘날에는 더욱 격렬해져서 새로운 국면으로 전개되고 있다. 이와 같은 새로운 국면에서 얻은 교훈을 통해서, 본 교령은 화기의 현재 상황에서 △전차의 사용조건, △적 장갑무기에 대한 방호법을 명시하는 것에 노력하였다.

전차의 운용방법과 관련해서 '오늘날 전차 앞에 대전차 화기가 등장한 것은 최근 전장에서 보병 앞에 기관총이 등장한 것과 유사하다'라는 점을 명확히 인식해야 한다.

여기서는 '전차 장갑의 두께'와 '대전차 화기의 장갑 관통능력' 사이의 상호 경쟁이 새로운 국면에 접어들었고, '보병 앞에 기관총이 등장한 것처럼 전차 앞에 대전차 화기가 등장한 사실을 명확하게 인식해야 한다'라고 하고 있다. 제1차 세계대전에서 프랑스군 보병부대는 독일군 기관총으로 인해 막대한 희생자가 발생하였다. '보병 앞에 기관총이 등장한 것과 유사하다'라는 문구는 당시 프랑스 군인들에게 제1차 세계대전의 트라우마를 떠올리게 하는 강한 표현이라고 할 수 있다.

대전차 화기의 위력을 바탕으로 교령 편찬위원회는 다음과 같은 결론에 이르게 된다.

위원회는 이러한 놀라운 위협을 고찰하여 '대전차 화기의 수량과 위력이 현저하게 증가한 결과, 공격에서 전차의 사용은 상당히 강력한 포병의 엄호와 지원 하에서 시행하지 않으면 안 된다'라는 견해에 이르렀다.

다시 말해서 대전차포의 수와 위력이 증대하였기 때문에, 강력한 포병부대의 지원 없이는 전차를 공격에 사용해서는 안 된다는 것이다. 실제로 제1차 세계대전의 '제2차 에느 전투(Second Battle of the Aisne, 1917년)'에서 프랑스군은 제3선 진지 공격 이후에 투입하려고 계획했던 전차부대를 '포병부대의 공격준비사격 성과가 불충분하다'는 판단에 따라 제1선 진지에 대한 공격에 갑자기 투입하였다. 조기 투입되었던 전차부대는 고전하며 계속 전진하였으나, 아군 보병부대와 분리되어 적진에 고립되었고 독일군 화포에 장시간 노출되어 큰 피해가 발생하였다. 또한, 제2차 세계대전의 북아프리카 전선에서도 영국군 전차부대가 포병의 충분한 지원사격이 없는 상태에서 (대전차 사격능력이 우수한 8.8㎝ 고사포를 배치하고 있었던) 독일군 진지를 공격하여 번번이 큰 손실이 발생하였다. 이러한 사례들만 본다면, 프랑스군 편찬위원회가 내린 결론은 타당했다고 생각할 수도 있다.

이러한 제한사항에 대하여 제2차 세계대전 초기의 독일 전차부대는 (포구 초속[9]이 빨라 대전차 사격능력이 높은) 3.7㎝ 포를 탑재한 Ⅲ호 전차중대와 함께 (포구 초속이 느려 대전차 사격능력은 낮지만 대구경으로 적 대전차포에 대한 제압능력이 높은) 7.5㎝ 포를 탑재한 Ⅳ호 전차의 '중중대(重中隊)'를 조합한 편제를 채용하였다.[10] 이는 아군 포병의 지원사격 없이도 전차부대가 독자적으로 적의 대전차포를 제압하고 적 진지를 공격할 수 있는 편제를 채용한 것이었다.[11] 실제로 프랑스군의 대전차포 부대는 독일군 Ⅳ호 전차의 유탄사격에 제압되었다기보다는 독일군 전차부대의 기동력에 압도되어 전차를 사격할 기회 자체가 없었다. 어찌 되었든 제2차 세계대전에서 프랑스군의 대전차포는 제1차 세계대전의 독일군 기관총과 같은 강력한 위력을 발휘하지 못했다.

---

9) 발사된 포탄이 포구를 이탈하는 순간의 속도, '포구 초속'이 빠를수록 장갑의 관통력이 향상됨.

10) 단, Ⅲ호 전차와 Ⅳ호 전차의 양산형인 A형의 인도는 모두 『군대지휘』 반포 이후인 1937년 이후였다.

11) 실제로 Ⅲ호 및 Ⅳ호 전차의 생산부족으로 인해서 소형인 Ⅰ호·Ⅱ호 전차와 체코제 35(t)·38(t) 전차를 결손 보충에 사용해야만 했다.

이어서 「항공대 및 방공대」 항목에서는 다음과 같이 기술하고 있다.

항공기의 위력, 속력, 행동반경의 비약적인 증가를 기반으로 한 비행대의 진보는 지상군에 대한 광범위한 합동작전을 가능하게 하였다. 원거리까지 정보를 수집할 수 있게 되고 목표의 결정과 사격의 수정이 쉬워짐에 따라 최신 화포의 최대 사거리까지 사격할 수 있게 되었다.

항공기 성능의 향상에 따라서 원거리 정찰과 낙탄 측정을 이용한 포격 목표의 결정 및 사격제원의 수정이 편리하게 되었기 때문에, 최신 화포의 능력을 최대한으로 끌어올리는 것이 가능하게 되었다. 이처럼 프랑스군은 항공기를 이용한 장사정포 위력의 증가를 높이 평가하였다. 참고로 프랑스군은 제1차 세계대전 이전부터 항공기를 이용한 포병 관측을 하고 있었고, 이 분야의 선구자이기도 했다[12]. 이에 비해 독일군은 '슈투카(Stuka)' 급강하 폭격기를 '전격전'의 대지공격(對地攻擊)에 사용하였다. 다시 말해, 프랑스군은 항공기를 이용한 장사정포의 운용방법을 구상하고 있었으나, 독일군은 항공기 자체를 '하늘을 나는 포병'으로서 활용하였던 것이다.

마지막 「통신」 항목에서는 다음과 같이 기술하고 있다.

현대전에 있어서 통신의 중요성을 고려하여, 위원회는 대단위부대의 협동 기동의 범위 내에서 그 사용법의 일반규정을 정하였다. 이러한 무선통신의 발전을 계속하여 고도화해야 한다. 무선통신을 적절하게 규율하는 사용법을 가지고 있으면, 기동을 한층 자유롭게 할 수 있으며 각 병과 사이의 협동을

---

12) 참고로 제2차 세계대전에서 독일군 항공기에게 최초로 격추된 프랑스군 항공기는 관측기였다.

한층 긴밀하고 확실하게 할 수 있다.

이처럼 프랑스군은 무선통신을 이용하여 다양한 병과의 부대들과 긴밀하게 협동 작전하는 것을 중시하고 있다. 참고로 제2차 세계대전에서 미군은 무전기를 이용하여 포병 화력을 신속하고 유연하게 운용하였으나, 프랑스군 교범에서는 그와 같은 구체적인 내용은 없었다. 그러나 제1차 세계대전부터 사용되기 시작했던 '이동탄막사격'[13]에 있어서 포병부대의 지원사격과 보병부대의 전진을 조정·통제하기 위해서 무전기를 활용하고자 하였다.

이러한 것들을 반영하여 교령 편찬위원회는 다음과 같은 결론에 이르게 되었다.

지금까지 설명한 것처럼 새로운 각종 수단은 계속해서 화기의 위력을 증가시키고 있다. 『1921년 교령 초안』의 편찬위원회는 당시에 이미 이것들을 '압도적'이라고 표현하였다. 가까운 미래에는 이러한 화기의 위력이 '전장의 지배자'가 될 것이며, 폭격비행대의 진보와 최신 화기의 사거리 증가를 통해서 맹렬도와 종심은 더욱 증가하게 될 것이다.

다시 말해, 제1차 세계대전 이후에 등장한 새로운 각종 수단에 의해서 화기의 위력이 증가하여 1921년 시점에는 이미 '압도적'인 수준이 되었으며, 가까운 미래에는 더욱 위력이 증가하여 '전장의 지배자'가 될 것이라고 기술하고 있다.

---

13) 포병부대의 탄막이 보병부대의 바로 앞을 이동하는 것처럼 포격하는 방법. 무전기가 보급되지 않았던 제1차 세계대전에서는 사전에 계획된 시간에 따라 탄막을 기계적으로 전진시킬 수밖에 없었다. 이 때문에 보병부대의 전진이 늦어지면 탄막과 괴리가 커지게 되었고, 적 보병의 반격으로 고전하였다.

이어서 이러한 화기의 위력에 대한 방어에 관해서 다음과 같이 기술하고 있다.

또한, 방어 편성의 가치도 사실상 병행하여 발전하고 있다. 그러나 '화력'과 '방호'라는 두 영역에서 동시에 진보가 이루어진 결과, 그 전투행위는 여전히 근본적인 특징을 유지하고 있다. 따라서 대단위부대는 전투에 있어서 기존의 책무를 바꾸지 말고 유지해야 한다.

진지의 구조 등을 포함한 방어 편성도 발전하였고 화력의 증가에 대응하여 방호도 진보하고 있으므로, '전투행위의 근본적인 특징은 변하지 않았고, 대단위부대의 임무도 변하지 않았다'라고 기술하고 있다. 따라서 『1921년 교령 초안』에서 제시한 군사사상의 근간을 크게 바꿀 필요가 없다'라는 것이 1936년 당시 프랑스군의 사고방식이었다.

이러한 기술내용을 보면 알 수 있듯이, 프랑스 군사사상의 근간을 한마디로 표현하자면 '화력'이었고, 추가하여 이에 대항하는 '진지의 방어력'이었다. 일반적으로 '진지의 화력과 방어력을 중심으로 하는 전투'를 '진지전'이라 하며, 이와는 반대로 '부대의 기동력을 중심으로 하는 전투'를 '기동전'이라고 한다. 이러한 개념 구분에 따르면 프랑스군이 중시하고 있었던 것은 '진지전'이었기 때문에, 마지노선을 새로운 교범의 중요한 추가사항으로 제시한 것은 당연했다.

독일 군사사상의 근간

프랑스군의 오랜 숙적이었던 독일군은 어떤 군사사상을 가지고 있었을까? 독일군『군대지휘』의 본문 앞에 수록된 「포고문」에는 다음과 같이 기술되어 있었다.

본 교령에는 기동전에 있어서 제병과 협동작전의 지휘, 진중근무 및 전투에 관한 원칙을 기술하고 있다.

'진지전'을 중시하고 있던 프랑스군과는 대조적으로 독일군은 처음부터 '기동전'을 전제로 하고 있었다. 다시 말해 독일군과 프랑스군은 정반대의 전투방식을 지향하고 있었다.

이러한 군사사상의 차이는 이것뿐만이 아니었다. 독일군『군대지휘』는 본문에서 "용병(用兵)이란 자유롭고 창조적인 행동이다"라고 기술한 제1항에 이어서 다음과 같이 규정하고 있다.

제2항 전쟁 방식은 끊임없이 발달하며 멈추지 않는다. 새로운 교전 수단의 출현은 전쟁 방식을 계속해서 변화시킨다. 이 때문에 적시에 그 출현을 예견하고 그 영향을 정당하게 평가하여 신속하게 이용해야 한다.

앞서 설명한 것처럼 프랑스군은 제1차 세계대전 이후의 기술적인 진보가 전쟁의 교훈을 반영하여 정립한 '전술상의 근본원칙'을 변경할 정도는 아니라고 하고 있었다. 이와는 대조적으로 독일군은 새로운 교전

수단의 출현으로 인하여 전쟁의 양상이 끊임없이 변화하기 때문에, 새로운 교전수단의 출현을 예견하고 그 영향을 정확하게 평가하여 신속하게 이용해야 한다고 하고 있다. 게다가 이러한 내용을 본문의 두 번째 항목에 기술할 정도로 독일군이 이러한 사고방식을 중시하였다는 것을 알 수 있다.

어떻게 독일군은 제1차 세계대전 후반에 출현했던 전차라는 새로운 무기체계를 제2차 세계대전의 개전 초기부터 효과적으로 활용할 수 있었던 것일까? 그 이유를 교범 서두의 두 번째 조항에서 찾아볼 수 있다. 물론, 독일군 중에서도 전차에 대한 이해 부족과 저항이 전혀 없었던 것은 아니었다. 또한, 보수적이었던 '프로이센 장교'와 대립하는 일이 많았던 히틀러가 정권을 장악했다는 정치적인 사실도 무시할 수 없을 것이다. 하지만, '용병이란 자유롭고 창조적인 행위이며, 새로운 교전 수단을 예견하여 신속히 이용하지 않으면 안 된다'라고 교범에서 밝히고 있는 것처럼 독일군에는 애초부터 진취적인 기풍이 존재하고 있었다.

이러한 진취적인 기풍을 가지고 있었던 독일 군사사상의 근간에는 어떤 것이 있었을까? 「서장(序章)」의 후반부인 제11항에서는 다음과 같이 규정하고 있다.

제11항 상병의 가치는 군대의 전투가치를 결정하는 것이다. 그리고 무기나 장비의 우수함, 정비, 비축 등을 통해서 부족한 부분을 보충해야 한다. 우월한 전투능력은 병력의 열세를 보완할 수 있다. 전투능력이 높을수록 용병은 더욱 맹렬하고 기민하게 실행할 수 있다. 탁월한 지휘와 함께 부대의 우월한 전투능력은 승리의 기초이다.

이처럼 독일군은 장병의 질을 매우 중시하였고, 이와 함께 무기 및 장비의 질도 중시하였다. 그리고 '전투능력의 우세를 이용하여 병력의 열세를 보완할 수 있다'라고 전술교범에 기술하고 있어, '정병주의(精兵主義)'적인 사고방식을 명확히 나타내고 있다. 또한, '고도의 전투능력은 맹렬하고 기민한 전투력 운용을 가능하게 하여 전술의 폭을 넓힐 수 있다'라고 하고 있다. 달리 말해, 병력이 아무리 많더라도 전투능력이 낮다면, 다양한 작전을 전개할 수 없고 병력 수에 의존한 단순한 공격밖에는 할 수 없다는 것이다. 그리고 '승리의 기초는 병력의 수가 아닌 지휘와 전투능력에 있다'고 기술하고 있다. 이 부분에서도 독일군의 '정병주의'를 엿볼 수 있다.

또한, 제2장 「지휘」의 제28항과 제29항에서는 다음과 같이 기술하고 있다.

제28항 결전을 위해서는 병력의 잉여(剩餘)를 줄이는 것이 절대적으로 필요하다. 따라서 안전을 위해서나 부수적인 임무를 위해서 여기저기에 병력을 배치하는 것은 원칙에 반하는 것이다. 열세하더라도 기민한 행동, 높은 기동성, 강한 행군능력, 야간 및 지형의 이용, 기습과 기만 등을 이용하여 결정적 지점에서 우세를 점해야 한다.

이처럼 독일군은 결전을 전제로 하고 있으며, 병력 분산에 대하여 경계하고 있었다. 이를 바탕으로 비록 병력 면에서 열세라 하더라도 높은 기동력과 빠른 작전템포, 기만 등을 이용하여 결정적 지점에서 적보다 우위를 확보해야 한다고 하고 있다.

제29항 공간과 시간을 정당하게 이용하고, 유리한 상황을 신속하게 인식하며, 나아가 이것을 결연하게 이용해야 한다. 적의 기선을 제압하면, 아군

행동의 자유가 증가한다.

여기서 말하는 '공간과 시간의 정당한 이용'을 제28항의 내용을 참고하여 다시 표현하면, '높은 기동력과 빠른 작전템포의 활용'이라고 할 수 있다. 그리고 적의 기선을 제압하면 적은 아군 행동에 대한 대응으로 인해서 수동적인 상태에 빠지게 되고, 아군은 자유롭게 다음 행동을 선택할 수 있게 된다. 이처럼 전술상의 선택지가 많아지는 것, 그 자체가 전투의 주도권을 장악한 측의 우위점이 된다. 역으로 생각하면 주도권을 장악하기 위해서는 높은 기동력과 빠른 작전템포가 필요하고, 이를 실현하기 위해서는 제11항에 있는 것처럼 '높은 전투능력'을 가진 부대가 필요하다. 실제로 독일군은 제2차 세계대전에서 기계화 부대와 차량화 부대를 집중운용하는 기갑집단(훗날 '기갑군'으로 개편)을 중심으로 '높은 기동력을 이용한 빠른 작전템포'로 다양한 작전을 전개하였다. 다시 말해 독일군은 교범에서 규정하고 있는 전투방식을 그대로 수행했던 것이다.

이러한 독일군의 높은 기동력과 빠른 작전템포를 따라잡을 수 없었던 상대방은 주도권을 잃고 효과적으로 대응할 수 없었다. 구체적으로 말하자면, 방어진지를 강화하기도 전에 공격을 받았고, 반격의 시기 역시 상실하였으며, 또한 증원부대는 이동 중에 공격받았다. 이처럼 독일군은 '높은 기동력을 이용한 빠른 작전템포', 그 자체를 무기로 삼았던 것이다.

지금까지의 내용을 요약하면, 진지전을 지향했던 프랑스 군사사상의 근간이 '화력'이었다면, 기동전을 지향했던 독일 군사사상의 근간은 빠른 작전템포를 포함한 넓은 의미의 '기동력'이었던 것이다. 그리고 독일군은 높은 기동력을 바탕으로 '고도의 전투능력'을 갖춘 기갑집단을 새롭게 편성하였다. 이와 같은 독일군의 군사사상을 실현하기 위해서는 기갑집단과 같은 부대가 필요했던 것이다.

다시 말해, 진지전을 중시하였던 프랑스군은 마지노선을 건설하였고, 기동전을 중시했던 독일군은 기갑집단을 편성하였다. 이처럼 제2차 세계대전 직전의 독일군과 프랑스군은 '군사사상의 근간'과 이를 반영한 '군사력 정비'에서 정반대라고 할 수 있을 정도의 큰 차이가 있었다.

소련 군사사상의 근간

소련군 『적군야외교령』은 제1항의 후미에서 다음과 같이 기술하고 있다.

제1항 (중략) 만약에 노동자·농민의 사회주의 국가를 침범하는 세력이 있다면, 강력한 소련의 모든 무력을 사용하여 이에 반격하고, 나아가 적국 영토로 진격해야 한다.

이어서 전투행동의 원칙을 다음과 같이 규정하고 있다.

제2항 붉은군대의 전투행동은 섬멸전 수행을 원칙으로 한다. 결정적인 전승을 획득하고 적국을 완전하게 박멸하는 것은 소련의 근본적인 전쟁목적이다. 이러한 목적 달성을 위한 유일한 수단은 전투이며, 전투는 적의 활동 병력 및 물질적 자재를 소멸시키고, 적의 사기 및 저항 의지를 좌절시키는 것이다.(이하 후술)

이처럼 소련군은 전술교범에서 '나아가 적국 영토로 진격하고, 적국을 완전하게 박멸하는 것'을 근본적인 전쟁목적이라고 밝히고 있다. '전쟁은 다른 수단에 의한 정치의 연속에 지나지 않는다'라는 클라우제비츠의 주장을 따른다면, 비록 전쟁이 한창 진행 중일지라도 일정한 정치목적이 달성되면 적국과 강화조약을 맺는 것이 가능할 것이다. 그러나 소련군 교범에 의하면 적국을 완전하게 박멸할 때까지 전쟁목적은 달성되지 않으며, 따라서 적국을 박멸하기 전까지 강화조약을 맺는 일은 있을 수 없다.

이는 소련군의 관점에서 보면 '반혁명적인 국가의 타도'와 '사회주의 혁명의 지원'이라는 이데올로기에 합치되는 '정치적으로 타당한 전쟁목적'이라고 할 수 있을 것이다. 이는 다음 조항을 보면 더욱 명확해진다.

제14항 적국의 노동자·농민 대중들과 전장(戰場)의 주민들을 프롤레타리아 혁명화하는 것은 승리하기 위한 최대의 요건이다. 이것은 군(軍) 내·외부의 모든 간부, 정치부원 및 붉은군대의 정치기관들이 시행하는 정치작업을 통해서 그 목적을 달성해야 한다.

이처럼 소련군은 승리의 최대 요건을 상대국 내부의 대중과 전장의 주민에 대한 프롤레타리아 혁명에 두고 있었다. 화력과 기동력이라는 군사적인 요소보다 '혁명'이라는 정치적인 측면을 중시하고 있는 것은 혁명군이었던 소련군의 가장 큰 특징이라고 할 수 있다. 이러한 정치적인 측면을 제외한 군사적인 측면에서 소련군은 무엇을 중시하였을까? 앞서 설명한 제2항은 마지막 부분에서 다음과 같이 규정하고 있다.

제2항 (중략) 붉은군대 간부와 병사 모두는 항상 적을 격파하고자 하는 투지를 훈련 및 전투행위의 주안으로 삼아야 한다. 특히, 명령의 여부와 관계없이 만약에 적을 발견하면 적절한 시간과 장소에서 맹렬하고 과감한 공격에 즉각 나서야 한다.

적을 발견하면 명령 없이도 즉시 공격하지 않으면 안 된다고 하고 있다. 이는 아군이 열세이기 때문에 통상적으로 공격할 수 없는 상황에서도 공격하지 않으면 안 된다는 것을 의미하고 있다. 방어보다 공격을 중시하는 사고방식을 '공세주의(攻勢主義)'라고 하는데, 이 조문에서는 소련군의 '과도한 공세주의'를 엿볼 수 있다. 물론, 소련군도 공세에 나서기만 하면 반드시 승리할 수 있다고 생각했던 것은 아니다.

제3항 모든 곳에서 적보다 우세를 점하는 것은 불가능하다. 승리를 확실히 하는 수단은 중점(重點) 방면에 병력과 자재를 집결하여 해당 방면에서 결정적인 우세를 점하는 것이다. 그 이외 방면의 병력은 단순히 적을 견제할 수 있을 정도면 충분하다.

승리를 확실히 하기 위해서는 병력과 자재를 집중하여 중점을 형성하고, 그 방면에서 적보다 결정적인 우세를 점해야 한다고 기술하고 있다. 앞서 설명한 것처럼 독일군『군대지휘』도 제28항에서 소련군 이상으로 병력의 분산을 경계하며 병력의 집중을 중시하고 있다는 점에서 공통점을 가지고 있다. 다만, 독일군처럼 부대의 높은 '질'로 병력의 열세를 보완해야 한다는 '정병주의'적인 사고방식이 아니라, 소련군은 병력을 집중하여 '양'에서 결정적인 우세를 점해야 한다는 사고방식을 가지고 있다는 점에서 차이가 있다.

소련군도 적을 격멸하기 위해서는 병력의 우세만으로 충분하지 않다고 생각하고 있었다. 그 증거로써 제4항에서는 다음과 같이 기술하고 있다.

제4항 적을 격멸하기 위해서는 병력과 자재를 집중하는 단순한 우세만으로 충분하지 않고, 동일 방면에서 작전하는 제병과 부대들의 '협동'과 각 방면에서 작전하는 부대들의 '협조'를 반드시 긴밀하게 해야 한다.

이처럼 소련군은 병력의 '양'에 이어서 '제병과 협동작전'과 '각 방면 부대들의 협력'이 필요하다고 하고 있다. 그리고 제7항에서는 많은 분량을 할애하여 제병과 협동작전을 다시 강조하고 있다.

제7항 각 병과의 운용은 그 특성을 고려하여 특징이 발휘될 수 있도록 하는 것을 근본으로 한다. 각 병과를 운용하면서 그 능력을 최고로 발휘할 수 있도록 다른 병과와의 긴밀한 협동을 규정해야 한다. 보병이 포병 및 전차와 밀접하게 협동하여 공격할 때는 단호한 행동을 통해서, 그리고 방어할 때는 완강한 지구력을 통해서 전투의 결착을 짓는다. 따라서 보병과 함께 작전하는 다른 병과들은 보병이 그 목적을 달성할 수 있도록, 공격할 때는 전진을 지원하도록 하고, 방어할 때는 강인성을 확보하도록 하는 데 한결같이 노력해야 한다.(이하 생략)

이를 보면 소련군은 보병을 주력으로 생각하고 있었다는 것을 알 수 있다. 포병, 기갑 등의 다른 병과들은 보병이 목적을 달성하는 것을 돕기 위한 '보조 병과'로 생각하고 있었다. 한마디로 말해 '보병중심주의(步兵中心主義)'인 것이다.

한편, 이 책의 서장에서 설명했듯이 독일군 『군대지휘』보다 먼저 편찬되었던 전술교범은 『연합 병과의 지휘 및 전투』(이른바 『젝트 교범』)이었고, 이 교범은 '제병과 협동작전이 매우 중요하다'라는 사고방식을 바탕으로 편찬되있다. 소련군 『직군야외교령』의 제7항에서 이리한 『젝트 교범』의 영향을 느낄 수 있는 것은 필자만이 아닐 것이다.[14]

---

14) 독일군 『군대지휘』에서는 제병과 협동작전에 대하여 총론 부분에 해당하는 「서장」과 제2장 「지휘」에서 특별히 언급하지 않고, 제6장 「공격」 등에서 상세하게 기술하고 있다.

또한, 『적군야외교령』은 제6항에서 독일군 『군대지휘』와 동일하게 기습 및 빠른 작전템포 등을 중시하고 있다.

제6항 적의 의표를 찌르는 것은 적에게 대응의 기회를 상실하게 한다. (중략) △신속히 명령을 수행하고, △상황의 변화에 따라서 책임지역을 신속하게 변경하고, △빠르게 출발하고, △신속하게 행군을 시행하고, △전개를 빠르게 완료하여 사격을 개시하고, △신속하게 공격하고, △빠르게 적을 추격할 수 있는 군대는 항상 큰 성과를 기대할 수 있다.
기습은 적이 예상하지 못한 새로운 전투자재 및 새로운 전투방법을 이용함으로써 그 목적을 달성할 수 있다. 모름지기 붉은군대의 부대들은 어떠한 적의 기습에 대해서도 적절한 시기에 질풍(疾風)·번개와 같은 타격을 이용하여 이에 대비해야 한다.

조금 의외라고 생각할지 모르겠으나, 소련군은 새로운 전투자재, 즉 새로운 무기체계에 의한 '기술 기습'과 함께 새로운 전법에 따른 '전술 기습'도 고려하고 있었다. 실제로 소련군은 제2차 세계대전 이전부터 전군에 자동소총의 보급을 계획하였고, 앞으로 설명할 '전종심 동시타격'이라는 새로운 전술개념을 고안하는 등 새로운 무기체계와 전술을 도입하는 데 노력하였다. 그중에서도 새로운 무기와 관련해서는 제8항에서 다음과 같이 규정하고 있다.

제8항 붉은군대가 보유하고 있는 전투자재는 끊임없이 진보와 발달을 거듭하고 있다. 이를 부단히 연구하고 숙달하는 것은 간부와 병사들의 가장 큰 책무이다. 전투 중에도 항상 새로운 무기의 사용법을 연구하고, 가장 효과적으로 사용하는 방법을 강구하도록 노력해야 한다.
이와 관련하여 전투에 대한 열의를 높이고 병사들이 임무를 이해시키기 위해서는 전투 이후에 이를 평가하는 것이 중요한 가치를 지닌다.

이 조문을 보면 소련군도 독일군처럼 새로운 무기의 연구와 효과적인 활용을 강조하고 있었다는 것을 알 수 있다. 이처럼 소련군 전술교범은 독일군 전술교범과 의외로 많은 공통점을 가지고 있었다. 그럼, 소련군은 전투의 두 가지 요소인 '화력'과 '기동력' 중에서 독일군처럼 '기동력'을 중시하고 있었을까? 제15항에서는 다음과 같이 기술하고 있다.

제15항 현대전은 대부분이 화력투쟁으로 치러졌다. 따라서 붉은군대의 간부와 병사들은 현대 화기의 위력에 관해서 깊이 숙지하고, 그 사용방법과 제압수단을 숙달하지 않으면 안 된다. 화기 위력의 파괴적인 특질을 무시하고, 이에 대한 극복 수단을 알지 못하면 쓸데없이 무익한 손해를 입게 될 것이다.

소련군은 현대전이 '화력투쟁'이라고 인식하여 현대 화기의 사용방법과 제압수단을 숙달하지 않으면 안 되며, 이를 무시하면 쓸데없는 손해를 입게 될 뿐이라고 생각하고 있었다. 이를 보면 알 수 있듯이 소련군은 '기동력'보다도 '화력'을 중시하고 있었다. 그리고 화력에 대한 중시를 전제로 하여 화력 발휘에 필요한 탄약의 보급 등 물질적인 측면을 매우 중시하였다. 이와 관련해서는 이어지는 조항들에서 명확히 밝히고 있다.

제16항 현대전에서 포병과 자동화기 수의 증가는 필연적으로 탄약의 소비를 증가시켰다. (이하 생략)
제17항 전투를 하는데 필요한 만큼의 충분한 자재를 갖추어야 한다. 탁월한 전술적 결심도 만약에 이를 수행하는데 필요한 물질적 조건에서 부족한

부분이 있다면 그 성과를 기대하기 어렵다. 전투에 자재의 보급 및 집결을 충분하게 하는 것은 지휘관과 참모의 가장 큰 책무이다.

소련군은 비록 탁월한 작전이라도 필요한 물자가 없으면 성과를 올리기 어렵다는 일종의 '유물론적인 사고방식'을 가지고 있었다. 다시 말해, 전투에 필요한 물자의 준비와 보급을 잘하지 못하는 지휘관과 참모는 가장 큰 책무를 못했기 때문에 시베리아 수용소로 보내지거나 총살 당하는 것은 당연한 일이었다. 만약에 보급을 경시한 무모한 작전으로 악명이 높았던 '임팔 전투(Battle of Imphal)'[15]에 참가한 일본군 병사가 이러한 조항을 알고 있었다면 어떤 생각을 했을까?

이처럼 화력을 중시했던 소련군이지만, 그 화력에 대항하기 위한 진지에 관해서는 어떻게 생각하고 있었을까? 앞서 설명했던 제7항의 후미에서 다음과 같이 언급하고 있다.

제7항 (생략) 축성 지역을 특정한 수비대나 일반 부대가 장기간에 걸쳐 확보함으로써, 상급부대의 작전에 있어서 기동의 자유를 확보하게 하거나 적에게 압도적인 타격을 가하는 데 필요한 대규모 병력의 집결을 용이하게 만든다. (이하 생략)

다시 말해, 소련군에서 영구축성(요새)과 야전축성(야전진지)은 '상위 제대의 전투력 운용을 위해서 수비대 이외의 부대들에 기동의 자유를

---

15) 역자 주〉 제2차 세계대전 중이던 1944년 3월 15일부터 7월 1일까지 버마와 인도 국경지대에서 벌어진 전투. 명칭은 국경 부근의 인도 도시인 '임팔'에서 유래함. '보급을 경시한 엉터리 작전', '무모한 작전의 대명사'로 악명 높으며, 당시 일본군 지휘관 무타구치 렌야(牟田口廉也) 중장은 식량이 부족해지자 "일본인은 원래 초식동물이었다. 풀을 뜯어 먹으며 진격하라"라고 지시함.

확보하게 하고, 압도적인 타격을 가하는 데 필요한 대규모 병력의 집결을 엄호하는데 필요한 것'이라고 규정하고 있다. 따라서 축성지역을 수비하는 부대는 주력부대의 결집을 엄호하기 위한 '엄호부대'에 지나지 않으며, 이를 이용하여 결집한 주력부대가 축성 지역 밖에서 적과의 결전을 벌이게 된다. 이를 보면 '소련군은 제1차 세계대전의 서부전선과 같은 진지전을 생각하지 않았다'는 것을 알 수 있다. 이러한 점은 동일하게 화력을 중시하고 있었던 프랑스군과의 차이점이다.

참고로 제2차 세계대전의 스탈린그라드 전투에서 소련군은 일반적인 야전축성 및 영구축성과 다르게 시가지의 콘크리트 구조물 등을 이용하여 다수의 저항거점을 구축하였고, 이를 공격하는 독일군의 주력부대가 고착된 사이에 전선의 후방으로 반격용 병력을 집결시켰다. 이어서 도시 외부에 있던 비교적 약한 동맹군의 전선을 돌파하여 고착되어 있던 독일군을 포위하는 데 성공하였다. 이것은 마치 제7항의 내용을 그대로 실행한 것과 같은 전투방식이었다.

지금까지의 내용을 정리하면, 소련군은 군사적인 측면에서 프랑스군처럼 '화력'을 중시하였으나, 프랑스군의 '진지전'과는 다른 전투방식을 구상하고 있었다.

일본 군사사상의 근간

일본군 『작전요무령』은 서두인 「강령」에서 앞서 설명했던 제1항에 이어서 다음과 같이 기술하고 있다.

제2항 승리의 요건은 유형·무형의 각종 전투요소를 총합하여 적보다 우세한 위력을 중점(重點)에 집중하여 발휘하는 것에 있다. 훈련을 자세하고 치밀하게 하여 필승의 신념을 견고히 하며, 군기를 엄정하게 하여 공격정신이 가득 차서 넘치는 군대는 물질적인 위력을 능가하여 승리를 얻을 수 있다.

이 조항은 '중점 형성'을 통한 전력의 집중과 함께 '필승의 신념'에 기초한 공격정신을 이용하여 물질적인 위력을 능가해야 한다고 강조하고 있다. 그리고 제3항에서 다시 '필승의 신념'에 대해서 언급하고 있다.

제3항 필승의 신념은 군의 빛나는 역사에 근원을 두고 있으며, 주도면밀한 훈련을 통해서 배양되고, 탁월한 지휘통수를 통해서 충실해진다.
혁혁한 전통을 가진 우리 군은 더욱더 충군애국(忠君愛國)의 정신을 연마하고 훈련의 숙련도를 높여서, 전투의 참혹함이 극한에 달해도 상하(上下)간에 서로 신뢰하고 의연하게 필승의 확신을 가지도록 해야 한다.

이 조문을 보면, 주도면밀한 훈련과 탁월한 지휘통수 등은 '필승의 신념'을 배양하고 충실히 하기 위한 수단에 지나지 않는 것처럼 느껴진다. 그리고 제4항 「규율」과 제5항 「독단전행(獨斷專行)」에 이어서 제6항에서 다시 '공격정신'을 강조하고 있다.

제6항 군대는 항상 공격정신이 충만하고 사기가 왕성해야 한다. 공격정신은 충군애국의 지극함으로 나타나는 군인정신의 정화(精華)이고, 군대의 강한 사기가 겉으로 드러난 것이다. 무예를 통해서 정신을 형성하고 교육·훈련을 통해서 갈고 닦아서 전투에서 승리한다. 승패는 반드시 병력의 많고 적음에 의하지 아니한다. 정예화되고 공격정신이 풍부한 군대는 소수라도 다수를 격파할 수 있다.

이처럼 일본군은 다른 국가들에 비해서 공격정신과 필승의 신념 등의 '정신력'을 매우 중시하였다. 이러한 의미에서 '정신력의 중시'는 일본군만의 특징이라고 할 수 있다.

그 밖의 다른 조항에서는 제7항과 제9항에서 볼 수 있듯이 독일군의 영향을 크게 느낄 수 있다.

제7항 협동일치(協同一致)는 전투의 목적을 달성하기 위해서 매우 중요하다. 병과 및 상하급 제대를 불문하고 협력·협심(協心)하여 모든 부대가 하나가 되었을 때야말로 처음으로 전투의 성과를 기대할 수 있다. 전반적인 전장 상황을 고려하여 각각의 직책을 존중하며 하나의 생각으로 임무수행에 노력하는 것이야말로 협동일치의 취지에 부합하는 것이다. 그리고 제병과 협동은 보병이 그 목적을 달성하게 하는 것에 주안을 두고 시행하는 것이 중요하다.

이처럼 '제병과 협동작전'이 기술되어 있으며, 이는 앞서 설명한 독일군『젝트 교범』의 영향이라고 할 수 있다. 다만, 보병 이외의 병과들은 보병의 목적 달성을 주된 목표로 하여 협동하도록 규정하고 있어 소련군처럼 '보병중심주의'였다는 것을 알 수 있다. 더욱이 "제병과 협동은 보병이 그 목적을 달성하게 하는 것에 주안을 둔다"라는『작전요무령』의 조문은 "보병과 함께 작전하는 다른 병과들은 보병이 그 목적을 달성할 수 있도록 노력해야 한다"라는 소련군 교범의 조문과 유사하다(『적군야외교령』제7항).

이로 인해서 일본군에게서는 독일군 기갑사단처럼 '전차를 주력으로 하고, 이를 지원하는 보병, 포병, 공병 등의 제병과 부대들과 조합하여 운용한다'라는 발상이 나올 수 없었다. 참고로 제2차 세계대전 직전에 개발되었던 일본군의 주력 전차는 보병지원을 주된 임무로 하는 97년식 중전차(重戰車)이었으며, 대전차 공격 능력이 매우 낮았다. 또한, 소련군의 걸작인 T-3 전차의 초기형도 대전차용 화포가 아닌 야포를 기반으로 한 비교적 짧은 포신의 전차포(30.5구경)를 탑재하였고, 야포처럼 간접사격 능력을 보유하는 등 보병지원용 전차의 성격이 강했다. 이밖에 소련군『적군야외교령』과의 공통점은 다음과 같다.

제9항 적의 의표를 찌르는 것은 기선을 제압하여 승리하는 데 있어서 중요한 방법이다. 따라서 △왕성한 기도, 추종을 불허하는 창의, 그리고 신속한 기동력을 이용하여 적에게 임하고, △항시 주도적인 위치에 서고, △모든 부대가 서로 주의하여 엄격히 아군의 기도를 은닉하고, △곤란한 지형 및 기상을 극복하고, △질풍뇌신(疾風雷神, 격렬한 기세로 빠르게 움직임)하고, △적이 이에 대응하는 방법을 찾지 못하게 하는 것이 필요하다.

이 조항에서는 적의 의표를 찌르는 것에 추가하여 기동력 등을 활용한 주도권 장악의 중요성을 강조하고 있다. 이러한 사고방식은 독일군『군대지휘』의 제28항과 유사하지만, 그 표현은 오히려 소련군『적군야외교령』의 제6항과 유사하다. 소련을 제1의 가상적국으로 하고 있었던 일본군은 '질풍뇌신하고, 적에게 이에 대응하는 방법을 찾지 못하게 하는 것이 필요하다'라고 하였으나, 이에 대해 소련군은 '모름지기 붉은 군대의 부대들은 어떠한 적의 기습에 대해서도 적절한 시기에 질풍(疾風)·번개와 같은 타격을 이용하여 이에 대비해야 한다'라고 하였다(『적군야외교령』 제6항).

그럼, 소련군이 매우 중시하였던 물자의 보급과 집적에 대하여 『작전요무령』은 어떻게 규정하고 있었을까?

제8항 최근 전투는 현저히 복잡하고 어려운 특징을 보이고 있으며, 또한 물자의 충실과 보급의 원활은 항상 기대할 수 없다. 따라서 군대는 굳게 참고 견디며, 마음가짐을 단단히 하여, 고난과 결핍을 견디고 난국을 타개함으로써 승리하는 데 매진해야 한다.

앞서 설명하였듯이 자재의 준비와 보급을 지휘관 및 참모의 최대 책무라고 규정하고 있었던 소련군과는 대조적으로 일본군은 처음부터 충실한 자재와 원활한 보급을 기대해서는 안 되며, 이를 참고 난국을 타개하여 승리를 향해 매진할 필요가 있다고 하고 있다. 그러나 이러한 난국을 어떻게 타개해야 하는지는 어디에도 언급하고 있지 않다. 소련군 『적군야외교령』과의 공통점이 의외로 많은 『작전요무령』이지만, 이러한 부분에서는 결정적으로 큰 차이가 있었다.

지금까지의 내용을 요약하면, 각국 군사사상의 근간은 다음과 같다.

△프랑스군 : 제1차 세계대전의 연장선상에서 '화력'의 중시와 '진지전'

△독일군 : 정병주의에 기초한 '기동력'의 중시와 '기동전'

△소련군 : 과도한 공격주의에 기초한 '화력'과 '병력·자재'의 중시

△일본군 : 필승의 신념에 기초한 '공격정신'의 중시

【칼럼 2】마지노선의 역할

마지노선의 주력 화포였던 75mm 포탑과 병사들. 지하는 탄약실, 지휘실, 정비실, 수면실, 통신실, 식량창고 등이 설비되어 있었다. 이러한 포탑은 마지노선 전체에 152개, 기관총을 장비한 소형 벙커는 1,500개 이상 존재했다.

프랑스는 제2차 세계대전 이전인 1930년부터 1936년 초반까지 독일과의 국경 부근에 막대한 비용을 들여서 거대한 요새 선을 구축하였다. 이러한 요새선 건설을 추진했던 앙드레 마지노(Andre Maginot) 육군성 장관의 이름을 따서 '마지노선'이라고 불렀다.

프랑스군은 이러한 마지노선의 기능에 대하여 어떻게 생각하고 있었을까? 『대단 위부대 전술적 용법 교령』서두의 「육군성 장관에게 제출하는 보고서」에서 「축성정면」이라는 제목으로 다음과 같이 기술하고 있다.

적의 침략에 대비하여 국토를 방호하기 위해 구축하는 영구축성은 향후에 다음의 내용을 가능하게 할 것이다.
1. 비교적 소수 병력의 엄호 하에 동원
2. 공업지대와 국경 진출에 위협적인 지점들을 광범위하게 방호
3. 아군의 기동을 위한 강력한 거점 확보
축성정면의 전략적인 임무, 편성법, 점령 방법, 방어방식은 본 교령을 통해서 결정한다.

여기서 마지노선의 첫 번째 기능으로써 (비밀 동원에 성공한 적이 기습 공격을 하여도) 비교적 적은 병력으로도 강력하게 엄호하여 아군이 동원할 수 있게 하는 것을 들고 있다. 의외로 공업지대의 방호 등은 두 번째로 들고 있다.

1940년 5월, 독일군의 본격적인 침공이 시작되기 이전에 프랑스군 주력의 동원은 끝나 있었다. 다시 말해 마지노선을 이용하여 엄호하기로 하였던 동원은 큰 과오 없이 진행되었다. 그런데도 프랑스는 불과 6주 만에 맥없이 패배하였다. 마지노선의 기능 발휘 여부와는 별개로 프랑스군은 독일군에게 패배하였던 것이다.

제2장 행군

프랑스군의 행군

행군에 대한 기본적인 사고방식

프랑스군 『대단위부대 전술적 용법 교령』은 제4편 「수송, 운동, 숙영」의 제1장 「이동에 관한 총칙」에서 다음과 같이 규정하고 있다.

제157항 작전에는 부대와 각종 보급품의 끊임없는 이동이 필요하다.

부대의 '이동'은 '운동(運動)' 또는 '수송'을 통해서 실시한다. 부대가 고유의 수단(이러한 수단은 해당 부대에 편제된 경우와 일시적으로 해당 부대에 배속되는 경우가 있다)을 이용하여 이동하는 경우를 '운동'이라고 한다. '운동'은 대단위부대 지휘관들의 기동계획에 기초하거나, 상급지휘관으로부터 부여받은 훈령 범위 내의 계획에 따라 실시한다.

부대가 소속되어 있는 상급부대의 수송부를 이용하여 이동하는 경우를 '수송'이라고 한다. '수송'은 통상적으로 상급부대의 훈령에 준거하고, '수송'을 위임받은 수송부가 계획 및 실시한다.

대단위부대의 '이동'에는 '운동'과 '수송'을 동시에 실시하는 경우도 있다. 차량화 부대는 자력으로 이동하고, 그 외의 도보부대 및 기마부대는 철도를 이용하여 수송하는 것이 그 사례이다.

먼저 부대의 '이동', '운동', **'수송'**에 대하여 엄밀하게 정의하고, 이어서 대단위부대의 '이동'은 '운동'과 '수송'을 동시에 조합하여 실시하는 경우도 있다고 기술하고 있다. 그 조합에 관해서는 이어지는 조항에서 다음과 같이 규정하고 있다.

제158항 교통수단, 특히 동력수단의 능률을 최대한으로 발휘하기 위해서, 또한 이에 관한 과학의 연속적인 진보를 이용하기 위해서, 지휘관은 이동에 있어서 운동 및 수송의 편성, 특히 그 조합을 적절하게 해야 한다.

지휘관은 군대의 '이동'에 있어서 '운동'과 '수송'을 적절하게 조합해야 한다고 하고 있다. 이것이 프랑스군의 부대 이동에 관한 기본적인 사고방식이라고 할 수 있다.

그럼, 이러한 '운동'과 '수송'의 구체적인 수단으로는 어떠한 것을 고려하고 있었을까?

제159 이용할 수 있는 교통로는 통상적으로 철도 및 육로이고, 상황에 따라서는 하천 및 해로, 그리고 소부대는 항공로를 이용한다.

일반적으로 철도는 상급제대의 지휘를 위한 강력하고 융통성 있는 기동수단이다. 대단위부대를 운용지역 근처까지 전진시키고, 또한 그 병력 및 활동수단의 유지와 사용에 필요한 수송을 확보하기 위해서 철도를 많이 사용한다.

육로는 빈번한 교통에 적합하게 편성되어 있는 밀도 높은 도로망을 통해서 필요로 하는 곳까지 연결하고 있다. 이를 이용하여 철도 수송을 연장하거나 부족한 부분을 보완할 수 있다.

육로는 차량화가 실현되면서 전략적 수송에 있어서 매우 중요하게 되었다.

이를 보면 프랑스군은 철도 수송을 대단위부대의 이동과 보급의 유지에 있어서 중심 수단의 지위에 두고 있고, 도로 수송은 철도 수송을 보완하는 보조수단의 지위에 두고 있음을 알 수 있다. 다만, '도로 수송도 차량화가 실현되면서 전략적인 수송에 있어서 매우 중요하게 되었다'라고 하고 있다. 실제로 제1차 세계대전 초반의 '마른 전투(First Battle of the Marne, 1914년)'에서 프랑스군은 차량 수송을 활용하여 예비병력을 전선에 신속하게 투입함으로써 독일군의 진격을 저지하였다.

이러한 제1장은 어디까지나 '이동에 관한 총론'이기 때문에 교범 속 용어의 정의와 일반적인 방침을 중심으로 하고 있으며, 구체적인 규정과 상세한 지시사항을 많이 기술하고 있지 않다. 이 장의 마지막 조항은 다음과 같이 규정하고 있는 정도이다.

> 제160 어떠한 이동방법을 채용하더라도 다음 사항들에 유의해야 한다.
> – 항상 부대 건제를 유지하는 것이 유리하다.
> – 야간 또는 주간에 시행하는 모든 부대의 다양한 운동 또는 수송은 적의 공중정찰 및 첩보활동으로부터 보호되어야 한다. 위장과 관련된 군기는 지휘관이 유의해야 할 중요사항이다. 이러한 관점에서 야간기동을 많이 사용해야 한다.
> (이하 생략)

이동 간의 유의점으로써 각 부대의 건제를 유지하고, '운동' 및 '수송'을 적의 공중정찰과 첩보활동으로부터 보호해야 한다고 하고 있다. 그리고 위장의 중요성을 강조하고, 야간기동을 크게 권장하고 있는 것이 특징이다.

속도와 운동성이 다른 부대의 행군

이어지는 제2장 「운동」은 제1관 「총칙」, 제2관 「도로를 이용한 행군」, 제3관 「도로를 이용하지 않는 행군」으로 구성되어 있고, 제3장 「수송」

은 제1관 「철도 수송」, 제2관 「차량 수송」, 제3관 「수로(水路) 수송」, 제4관 「항공 수송」으로 구성되어 있다. 그리고 제4장은 「운동과 수송의 조정」이며, 마지막인 제5장은 「숙영」으로 구성되어 각 내용들이 질서정연하게 나열된 논리적인 구성을 하고 있다. 이러한 점에서 프랑스군 교범은 단순히 '방법론'만을 다루고 있는 것이 아니라, 군사에 관한 '이론서'의 성격이 강하다고 할 수 있다.

이러한 각 장의 순서에 따라서 세부내용을 살펴보겠다.

제2장 「운동」의 서두인 「총칙」은 첫 조항에서 다음과 같이 기술하고 있다.

> 제161항 수송 수단의 발달에도 불구하고, 상황에 따라 모든 부대는 독자적인 수단을 이용하여 장거리를 돌파해야 하는 경우가 종종 있다.
> 육로를 이용하는 모든 운동은 복잡하다. 실제로 대단위부대 및 총예비대에 편성되어 있는 부대들은 도보부대, 자전거부대, 기마 및 견인 부대, 차량화부대 등 속도와 운동성이 동일하지 않은 부대들로 구성되어 있다. 또한, 다른 대단위부대가 타 부대 지역을 행군경로로써 사용하게 되면, 해당 대단위부대에 제한을 미칠 수도 있다.
> 따라서 각급 부대는 육로를 이용한 운동을 세심하게 준비하고 규정해야 한다.

여기서는 수송 수단이 발달하였음에도 불구하고, 각 부대들이 자력으로 장거리를 이동하지 않으면 안 되는 경우가 종종 있다고 하고 있다. 또한, 대단위부대와 총예비대는 속도와 운동성이 서로 다른 부대들로 편성되어 있기 때문에, 각 부대에서는 세밀한 준비와 규정이 필요하다고 강조하고 있다.

실제로 프랑스군은 야전군과 군단 수준에 보병사단, 기병사단, 독립 전차군(獨立戰車群) 등 다양한 '운동' 수단을 가진 부대들로 편성되어 있었을 뿐만 아니라, 그 하위제대인 사단도 상이한 '운동' 수단을 가진 기간부대들로 구성되어 있었다. 구체적인 사례를 들면, 기병사단을 개편한 '경기병 사단(Division Legere de Cavalerie, 약어 DLC)'은 자동차가 편제된 경자동차화 여단 1개와 기마 편제의 기병여단 1개를 기간으로 하고 있었고, 견인차량을 이용하는 기계화된 포병연대와 차량화된 공병중대 등으로 조합된 어중간한 '반(半)차량화 사단'이었다.

애초부터 '각종 이동수단을 적절하게 조합해야 한다'는 사고방식을 우선시하였기 때문에 이러한 '경기병 사단(DLC)'처럼 각 부대들의 속도와 운동성이 서로 다른 부대로 편성하였는지, 아니면 동일한 사단에 소속된 부대이지만 각 부대에 최적인 이동수단이 서로 상이하였기 때문에 이에 맞추어 지휘관들이 적절한 행군의 편성과 속도를 결정해야 한다고 생각했는지, 이와 관련해서 교범의 조문만으로는 명백히 드러나지 않는다. 어찌 되었든 '동일 사단에 소속된 부대들의 기동력을 동일한 수준으로 맞추겠다'라는 의도를 전혀 느낄 수 없다.

이와는 대조적으로 독일군은 이동수단과 기동력의 통일을 중요시하고 있었다. 그 사례로써 다음과 같은 보병사단의 반(半)차량화 논의를 들 수 있다. 제2차 세계대전 직전에 육군참모본부에서는 보병사단의 반차량화(보병부대는 기본적으로 도보행군이지만, 나머지 부대는 차량화)를 통한 기동력 향상을 구상하였다. 그러나 당시 보병사단이 화포 견인수단으로써 말과 자동차를 혼용하여 지휘가 어려웠던 것을 경험하였던 육군총무국[16]에서는 이보다 정도가 심한 반차량화 사단의 편성에 반대

---

16) 장비의 개발, 장병훈련과 보충에 관하여 책임을 가진 '육군 장비국장 겸 보충군 총사령관'의 지휘 아래에 있으며, 1940년 2월까지 총사령관이 육군총무국장을 겸임하고 있었다.

하였고, 결국에 육군참모본부도 이를 인정하였다.

다시 말해, 독일군 내부에서는 사단 내의 화포 견인수단이 통일되지 않는 것조차 문제시하고 있었던 것에 비해서, 프랑스군에서는 동일 사단에 소속된 기간부대들의 '운동' 수단이 제각각인 '경기병 사단(DLC)'을 여러 개 편성하고 있을 정도로 차이가 있었다. 게다가 '독일 기갑부대의 아버지'라고 불리는 구데리안(Heinz Wilhelm Guderian, 1888년~1954년) 장군은 '높은 기동력을 가진 전차부대를 주력으로 하고, 이를 지원하는 보병, 포병, 공병 등의 부대들이 그와 동등한 기동력을 갖추도록 한 제병과 연합부대인 기갑사단을 편성해야 한다'라고 주장하였다. 이러한 그의 생각은 프랑스군의 사고방식과 대조적인 '혁신적인 발상'이라고 할 수 있다[17].

그렇다면 프랑스군은 이러한 '속도와 운동성이 동일하지 않은 부대들'을 어떻게 행군시킬 생각이었을까? 그 해답은 다음 조항에서 찾을 수 있다.

제162항 이 때문에 대단위부대의 각종 편제에 적합한 행군편성을 채용하고, 또한 이러한 각종 부대의 통상적인 행군장경과 도로망 사용에 관련된 모든 제약사항에도 적용할 수 있는 행군속도를 정해야 한다.

제163항 전술상 상황이 가용할 때는 대단위부대들을 여러 개의 '행군집단'으로 구분하고, 각 집단은 동일한 속도의 부대들로 편조하여 별노의 또는 동일한 기동로를 할당할 수 있다. (이하 생략)

---

17) 실제로 독일군 기갑사단은 반장궤도식 차량의 생산부족 등으로 인해서 모든 차량을 야지 기동력이 우수한 전장궤식 차량과 반장궤식 차량으로 통일하지 못하고, 일반적인 장륜식 차량을 함께 사용해야 했다(전장궤식 차량은 전차와 같은 캐터필러식 차량을 말하며, 반장궤식 차량은 전륜은 타이어이고 후륜은 캐터필러를 장착한 차량이다. 장륜식 차량은 타이어 차량을 말한다.).

이처럼 프랑스군은 각종 편제에 적합한 행군편성을 채용하고, 각 부대에 적합한 행군속도를 결정하도록 하고 있다. 또한, 상황이 가용하다면 동일 속도의 부대별로 여러 개의 '행군집단'을 편성하여 다른 기동로 또는 동일한 기동로를 사용하도록 하고 있다. 프랑스군과 독일군 사이에 이처럼 큰 차이가 발생한 원인으로 생각할 수 있는 것은 '전투에 대한 사고방식의 차이'를 들 수 있다.

구체적으로 말하자면, 이 책의 제1장에서 설명하였듯이 '진지전'을 중시하였던 프랑스군에서는 '적 진지에 대한 공격이 아니면 아군 진지에서의 방어'라는 '공격 · 방어 이원론적인 사고방식'이 강했다. (이에 대한 자세한 설명은 이 책의 4장에서 기술하겠다) 이 때문에 '방어진지 또는 공격 개시 지점으로 부대 이동', 이어서 '방어진지 또는 공격대형으로 전개', 그리고 '전투 개시'와 같이 '이동'과 '전투'를 완전히 구분해서 생각하는 경향이 강했다.

이에 비해 '기동전'을 중시하였던 독일군(특히 기갑부대)에서는 '이동'과 '전투'를 일체화하여 생각하는 경향이 강했다. (이에 대한 자세한 설명은 이 책의 제4장에서 기술하겠다) 이 때문에 보병사단의 화포 견인수단이 통일되지 않은 것을 독일군 내부에서 공공연하게 비판할 정도였다. 만약 프랑스군처럼 동일 사단 내의 부대들을 속도별로 구분해서 이동시키고자 했다면, 기동전이 불가능하다는 이유로 크게 반발하였을 것이다.

좀 더 구체적으로 설명하면, 전차부대와 함께 보병부대 및 포병부대가 기동할 수 없다면, 전차는 보병의 엄호와 포병의 지원포격을 받지 못하고 단독으로 싸우게 된다. 이 때문에 구데리안 장군은 '전차부대를 지원하는 부대들에도 전차부대와 동등한 신속한 기동력을 부여해야 한다'라고 주장했다. 그리하여 기갑사단의 전차부대 이외 부대들도 적어도 도로상에서는 전차부대와 동등한 기동력을 발휘할 수 있었다.

그러나 이와는 반대로 프랑스군에서는 지휘관의 판단만으로 부대들을 속도별로 나누어서 이동하였기 때문에, 적의 기습에 즉시 전투로 전환할 수 없었고, 이로 인해서 큰 피해가 발생하였다. 왜냐하면 제병과 협동부대로서 종합적인 전투력을 발휘할 수 없는 상태에서 각개격파 되었기 때문이다.

도로상의 행군

제2관 「도로를 이용한 행군」은 ①「접촉 이전」, ②「구축된 전선의 엄호가 있을 경우」, ③「차량화 대단위부대의 운동」으로 구성되어 있다.

먼저 ①「접촉 이전」의 첫 조항에서는 다음과 같이 기술하고 있다.

제166항 적과 접촉 이전 또는 전투지역 근처의 지형이 자유로운 행동에 적합하다면, 대단위부대는 도로를 이용하여 자체 수단으로 이동한다. 지휘관은 예하의 대단위부대들에게 고유한 행군지역을 할당한다.

또한, ②「구축된 전선의 엄호가 있을 경우」의 첫 조항에서는 다음과 같이 기술하고 있다.

제171항 구축된 전선의 후방, 특히 병참 지대에서 운동하는 대단위부대는 대부분의 경우에 다른 운동 및 수송에 사용되는 경로를 사용한다. 이러한 경로를 대단위부대가 사용하는 시간적 조건들은 해당 도로망의 운동 및 수송의 규정을 담당하는 기관(도로규제위원회)이 결정한다.

다시 말해, 적과의 접촉 이전에는 도로를 이용하여 자력으로 이동하지만, 아군 전선의 후방에서는 다른 부대의 이동과 병참물자의 수송에 이용되고 있는 경로를 함께 사용하게 되며, 사용시간은 해당 도로망을 담당하고 있는 도로규제위원회가 결정한다고 하고 있다. 이를 보면 프랑스군에서는 제1차 세계대전과 같이 고정된 아군 전선을 향해 후방에서 병참물자와 증원부대를 보내는 상황을 전제로 하고 있다는 것을 알 수 있다.

또한, ③「차량화 대단위부대의 운동」의 첫 조항에서는 다음과 같이 기술하고 있다.

제173항 통상적으로 차량화 대단위부대는 일시적으로 배속된 총예비대의 수송대와 협력하여 도로를 통해 이동한다.

그 운동은 해당 대단위부대의 지휘관이 결정한다. 이에 대하여 상급지휘관은 행군지역을 부여하거나, (전선의 엄호하에 이동할 경우) 일정 경로를 할당한다. 후자의 경우에 대단위부대의 이동명령은 해당 지역을 담당하고 있는 도로규정위원회가 지시하는 제한규정을 참고한다. (이하 생략)

다시 말해서 높은 기동력을 지닌 자동차화 부대라도 전선 후방을 이동할 때에는 해당 지역의 도로규정위원회가 지시하는 제한규정을 고려하도록 하고 있다. 이를 보면 알 수 있듯이, 프랑스군에서는 각 부대의 자동차 보유수와 차량화 비율이라는 하드웨어적인 측면과 별도로 '부대 이동에 관한 규정'이라는 소프트웨어적인 측면에서도 유연성이 부족한 경향이 있었다.

만약에 적 부대가 예상 밖의 속도로 갑자기 아군의 종심 깊숙이 돌파하였을 때, 이러한 규정들로 인해서 이동 중이던 증원부대가 현장에서

스스로 판단하여 행동하지 않고, 도로규제위원회의 지시를 기다리기만 한다면 어떻게 될 것인가? 여기서 제2차 세계대전 초기 프랑스 전역에서 있었던 사례들을 구태여 설명할 필요는 없을 것이다.

게다가 제173항의 마지막 부분에서는 다음과 같이 규정하고 있다.

제173항 (생략) 부대들의 하차 및 전개를 순서·속도 측면에서 양호한 조건으로 실시하기 위해서 차량화 대단위부대는 다수의 자동차 도로를 사용해야 한다. 이를 위해 지휘관은 대부분의 경우에 일반적인 대단위부대보다 더욱 넓은 지역을 차량화 대단위부대에게 할당해야 한다. (중략)

제10편(제455항~제458항)은 상황에 따른 차량화 대단위부대의 운동계획에 관한 일반조건이다. 특히, 그 주력의 이동은 견고하게 구성된 전선의 엄호나 경계조직(기병 대단위부대, 정찰대, 전위 및 후위)이 구축한 안전한 지역이 아니라면 실시할 수 없다는 것을 밝히고 있다.

이처럼 차량화 부대의 이동은 아군 전선의 견고한 후방이나 기병의 대단위부대와 정찰대, 전위 및 측위 등이 구축한 안전한 지역이 아니라면 실시할 수 없다고 규정하고 있었다. 달리 말해, 프랑스군에서 차량화 부대는 최전선에서 작전하는 공격적인 기동병력이 아니라, 안전한 전선의 후방에서 자력으로 이동할 수 있는 부대에 지나지 않았다.

애초부터 차량화 부대는 장갑이 없어 방호 능력이 낮은 트럭을 편제하고 있었기 때문에, 특별한 엄호 병력을 편성하지 않으면 적 공격에 큰 피해를 입기 쉬웠다. 이러한 의미에서 프랑스군의 규정이 완전히 틀렸다고는 할 수 없다. 실제로 제1차 세계대전에서 프랑스군은 '마른 전투'처럼 전선지역에서 차량 수송을 종종 실시하기도 했으나, 기본적으로 고정적인 전선의 후방에서만 실시하였다. 2차 세계대전 이후에 작성된 구데리안 장군의 회상록에서는 '프랑스군은 직접적인 적과의 전투에

1개 보병분대를 수송할 수 있는 독일군 반장궤식
(하프트럭) 장갑차량인 Sdkfz.251

대전차포를 견인하는 독일군 쿠르프 L2H (Kfz.69)
장륜식에 장갑이 없었기 때문에, Sdkfz.251보다 전
투력이 낮았다.

차량화 부대를 사용한 사례가 전혀 없었다'라고 단정할 정도이다.

그러나 제2차 세계대전에서 독일군은 차량화 부대를 직접적인 적과
의 전투에 투입하였다. 독일군 기갑사단에는 '차량화 저격병 부대'[18]가
편제되어 있었고, 적 전선을 돌파한 전차부대에 후속하여 점령지역의
확보와 측방 엄호 등을 담당하였다. 제2차 세계대전 중반 무렵에 차량
화 저격병 연대는 2개 대대 편제였으며, 각 기갑사단에는 4개의 차량
화 저격병대대가 편제되어 있었다. 이 중에서 반장궤식의 장갑병차량인
Sdkfz.251 등에 탑승하고 있었던 것은 (장갑차량의 생산불량 등에 의해서)
통상 1개 대대뿐이었고, 나머지 3개 대대는 장갑이 없는 트럭과 대형 수
송용 차량 등에 탑승하였다. 그렇지만 독일군은 유일한 장갑화 대대를
전차연대와 조합하는 등 차량화 저격병 부대를 공격적으로 운용하였다.

이러한 독일군과 프랑스군 사이의 차이는 왜 발생했던 것일까? 잘 알
려진 것처럼 제1차 세계대전의 강화조약인 베르사유 조약이 독일 육군

---

18) 2차 세계대전 초기에는 1개 여단의 '차량화 저격병 부대'가 기갑사단에 편제되었고,
   중반에는 2개 연대가 편제되었음. 이후 이는 '장갑척탄병 부대'로 개칭됨.

의 총병력을 10만 명으로 제한하였고, 프랑스와의 국경에 있는 진지와 요새를 비무장화하도록 규제하고 있었기 때문이다. 기갑사단의 제창자인 구데리안 장군은 회상록에서 제1차 세계대전 이후의 상황을 다음과 같이 기술하고 있다.

"독일은 이제 무방비 상태이다. 따라서 앞으로의 전쟁에서 진지전을 수행할 수 있을 것이라고 생각하기 어렵다. 만약에 개전하게 된다면 기동적인 방위 전력에 의존하지 않으면 안 되지만, 기동전에 있어서 차량 수송에는 엄호라는 과제가 문제로 수반된다. 여기에 유용하게 사용할 수 있는 것은 장갑차량뿐이라고 나는 생각했다."

보유병력과 국경 요새의 정비를 엄격하게 제한받고 있었던 독일군은 진지의 방어력과 화력을 활용하는 '진지전'이 아닌, 기동력을 활용하여 적을 타격하는 '기동전'을 전개할 수밖에 없었다. 그러나 (주력인 보병부대의 기동력을 향상하는) 차량 수송을 공격작전 등에 활용하기 위해서는 방호력이 약한 차량 부대를 엄호하는 장갑차량이 필요했다. 이것이 구데리안 발상의 원점이었고, 훗날 기갑사단의 편성으로 발전해 갔다.

야전군, 군단, 사단 수준의 행군 규정

이야기를 다시 프랑스군으로 되돌려 살펴보면, 『대단위부대 전술적 용법 교령』은 제2관 「도로를 이용한 행군」의 두 번째 조항에서 다음과 같이 기술하고 있다.

제167항 운동을 용이하게 하려면 지휘관은 상급부대로부터 지시받은 교통 규정을 참고하여 가능한 범위 내에서 다음의 지시내용을 따라야 한다.

- 각 부대는 고유의 속도를 유지한다. 이를 위해 행군제대를 제163항에서 지시한 것처럼 편조한다.
- 도보 및 기마부대에는 최단 거리의 경로를 할당한다.
- 중(重)기재를 위해서는 자갈로 포장한 도로를 단일 방향으로 사용한다.
- 동일한 경로 또는 동일한 행군지역을 사용하는 각 행군집단이 상호 간에 1일의 행군거리를 하고 있으면, 항상 이를 동일 지휘관 예하에 둔다.

이러한 기술 내용을 보면 알 수 있듯이 자동차의 대중화가 앞서 있던 프랑스에서도 (콘크리트나 아스팔트 등으로 포장되지 않은) 자갈도로는 특별한 도로였으며, 무거운 기자재를 휴대하지 않은 도보부대와 기마부대는 자갈도 깔려있지 않은 비포장도로를 이용하여 이동하는 것이 일반적이었다.

다음으로 야전군, 군단, 사단의 행군에 관해서 다음과 같이 규정하고 있다.

제168항 야전군 사령관은 사용할 수 있는 모든 도로망을 각 군단의 편조 및 임무에 따라서 할당한다. 또한, 야전군 직할부대의 이동을 규정하거나, 행군을 위해 각 군단에 분산 배치하기도 한다.

차량화 부대는 대략 2일~3일 간격으로 장거리 약진을 통해 이동한다.

야전군 사령관은 칙륙징의 싱황에 따라서 야진군과 그 에하에 있는 각 내난 위부대에 속해 있는 모든 항공대의 이동조건을 규정한다. 이러한 이동은 적어도 40km의 약진을 실시한다. 충분한 지역 없이 동시에 모든 부대를 전방으로 전진시켜야 하는 경우에 군사령관은 각 이동의 완급과 순서를 정한다.

기수가 유리창으로 되어 있어서 정찰 및 관측에 적합했던 쌍발기 뽀떼즈 (Potez) 63.11

이 책의 1장에서 설명하였듯이, 프랑스군은 항공기를 이용한 원거리 정찰과 낙탄 관측을 중시하였다. 정찰비행군(뽀떼즈 63.11과 뽀떼즈 637 등으로 편제)을 야전군 직할로 편제하고 있었고, 각 군단과 일부 사단에는 정찰관측비행군을 편제하고 있었다. 그 약진거리는 최소 40Km였으며, 이러한 수치의 산출근거는 확실하지 않으나, 제168항 이외에는 구체적인 수치를 제시하며 규정하고 있는 조항은 보기 드물다.

제169항 군단은 원칙적으로 사단들을 병립(竝立, 나란히 세워)하여 행군한다. 그렇지만 3~4개 사단으로 구성된 군단은 통상적으로 1~2개 사단을 제2선에 두어야 한다. 행군을 위해서 군단에 배속된 야전군의 부대들과 군단의 건제부대들은 특정 사단의 후방에 집결하거나, 각 사단에 분산하여 배치하기도 한다.

행군편성은 예하 부대들에게 충분한 독립성을 부여하고, 또한 상황에 따라서 방향 변경이 가능하도록 규정해야 한다. 앞·뒤로 배치된 두 개의 사단이 적을 향해 전진하기 위해서 동일한 도로를 이용할 경우에는 각 부대들의 전장 도착에 대한 완급 판단을 기초로 행군편성을 세심하게 규정해야 한다. 즉, 제2선 사단은 포병을 선두로 하고 전투부대가 후속하도록 하고, 제1선 사단은 혼잡하기 쉬운 부대들을 후방에 위치시켜서 전진을 유리하게 해야 한다.

이처럼 군단 수준에서는 사단을 병립하여 행군하도록 하는 것과 사단을 앞뒤로 배치하여 이동할 경우의 제대 순서를 규정하고 있는 정도이며, 뒤에서 설명할 소련군 교범처럼 구체적인 수치를 제시하며 규정하고 있지는 않았다.

제170항 사단은 자기에게 할당된 지역 또는 경로를 최대로 이용하고, 대부분은 여러 개의 행군 제대로 행군한다.

사단 수준의 행군에 관한 규정은 이것뿐이며, 군단 수준처럼 구체적인 수치를 제시하며 규정하고 있지 않다. 이러한 점에서 프랑스군의 교범이 '방법론'에 대한 내용보다는 군사에 관한 '이론서'의 성향이 강하다는 것을 느낄 수 있다.

그리고 제2장 「운동」의 마지막 소항목인 제3관 「도로를 이용하지 않는 행군」은 다음의 한 개 조항뿐이다.

제174항 항공폭격 또는 포병사격이 집중되거나, 장갑병기의 침입을 받아서 멈출 수밖에 없게 되면, 각 대단위부대는 도로상의 대형을 포기하고, 야지를 이용해서 전진을 수행한다. 이러한 경우에 제209항, 제239항, 제372항에서 제시하고 있는 내용에 따라 접적편성을 결정하도록 한다.

프랑스군에서 '도로를 이용하지 않는 행군'은 '접적편성'을 의미했다. 이러한 접적편성에 관해서는 이 책의 제4장에서 자세히 설명하겠다.

부대 및 보급품의 수송

이어지는 제3장 「수송」의 첫 조항은 다음과 같다.

제175항 부대 및 보급품의 수송은 통상적으로 그 안전을 절대 보장받는 전선의 엄호하에 실시한다.

이어지는 제1관 「철도 수송」에서는 다음과 같이 기술하고 있다.

제176항 철도 수송은 모든 병과에 적용할 수 있다. 그 능률은 매우 크고 또한 다소의 변경에도 대응할 수 있다. 그렇지만 그 실시는 통상적으로 장기간이 필요하고, 사전에 준비가 필요하다. 따라서 대단위부대의 철도 수송은 군단의 경우에 적어도 100Km 이상, 사단의 경우에 75Km 이상 이동할 경우에 적용하는 것이 일반적이다.

철도 수송은 장거리 이동을 위해서 반드시 필요로 하지만, 차량화의 진전을 이용하여 대단위부대의 내부에서는 차량화된 부대들의 도로를 이용한 운동과 유리하게 병용할 수 있다.

이처럼 병용한다면, 대단위부대의 수송에 드는 시간을 현저하게 감소시킬 수 있다. (이하 생략)

여기서는 철도 수송이 준비와 시행에 많은 시간을 필요로 하기 때문에, 군단은 적어도 100Km 이상, 사단은 75Km 이상을 이동할 경우에 적용하도록 하고 있으며, 프랑스군 교범치고는 드물게 구체적인 수치를 제시하고 있다. 또한, 소요시간을 단축하기 위해서 자동차 부대들의 '운동'과 병용할 것을 권장하고 있다. 이를 보면 프랑스군에서 철도 '수송'과 자동차 '운동'을 병용하는 주된 목적이 수송 소요시간의 감소에 있다는 것을 알 수 있다.

그리고 이어지는 제2관 「차량 수송」의 서두에서는 유연성 등을 높이 평가하면서도, 몇 가지 단점을 언급하고 있다.

제178항 도로망 대부분을 이용할 수 있는 차량 수송의 특성은 높은 융통성에 있다. 차량 수송은 도로망이 잘 발달되어 있는 경우에 예정된 수송의 변경에도 대응할 수 있다. 또한, 모든 부대를 운용지역에 상당히 가깝게 하차시킬 수 있고, 보급품들을 수령자의 근처까지 전달할 수 있다.

하지만 차량 수송의 능률은 이용하는 도로들의 특성 및 보존상태, 그리고 교통법의 조직 여하에 영향을 받는다.

차량 수송은 대략 철도 수송보다 엄폐에 쉽지만, 혼잡하기 쉽고 교통상의 엄밀한 규정을 필요로 하는 불리함이 있다. 또한, 장거리 이동을 실시할 경우에 자동차가 편제된 치중대와 보급부대가 없다면, 부대들이 분산될 우려가 있다.

또한, 이어지는 조항에서는 차량화 되지 않은 부대를 차량으로 수송하는 경우의 문제점을 기술하고 있다.

제179항 편제상에 차량화 부대를 보유하고 있지 않은 대단위부대의 전투부대 및 예비대 대부분을 차량으로 수송하는 것은 가능하다. 하지만 이러한 수송 방법은 동물을 이용한 수송과 효율이 근소하다. 또한, 차량의 톤 수 및 적재 부피에 한도가 있는 현재 상황에서 무겁고 큰 부피의 자재를 자동차에 적재할 수 없다.

프랑스군은 군마가 편제된 부대를 수송하기 위해서 전용 5톤 TTN 트럭(Camion de 5t Transports de Toutes Natures)을 개발하여 수송군(輸送

群) 소속의 군마 수송용 트럭 중대(군마 수송용 트럭을 80~100량 보유)에 배치하고 있었다. 그러나 5톤 차량에 군마 6마리 정도가 탑재 가능하였고, 그 효율은 확실히 근소하였다.

이러한 점들을 고려하여 제2관 「차량 수송」의 마지막 조항에서는 다시 철도 수송과 도로 수송의 병용을 언급하고 있다.

제180항 도로 수송은 철도를 이용한 수송을 연장하거나, 혹은 동일 부대의 수송에 철도와 병용하는 것이 가능하다. 상당히 큰 규모의 수송을 위해서 도로와 철도를 병용하는 것은 차량화가 진전됨에 따라 점점 빈번하게 될 것이다.

한편, 제3관 「수로(水路) 수송」은 너무 느려서 부대 이동에 사용할 수 없다고 다음과 같이 단적으로 말하고 있다.

제181항 하천을 이용한 수송은 원칙적으로 무거운 재료 및 변질하기 쉬운 식료품의 보급, 부상자의 수송에 이용해야 한다. 철도와 도로의 수송 부담을 줄이는 데 도움을 줄 수 있다. 하지만, 부대의 이동을 위해서 중요한 하천을 이용하는 경우를 제외하고, 부대 이동에 적용하기에는 속도가 너무 완만하다. (이하 생략)

다만, 제4관 「항공 수송」은 하천 수송과 달리 소규모 수송에 적합하다고 기술하고 있다.

제182항 항공 수송은 통상적으로 항공대의 항공부대를 이용한다. 항공 수송은 개인, 소부대, 보급, 부상자 철수 등에 고려할 수 있다. 그 중요도는 계속해서 증가하고 있으며, 앞으로는 항공 수송이 한층 보편화될 것이다.

한편, 제300항에서는 적 후방에 대한 낙하산 강하(降下)에 관해서 다루고 있다.

운동과 수송의 조정

제4편 「수송, 운동, 숙영」의 마지막 장인 제4장 「운동과 수송의 조정」은 첫 조항인 제1관 「총칙」에서 다음과 같이 기술하고 있다.

제183항 기동의 실시에 있어서 속도의 요구는 다양한 교통기관들을 이용하게 만든다. 따라서 대규모 이동을 위해서는 철도 수송, 자동차를 이용한 운동 및 수송을 함께 사용해야 한다. 또한, 대단위부대 차량화의 발전은 지휘관이 철도와 자동차를 동시에 이용하여 이동하게 만들었다.

제184항 수송의 최종 단계에 있어서 각종 수단으로 이동한 부대들을 재집결시키거나, 상황에 따라 각종 이동수단들을 양호한 조건으로 함께 잘 이용하기 위해서는 철도 수송, 자동차를 이용한 운동 및 차량 수송의 밀접한 조정이 필요하다.

이러한 조항들을 보면, 프랑스군에서는 철도 수송과 차량 수송, 차량화 부대의 철도 수송과 자동차를 이용한 운동을 조합하여, 이를 적절하게 조정하는 것을 중시하고 있다. 이는 제2관 「철도 수송과 '자동차를 이용한 운동 및 수송'의 조정」을 보면 더욱 명확해진다.

제186항 각각의 경우에 있어서 철도 수송과 '자동차를 이용한 운동 및 수송'의 조정은, 그 첫 단계로서 두 종류의 이동법을 지시하는 훈령들을 통해서

실시한다. 이러한 훈령들은 원칙적으로 각 철도부를 직할로 두고 있는 총사령관이 발령한다. (이하 생략)

제187항 조정의 두 번째 단계는 이동부대들의 수령자인 야전군의 범위 내에서 실시한다. 이동부대들의 최종 목적지를 결정하는 것은 통상적으로 야전군 사령관이다. 따라서 각 수송부는 야전군의 지시에 따라서 수송의 마지막 단계를 확보해야 한다. 이러한 취지에서 총사령관은 야전군 사령관 예하의 철도부와 도로 수송부에 필요한 훈령을 발령할 수 있는 자격을 가진 대표자를 파견한다.

제188항 특별한 경우(동일한 야전군 지역 안에서 실시되는 수송)에 야전군 사령관은 철도의 이용에 관해서 총사령관으로부터 위임받을 수 있다. 이러한 경우에 야전군 사령관은 철도 수송과 이와 병행되는 '도로를 이용한 수송 및 운동'의 조정을 완전히 확보하게 된다. (이하 생략)

이처럼 철도 수송과 '자동차를 이용한 운동 및 수송'의 조정에 관해서 매우 상세하게 규정하고 있다. 또한, 이어지는 제3관의 「도로를 이용한 운동과 그 수송의 조정」에서도 다음과 같이 상세하게 규정하고 있다.

제189항 전방의 대단위부대 지역이나 각 병참지역에서 '도로를 이용한 운동 및 수송'에 대한 조정에는 각급 부대들을 대상으로 다음의 2개 항목이 필요하다.
①교통법의 편성
②일정 기관 및 조직을 이용한 운동 및 운송의 통제
(중략)

①교통법의 편성
제190항 (중략) 각급 지휘관들은 관계있는 도로상의 교통 편성 및 감시를 담당하는 전반적인 의무를 지고 있으며, 그 활동은 특별기관인 도로규정위

원회 및 도로교통지대(道路交通支隊)를 이용하여 실시한다.

　도로망, 특히 전방지역의 도로망이 충분한 밀도를 가지고 있을 경우에는 경로 전반에 걸쳐 교통법으로 규제할 필요는 없다. 교통법의 규정은 교통 계획상의 조문으로 구성된다. 그 서류는 요도를 통해서 보완되며, 다소 지속적인 성질을 가진다. (중략)

　②운동 및 수송의 통제
　제191항 운동 및 수송의 조정을 위해서 각 대단위부대들은 운동 및 수송계획을 작성한다. 그 계획은 일정기간(원칙적으로 24시간) 동안 적용된다. 이것은 실시해야 하는 운동 및 수송을 확실하게 규정하고, 또한 불시의 운동 및 수송을 신속하고 합리적으로 편성할 수 있게 한다. (이하 생략)

　이러한 규정을 보면 프랑스군은 도로의 사용에 관해서도 '운동'과 '수송'의 조정을 중시하고 있었다는 것을 알 수 있다.

　문제는 도로규정위원회 등을 통한 도로 사용의 통제, 각 대단위부대들에 의한 운동 및 수송계획의 작성과 적용 등 계획적인 통제를 중시하고 있다는 것이다. 참호전으로 진행되었던 제1차 세계대전의 서부전선처럼 전선의 움직임과 상황의 변화가 적다면, 이러한 방법은 부대와 보급물자의 이동을 효율적이게 할 것이다. 그러나 제2차 세계대전 초기의 프랑스 전선처럼 단기간에 전선이 크게 변한다면, 운동계획과 수송계획을 하나하나 다시 작성하게 하여 상황의 변화에 유연하게 대응할 수 없게 한다.

　이러한 점이 프랑스군의 행군에 있어서 가장 큰 문제점이었다. 엄밀히 말하자면, 독일군의 전술로 인해서 프랑스군의 행군(프랑스군 용어로는 '이동')에 내재하고 있던 문제점이 부상하게 된 것이라고 해야 할 것이다.

독일군의 행군

행군에 대한 기본적인 사고방식

독일군『군대지휘』는 제5장 「행군」의 첫 조항에서 다음과 같이 기술하고 있다.

제268항 전투행동의 많은 부분이 행군이다. 행군의 시행을 확실하게 하고, 더욱이 행군 이후에도 부대가 침착하고 여유 있는 것은 제반 기도에 좋은 효과를 가능하게 하는 요소이다.

이처럼 독일군 전술교범에서는 먼저 사물의 본질을 한마디로 갈파하면서 가장 중요한 점을 간결하게 기술하고 있다. 이에 비해서 프랑스군『대단위부대 전술적 용법 교령』은 서두의 「총칙」에서 먼저 '작전에는 부대 및 각종 보급품의 끊임없는 이동이 필요하다'라는 누구라도 알 수 있을 만한 원리원칙을 기술한 다음에 '이동', '운동', '수송' 등의 용어를 각각 정의면서 시작하고 있다.

이처럼 프랑스군 교범은 원리원칙의 제시로부터 용어의 정의 순으로 마치 과학 및 수학의 '이론서'와 같은 구성으로 되어 있으나, 독일군 전술교범은 가장 중요한 포인트를 간결하게 제시하고 있다. 이것만 보더라도 프랑스군과 독일군이 지향하는 이상적인 교범의 모습에 차이가 있다는 것을 알 수 있다.

그리고 독일군『군대지휘』는 다음 조항에서 바로 훈련에 관한 내용으로 이어지고 있다.

제269항 각 부대들의 행군 훈련이 동일하지 않고 엄격함을 잃게 되면, 군대의 행동력은 감소한다. 만약 전쟁의 초반에 기회가 된다면 행군을 숙달하도록 해야 한다. 특히, 도보 부대는 더욱 그러하다. 또한, 도보 부대는 새로운 군화를 사용해서 어려움을 겪지 않도록 해야 한다.

제1장에서 설명하였듯이 독일군은 기동력을 발휘해서 싸우는 '기동전' 지향의 군대이며 행군능력의 저하는 작전능력과 직결된다. 이 때문에 특히 도보 부대는 기회가 있으면 행군훈련을 실시하여 숙달해야 한다고 하고 있다.

또한, 행군훈련의 동일성을 언급하고 있다는 점에도 주목해야 한다. 앞서 설명하였듯이 보병사단의 화포 견인수단으로 말과 자동차가 혼재되는 것만으로도, 독일군 내부에서는 '지휘가 매우 곤란하다'라며 목소리를 높일 정도였다. 이러한 관점에서 각 부대들의 행군훈련이 동일하지 않으면 행군능력이 제각각이어서 부대의 행동력이 감소하고 작전능력이 낮아질 것으로 생각하고 있었다. 이것은 '기동전' 지향의 군대에 있어서 큰 문제가 된다. 게다가 새로운 전투화가 물집 등의 문제를 일으킨다는 것을 지적하는 부분도 흥미롭다.

이어지는 조항도 독일군의 행군에 대한 사고방식을 잘 보여주고 있다.

제270항 사전에 행군능력의 증가를 고려하여 정지 및 휴식에 숙고를 기울이고, 행군에 관한 군기를 엄격히 한다. 그리고 피복, 장구, 마장(馬裝), 마구(馬具), 편자에 주의하고, 다리를 보호하며, 인마(人馬)의 위생 및 휴양을

양호하게 하는 것은 행군능력을 유지 및 증진하는데 가장 유효한 방법이다. (이하 후술)

이처럼 조항의 서두에서 행군능력의 증가를 사전에 고려하도록 기술하고 있다. 즉, 정지와 휴식을 잘 편성하고, 병사의 다리와 군마의 편자 등에 주의를 기울이는 것, 위생 및 휴양 상태를 좋게 하는 것은 모두 행군능력을 유지하고 증가시키기 위한 것이다.

이 조항의 나머지 부분은 다음과 같이 지휘관이 주의해야 하는 점을 구체적으로 열거하고 있다.

제270항 (생략) 물집환자, 그리고 안장에 스쳐 상처가 나거나 다쳐서 절뚝거리는 군마의 숫자는 행군에 대하여 주의를 기울인 정도를 알 수 있는 기준이다.

행군 간에 도보병, 군마, 기마병, 말을 부리는 병사, 차량의 바퀴에 대해서 끊임없이 주의를 기울여야 한다. '애호(愛護)'를 필요로 하는 사람과 군마를 위해서 적시에 행군을 경감시키는 조치를 강구하거나, 휴식 및 숙영으로 적절하게 구호(救護)하는 조치는 중대장 등 지휘관의 책임이다.

기마부대는 행군 간에 '애호'를 위해서 빠른 속도 및 보통 속도의 승마 이동, 하마(下馬) 이동 등 다양한 방법을 적절하게 적용하도록 고려해야 한다.

이와 같은 고려를 통해서 행군으로 생기는 손모(損耗)를 감소시킬 수 있다.

여기서는 행군에 대한 주의 기울임에 대한 판단기준으로써 물집 환자, 안장으로 인해 상처가 생기거나 절뚝거리는 말의 숫자를 제시하고 있으며, '애호'가 필요한 병력과 군마를 위해서 무게를 덜어 주거나 적절한 구호를 시행하는 것은 현장 지휘관의 책임이라고 명시하고 있다.

(참고로 당시의 군화는 오늘날처럼 고무바닥이 아니라 가죽에 못으로 박은 것이 일반적이었다) 또한, 기마부대에서는 행진의 종류를 적절하게 선택하여 군마를 '애호'하도록 하고 있었다.

다시 말해, 무리한 행군으로 부대에 큰 부담을 주게 되면, 행군을 계속할 수 없는 낙오 병사와 군마가 늘어나고, 필요시에 행군능력을 증가할 수 없게 된다. 이 때문에 독일군은 행군 중인 병력과 군마의 부담 경감에 상당한 주의를 기울였던 것이다. 이는 다음 조항에서도 잘 표현되어 있다.

제271항 도보 부대의 군장과 군마의 적재품을 차량으로 수송하면, 현저하게 그 노고가 완화되어 행군력을 증대한다. 그러나 이를 위해서는 차량의 증가가 필요하기 때문에, 예외적인 경우나 비교적 소규모 부대일 경우로 한정한다.

반면에, 각 부대의 차량은 적재 능력의 범위 내에서 '애석(愛惜)'이 필요한 병력과 군마의 장비를 운반하여 그 부담을 경감시키도록 한다. (이하 생략)

다시 말해, 독일군에서는 각 부대에 배치된 차량을 병력과 군마의 부담을 경감시켜서 행동력을 증대하기 위한 수단으로써 인식하고 있었다. 이를 보면 독일군에서 병력과 군마의 부담에 대한 경감을 얼마나 중시하고 있는지 알 수 있다.

또한, 도보 부대의 장비를 자동차로 운송하는 것을 예외적이거나 한정적일 경우로 제한하고 있다는 것을 알 수 있다. 실제로 독일군에서 기계화 또는 차량화 편제의 기갑사단과 차량화 보병사단은 극히 소수였고, 수치상으로는 보병사단이 대부분이었다. 구체적으로 살펴보면, 서방진공작전이 시작된 1940년 5월의 시점에 완전히 기계화 또는 차량화된 사단의 숫자는 총 157개(편성 중인 5개 포함) 사단 중에서 불과 16개

(기계화 사단 10개, 차량화 보병사단 6개)에 지나지 않았다.

이처럼 수치상 주력인 보병사단의 이동 및 수송 능력에 있어서 중심은 병력과 군마였다. 따라서 이러한 사람과 말의 생리적인 한계를 고려하고, 음식과 배설, 수면 등을 적절하게 통제하는 것은 '기동전'을 지향하던 독일군에 있어서 매우 중요한 것이었다. 이러한 병력과 군마의 부담을 줄이기 위한 배려는 단지 행군 중에만 한정된 것이 아니었다.

> 제272항 전투가 진행되는 동안에는 휴일을 지정하여 운영한다. 만약에 기회가 된다면, 이를 이용해서 병력과 군마의 휴양, 차량의 점검 및 수리, 병기 · 장비 · 피복의 수리를 해야 한다.

여기서도 기회가 있다면 사람과 말을 휴양시키도록 규정하고 있다. 조문 중에 종종 나오는 '애호(愛護)'와 '애석(愛惜)' 등의 표현을 보면, 독일군이 무척 안이한 군대처럼 느껴질 수도 있다. 그러나 부담 경감의 목적이 유사시에 행군능력을 증가시키기 위해서이며, 단순히 병사들을 편하게 하기 위한 것은 아니었다. 그뿐만 아니라 제269항에 있는 것처럼 기회만 된다면, 행군훈련을 실시하여 병사들에게 행군의 어려움을 몸에 익히도록 해야 한다고 하고 있었기 때문에 편했을 리가 없다.

> 제277항 정황이 절박하여 속도를 증가시키거나 행군거리를 늘일 필요가 있을 수도 있다. 이럴 경우에는 부대원들에게 그러한 노력이 요구되는 이유를 알릴 수 있다. 과도한 요구는 군대의 전투력을 감소시킬 뿐만 아니라, 그 정신적인 강인함을 쇠퇴시킨다.

독일군은 강행군하게 될 경우에 그 이유를 병사들에게 밝힐 수 있었다. 이처럼 불리한 내용을 일부러 밝히는 것은 보안의 유지보다도 병사들의 동기 향상을 통한 행군능력의 증가를 중시하고 있었기 때문이다. 이는 '행군능력의 증가가 작전능력의 향상에 직결된다'라는 '기동전' 지향의 군대라는 것을 나타내고 있다. 그리고 이 조항에서는 지휘관의 무리한 요구가 군대의 전투력 저하는 물론 병사의 정신적인 측면, 구체적으로 '사기의 유지'와 '규율의 준수' 등에 문제를 발생시킨다는 단점도 기록하고 있다.

혹서기 및 혹한기 행군, 그리고 야간 행군

독일군 교범에서는 위와 같이 행군에 대한 기본적인 사고방식을 기술한 이후에 이어서 혹서기 및 혹한기 행군, 야간행군 등을 규정하고 있다.

> 제273항 행군하는 군대에 있어서 큰 어려움은 혹서기이다. 특히, 도보 부대에 있어서 그 정도가 심하고, 단시간에 다수의 병사를 감소시킬 수 있기 때문에, 적절한 예방법을 강구해야 한다.
> 따라서 혹서기에는 될 수 있으면 야간행군을 실시한다.
> 혹서기에 야간행군을 할 수 없을 경우, 더위가 가장 심한 시간에는 휴식하는 것이 유익하다. (이하 생략)

독일군은 혹서기 행군으로 단시간에 다수의 병사가 낙오하는 것을 예방하기 위해서 될 수 있으면 야간에 행군하도록 하고 있다. 이에 비해 프랑스군은 앞서 설명한 것처럼 적의 공중정찰과 첩보활동을 회피하기 위해서 야간기동을 권장하고 있다(『대단위부대 전술적 용법 교령』 제160항). 다시 말해, 프랑스군은 적에게 발견되지 않기 위해서 야간행군을 하는 데 비해서, 독일군은 더위로 인한 비전투 손실을 예방하기 위해서 야간행군을 하는 것이다.

그러나 독일군은 주간행군에 비해서 큰 노력이 요구되기 때문에, 혹서기를 제외하고는 야간행군에 적극적이지 않았다. 야간행군에 필요한 추가적인 노력으로써 다음 사항들을 열거하고 있다.

제276항 야간행군은 주간행군과 비교해서 더욱 정확한 지형정보가 필요하고, 또한 사용하기 쉬운 행군로에 의존하게 된다. 정찰이 불가능하거나 다른 의혹이 존재하는 경우에는 될 수 있으면 그 지역을 잘 아는 안내인을 구해야 한다. 도로가 불량하고 시계가 불량한 경우에는 특히 그러하다.

야간행군, 그중에서도 특히 기계화 부대의 야간행군을 위해서는 간단한 도로 표식을 설치하고, 또한 행군하는 부대와의 연락유지를 위해서 세심한 조치가 필요하다.

혹서기를 제외하고 야간행군은 주간행군과 비교해서 부대에 요구하는 노력이 크다. (이하 생략)

이처럼 야간행군에는 다양한 노력이 필요하다.

한편, 프랑스군이 큰 이점으로 생각하고 있던 항공수색에 대한 은폐와 관련해서는 상당한 노력이 필요하다고 기술하고 있다.

제276항 (생략) 적의 수색, 또는 감시가 예측될 때는 등화를 통제해야 한다.

그럴 필요가 없는 경우에는 중대 후미에 제등(提燈, 등불을 휴대하는 인원)을 배치하여 행군제대의 유지 및 연락을 용이하게 할 수 있다. 자동차를 등화 없이 운행할 때는 속도를 줄여야 한다.

적의 근처에서는 엄격히 정숙을 지켜야 한다.

행군을 위한 집합과 휴식을 위한 분진은 야음을 틈타서 실시해야 하며, 이는 적의 항공수색에 대한 야간행군의 은폐를 가능하게 만든다.

야간시간이 짧아질수록 가용한 행군시간은 감소하고, 행군거리는 단축된다.

야간행군시의 등화관제는 상식이지만, 집합과 휴식을 위한 분진까지 야음을 틈타서 실시해야만 한다고 하고 있다. 그리고 야간에는 자동차의 행군속도가 줄어들고, 시기에 따라 행군 가용 시간도 짧아진다는 단점을 제시하고 있다.

이처럼 노력의 증가, 즉 부담의 증가는 프랑스군처럼 '진지전' 지향의 군대보다도 독일군처럼 '기동전'을 지향하는 군대에게 큰 단점으로 작용한다. (참고로 '진지전' 지향의 군대에서는 각 부대의 행군능력, 즉 '기동력'의 저하보다도 부대의 '화력'과 진지의 '방어력'의 저하가 더욱 중요한 문제이다.)

한편, 독일군도 야간행군을 통한 대공은폐를 전혀 고려하지 않은 것은 아니다.

제283항 야간행군은 행군하는 부대가 적의 지상감시 및 공중감시에서 벗어나는 방법이다. 야음은 적의 공습을 어렵게 한다. 따라서 야간행군은 적을 기습하기 위한 중요한 수단이며, 특히 공중세력이 열세할 경우에 유효하다. 야간행군을 시행하여 새벽녘에 적에게 접근한 경우, 부대가 피로를 해소하고 질서정연하게 적에게 돌격할 수 있도록 소휴식을 실시하는 것이 유리하다.

여기서는 공중세력이 열세한 경우에 적을 기습하는데 야간행군이 유효하다고 장점을 언급한 다음에, 적에게 돌격하기 전에 소휴식을 취하여 피로를 해소하는 것을 권장하고 있다. 이처럼 독일군은 야간행군을 부담이 큰 전투행위로 생각하고 있었다.

한편, 혹한기 행군에 관해서는 다음과 같이 기술하고 있다.

제274항 혹한기의 경우에는 특히 귀, 뺨, 손 및 아래턱을 적시에 보호해야
한다.

도보 부대가 손을 움직일 수 있게 하도록 총기 휴대끈으로 소총을 휴대하
게 할 수 있다. 통상적으로 외투를 착용하지 않고 행군하고, 대휴식 간에 외
투를 착용해야 한다. (이하 생략)

이처럼 독일군은 통상적으로 행군시에 외투를 착용하지 않고, 대휴
식 간에 착용하도록 하고 있었다. 두껍고 무거운 코트를 착용하면 몸을
움직이기 어렵다. 참호 속에서 가만히 웅크리고 적을 기다리는 '참호전'
지향의 군대라면 몰라도, 신속한 '기동전'을 지향하는 군대에게 이런 외
투는 부적절한 것이다.

한편 러시아의 혹한 속에서는 기온이 영하 수십 도까지 떨어지는 일
이 흔하므로 이러한 내용은 부적절하다. 실제로 제2차 세계대전에서 소
련을 침공하여 겨울을 맞이한 독일군은 외투를 착용하였고, 추가로 소
총의 동작부분에 대한 동결 방지를 겸해서 따뜻하게 데운 기와를 안고
보초를 섰을 정도였다.

다시 말해, 독일군은 (적어도 교범이 편찬되었던 1930년대 중반까지는)
행군시에 외투를 착용하지 않고 지낼 정도의 추위만을 상정하였고, 동
계 러시아 내륙처럼 극한지역에서의 행군은 고려하지 않았다는 것을 알
수 있다. 제2차 세계대전의 독소전 초반에 독일군이 '동장군'에 고생했
던 이유 중의 하나를 여기서 찾아볼 수 있다.

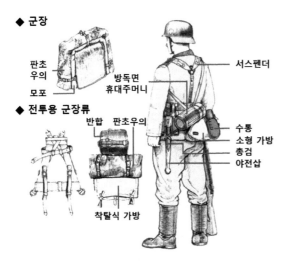

◆ 군장

판초
우의
모포

방독면
휴대주머니

◆ 전투용 군장류

반합　판초우의

서스펜더

수통
소형 가방
총검
야전삽

착탈식 가방

〈그림1〉 독일군 보병의 장구류
독일군 보병의 장구류는 프랑스군
보다 경량이었다. 군장은 대부분 마
차 등의 차량에 탑재하였다. 더욱이
군장을 대신하여 반합과 판초우의,
일용품을 넣기 위한 착탈식 가방을
서스펜더에 부착할 수 있게 되어 있
어서, 행군에서 신속하게 전투로 전
환할 수 있었다.

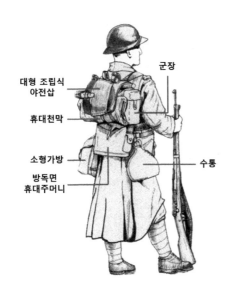

대형 조립식
야전삽

휴대천막

소형가방

방독면
휴대주머니

군장

수통

〈그림2〉 프랑스군 보병의 장구류
유럽의 북부는 여름에도 야간에는
코트가 필요하지만, 프랑스군 보병
은 행군시에도 착용하였다. 진지전
을 지향하는 프랑스군답게 대형 조
립식 야전삽을 휴대하고 있었다.

행군편성과 도로를 이용한 행군

행군편성에 관한 기본적인 사고방식과 도로를 이용한 행군에 대해서
『군대지휘』는 다음과 같이 기술하고 있다.

　　제278항 행군에 관한 모든 편성은 주로 지상의 적과 접촉이 예상되는지에
따른다.
　　적과의 접촉이 예상되지 않을 때는 군대의 '애석(愛惜)'에 충분한 고려를
기울여야 한다. 이때, 소규모 부대로 구분하거나 병과별로 행군하면, 행군을
현저히 쉽게 하며 동시에 대공 위험을 감소시킨다.
　　반면에 적과 접촉이 예상될 때는 전투 준비에 대한 고려를 중심으로 해야
한다. 이를 위해서는 혼성부대를 편성하고, 적절한 행군 순서와 경계방법을
선택해야 한다.

여기서도 상황에 따라 군대의 '애석(愛惜)'에 충분히 배려하도록 하고
있다. 다만, 이는 적과의 접촉이 예상되지 않을 경우로 한정하며, 접촉
이 예상되면 전투준비를 중심으로 하도록 밝히고 있다. 결국, '애석'의
최종목적은 어디까지나 전투에서 충분한 위력을 발휘하는 데 있었다.
　　또한, 소부대 또는 병과별로 나누어 행군하는 장점도 기술하고 있으
나, 이것도 적과의 접촉이 없을 경우로 한정하고 있으며, 접촉이 예상되
면 '혼성부대', 즉 제병과 협동부대를 편성하여 행군하도록 하고 있다.
소부대와 병과별로 나누는 것은 행군의 부담을 감소하게 하였다가, 유
사시에 행군능력을 증대시키기 위함이었다.

　　제279항 여러 개의 양호한 도로를 이용한 혼성부대의 행군은 군대를 '애석
(愛惜)'하게 하고, 행군을 신속하게 하며, 또한 진행방향의 전투준비를 양호

하게 한다.

한편으로 각 제대의 지휘관들이 제병과 협동부대 지휘관의 통제를 기다리지 않아서 그 기도와 일치하지 않는 상황에 빠질 우려가 있다. 이 때문에 제병과 협동부대 지휘관이 예하 제대를 측방으로 이동시키거나 신속하게 한 곳에 집결시키는 것을 어렵게 한다. (이하 후술)

여기서는 여러 개의 도로를 사용하여 여러 개의 제대로 행군하는 경우에 대한 장점과 함께 단점도 기술하고 있다. 장점은 부대를 '애석'하여 부담을 감소시키고, 진행방향에 대한 전투준비를 양호하게 한다는 것이다. 단점은 각 제대 지휘관의 행동이 상급지휘관의 의도와 합치하지 않을 우려가 있다는 것과 측방으로 이동하거나 신속히 집결하는 것을 어렵게 한다는 것을 들고 있다.

제279항 (생략) 따라서 제병과 협동부대의 지휘관은 임무를 적절하게 부여하는 것과 함께 행군하는 부대들을 제대 순으로 배치하거나 지역별로 전진하게 함으로써 결심의 자유를 저해하는 위험을 예방해야 한다. 이를 위해서 제병과 협동부대의 지휘관은 행군제대의 출발 시각과 장소, 또는 그 선두가 특정한 선을 통과해야 하는 시간을 명령한다. (이하 생략)

당시 독일군에서는 상급지휘관이 하급지휘관에게 달성해야 하는 임무, 즉 목적과 요구 등의 큰 틀만을 지시하고, 그 실시의 세부사항에 관해서는 하급지휘관에게 권한을 위임하는 '임무형 지휘[19]'를 채용하고 있었다. 따라서 상급지휘관이 지시한 큰 틀에서 벗어나지 않는 범위 내에

---

19) 일본에서는 임무형 지휘를 '훈령전술', '위임전술' 등으로 번역한다. 이 전술의 도입 초기인 독일 통일전쟁 무렵, 즉 프로이센 말기에는 야전군 사령관 등의 상급지휘관에게만 적용되었으나, 제1차 세계대전 후반에는 하급지휘관에게도 적용되었다.

서 하급지휘관이 현장의 상황변화에 대응하여 독자적으로 판단하고 신속하게 행동하는 '독단전행'은 일반적이었다(이것이 독단전행의 바람직한 방식이며, 상급지휘관의 의도에서 벗어나 제멋대로 행동하는 것은 애초부터 허락되지 않았다).

그러나 여러 개의 도로를 사용한 행군은 각 부대의 지휘를 위임받은 하급지휘관이 상급지휘관의 기도에 부합하지 않는 독단전행을 실시할 우려가 있고, 상급지휘관의 결심의 자유를 방해할 위험이 크다. 달리 말해, 상급지휘관의 의도에 부합하지 않는 하급지휘관의 독단전행으로 인해서 상급지휘관이 이에 대응해야 하는 상황에 처하게 되면, 전술상 선택의 폭이 그만큼 좁아지게 되는 것이다. 이처럼 선택지가 줄어든 상황 자체가 아군에게는 불리함을 의미하게 된다. 이러한 상황에 빠지는 일이 없게 하도록 이 조항에서는 상급지휘관이 하급지휘관에 대하여 적시에 정확한 임무를 부여하도록 규정하고 있다. 이처럼 임무형 지휘에서는 하급지휘관에 대한 상급지휘관의 임무부여 방식이 매우 중요하다.

게다가, 다수의 제대로 병행 전진하고 있는 부대는 그 상태에서 측면방향으로 이동하기 어렵기 때문에, 각 부대를 앞뒤로 배치하거나, 한 지역에서 다른 지역으로 자벌레처럼 구간별로 전진시킨다는 구체적인 방법을 제시하고 있다.

한편, 『군대지휘』에서는 이 조항처럼 장단점을 함께 제시하고 있는 조항들이 적지 않다. 실제로 지휘관은 장단점 모두를 감안하여 결심해야 할 경우가 많다. 극단적으로 말해서 『군대지휘』는 지휘관에게 정답을 제시하고 있는 것이 아니라, 지휘관이 결심하기 위한 판단조건들을 제공하고 있을 뿐이다.

제282항 하나의 도로를 이용하여 행군하는 경우에 상급지휘관은 예하 부

대를 가장 확실하게 장악하게 되며, 이에 따라 한층 큰 결심의 자유를 보유하게 된다.

하나의 도로를 이용하여 행군하는 혼성부대의 병력이 많을수록, 더욱더 부대 사이에 정해진 거리를 유지하며 행군해야 할 필요성이 증가한다.

한편, 행군장경의 증가에 따라 공습의 위험과 개진[20] 시간은 증가한다.

하나의 도로를 이용하여 제병과 협동부대가 행군하는 경우에 상급지휘관은 부대를 가장 확실하게 장악할 수 있으며, 한층 큰 결심의 자유를 확보할 수 있다고 하고 있다. 다만, 단일 종대로 행군하기 때문에 행군장경, 즉 행군 제대가 길어지게 되어, 적 공습의 위협과 개진 시간이 증가하게 된다.

이어서 각각의 도로 사용방법과 관련해서 별도로 구체적이고 상세하게 규정하고 있다. 다만, 행군시의 속도 등 행군의 세부사항은 별첨의 부록에 기록하고 있으며, 본문에서는 기술하고 있지 않다.

제292항 행군 경로 및 시간의 산정은 행군명령 작성에 있어서 중요한 기초사항이다. 이때 각 부대들이 숙영지로부터 집결하거나, 또는 새로운 숙영지에 이르기 위해서 행진해야 하는 거리를 고려해야 한다.

도로를 이용하지 않는 행군의 경우, 도보부대가 포함된 대부대의 행군속도는 1시간에 약 2~3km로 감소한다.

양호한 도로를 이용하면 도보부대와 기마부대는 야간이라도 거의 주간과 동일한 행군속도를 발휘할 수 있다.

불량한 도로 및 월광이 적은 야간에는 속도가 현저하게 감소한다.

자전거부대와 차량화 부대의 야간 속도는 느리다.

---

20) '개진(開進)'이란, 이동에 적합한 종대 대형에서 화력 발휘에 적합한 횡대 대형으로 전환하는 것을 의미한다. 또한, 행군종대의 부대들이 전투를 위해서 여러 장소에 집결하는 것을 의미한다.

여기서는 각종 조건하에서 행군시간 산정에 필요한 사항들을 제시하고 있으며, 도보 부대를 포함한 대부대가 도로를 이용하지 않고 행군할 경우의 속도 저하에 대하여 구체적인 수치를 제시하고 있다.

독일군『군대지휘』는 프랑스군『대단위부대 전술적 용법 교령』에 비해서 구체적인 기술들이 많다. 그러나 앞으로 설명할 소련군『적군야외교령』과 비교하면 수치를 제시하면서 상세하게 규정하고 있는 부분은 거의 없는 것과 마찬가지이다. 독일군 전술교범은 방법론적인 성격이 강하기 때문에, 본문에는 사고와 판단의 전제가 되는 사항들만을 기술하고 있고, 구체적인 데이터의 많은 부분은 부록에 기술하고 있다.

사단의 행군편성

행군 제대의 편성과 출발시의 집결에 대해서 다음과 같이 기술하고 있다.

제284항 행군제대의 편성방법은 총병력, 숙영지, 지휘관이 의도하는 편성 및 순서, 그 이외 전술상의 고려를 통해서 결정한다.

각 부대들은 행진방향으로 집결해야 한다. 이때 우회로 및 교차로는 피해야 한다. 또한, 집결을 위해 조기에 출발하지 않아야 한다.

적 항공기의 활동을 고려하여 출발 전에 대부대를 한 지점에 집결시키는 것은 피해야 한다.

다수의 부대가 동일 지점으로부터 출발해야 할 경우, 각 부대들이 불필요하게 기다리지 않도록 하고, 또한 부대들이 한 곳에 모이는 일이 없도록 축차적으로 이동하게 해야 한다.

대부분의 경우에 숙영 및 행군 상태의 위치로부터 행군로를 따라 집결하며, 이를 기초로 행군제대에 합류하는 방법을 채택해야 한다.

통상적으로 숙영 및 행군 상태의 위치에서 각 부대들이 행군로를 따라 집결하도록 행군제대를 편성한다. 이때 행진하는 각 부대들이 교차하지 않도록 해야 한다고 강조하고 있다. 이어서 출발시각의 결정에 관해서 다음과 같이 규정하고 있다.

제285항 출발시각은 상황, 행군거리, 기상 등과 관계된다. 충분하지 못한 휴식은 부대의 능력을 저하시킨다. 야간행군의 경우에는 모든 행동을 야간에 완료해야만 한다.

주간행군의 경우에는 일몰 이후에 새로운 숙영지에 도착하기보다는 일출 전에 기존 숙영지를 출발하는 것이 통상적으로 유리하다. 기마부대와 차량화 부대는 통상적으로 숙영지 출발 약 2시간 전부터 준비를 시작해야 하고, 행군 이후에도 휴식을 시작하는 것이 도보 부대에 비해 늦다. 그리고 출발 전에 말에게 급하게 사료를 주는 것은 그 능력을 떨어뜨린다. 또한, 차량의 수리가 불충분할 때도 운행능력을 저하시킨다.

불충분한 휴식이 군대의 행군능력을 저하시킨다고 하며, 마지막 부분에서는 기마부대와 차량화 부대의 행군능력을 저하하는 요인을 나열하고 있다. 이를 보면 독일군이 행군능력의 저하를 얼마나 우려하고 있었는지 알 수 있다. 참고로 제2차 세계대전 중에 독일군이 작성한 4호 전차의 매뉴얼에는 조종수가 시동을 걸기까지 2시간이 필요하다고 기록되어 있었다.

한편, 사단의 구체적인 행군편성에 대해서는 다음과 같이 규정하고 있다.

제286항 행군편성은 부대의 행군 순서를 규정하는 것으로 전투시에 예상되는 부대 운용을 기준으로 한다. 적절한 행군편성은 전승(戰勝)의 첫걸음이다.

독일군은 '기동전'을 지향하는 군대답게 행군편성을 '전승의 첫걸음'이라고 밝힐 정도로 중요시하였다. 이어지는 제288항에서는 보병사단의 행군편성에 대해서 매우 상세하게 기술하고 있다.

『군대지휘』의 행군편성

아래의 그림은 『군대지휘』에서 행군편성을 규정한 제288항을 기초로 작성한 것이다. 해당 조문은 다음과 같다.

제288항 여러 개의 도로를 이용한 보병사단 행군의 경우, 각 행군제대의 선두에는 통상적으로 보병부대 일부를 행진시킨다. 그리고 본대의 지휘관은 해당 부대에 위치한다.

사단 사령부가 위치한 행군제대에는 전투에 투입되지 않은 사령부 예하부대와 사단 포병 예하부대들이 후속한다. 그 후방에는 사단 통신대 중에서 전위에 소속되지 않은 마차부대가 행진한다.

마차를 이용하는 경포병과 중포병 부대, 전위에 배속되지 않은 공병 부대는 운용순서에 따라서 전방에서 행진하고, 이를 기준으로 나머지 보병의 위치를 결정한다.

사단 사령부가 있는 행군제대는 후방에 먼저 위생중대의 마차소대를 뒤따르게 하고, 그 밖의 부대들을 후속하게 한다.

사단 가교부대의 마차는 전위에서 행진하거나 본대의 후미에서 행진한다. 대진차포 및 내공용 기관총은 통상적으로 행군제대에 분산 배치한다.

　　하나의 도로를 이용해서 사단이 행군하는 요령은 지금까지의 내용에 따른다.

　　퇴각하는 경우, 본대의 행군순서는 전진하는 행군의 역순이다.

　　야전군 기병대의 행군에 관해서는 지금까지의 내용에 착안하여 적용한다.

　　그림은 ①보병부대, ②본대(행군) 지휘관, ③사단사령부, ④사단포병지휘관과 참모, ⑤보병의 바로 뒤를 후속하는 사단 경포병부대, ⑥대공용 기관총, ⑦대전차포, ⑧전령을 나타내고 있다.

　　더욱이 제299항에 기술되어 있는 도로 사용방법을 기초로, 그림의 위쪽 행군제대는 행군의 기준제대로써 우측 도로를 행군하고, 그림의 아래쪽 행군제대는 가로수를 이용하여 대공차폐가 되는 좌측 도로를 행군하고 있다. 이 밖에도 하나의 도로 양측을 행군하기도 하지만, 명령의 전달과 전령의 왕복을 위해서 그사이를 비워두도록 규정하고 있다.

이에 반해 프랑스군 『대단위부대 전술적 용법 교령』은 사단의 행군에 대하여 다음의 1개 조항만을 규정하고 있으며, 간단한 원칙을 제시하는 데 그치고 있다.

제170항 사단은 자기에게 할당된 지역 또는 경로를 최선으로 이용하고, 대부분의 경우에 여러 개의 제대로 행군한다.

이를 보면 '방법론'적인 성향이 강한 독일군 전술교범과 '이론서'적인 성향이 강한 프랑스군 전술교범 사이의 차이를 잘 알 수 있다.

한편, 독일군은 다음과 같이 '행군속도의 통일'을 강조하였고, 행군장경의 변화 방지를 위한 부대 사이의 간격과 관련해서는 독일군 교범의 기술방식치고는 보기 드물게 구체적인 수치를 제시하며 규정하고 있다.

제300항 행군제대의 모든 부대들은 지시받거나 허락된 한도보다 행군장경이 확대되지 않도록 주의해야 한다. 갑자기 정지하거나 출발하는 것은 행군속도를 동일하게 함으로써 예방할 수 있다.

제301항 행군제대의 각 부대에 발생하는 행군장경의 변화는 비록 작을지라도 다른 제대로 파급되기 때문에, 이를 방지하기 위해서는 중대 사이에 '부대간 거리'를 유지한다. '부대간 거리'는 도보부대일 경우에 10보, 기마부대와 사령부일 경우에 15보이다. 대공(對空) 행군장경일 경우에 '부대간 거리'는 없다. (중략)

'부대간 거리'는 행군로 상의 정체를 조절하기 위해서 일시적으로 두지 않을 수도 있다. (이하 생략)

여기서 말하는 '대공 행군장경'은 적의 항공부대에 대처하기 위한 행군장경을 말한다. 적 항공기가 지상이동 중인 아군을 발견하지 못하도록 하기 위해서는 행군장경이 짧을수록 좋으므로 '부대간 거리'를 줄여서 없애는 것이다(다만, 제2차 세계대전 말기의 서부전선에서는 연합군 전투폭격기에 의한 피해를 줄이기 위해서 '부대간 거리'를 넓히는 경우도 적지 않았다).

한편, 사단 소속의 차량화 부대에 대해서는 다음과 같이 규정하고 있다.

제289항 사단의 차량화 부대가 수색 및 경계 임무에 운용되거나, 전위에 편성되는 경우에, 한 개 또는 수 개의 제대로 편성하여 제대의 후방에서 약진하며 행군한다. 정황 및 도로망의 상태가 허락한다면, 차량화 행군제대는 그 전부 또는 일부를 별도의 도로를 이용하여 행군하도록 한다. 그러나 적과의 접촉이 예상될 때는 전투력을 보유한 차량화 부대만을 별도의 도로로 행군시킨다.

차량화 제대의 작전은 후속하여 행진하는 행군제대의 지휘관에게 위임하기도 한다. 차량화 행군제대는 사단장 직할로 둔다. (이하 생략)

앞서 설명하였듯이 프랑스군의 차량화 부대는 견고한 아군 전선의 후방이나, 전위 및 측위 등이 구축한 안전지역이 아니면 이동할 수 없다고 하고 있다(『대단위부대 전술적 용법 교령』 제173항). 이와는 대조적으로 독일군에서는 사단 예하의 차량화 부대를 수색 및 경계 임무에 사용하거나, 전투력을 보유한 차량화 부대만을 별도로 행군하게 하는 경우도 있었다.

휴식에 관한 규정

제303항 행군을 시작하고 일정 시간이 지나면 용변을 보거나 복장과 장비를 정돈하고 군마의 장비를 고쳐 매기 위한 소휴식을 실시한다. 그리고 소휴식 이외에도 행군거리, 부대의 행군능력, 기상 및 지형에 따라 한 번 또는 여러 번의 휴식을 시행함으로써 병력들의 식사, 군마에게 사료를 주는 것 등에 이용한다. 한 번만 휴식할 경우에는 통상적으로 행군거리의 절반 이상을 행군한 이후에 실시하고, 여러 번에 걸쳐 휴식할 경우에는 대략 2시간마다 실시한다.

야간행군의 경우, 시간마다 일정한 소휴식을 실시한다.

휴식과 그 시간은 사전에 행군명령을 통해 결정해서 전파한다.

군마에게 사료와 물을 주고, 또한 안장을 벗겨 쉬게 하는 휴식은 2시간 이하로 해야 한다.

여러 개의 도로를 이용하여 행군할 경우, 휴식에 관한 규정은 행군제대 지휘관에게 위임할 수 있다. (이하 생략)

출발하고 일정시간이 경과한 다음에 소휴식을 취하는 방법은 프랑스군『대단위부대 전술적 용법 교령』과 소련군『적군야외령』에서는 볼 수 없다. 한편, 일본군『작전요무령』에는 이와 매우 유사한 규정이 있으며, 이에 대해서는 뒤에 설명하겠다.

마지막으로 행군간 휴식 중의 병사와 관련한 규정을 살펴보겠다.

제296항 행군 중에 휴식 명령이 하달되면, 특별한 경우를 제외하고는 담화를 나누거나 흡연할 수 있다.

직속상관이 행군을 사열할 경우에는 자세를 바르게 하고 그를 주목한다. 또한, 도보 부대는 명령을 통해 소총의 보관법을 통일한다. 그 밖에는 경례

하지 않는다.

제297항 개인은 원하는 대로 복장을 완화할 수 없다. 그러나 옷깃을 풀거나 철모를 벗는 것 같이 필요한 사항은 적시에 이를 명령으로 지시한다.

제305항 병사는 휴식 간에 고급 상관이 다가와서 이야기를 걸거나 호출하지 않는 한 휴식을 계속한다.

독일군 병사는 휴식 명령이 하달되면, 마음대로 흡연하거나 근처 병사들과 담화를 나누어도 상관없었다. 다만, 명령 없이는 마음대로 옷깃을 풀거나 철모를 벗을 수 없었다. 또한, 비록 장군이 다가와서 이야기를 걸거나 호출하지 않는 이상에는 일어서서 자세를 바르게 할 필요가 없었다.

앞서 설명했던 제303항의 마지막 부분에서는 독일군의 행군에 관한 기본적인 사고방식을 단적으로 기술하고 있다.

제303항 (생략) 급속행군이 필요하더라도 장거리 행군일 경우에는 적당한 휴식을 취함으로써 군대의 전투력을 유지한 상태에서 적과 상대하도록 해야 한다. 충분하고 적시적인 휴식을 등한시하는 것은 지휘관에게 중대한 결과를 미친다.

하지만, 승기를 놓치지 않기 위해서 전장 또는 결정적 지점에 일부 부대만이라도 보내야 하는 경우에만, 지휘관은 부대의 애석에 대한 고려를 버려야 한다.

이러한 규징들을 보년 독일이 행군에서 가장 중시하고 있는 것은 '휴식을 통한 전투력의 유지'라고 할 수 있다. 그러나 유사시에는 부대의 애석을 고려하지 말고 강행군을 하도록 강조하고 있다.

소련군의 행군

행군에 대한 기본적인 사고방식

『적군야외교령』은 제12장 「부대 이동」의 첫 조항에서 다음과 같이 기술하고 있다.

제317항 교묘하게 계획하여 실시하는 행군은 전투에 돌입할 때에 보다 유리한 조건을 제공한다. 행군의 성패는 군대의 숙련도와 지휘관 및 참모의 행군계획, 그리고 이를 지도하는 능력 여하에 따라 결정된다. (이하 후술)

이처럼 소련군은 '교묘한 행군'이 전투 돌입에 '유리한 조건'을 제공한다고 하고 있다. 그리고 이어지는 조항에서 '유리한 조건'에 대하여 기술하고 있다.

제318항 행군계획을 주도하는 것은 지휘관과 참모의 가장 중요한 책무에 속한다. 행군은 △각 부대들을 적시에 지정된 지역에 도착시키는 것뿐만 아니라, △부대원의 체력 및 기력을 유지하고, △부대 및 각종 자재의 지속적인 보충을 보장하고, △기도를 은닉하고, △적을 기습할 수 있게 해야 한다. (이하 후술)

여기서는 필요한 시기에 필요한 장소로 각 부대들을 이동시키는 것뿐만이 아니라, 행군 이후에도 병사들의 체력과 기력을 유지하고, 전차 및 화포 등의 장비와 자재를 부족하지 않게 하며, 행군의 기도를 노출하는 일 없이 기습할 수 있도록 해야 한다고 하고 있다. 특히, 병사들의 체력 유지와 관련해서는 다음과 같이 구체적인 수치를 열거하며 자세하게 규정하고 있다.

제322항 체력을 애석(愛惜)하기 위해서 소휴식(50분 행군 이후 10분 휴식)과 대휴식(1시간 30분~3시간)을 계획에 반영한다. 행군계획과 실시, 휴식, 숙영 및 정지에 대해서는 상황이 가용하다면, 병사의 체력을 애석(愛惜)하기 위한 모든 수단을 강구해야 한다.

행군을 시행하면서 먼저 하루 8시간 이상의 수면시간을 부여하고, 적시에 식사를 제공하며, 위생보건을 유지하는 것이 필요하다. 간부는 병사들의 발 상태, 무기와 장비의 정비 상태, 군마의 상태 등을 감독할 의무가 있다.

숙영지의 할당, 행군제대의 구성, 제대 간격의 조정 등을 위해서 불필요한 시간을 소비하거나 체력을 혹사시켜서는 안 된다. (이하 생략)

이처럼 소련군은 대휴식과 소휴식, 수면시간 등을 상세하게 규정하고 있었고, 독일군 이상으로 병사들에 대한 '애석'에 신경을 쓰고 있었다.

한편, 소련군『적군야외교령』의 제321항에는 다음과 같은 내용을 주석에 기술하고 있다.

[注] 강행군 및 급속행군은 부대에게 정상을 벗어나는 노력을 요구하는 것이기 때문에, 그 실시는 매우 중요한 전투목적을 달성하기 위한 경우로 한정한다.

이처럼 소련군은 강행군과 급속행군을 원칙적으로 금지하고 있었다. 이에 비해 독일군은 앞서 설명한 것처럼 '승기를 놓치지 않기 위해서 전장 또는 결정적 지점에 일부 부대만이라도 보내야 하는 경우에만, 지휘관은 부대의 애식에 대한 고려를 버려야 한다'라고 기술하고 있다(『군대지휘』 제303항). 다시 말해, 소련군과 대조적으로 독일군은 필요한 조건을 규정해두고, 급속행군의 시행을 강하게 권장하고 있었다. (적의 퇴로를 완전하게 차단할 수 있는 다리의 점령 등은 예외로 하고) 단순히 '승기를 놓치지 않기 위해 일부 부대만이라도 전장 또는 결정적 지점에 보내야만 하는 경우'는 소련군의 기준에서 '매우 중요한 전투목적을 달성하기 위한 경우'에 해당하지 않을 것이다.

이러한 사고방식을 단적으로 말하자면, 독일군은 전장과 결정적 지점에 대한 '병력의 집중'을 중시하였던 것에 비해, 소련군은 '병력의 집중'과 함께 부대의 체력, 자재 등 '병력의 상태'도 중시하였다고 할 수 있다. 다시 말해, 독일군은 다소 무리한 행군을 하더라도 승기(勝機)를 놓치지 않고 병력을 집중하면 승리할 수 있다고 생각하였고, 이는 무리한 행군 이후에도 각 부대들이 일정 수준의 전투력을 발휘할 수 있을 것으로 판단했던 것이다. 이에 반해 소련군은 무리한 행군으로 병력을 집중하더라도, 병사들의 기력 및 체력이 저하되거나 장비를 사용하지 못하게 되면 안 된다고 생각하고 있었다. 즉, 무리한 행군을 강행하면 각 부대들이 전투력을 충분히 발휘할 수 없을 것으로 판단했던 것이다. 이처럼 소련군은 자기 능력의 한계를 냉철하게 판단하고 있었다.

행군시의 부대 편성

다음으로 행군의 구체적인 방법을 살펴보고자 한다. 먼저 행군시의 부대 편성은 다음과 같다.

제319항 행군은 전진행(前進行, 전진하는 행군)과 퇴각행(退却行, 후퇴하는 행군)으로 구분하고, 두 경우 모두 아군의 측방에 적이 존재할 수 있다.

행군은 독립된 제병과 협동제대로 실시하고, 행군 시에 제대는 종과 횡 방향으로 산개한다. 횡 방향으로 산개하기 위해서는 병행하는 도로와 도로 밖의 지형을 따라 행군한다. 종 방향으로 산개하는 경우에 연대 사이의 거리는 약 1km, 대대 사이의 거리는 500m이다.

산개한 편성부대와 각 제대의 편조, 이것들의 상호 거리 및 간격은 부대의 임무 및 당시의 상황에 따라 결정한다.

여러 개의 제대로 행군하는 경우에 각 제대는 상호지원이 가능할 뿐만 아니라, 적시에 전투 전개가 가능해야 한다.

이처럼 『적군야외교령』은 독립된 제병과 협동제대를 편성하여 행군하도록 하고 있다. 그리고 행군제대를 종 및 횡 방향으로 간격을 두도록 하고, 종 방향의 부대 간격을 구체적인 수치로 규정하고 있다. 제병과 협동제대는 자체적으로 종합전투력을 발휘할 수 있고, 피아 모두 충분한 준비 없이 전투에 돌입하는 '조우전(遭遇戰)'에도 대처할 수 있으며, 전투 준비를 위한 전개에도 적합하다.

이에 비해 프랑스군 『대단위부대 전술적 용법 교령』에서는 다음과 같이 규정하고 있다.

제163항 전술상 상황이 가용할 때는 대단위부대들을 여러 개의 '행군집단'으로 구분하고, 각 집단은 동일한 속도의 부대들로 편조하여 별도의 또는 동일한 기동로를 힐딩힐 수 있나. (이하 생략)

다시 말해, 상황이 허락한다면 동일 속도의 부대별로, 구체적으로는 도보, 군마, 자동차 등의 이동수단별로 여러 개의 집단으로 나누고, 제각기 또는 동일한 행군로를 이동하도록 하는 것이다. 이렇게 편성한다면 소련군처럼 제병과 협동제대로서 행군하는 것보다 효율은 높을 수 있지만, 반면에 그 상태에서 적의 기습을 받으면 부대 전체가 제병과 협동부대로서 종합전투력을 발휘하지 못하고 각개격파 될 위험이 있다. 그런데도 이렇게 규정하고 있는 것은 당시 프랑스군이 제1차 세계대전의 서부전선처럼 '안정되고 명확한 전선'을 상정하고 있었기 때문이다. 이러한 전선의 후방에서는 적 부대로부터 공격받을 가능성이 적었으며, 적 부대가 전선을 돌파하지 못하도록 증원부대를 신속하게 이동시키는 것이 중요하였다.

한편, 독일군『군대지휘』에서는 다음과 같이 규정하고 있다.

제278항 행군에 관한 모든 편성은 주로 지상의 적과 접촉이 예상되는지에 따른다.

적과의 접촉이 예상되지 않을 경우에는 군대의 '애석(愛惜)'에 충분한 고려를 기울여야 한다. 이때, 소규모 부대로 나누거나 병과별로 행군하면, 행군을 현저히 쉽게 하며 동시에 대공 위험을 감소시킨다.

반면에 적과 접촉이 예상될 경우에는 전투 준비에 대한 고려를 중심으로 해야 한다. 이를 위해서는 혼성부대를 편성하고, 적절한 행군순서 및 경계방법을 선택해야 한다.

행군편성을 결정하는 판단기준이 프랑스군에서는 단순히 '전술상 상황이 가용할 때'라고만 기술하고 있는 것에 비해서, 독일군에서는 '주로 지상의 적과 접촉이 예상되는지 아닌지'라고 명확하게 기술하고 있다. 이를 바탕으로 소련군처럼 '제병과 협동부대'로 행군할지, 혹은 프랑스군처럼 '소부대 또는 병과별'로 나누어 행군할지를 지휘관이 결심하도록 하고 있다. 또한, 독일군이 상정하고 있었던 유동적인 '기동전'에서는 명확한 전선이 존재하지 않는 경우도 적지 않기 때문에, 행군 중에 적 부대에게 공격받는 경우도 고려하고 있다.

한편, 소련군은 독일군과 대조적으로 '행군은 독립된 제병과 협동제대로서 실시한다'라고 교범의 조문에서 단정적으로 규정하여 지휘관에게 결심의 자유를 부여하지 않고 있다. 다시 말해, 소련군은 독일군처럼 지휘관에게 상황에 따른 결심 능력을 최초부터 요구하지 않았다. (프랑스군은 애초부터 해당 조문에 구체적인 판단기준을 명시하고 있지 않다). 소련군은 앞서 설명한 것처럼 부대 전투력의 한계뿐만 아니라, 지휘관 능력의 부족도 냉정하게 판단하고 있었다고 할 수 있다. 이로 인해서『적군야외교령』제319항처럼 종 방향으로 산개할 경우의 부대 간격까지도 구체적인 수치로 조목조목 규정하였던 것이다. 이처럼 구체적인 수치를 제시하고 있는 규정은 이 조문뿐만이 아니다.

제320항 저격병단의 전진속도는 1시간에 4㎞, 병사의 부하량을 경감시킨 경우에는 1시간에 5㎞이다.

부하량이 경감된 대대 이하 소부대의 경우에 급속행군의 속도는 1시간에 8㎞에 달한다.

일반행군의 경우, 기병부대의 속도는 1시간에 7㎞(도로 또는 행동하기 편한 지형을 이용할 경우), 자전거부대는 1시간에 10㎞, 차량화 부대는 1시간에 15㎞~25㎞, 기계화 병단은 1시간에 12㎞~20㎞이다.

제321항 일반병단(비행병단 등을 제외)의 하루 행군거리는 일반행군일 경우에 8시간 32㎞, 강행군의 경우는 10시간~12시간 이상(대휴식 시간을 증가시킨다)이다. 일부 부대는 도보로 이동하고, 나머지 일부 부대는 자동차를 이용하여 이동하는 '종합행군'을 실시할 수 있다. 이러한 행군은 정확한 시간계산, 주도면밀한 교통규정 및 위험예방을 특별히 필요로 한다. (이하 생략)

『적군야외교령』에서는 이처럼 구체적인 수치를 자세하게 제시하며 규정하고 있는 조문들을 많이 볼 수 있다.

도로를 이용한 행군

다음으로 도로의 이용방법에 대하여 살펴보겠다.

제325항 저격·기병 사단의 전진을 위해서는 반드시 2개의 도로를 할당해야 한다.

기계화 부대는 독립된 별도의 도로 또는 야지를 기동한다. 만약에 일반제대를 후속하는 경우에는 제대 사이의 거리를 약진한다.

야전 치중대는 모체 부대와 함께 이동하고, 전진행(前進行, 전진하는 행군)의 경우에는 후미에 위치하고, 퇴각행(退却行, 후퇴하는 행군)의 경우에는 선두에 위치한다.

이처럼『적군야외교령』은 소련군의 대부분을 차지하는 저격사단(다른 국가의 '보병사단'에 해당)과 기병사단의 전진에 '반드시 2개의 도로를 할당해야 한다'고 강조하고 있다.

한편, 프랑스군은 상황에 따라 복수의 경로 또는 도로를 사용하도록 하고 있다(『대단위부대 전술적 용법 교령』 제163항). 독일군은 여러 개 또는 한 개의 도로를 사용하는 경우의 장단점을 제시하고, 이를 감안하여 지휘관이 결심하도록 하고 있다(『군대지휘』 제279항).

그러나『적군야외교령』에서는 모든 사단이 2개의 도로를 사용하도록 규정하고 있다. 즉, 소련군에서는 통상적으로 소장이 임명되는 사단장에 대해서도 상황에 따른 결심 능력을 요구하지 않고, 애초부터 교범의 조문으로 모든 것을 규정하여 선택의 여지를 부여하지 않았다.

제2차 세계대전에서 독일군의 침공으로 큰 피해를 입기 이전부터, 혹은 교범 반포(1936년) 이후의 숙청으로 많은 지휘관을 잃기 이전부터, 소련군에서는 장성급 지휘관의 능력에 대해서도 기대하지 않았던 것 같다.

야간과 안개를 이용한 행군

다음은 야간행군에 대하여 살펴보겠다. 『적군야외교령』은 제318항의 마지막 부분에서 다음과 같이 기술하고 있다.

제318항 (생략) 행군은 △각 부대들을 적시에 지정된 지역에 도착시키는 것뿐만 아니라, △부대원의 체력 및 기력을 유지하고, △부대 및 각종 자재의 지속적인 보충을 보장하고, △기도를 은닉하고, △적을 기습할 수 있게 해야 한다. 행군은 되도록이면 야간 또는 시계가 제한되는 조건(안개) 등에서 실시해야 한다.

이처럼 제12장 「부대 이동」의 2번째 조항은 기도비닉과 기습을 위해서 야간 및 안개를 이용한 행군을 적극적으로 권장하고 있다. 추가로 다음과 같이 야간행군 중에 지휘관의 허가 없이 발포하는 것도 금지하고 있었다.

제337항 야간에는 행군규칙과 방음(防音)·방광(防光)에 대한 군기를 엄수하고, 제대 지휘관의 허가 없이 흡연하거나 큰 소리로 대화해서는 안 된다. 소휴식 간에는 졸음에 경계해야 한다. 각 중대(기병과 포병 중대 포함)의 후미에 한 명의 간부를 이동시키면서 행군 질서를 감독한다.
지휘관의 허락 없이 야간에 사격해서는 안 된다.

앞서 설명했듯이 프랑스군 교범에서는 적의 공중정찰과 첩보활동으로부터 은폐하기 위해서 야간기동을 강하게 장려하고 있다(『대단위부대 전술적 용법 교령』제160항). 반면에 독일군 교범에서는 혹서기에 되도록 이면 야간행군을 하도록 규정하고 있다(『군대지휘』제273항). 요약하면 소련군과 프랑스군은 적에게 들키지 않기 위해서 야간행군을 하도록 하는 것에 비해서, 독일군은 혹서기의 비전투 손실을 줄이기 위해서 야간행군을 하도록 하고 있다.

당시 독일군은 야간행군이 주간행군과 비교해서 부대에 요구하는 노력이 많다는 이유로 야간행군에 그다지 적극적이지 않았다. 물론 소련군도 야간행군을 간단한 것으로 생각하고 있었던 것은 아니다. 이는 다음의 조항에 나타나 있다.

제331항 야간행군은 통상적으로 도로를 따라서 실시한다. 도로 주변 지형을 이용한 전진은 상황상에 필요로 하거나 지형이 가용한 경우(평탄한 사막 지형 등)에 소부대로 실시하는 경우로 한정한다.

제336항 야간행군 전에 휴양을 위해서 주간에 충분한 시간을 부여할 필요가 있다. 이 시간을 병력들이 실제로 수면에 이용하는지 감독해야 한다.

다시 말해, 도로를 이용하지 않는 야간행군은 지형이 가용하여 소부대로 실시하는 경우를 제외하고는 어려우며, 야간행군을 하기 전에는 앞서 설명한 제322항에서 규정하고 있는 '하루 8시간 이상의 수면'에 추가하여 충분한 휴식이 필요하다고 규정하고 있었다. 이는 충분한 휴식을 부여하지 않는다면, 소련군이 행군에서 중요하게 생각하였던 '유리한 조건'으로 전투에 돌입하는 것이 어려워지기 때문이다.

행군 간의 경계

다음은 '행군 간의 경계'에 대하여 살펴보겠다.

먼저 각 국가의 전술교범에서 '행군 간의 경계'에 대한 항목 구성을 살펴보면 다음과 같다. 『적군야외교령』의 제12장 「부대 이동」은 ①「행군」, ②「행군 간의 경계」, ③「자동차 수송」으로 구성되어 있다. 이에 비해 독일군 『군대지휘』에서는 제4장 「경계」를 구성하는 3개의 대항목인 「휴식 간의 경계」, 「기동 간의 경계」, 「엄폐」 중에서 「기동 간의 경계」를 구성하는 2개의 소항목 중의 하나로 「행군 간의 경계」가 포함되어 있다. 또한, 프랑스군 『대단위부대 전술적 용법 교령』에서는 제3편 「정보와 경계」를 구성하는 2개의 '장' 중에서 「경계」의 제2관 「지상경계」 ②「근거리 경계」에 「행군 간의 경계」가 포함되어 있다.

이러한 구성을 살펴보면 소련군은 독일군 · 프랑스군과 달리 '행군'과 '행군 간의 경계'를 하나로 생각하며 중시했다는 것을 알 수 있다. 참고

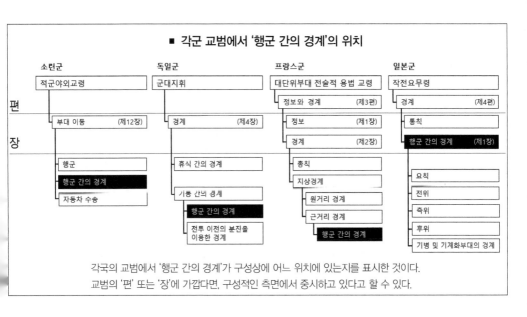

■ 각군 교범에서 '행군 간의 경계'의 위치

각국의 교범에서 '행군 간의 경계'가 구성상에 어느 위치에 있는지를 표시한 것이다.
교범의 '편' 또는 '장'에 가깝다면, 구성적인 측면에서 중시하고 있다고 할 수 있다.

로 일본군 『작전요무령』에서는 제1부의 제4편 「경계」가 「통칙」과 제1장 「행군 간의 경계」, 제2장 「주둔 간의 경계」로 구성되어 있어서, 소련군과 동일하게 '행군 간의 경계'를 중시한 것처럼 보인다.

제12장 「부대 이동」의 첫 조항에는 소련군이 행군 간의 경계를 중시한 이유 중의 하나를 기술하고 있다.

제317항 (생략) 현대전의 자재들이 복잡하고 다양해지면서, 적의 항공부대, 차량화·기계화 부대, 화학·기술 자재, 장사정포 화력 등에 대한 부대 방호의 필요성과 함께 각 병과와 병단의 행군에 대하여 많은 요구를 하게 되었다

다시 말해 현대전에서는 적의 항공부대는 물론 차량화·기계화 부대, 독가스 등의 각종 화학자재 및 기술자재, 장사정포 등의 공격으로부터 아군 부대를 방호해야 한다고 서두에서 기록하고 있다.

또한, 제12장 「부대 이동」의 ①「행군」에서는 다음과 같이 규정하고 있다.

제323항 부대는 불시에 적과 충돌하는 것을 피하기 위해서 수색 및 경계 부대를 배치하고, 제대에 직접경계 및 대공·대화학·대전차 방어수단을 조직하며, 전후좌우의 제대에 대한 연락수단을 강구한다.

제329항 행군을 시행함에 있어서 일반병단 사령부와 제대 지휘관은 적극적으로 대공·대전차 방어수단을 규정하고, 감시와 경보 수단을 마련하며, 이러한 임무들을 지정해야 한다.

각 부대 지휘관 및 제대는 행군 간에 이러한 자재들의 전투준비와 차폐수단을 강구하고, 산개대형의 유지를 감독하며, 결코 방심해서는 안 된다. (이하 생략)

이처럼 소련군은 적과의 충돌을 예기치 못하고 시작되는 조우전과 전차 및 항공기의 공격을 매우 경계하였고, ②「행군 간의 경계」에서도 첫 조항부터 적의 기습공격 등에 대한 경계를 다음과 같이 반복하여 기술하고 있다.

제340항 행군 간에 부대는 지상 및 공중의 기습과 기습적인 화학공격에 대하여 경계한다.

제341항 각종 경계조직은 적의 다양한 기습을 사전에 알아내어 격퇴할 수 있도록 준비하고, 이와 동시에 적과의 조우전에서 제대의 주력이 적시에 유리한 태세로 전개하여 전투를 개시할 수 있도록 해야 한다.

그리고 구체적인 경계조직에 관해서 다음과 같이 규정하고 있다.

제342항 전진하는 행군에는 다음과 같은 경계부대를 운용한다.
(1) 정면에 대해서는 전위(前衛)
(2) 측방에 대해서는 측방지대(側方支隊) 또는 측병(側兵)
(3) 후방에 대해서는 후병지대(後兵支隊) 또는 후위첨병(後衛尖兵)
(4) 직접경계로서 각 방향에 경계초(警戒哨) 및 척후(斥候)를 파견한다.
제2제대 및 다른 후속부대는 직접경계 이외에 측방에 측방지대 또는 측병(側兵)을 파견하고, 측방의 위협이 있는 경우에는 측방엄호부대를 배치한다.

전위와 후위의 구체적인 병력 편성, 특히 연대 이하의 제대에 관해서는 마치 부록에 기술하는 방식처럼 상세하게 규정하고 있다. 달리 말해, 소련군 연대장 이하의 지휘관에게는 이와 관련된 자유로운 결심이 허락되지 않았던 것이다. 여기서도 소련군의 '지휘관 능력에 대한 불신'

을 엿볼 수 있다. 그리고 이러한 경계의 중시는 (실제로 독소전 초반에 종종 볼 수 있었던 것처럼) 능력이 부족한 지휘관이 지휘하는 소련군이 질적으로 우세했던 독일군에게 기습을 받거나 기선을 제압당할 것을 미리 상정하고 있었기 때문이라고 말한다면, 필자의 지나친 생각일까?

■ 『적군야외교령』의 전위부대 병력편성

제343항 전위의 병력편성은 임무, 행군제대의 크기(전개소요시간) 및 지형의 상태를 고려하여 결정한다.

전위는 보병의 약 1/3, 전차 및 장갑부대의 일부, 행군제대 포병의 절반(중(重)유탄포 및 장사정포를 포함), 공병 및 화학 소부대로 편성한다. 또한 전위에 기병을 배속한다.

전위와 주력의 거리는 상황에 따라서 차이가 있으나, 통상적으로 3km~5km이다.

제344항 전위는 자신을 경계하기 위해서

(1) 저격연대일 경우는 1개 대대를 기간으로 구성된 전병지대(前兵支隊)를 2km~3km 거리에, 1개 소대~1개 중대(또는 기병중대)로 구성된 측병(側兵)을 측방에 파견한다.

(2) 1개 저격연대 이하의 병력(1개 대대를 기간으로 하는 경우 등)일 경우는 저격중대 또는 소대를 기간으로 구성된 첨병 및 측병을 파견한다.

(3) 추가로 직접경계를 편성한다.

전병지대(前兵支隊) 또한 자체적으로 첨병 및 측병을 파견한다. 행군제대의 대휴식 간에 전위와 측병은 방어에 유리한 지점에서 정지하여 보초를 세운다.

제345항 1개 저격중대를 기간으로 하거나, 또는 대전차포를 보유한 1개 대대로 구성된 측방지대(側方支隊)는 행군로 옆에서 행군제대보다 평균 2km~3km 이격하여 행진한다. 측방지대는 상황에 따라 측방경계부대를 고정 배치한다. 적이 접근하기 쉬운 방향에 측병을 파견하고, 측병은 방어하기 쉬운 지점을 점령하여 행군제대 주력의 전진을 엄호한다.

제346항 행군제대 사이의 간격은 보병과 기병 척후가 경계하도록 하고, 서로 가시거리 이내에서 연락을 유지하도록 한다.

차량 수송

마지막은 ③「차량 수송」에 대한 내용이며, 그 첫 조항은 다음과 같다.

제352항 차량 수송은 시간의 절약, 부대 체력의 애석(愛惜) 등의 목적으로 부대의 병력이동에 사용한다.

제347항 후위첨병은 행군제대의 후미를 엄호하고, 행군제대 후방의 질서를 유지한다. 후위첨병은 통상적으로 행군제대의 후미보다 1㎞ 뒤에서 행진하고, 전방 및 후방에 척후를 파견한다.

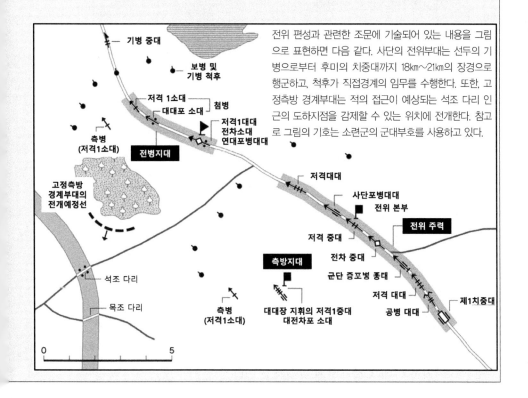

전위 편성과 관련한 조문에 기술되어 있는 내용을 그림으로 표현하면 다음 같다. 사단의 전위부대는 선두의 기병으로부터 후미의 치중대까지 18㎞～21㎞의 장경으로 행군하고, 척후가 직접경계의 임무를 수행한다. 또한, 고정측방 경계부대는 적의 접근이 예상되는 석조 다리 인근의 도하지점을 감제할 수 있는 위치에 전개한다. 참고로 그림의 기호는 소련군의 군대부호를 사용하고 있다.

(1) 저격대대 및 포병대대는 15km~20km 이상

(2) 저격연대는 1일 행군거리 이상

(3) 저격사단은 1일 반~2일 행군거리 이상(제병과 협동부대의 경우)

저격대대와 연대는 통상적으로 모든 편제부대를 수송하고, 저격사단은 사단의 후방조직을 제외하고 수송한다.

가장 유리한 저격사단의 수송거리는 200km~400km이다.

이를 보면 소련군은 차량 수송을 이동시간의 절약과 부대원 체력의 보존을 위한 수단으로 생각했다는 것을 알 수 있다. 독일군도 각 부대의 차량을 병력과 군마의 부담을 경감시키고 행동력을 증대시키기 위한 수단으로 생각하고 있었기 때문에(『군대지휘』제271항), 이러한 점에서 동일한 사고방식을 하고 있었다.

제360항 (중략) 적과의 충돌이 예상되는 경우에 동일한 행군제대 내의 각 부대 지휘관들은 통상적으로 상급지휘관과 함께 전위(前衛)에 위치한다.

프랑스군에서 차량화 부대는 아군 전선의 후방 또는 기병 대단위부대와 정찰대 등이 구축한 안전지대가 아니면 이동하지 못하도록 하고 있었으나, 소련군에서는 적과의 충돌이 예상될 경우에도 차량 수송을 하도록 하고 있었다.

이어서 제363항에서는 「행군 간에 차량화 제대의 대공방어」, 제364항에서는 「행군 간에 차량화 제대의 대화학 방어」, 제365항에서는 「행군 간에 차량화 제대의 대전차방어」에 대하여 기술하고 있다. 이처럼 차량 수송 간에 적의 항공기, 독가스, 전차의 공격에 대하여 특히 경계하고 있다는 것을 알 수 있다. 그리고 다른 조문들처럼 이동속도는 물론 차량의 거리까지 매우 상세하게 규정하고 있다.

제353항 차량화 제대의 이동속도는 주간 1시간에 15㎞~25㎞이고, 야간은 등화를 사용하는 경우에 약간 감소한다.

자동차 전용도로를 이용하거나 제대의 차량 수가 적은 경우에는 그 속도가 더욱 증가한다.

제359항 차량화 제대의 이동에 있어서 자동차 사이의 거리는 25m~50m, 저격대대 사이의 거리는 3㎞~5㎞가 되는 것이 통상적이다.

2시간마다 10분~15분의 휴식을 계획하고, 자동차의 기술점검, 적재물의 정리, 운전수의 휴식 및 제대 장경의 조정을 시행한다.

120㎞~150㎞ 이상의 거리를 수송할 때는 2시간~2시간 30분의 대휴식을 계획하고, 자동차의 정비, 인원의 휴식 및 식사, 군마의 급식을 시행한다.

수치를 활용한 규정과 자유재량의 적음

『적군야외교령』의 기술방식은 마치 패스트푸드 가게의 아르바이트 점원을 대상으로 한 작업 매뉴얼처럼 모든 사항을 교범의 조문으로 명시하고, 구체적인 수치의 형태로 규정하는 경향이 강하다. 『군대지휘』의 서두에서 "전술은 하나의 '술(術)'이며, 과학을 기초로 하는 자유롭고 창조적인 행위이다"라고 규정하고 있는 독일군과 상반된 사고방식이다. 이처럼 교범의 조문으로 모든 사항을 규정하는 방식은 자칫하면 지휘관에게서 결심의 자유를 빼앗고, 지휘의 경직화를 초래하기 쉽다. 실제로 제2차 세계대전 당시 소련군의 지휘는 후세의 군사전문가들에게 (특히 독일군과 비교하여) '경직되어 있다'라고 평가되는 경우가 적지 않다. 이러한 평가의 원인 중 하나를 여기서 찾아볼 수 있다.

한편, 소련군 지휘관이 언제나 교범에서 규정하고 있는 내용대로만

독소전 초반의 타이푼 작전(독일군의 모스크바 공략작전)에서 T-34 전차대를 운용하여 모스크바 앞에서 독일군을 저지한 카투코프 장군. 소련군 전차지휘관으로 유명함.

지휘한다면, 적군은 간단히 기습할 수 있게 된다. 어쩌면 제2차 세계대전 동부전선에서 눈치 빠른 독일군 지휘관이라면 소련군의 (교범에 규정된) 한결같은 전투방식에 대하여 대처하기 쉬웠을 것이다. 다시 말해, 교범에서 규정하고 있지 않은 방법을 사용할 수 있는 소련군 지휘관[21]은 독일군에게 (다른 소련군 지휘관과 비교해서 상대적으로) 만만치 않은 상대였을 것이다. 이러한 관점에서 독소전의 전사를 다시 읽어보면, 새로운 발견을 할 수 있을 것이다.

---

21) 예를 들어 쿠르스크전에서 전차의 차체를 지면에 묻어 토치카(특화점)처럼 운용하여 독일군의 진격을 격퇴한 미하일 카투코프(Mikhail Katukov) 중장 등이 대표적이라고 할 수 있다.

일본군의 행군

행군에 대한 기본적인 사고방식

마지막으로 일본군 전술교범이 행군에 대해서 어떻게 규정하고 있었는지 살펴보겠다. 『작전요무령』의 제1부 제5편 「행군」은 서두인 「통칙」에서 다음과 같이 규정하고 있다.

제259항 행군은 작전행동의 기초를 이루는 것이며, 행군 계획의 적절함과 실시의 확실함은 제반 기도에 좋은 효과를 발휘하게 하는 요소이다. 따라서 부대는 견인불발(堅忍不拔, 굳게 참고 견디어 마음이 흔들리지 않음)하고, 어려운 지형과 날씨를 극복하며, 연일 계속되는 장거리 행군을 감행할 수 있어야 한다.

이처럼 서두에서 '행군은 작전행동의 기초'라고 기술하여 일본군이 (주력은 도보 보병이었지만) '기동력'을 중시하는 '기동전' 지향의 군대라고 밝히고 있다[22]. 여기서 독일군 『군대지휘』 제5장 「행군」의 서두 조항을 다시 살펴보면 다음과 같다.

제268항 전투행동의 많은 부분이 행군이다. 행군을 확실하게 실시하게 하고, 더욱이 행군 이후에도 군대가 침착하고 여유롭게 하는 것은 제반 기도에

---

22) 일본군의 기동수단은 전략 수준에서는 철도였고, 전술 수준에서는 도보 이동이 중심이었다. 차량 이용과 관련해서는 독일군 등 다른 열강국가에 비해서 뒤처져 있었다.

좋은 효과를 가능하게 하는 요소이다.

이러한『군대지휘』의 조문이『작전요무령』의 제259항과 유사하다고 느끼는 것은 필자만이 아닐 것이다. 애초부터『군대지휘』는 '기동전에 있어 제병과 협동작전의 지휘, 진중근무 및 전투에 관한 원칙'을 규정한 것이었으며, 독일군은 일본군과 동일하게 '기동전'을 지향하는 군대였다. 따라서 독일군과 일본군의 교범에서 행군에 관한 규정이 유사한 것은 자연스러운 결과라고 할 수 있다.

한편, 차이점으로『작전요무령』에서는 '연일 계속되는 장거리 행군을 감행할 수 있어야 한다'라고 기술하고 있으나,『군대지휘』에서는 행군 이후에도 '침착하고 여유 있는 모습'을 요구하고 있다. 다만, 앞서 설명했듯이 독일군은 평소에 행군 중의 부담을 감소시켜 군대를 '애석'하는 것을 요구하고 있지만, 유사시에는 '부대의 애석에 대한 고려를 버리고' 강행군을 하도록 강조하고 있다(『군대지휘』제303항).

요약하면, 행군에 관한 규정의 서두에서 일본군은 단순히 행군능력의 극대화를 요구하고 있으나, 반면에 독일군은 필요하면 강행군을 할 수 있도록 여유의 확보를 요구하고 있다. 이를 '병력의 배분'에 비유한다면, '일본군은 일선 병력의 극대화를 요구하고 있는 것에 비해서, 독일군은 예비 병력의 유지를 요구하고 있다'는 정도의 차이가 될 것이다. 이처럼 일본군과 독일군의 행군에 관한 사고방식은 언뜻 보기에 유사한 것처럼 보이나, 유심히 살펴보면 실제로는 상당히 큰 차이가 있다는 것을 알 수 있다.

전투 준비와 부대 애석

이어지는 조항에서는 '전투 준비'와 '부대 애석' 사이의 균형에 관해서 기술하고 있다.

제260항 적과 접촉할 우려가 클 경우에는 전투 준비를 주로 하고, 적과 접촉할 우려가 적을 때는 부대의 애석(愛惜)을 고려해서 행군을 실시한다. '전술에서 필요로 하는 정도'와 '전력유지를 위해서 고려해야 하는 정도' 사이에서 조화를 적절하게 하는 것은 항상 중요하다.

이 조항과 매우 유사한 내용을 독일군『군대지휘』에서도 볼 수 있다.

제278항 행군에 관한 모든 편성은 주로 지상의 적과 접촉이 예상되는지에 따른다.
적과의 접촉이 예상되지 않을 때는 군대의 '애석(愛惜)'에 충분한 고려를 기울여야 한다. 이때, 소규모 부대로 나누거나 병과별로 행군하면, 행군을 현저히 쉽게 하며 동시에 대공 위험을 감소시킨다.
반면에 적과 접촉이 예상될 때는 전투 준비에 대한 고려를 중심으로 해야 한다. 이를 위해서는 혼성부대를 편성하고, 적절한 행군순서와 경계방법을 선택해야 한다.

이처럼 서로 유사해 보이지만, 한 문장씩 비교해 보면 세부내용에서 미묘한 차이가 있다는 것을 알 수 있다. 먼저,『군대지휘』에서는 행군편성을 결정할 경우의 판단기준을 '주로 지상의 적과 접촉이 예상되는지 아닌지에 따른다'라고 명확하게 제시하고 있고, 이를 바탕으로 '소부대 또는 병과별로 나누어 행군하거나 제병과 협동부대로 행군할 수 있다'

라고 행군제대에 관한 구체적인 선택지를 제시하고 있다. 한편, 『작전요무령』에서는 '적과 접촉할 우려가 클 경우와 적을 경우'로 『군대지휘』보다 한 단계 완곡하게 표현하며 명확하지 않은 기준을 제시하고 있다. 또한, 행군 제대의 구체적인 편성내용은 다루지 않으면서, '전술상의 요구와 전력의 보존 사이에 조화가 긴요하다'라는 추상적인 내용만을 기술하고 있다.

한마디로 요약하면, 『군대지휘』의 조문은 '결심의 근거'가 되는 명쾌한 '판단기준'을 제시하고 이를 바탕으로 '구체적인 선택지'를 제시하고 있다. 이에 비해 『작전요무령』의 조문은 『군대지휘』보다 명확하지 않은 '판단조건'을 제시하고 이를 바탕으로 '지휘관의 마음가짐'을 설명하고 있다. 이처럼 이번 조문에서도 언뜻 보기에 겉으로 드러난 문구는 유사하지만, 그 내용에는 상당한 차이가 존재하고 있다.

강행군과 급속행군

이어지는 조항에서는 강행군과 급속행군에 관해서 기술하고 있다.

제261항 상황에 따라서는 1일 행군거리를 늘려 강행군을 할 수 있다. 이 같은 경우에 필요하면 휴일을 폐지하거나, 휴식 시간을 줄이거나, 때로는 주야에 걸쳐 행군을 계속할 수도 있다.

제262항 상황에 따라서는 단시간에 필요한 지점에 도착하게 하는 급속행군을 할 수 있다. 이 같은 경우에 필요하면 휴식을 줄이고 속도를 증가하여 행진하도록 한다. 이때, 복장을 가볍게 하고, 병력과 군마의 부하량을 감소시키면 유리하다.

일본군의 정의에서 '강행군'이란 1일 행군거리를 증가시키는 것이었다. 다만, 독일군처럼 '정황이 절박하여 속도를 증가시키거나 행군거리를 늘일 필요가 있을 수도 있다. 이런 경우에는 부대원들에게 그러한 노력이 요구되는 이유를 알릴 수 있다'(『군대지휘』 제277항) 등과 같은 규정은 없다.

또한, 『작전요무령』에서는 강행군과 급속행군을 결정하는 판단기준을 제시하지 않고, 단순히 '상황에 따라서'라고 하고 있다. 굳이 판단기준이라고 할 수 있는 것을 찾아본다면, 제260항에 제시된 '전술에서 필요로 하는 정도와 전력유지를 위해서 고려해야 하는 정도 사이의 조화를 적절하게 하는 것' 정도가 될 것이다.

이에 비해서 독일군은 '승기를 놓치지 않기 위해서 전장 또는 결정적 지점에 일부 부대만이라도 보내야 하는 경우에만, 지휘관은 부대의 애석에 대한 고려를 버려야 한다'라고 규정하고 있다(『군대지휘』 제303항). 강행군과 급속행군을 결정할 때의 판단기준으로써 '호기를 놓치지 않기 위해서 전장 또는 결정적 지점에 전력을 보내야 하는 경우'라고 구체적으로 밝히고 있다.

이러한 내용들을 보면, 교범에서 '판단의 기준'을 명시하는 데 있어서 일본군과 독일군의 사고방식에 근본적인 차이가 있어 보인다.

행군의 속도

한편, 행군속도와 관련해서는 소련군 『적군야외령』처럼 구체적인 수치를 이용하여 조문으로 규정하고 있다.

제264항 행군속도는 상황에 따라서 차이가 있으나, 제병과 협동부대는 휴식을 포함하여 1시간에 4㎞를 기준으로 하고, 차량화 중대는 장거리 행군을 위한 휴식을 포함하여 1시간에 12㎞~20㎞를 표준으로 한다.

제265항 1일 행군거리는 상황에 따라 차이가 있으나, 연일 계속되는 행군의 경우에 기준은 다음과 같다.

(1) 대규모 제병과 협동부대는 약 24㎞

(2) 대규모 기병부대는 40㎞~60㎞

(3) 자동차 편제부대는 제반 상황에 따라서 현저한 차이가 있으나, 자동차 중대 또는 이에 준하는 부대는 100㎞ 이내

참고로 『적군야외교령』에서 '저격병단의 전위속도는 1시간에 4㎞, 병사의 부하량을 경감시킨 경우는 1시간에 5㎞', '차량화 부대는 1시간에 15~25㎞, 기계화 병단은 1시간에 12~20㎞'라고 규정하고 있고, '일반병단의 1일 행군거리는 일반행군의 경우에 8시간 32㎞, 강행군의 경우에 10~12시간 이상'이라고 하고 있다(『적군야외교령』 제320항).

의외인 것은 1일 행군거리와 관련해서 소련군 일반병단이 32㎞로 일본군 제병과 협동부대의 24㎞를 크게 능가하고 있다는 것이다. 이래서는 일본군이 주장하던 '신속한 기동을 통한 주도권 확보'가 어렵다(『작전요무령』 제9항, 이 책의 1장 참조). 일본군 수뇌부도 일어로 번역된 『적군야외교령』을 통해서 이를 인지하고 있었겠지만, 이에 대해서 어떻게 대처하고자 하였는지는 필자가 입수한 자료로는 확실하지 않다.

야간행군

이어지는 조항에서는 야간행군에 관해서 규정하고 있다.

제263항 △아군의 기도와 행동을 감추고자 할 경우, △급하게 부대의 이동이 필요한 경우, △주간행군만으로는 어려울 경우, △적의 강력한 기갑부대 등에게 활동의 기회를 부여하지 않게 할 경우, △하절기 무더위를 피하고자 할 경우에, 통상적으로 야간행군을 하는 것이 유리하다.

이 조항은 지금까지와 달리 비교적 명쾌한 판단기준을 구체적으로 제시하고 있다.

프랑스군은 '야간 또는 주간에 하는 모든 부대의 다양한 운동 또는 수송은 적의 공중정찰 및 첩보활동으로부터 보호되어야 한다. 위장과 관련한 군기는 지휘관이 유의해야 할 중요사항이다. 이러한 관점에서 야간기동을 많이 사용해야 한다'라고 하고 있다(『대단위부대 전술적 용법 교령』제160항). 이처럼 프랑스군은 적의 공중정찰과 첩보활동을 회피하기 위해서 야간행군을 적극적으로 권장하였다. 독일군은 '행군하는 군대에 있어서 큰 어려움은 혹서기이다. 특히, 도보 부대에 있어서 그 정도가 심하고, 단시간에 다수의 병사를 감소시킬 수 있기 때문에, 적절한 예방법을 강구해야 한다. 따라서 혹서기에는 되도록이면 야간행군을 한다'고 하고 있다(『군대지휘』제273항). 이처럼 독일군은 혹서기의 더위를 피하려고 야간행군을 권장하였다.

이러한 조문들과 비교해 보면, 일본군『작전요무령』은 독일군과 프랑스군의 야간행군 목적에 '적의 강력한 기갑부대에 대한 대응'을 추가한 것이리 할 수 있다. 직 기갑부내에 대한 대응이 추가된 것은 제2차 세계대전에서 세계 최대의 전차 보유국이었던 소련군을 일본군이 제1의 가상적국으로 상정하고 있었기 때문일 것이다. 기갑부대 전력 면에서 소련군에 비해 크게 열세했던 일본군은 야간행군을 이용하여 그 열세를 보완하고자 했던 것이다.

한편, 소련군은 기도비닉과 기습을 위해서 야간 및 안개를 이용한 행군을 적극적으로 권장하였다. 또한, 「야간행동」을 대항목인 '장(章)'으로 편성하여 강조하고, 그 서두에서 '야간행동은 현대전에 있어서 상태(常態, 일상적인 모습)'라고 규정하고 있을 정도로 야간행군을 중시하였다(『적군야외교령』 제261항). 이에 대해 일본군은 '야간전투의 주역은 보병이다(『작전요무령』 제266항)'라고 규정하며 야간작전을 통해서 '기갑부대 등에 활동의 기회를 부여하지 않을 수 있다'고 생각했던 것 같다.

실제로 『작전요무령』 제정 이후에 발발한 '노몬한 사건'에서 일본군 보병부대는 할하강에서 전차부대의 지원을 받은 소련군 차량화 저격부대(차량화 보병부대)에 대하여 연속으로 야습을 시행하여 많은 전과를 거두었다. 이에 대항하여 소련군은 전차와 기갑차량의 주포에 대형 탐조등을 장착하는 등 기갑부대의 야간전투 능력 향상에 노력하였으나, 이러한 탐조등은 쉽게 파손되어 실용성에 문제가 있었다. '노몬한 사건' 이후에 작성된 소련군의 보고서에서도 전차 탐조등의 30%는 최초 전투에서 적 화기와 포탄의 파편에 의해 파괴되었다고 기록하고 있다.

행군의 편성과 실시

이어지는 제1장 「행군편성」의 서두에서는 다음과 같이 기술하고 있다.

제269항 상급지휘관은 행군편성에 있어서 상황, 특히 전술상의 요구에 기초하여 행군제대 구성, 전진목표, 행군로 및 전진지역, 출발 및 도착 시각,

수색 및 경계, 본대의 행동, 연락, 보급, 위생 등에 관해서 필요한 사항을 규정하고, 각 제대가 이를 기초하여 행동하도록 한다. 통상적으로 지휘관은 주력인 행군제대에서 지휘한다. (이하 생략)

다음 조항에서는 적의 항공부대와 기갑부대, 특히 일본군이 열세하였던 전차에 대한 대응책을 기술하고 있다.

제270항 강력한 적의 항공부대, 기갑부대, 특히 전차 등에 대한 우려가 큰 상황에서 대규모 제대는 여러 개의 제단(梯團)으로 나누고, 각 제단 사이에 적절한 거리를 두어 전투준비를 하는 것이 유리하다. 제단 편성은 주로 차후의 부대운용을 고려하고, 이와 동시에 각 제단의 대공 및 대전차 경계, 전투와 행군이 용이하도록 한다. (이하 생략)

이 조항과 유사한 내용을 『군대지휘』에서도 찾아볼 수 있다.

제286항 행군편성은 부대의 행군순서를 규정하는 것으로 전투시에 예상되는 부대운용을 기준으로 한다. 적절한 행군편성은 전승(戰勝)의 첫걸음이다.

다만, 『군대지휘』의 제286항에서는 행군편성을 '전승의 첫걸음'이라고 할 정도로 중요시하였으나, 『작전요무령』의 제270항은 이러한 표현 대신에 '제단편성을 통한 적 항공기와 전차에 대한 경계'를 강조하고 있을 뿐이다.

이어서 제2장 「행군실시」는 제316항에서 '항공폭격'에 대해서, 제317항에서 '기갑부대'에 대해서, 제318항에서 '가스 공격'에 대해서 각각 준거해야 할 사항과 조치를 기술하고 있다. 이 중에서 제317항의 일부를 발췌하면 다음과 같다.

제317항 행군 간에 적 기갑부대의 공격에 대해서 그 약점을 신속하게 탐지하고, 사전 준비와 각 부대의 독단협동(獨斷協同)을 이용하여 침착하고 대담하게 이를 격멸해야 한다. 이를 위해서 준거해야 하는 사항은 다음과 같다.

(1) 사전에 지정된 부대는 신속하게 진지를 점령하고, 적이 유효사거리 이내로 들어오면 즉시 사격을 개시한다.

(중략)

(4) 적 전차가 지근거리에 도달하는 경우에 해당 부대는 상황이 허락하는 한 사격을 집중하고, 이어서 육탄공격을 감행하여 적 전차의 격멸에 노력한다.

(이하 생략)

이처럼 『작전요무령』에서는 전차에 대한 육탄공격을 일반적인 전투방법으로 규정하고 있었다. 그래서 노몬한 사건에서 할하강 도하공격을 감행한 코바야시 부대(小林 支隊) 등이 소련군의 전차나 장갑차에 대하여 화염병을 이용한 육탄공격을 하였던 것이다.

행군 간의 경계

다음으로 행군 간의 경계에 대하여 살펴보자

『작전요무령』에서는 '행군 간의 경계'가 제1부의 제5편 「행군」이 아닌, 제4편 「경계」에 포함되어 있다. 독일군 『군대지휘』도 '행군 간의 경계'가 제4장 「경계」에 포함되어 있어서, 이러한 점에서 두 교범은 유사하다. 다만, 『작전요무령』에서 '행군 간의 경계'가 대항목인 '편(篇)'을 구성하는 중항목인 '장(章)'으로 되어 있지만, 『군대지휘』에서는 대항목인 '장'(『작전요무령』의 '편'에 해당)을 구성하는 중항목인 「기동 간의 경계」보다도 낮은 수준의 항목에 위치해 있다. 이러한 구성만을 놓고 본다면, 일본군이 독일군보다도 '행군 간의 경계'를 중시하고 있는 것처럼 보인다. 한편, 『적군야외교령』에서는 『작전요무령』과 동일하게 대항목인 제12장 「부대 이동」의 예하 중항목인 ②「행군 간의 경계」에 위치하고 있다. '행군 간의 경계'를 중시하고 있는 구성의 측면에서 일본군은 독일군보다도 소련군에 가까웠다.

한편, 『작전요무령』은 제1장 「행군 간의 경계」의 첫 조항에서 다음과 같이 기술하고 있다.

제150항 행군 간의 경계는 주로 전위(前衛), 측위(側衛), 후위(後衛)를 이용하여 실시한다.

이러한 전위, 측위, 후위의 구체적인 병력 편성에 관해서는 통상적으로 부록을 통해 자세하게 기술하지만, 『작전요무령』은 본문의 조문에서 상세하게 규정하고 있다. 특히, 전위의 전방에 파견되는 병력 편성 및 전위와의 거리 등에 관해서 세부적으로 기술하고 있다.

제1장의 마지막은 제4절 「기병 및 기계화 부대의 경계」이며, 보병부대의 경계와는 별도로 기술하고 있다.

제175항 독립하어 행동하는 기병부대의 경계는 본장(本章)의 제1절에서 제3절까지의 요령에 준하여 실시하지만, 뛰어난 수색 능력과 병력의 집결을 필요로 하는 특성을 고려하여 되도록이면 경계부대로 전용하는 병력을 절약한다. 또한, 행군제대 내에서 경계부대 편성을 생략하며, 각 제대 사이의 거리를 적절하게 늘린다.

■ 『작전요무령』의 행군편성

• 전위의 행군편성

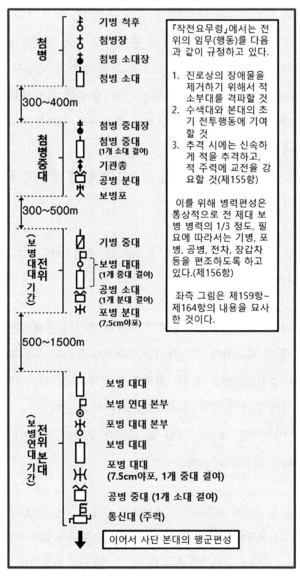

『작전요무령』에서는 전위의 임무(행동)를 다음과 같이 규정하고 있다.

1. 진로상의 장애물을 제거하기 위해서 적 소부대를 격파할 것
2. 수색대와 본대의 초기 전투행동에 기여할 것
3. 추격 시에는 신속하게 적을 추격하고, 적 주력에 교전을 강요할 것(제155항)

이를 위해 병력편성은 통상적으로 전 제대 보병 병력의 1/3 정도, 필요에 따라서는 기병, 포병, 공병, 전차, 장갑차 등을 편조하도록 하고 있다.(제156항)

좌측 그림은 제159항~제164항의 내용을 묘사한 것이다.

첨병
- 기병 척후
- 첨병장
- 첨병 소대장
- 첨병 소대

300~400m

첨병중대
- 첨병 중대장
- 첨병 중대 (1개 소대 결여)
- 기관총
- 공병 분대
- 보병포

300~500m

전위 기간 (보병 대대)
- 기병 중대
- 보병 대대 (1개 중대 결여)
- 공병 소대 (1개 분대 결여)
- 포병 분대 (7.5cm야포)

500~1500m

전위 본대 기간 (보병 연대)
- 보병 대대
- 보병 연대 본부
- 포병 대대 본부
- 보병 대대
- 포병 대대 (7.5cm야포, 1개 중대 결여)
- 공병 중대 (1개 소대 결여)
- 통신대 (주력)

↓ 이어서 사단 본대의 행군편성

■ 『작전요무령』의 행군편성 (계속)

· 사단 본대의 행군편성

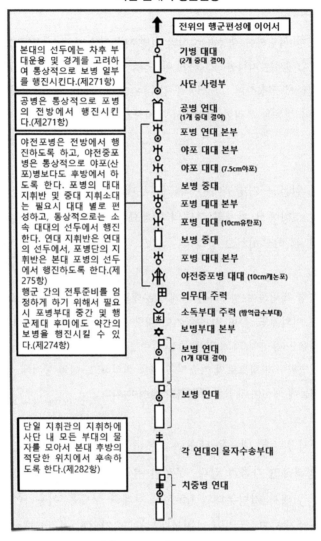

전위의 행군편성에 이어서

본대의 선두에는 차후 부대운용 및 경계를 고려하여 통상적으로 보병 일부를 행진시킨다.(제271항)

기병 대대 (2개 중대 결여)

사단 사령부

공병은 통상적으로 포병의 전방에서 행진시킨다.(제271항)

공병 연대 (1개 중대 결여)

포병 연대 본부

야포 대대 본부

야전포병은 전방에서 행진하도록 하고, 야전중포병은 통상적으로 야포(산포)병보다도 후방에서 하도록 한다. 포병의 대대지휘반 및 중대 지휘소대는 필요시 대대 별로 편성하고, 통상적으로는 소속 대대의 선두에서 행진한다. 연대 지휘반은 연대의 선두에서, 포병단의 지휘반은 본대 포병의 선두에서 행진하도록 한다.(제275항)
행군 간의 전투준비를 엄정하게 하기 위해서 필요시 포병부대 중간 및 행군제대 후미에도 약간의 보병을 행진시킬 수 있다.(제274항)

야포 대대 (7.5cm야포)

보병 중대

포병 대대 본부

포병 대대 (10cm유탄포)

보병 중대

포병 대대 본부

야전중포병 대대 (10cm캐논포)

의무대 주력

소독부대 주력 (방역급수부대)

보병부대 본부

보병 연대 (1개 대대 결여)

보병 연대

단일 지휘관의 지휘하에 사단 내 모든 부대의 물자를 모아서 본대 후방의 적당한 위치에서 후속하도록 한다.(제282항)

각 연대의 물자수송부대

치중병 연대

이 그림은 사단 본대의 행군편성을 『작전요무령』을 기초로 하여 도식한 것이다. 본대의 각 부대에 관해서는 해당하는 조문을 각각 발췌하여 첨부하였다. 또한, 사단 수색(기병) 연대의 주력은 측위라고 가정하고 그림에서 제외하였다. 추가로 일본군 사단은 야포(野砲)를 편제한 사단과 산포(山砲)를 편제한 사단으로 구분되나, 행군 편성에서는 특별한 차이가 없다.
* 1은 야전군 직할 포병에서 배속된 중(重)포병부대

이어지는 조항에서는 적 기갑부대에 대한 대응을 기술하고 있다.

제176항 독립하여 행동하는 적의 기병부대, 항공기, 기갑부대 등에 대한 경계를 위해서는 지형을 교묘하게 이용하고, 행군로, 휴식장소, 행군시기 등을 적절하게 선정하며, 그 행동을 감추는 데 노력한다. 이와 동시에 적 기갑부대의 행동을 유리한 지점에서 저지하기 위해서 가능한 멀리까지 수색한다.

이처럼 일본군 기병부대는 적 기갑부대의 저지를 중시하고 있었다. 이어지는 조항에서 기계화 부대의 경계요령을 기술하면서 제1장 「행군 간의 경계」를 마무리하고 있다.

제177항 독립하여 행동하는 기계화 부대의 경계는 기병의 경계요령에 준하는 것 이외에도, 특히 적 항공기에 대한 경계를 엄중히 하고, 또한 속도, 지형 등을 이용하여 기도 및 행동을 감추는 데 노력해야 한다. 그리고 피아 상황을 명확하게 함으로써 기습의 위협을 회피하고, 이와 동시에 행군로 상의 장애물에 대하여 세심한 주의를 기울여야 한다.

지금까지 살펴본 내용을 토대로 소련군 기갑부대에 대한 일본군의 대응책을 정리하면 다음과 같다. 우선은 유리한 지점에서 적 기갑부대를 저지하기 위해서 기병부대와 (소수의) 기계화 부대를 이용하여 가능한 멀리까지 수색하고, 주력인 보병부대는 적의 강력한 기갑부대에게 활동의 기회를 부여하지 않도록 야간행군을 실시한다. 이때 대규모 행군제대는 여러 개의 제단(梯團)으로 나누어 편성함으로써 각 제단의 대전차 경계를 용이하게 한다.

좋은 부분들을 채택하는 것과 독창성

이 밖에도『작전요무령』에서는『군대지휘』와 매우 유사한 조문들을 볼 수 있다. 예를 들어, '행군 간의 휴식'과 관련해서『작전요무령』은 다음과 같이 기술하고 있다.

제301항 행군 출발 후 통상적으로 한 시간 이내에 용변을 보거나 복장과 장구류를 고쳐 입거나 차량의 기능 정비를 하기 위해서 단시간의 휴식을 시행하며, 이후에는 아군의 기도, 행군거리, 기상, 계절, 지형 등에 따라서 적당히 휴식을 시행한다.

장시간 행군할 경우, 통상적으로 약 1시간마다 10분~15분 정도의 휴식을 포함하여 실시한다. 또한, 병력들의 식사와 군마의 사료 급여를 위해서는 통상적으로 적어도 30분이 필요하다. (이하 생략)

한편,『군대지휘』에서는 다음과 같이 규정하고 있다.

제303항 행군을 시작하고 일정 시간이 지나면, 용변을 보거나 복장과 장비를 정돈하고 군마의 장비를 고쳐 매기 위해서 소휴식을 실시한다. 그리고 소휴식 이외에도 행군거리, 부대의 행군능력, 기상 및 지형에 따라서 한 번 또는 여러 번의 휴식을 시행함으로써 병력들의 식사, 군마에게 사료를 주는 것 등에 이용한다. 한 번만 휴식할 경우에는 통상적으로 행군거리의 절반 이상을 행군한 이후에 실시하고, 여러 번에 걸쳐 휴식할 경우에는 대략 2시간 마다 실시한다. (이하 생략)

출발하고 일정 시간이 경과한 시점에서 복장 등을 고쳐 입기 위해 잠시 휴식하는 방법은 일본군과 독일군이 동일하며, 우연치고는 그 내용이 너무나도 유사하다. 이 조항뿐만 아니라,『작전요무령』의 행군에 관한 조항들은 독일군『군대지휘』를 기준으로 삼고 다른 국가의 교범 중에서 좋은 부분들을 발췌하여 정리한 것처럼 보인다.

그러나 앞서 설명했듯이 겉으로 드러난 문구는『군대지휘』와 유사하지만, 그 내용을 유심하게 살펴보면 본질적으로 크게 다른 부분도 있었다. 또한, 수학이나 물리의 '이론서'와 같은 구성을 하고 있는 프랑스군『대단위부대 전술적 용법 교령』과는 전혀 달랐으며, 자신의 한계를 정확히 판단하여 수치를 이용하여 조목조목 규정하고 있는 소련군『적군야외교령』과도 차이가 있었다[23].

지금까지 살펴본 다른 국가의 교범들과 비교해 보았을 때,『작전요무령』에서는 명확한 기본이념을 느낄 수 없다. 그 원인은 다른 교범 중에서 좋은 부분만을 발췌하여 작성했기 때문이라고 할 수 있다. 지금까지 살펴본 것처럼 다른 국가의 교범들은 서로 다른 기본이념을 기초로 작성되어 있었다. 이처럼 기본이념이 상이한 교범들에서 표면적으로 좋은 부분들만을 발췌하였기 때문에, 교범의 전체 내용에 있어서 일관된 기본이념을 찾아볼 수 없는 것이다.

이러한『작전요무령』에도 독창성이 넘치는 부분이 있다. 예를 들어, 혹한기의 주의사항을 언급한 제306항 '쌀은 소량의 간장을 넣어 취사하고 음료수에 설탕을 넣으면, 어는 것을 방지하는 효과가 있다'라든지, 혹서기의 주의사항을 기술한 제307항 '혹서기에는 식량의 부패를 방지하는 것이 필요하고, 이를 위해 소량의 식초, 우메보시(梅干し, 매실에 소금을 넣고 절인 일본 전통음식) 등을 넣어 취사하거나 빵 종류를 취식하

---

23)『작전요무령』은 일본군 능력에 대한 정확한 판단이 결여된 채로, 주도면밀한 훈련과 탁월한 지휘통제, 필승의 신념에 기초한 공격정신만을 요구하고 있었다.

며, 휴대 방법에 대해서도 특별한 주의가 필요하다'와 같이 상세한 주의 사항은 다른 국가의 전술교범에서 볼 수 없다. 그러나 이러한 내용은 취사를 담당하는 인원들만이 알면 되는 내용으로, 사단장과 연대장, 그리고 참모들이 작전을 지도하는 데 있어서 반드시 알아야 하는 지식이라고 할 수 없다.

한편 『작전요무령』의 내용들을 다른 교범들에서 '판단기준'을 제시하는 방식과 비교해 보면, 전술교범의 작성목적이 애초부터 다른 국가들과 근본적으로 차이가 있었다고 생각할 수 있다. 이와 관련해서는 뒤에서 자세히 설명하겠다.

【칼럼 3】 명치시대 일본 군인들의 독일군 교범에 대한 이해도

1888년 판 독일군 『보병조전』을 번역할 당시에 그 교정을 담당했던 후지이 시게타(藤井茂太, 육사 2기 및 육대 1기로 러일전쟁시 제1군 참모장) 소장은 다음과 같이 언급하였다.

"독일 교범의 문장은 짧고 간단하지만 의미심장하다. 단순히 한번 읽었을 때는 표면상으로 명료하여 단 하나의 의문도 생기지 않는다. 하지만 두세 번 숙독하면 의문이 점점 생기고 생각이 바뀌게 되며, 결국에는 그 의미가 어디에 있는지 의심하기에 이르게 된다. 특히, 제2부는 그 문구에 수없이 많은 미묘한 의미를 내포하고 있기 때문에, 문장의 숨은 뜻까지 철저하게 알아낼 각오를 하고 숙독한다면, 그 저변에 있는 심오한 경지를 밝혀낼 수 있을 것이다"

이처럼 독일군 교범의 문장은 간단하고 짧아서 한번 읽어서는 의문이 생기지 않지만, 두세 번 읽으면 많은 의문이 생기는 함축된 내용으로 되어 있었다는 것을 알 수 있다. 이 때문에 '상당한 각오로 숙독하지 않으면 깊이 이해할 수 없다'고 하고 있다. 명치시대에 우수했던 군인들은 이러한 독일군 교범의 특징을 잘 이해하고 있었다.

제3장 수색

이 장에서는 각 국가의 전술교범에서 수색에 대하여 어떻게 규정하고 있는지 살펴보겠다.

일반적으로 '수색'은 적 부대의 유무를 확인하는 것을 의미하고, '정찰'은 이미 존재가 식별된 적 부대에 대한 세부적인 정보 획득을 의미하지만, 이러한 정의는 시대와 국가에 따라서 많은 차이가 있다. 그 세부 내용은 이번 장을 통해서 알 수 있을 것이다. 이번 장에서도 2장과 같이 프랑스군부터 살펴보겠다.

프랑스군의 수색

지휘관의 결심과 기동계획

수색에 대하여 살펴보기 전에 먼저 프랑스군의 '지휘관 결심'에 대해서 살펴보겠다. 프랑스군 『대단위부대 전술적 용법 교령』은 제1편 「지휘 및 지휘계통」의 제1장 「지휘」 제3관 「결심」에서 다음과 같이 기술하고 있다.

제7항 대단위부대의 지휘관은 의도하는 작전의 조건들을 자세히 조사하고 검토한 이후에 기동을 고안해야 한다. 그리고 이것을 간단명료하고, 또한 소기의 목적에 정확히 부합하며, 최단 시간 내 최소 피해로 가장 좋은 성과를 실현하게 하는 '결심'으로 표현한다.

이러한 프랑스군의 '결심'에 대한 정의는 오늘날 일상생활에서 사용하는 것과 의미가 상당히 다르다. 이러한 '결심'의 구체적인 내용은 이어지는 조문들에서 기술하고 있다.

먼저, ①「결심의 요소」에서는 다음과 같이 규정하고 있다.

제8항 지휘관이 부대의 전술적 용법을 결정하기 위해서 고려해야 하는 주된 요소는 다음과 같다.

임무, 사용할 수 있는 수단과 시간, 지형, 적 병력 등의 요소들을 분석하여 종합한다. 이것이 작전의 구상방법이다.

작전은 정확한 상황 인식을 기초로 구상되어야 한다. (이하 생략)

여기서 제시하고 있는 임무, 수단(아군 병력 등), 지형, 적 병력이라는 요소들은 다른 국가들에서도 작전을 입안하는 데 사용하는 일반적인 내용이라 할 수 있다.

이어서 ②「결심의 표현」에서는 다음과 같이 기술하고 있다.

제18항 지휘관의 기도는 모든 인원에게 그 의사를 밝히는 '결심'으로 표현된다. (중략)

'결심'은 지휘관이 의도하는 '기동의 형태'와 '근본적인 성질'을 명백하게 지시하는 것이어야 한다. 또한, 이를 통해 예하 부하들에게 임무를 확정한다. (이하 생략)

여기서는 모든 인원에 대한 '지휘관 결심의 표현'으로써 각 부대의 임무와 기동의 형태 등을 명시해야 한다고 요구하고 있다.

이어서 「기동계획」의 첫 조항에서 다음과 같이 기술하고 있다.

제19항 대단위부대의 지휘관은 자신이 작성한 문서에 '결심'을 표시하고, 여기에 기동의 사상과 고안한 작전의 근본적인 조치를 명시한다.

다시 말해 기동계획이 공세작전의 행동인지, 방어작전의 행동인지에 따라 '공격계획' 또는 '방어계획'으로 구분된다.

이처럼 프랑스군은 지휘관의 '결심'을 나타내는 문서의 일환으로써 '기동계획'을 작성하였다. 그리고 이러한 '기동계획'이 전반적으로 공격인지 혹은 방어인지에 따라서 '공격계획' 혹은 '방어계획'이라고 하였다. 따라서 '기동'이라는 용어에 큰 의미를 두지 말고, 일반적인 '작전계획'에 가깝다고 인식하는 편이 좋을 것이다.

그리고 이어지는 조항에서는 '기동계획'의 구체적인 내용을 규정하고
있다.

　제20항 (대단위부대 지휘관 보다) 상급지휘관의 기동계획은 대단위부대들
의 전반에 대하여 다음의 사항들을 결정한다.
　　− 소기의 일반목적
　　− 이를 위해 채용하는 전략적 태도
　　− 기동의 사상
　　− 기동의 방향
　　− 도달해야 하는 목표 또는 방어해야 하는 진지
　　− 병력의 초기 편성
　이어서 이러한 범위 내에서 예하 대단위부대의 임무를 결정한다.

　제21항 대단위부대 지휘관의 기동계획은 다음 사항을 포함한다.
　　− 기동의 사상
　　− 초기 편성
　　− 예하 부대의 임무
　　− 예하 부대의 방향 및 행동 지역
　　− 탈취해야 하는 목표 또는 방어해야 하는 진지
　　− 기동실시의 전반 조건들

　여기서는 공격과 방어의 구체적인 내용을 제시하고 있지 않지만, 공
격 시에 탈취해야 하는 목표 등을 제시하고 있다. 이처럼 '공격 목표로
의 기동'이라는 의미에서 '기동계획'이라고도 할 수 있다.

　제22항 예하 지휘관은 자신의 임무를 부여하는 상급지휘관에게 자신의
'결심'을 보고한다. 이때 기동계획을 보고하거나, 문서를 통해 전체 계획을

보고한다.

다시 말해 프랑스군에서는 상급지휘관이 자신의 '결심'을 지시할 경우뿐만 아니라, 하급지휘관이 자신의 '결심'을 보고할 때도 '기동계획'을 사용하였다. 이처럼 프랑스군에서 '기동계획'은 매우 중요한 문서였다.

정보계획, 연락계획, 각 부의 사용계획

프랑스군에서 작성하도록 규정하고 있던 계획문서에는 '기동계획'만 있었던 것이 아니다. 이어지는 「정보계획」에서는 다음과 같이 기술하고 있다.

> 제23항 적에 대한 정확한 정보는 지휘관의 결심에 주된 요소이며, 지휘관은 임무와 관련된 모든 작전에 있어서 실시 전과 실시 중에 수집해야 하는 정보 목록을 작성해야 한다. (중략)
> 이러한 목록들은 정보계획을 구성한다. 그러나 최초 상황을 기초로 작성된 계획은 발생하는 사건들이나 기동의 진전에 따라서 작전행동 중이라도 변경되어야 하며, 해당 계획은 끊임없이 보완되어야 한다. (이하 생략)

프랑스군에서는 지휘관 결심의 주된 요소인 적 상황에 관해서 수집해야 하는 정보 목록인 '정보계획'을 작성하도록 하고 있었고, 그 계획은 상황의 변화에 따라서 끊임없이 변경하도록 하고 있었다.

한편, 「연락계획」에서는 다음과 같이 기술하고 있다.

제24항 명령, 정보, 보고의 신속한 전달은 매우 중요하며, 각 작전별로 연락계획을 작성해야 한다.

이러한 계획은 통신의 사용에 있어서 기초가 되며, 그 운용은 사령부의 예정된 기동과 밀접하게 연동되어야 한다.

이처럼 기동과 밀접하게 연동되는 상세한 '연락계획'을 사전에 세워 둔다면 상황의 변화에 따라서 언제든지 실시간에 의사소통할 수 있는 유연한 통신수단인 무선통신의 필요성은 낮아지고, 과거부터 사용해 왔던 전령과 유선통신만으로도 충분했을 것이다. 구체적인 사례를 들면, 제2차 세계대전 초기에 프랑스 전차의 대부분이 2인승으로 무전병이 탑승하지 않았고, 무전기의 장착률도 낮았다. 이것은 실시간 통신수단의 필요성이 낮았다는 것을 반영하고 있다고 할 수 있다. 보병을 지원하며 적 진지의 특화점을 공격하는 임무는 수기 신호만으로도 충분했을 것이다. 프랑스군 전차부대는 무선통신이 없었기 때문에 유연한 지휘통제가 불가능했던 것이 아니라, 유연한 지휘통제가 필요하지 않은 군사교리를 채택하고 있었기 때문에, 애초부터 무전기를 장착할 필요가 없었던 것이다. 반면에 같은 시기의 독일군은 모든 전차에 기본적으로 무전기를 장착하였고, 소형 전차를 제외하고는 무전병(기관총병을 겸직)을 탑승시킨 것은 유연한 지휘통제에 대한 필요를 크게 인식하고 있었다는 것을 보여준다.

제2차 세계대전 당시의 프랑스군 주력전차였던 르노R35와 호치키스H35는 전차장과 조종수가 탑승하는 2인승이었으나, 무전기의 장착률은 낮았다. 사진은 H35를 개량한 H39전차

이어지는 ②「각 부의 사용계획」에서는 보급물자와 각종 기재, 수송수단, 이동하는 각 부대의 이동로 등에 관한 '사용계획'을 규정하고 있다.

제25항 전투에 있어서 보급과 환송(還送)의 중요성, 그리고 전투에 필요한 각종 기자재의 막대한 물량으로 인해서, 사령부는 사전에 자원의 운용방법, 시설의 배치, 수송수단을 세심하게 규정해야 한다. 그 밖의 부대 활동과 각 부의 활동을 연계해서 사람, 군마, 차량을 끊임없이 움직이게 하고, 이동로의 유지 및 개척을 확실하게 지시해야 한다.

이와 관련한 결심은 각 부의 사용계획에 포함하고, 그 요령은 적시에 각 부로 통보해야 한다.

각 부의 사용계획은 최초 편성뿐만 아니라, 예측되는 모든 변경사항도 고려해야 한다.

각종 계획문서의 작성에서 볼 수 있는 '계획성의 중시'는 포병화력의 치밀한 운용을 중시했던 제1차 세계대전 당시의 영불연합군, 특히 제1차 세계대전 후반의 '하멜 전투(Battle of Hamel, 1918년)'와 '아미앙 전투(Battle of Amiens, 1918년)' 등에서 연합군이 채용하여 큰 성과를 거두었던 전투방법인 '모나쉬 방식'과 관련되어 있다. 이 방식의 창시자인 영연방 호주군의 존 모나쉬(John Monash) 장군은 다음과 같이 언급하였다. "잘 계획된 전투에서는 …… 어떠한 우발상황도 일어나지 않으며, 어떠한 우발상황도 일어날 수 없다. 단지 계획에 따라 주어진 경로로 전진할 뿐이다. 모든 전투는 최종목표로 설정된 지점에 도달할 때까지 용서 없이 그리고 질서정연하게 전장을 전진하는 것이다." 이와 같은 모나쉬 방식의 밑바탕에는 '치밀한 계획을 세우고 질서 정연하게 행진하는 것으로 전장의 다양한 불확실 요소를 배제할 수 있다'는 사고방식이 있었다. 그리고 프랑스군 교범의 밑바탕에서도 '치밀한 계획을 이용한 불확실성의 배제'라는 사고방식을 강하게 느낄 수 있다.

훈령과 명령

프랑스군『대단위부대 전술적 용법 교령』은 이러한 계획들과 별도로 '훈령'과 '명령'에 대해서도 규정하고 있다.

> 제26항 지휘관은 훈령과 명령을 이용하여 예하 부대에게 자신의 결심을 지시한다. 총사령관(특정한 작전방면의 사령관)은 훈령(Instruction) 대신에 '전략적 훈령(Directive)' 등의 명칭을 종종 사용하기도 한다.
> '전략적 훈령'의 목적은 직속부대에게 다양한 상황에서 사령부의 견해에 입각한 작전을 할 수 있도록 방침을 지시하는 것이다. 이를 위해 지휘관의 의도, 목적, 기동의 일반사상과 그 진척사항을 정보로 제공한다. 또한, 대단위부대의 임무, 방향 및 목표들을 결정하고, 각종 상황과 이에 따른 행동요령을 사전에 정해둔다.

여기서 말하는 '훈령'과 '전략적 훈령'의 내용은 '기동계획'과 크게 다르지 않으나, 그 차이점에 관해서는 이어지는 조문 내용에서 기술하고 있다.

> 제26항 (생략) 훈령 또는 전략적 훈령은 이를 발령하는 지휘관의 계급과 계획하는 작전의 종류에 따라 다소 장기간에 대하여 작성한다. 다만, 상황이 완전히 변경되거나, 먼 미래에 대하여 예상하는 것은 피해야 한다.
> 많은 경우에 훈령 또는 전략적 훈령은 기밀 내용을 포함하고 있어서, 그 지시는 수령자에게 비밀을 유지하도록 해야 한다. 따라서 참모 및 예하 부

하에게도 엄격히 필수내용만을 밝히고, 해당 서류를 그대로 이첩해서는 안 된다.

다시 말해 '훈령'과 '전략적 훈령'은 기본적으로 높은 수준의 비밀 내용을 포함하고 있기 때문에, 수령자가 '기동계획'처럼 문서화하여 밝힐 수 없는 것이었다.

그리고 '명령'에 대해서는 다음과 같이 규정하고 있다.

제26항 (생략) 명령은 일반적으로 단시간 안에 명확히 한정된 조건 하에서 실행되는 강제적인 지시를 말한다.

명령은 대단위부대의 모든 부대들을 대상으로 하는지 혹은 일부 부대들을 대상으로 하는지에 따라서 '합동(合同) 명령' 또는 '개별 명령'이라고 한다.

준비명령은 모든 부대가 적시적으로 최초의 조치를 취하는데 필요한 내용을 지시하기 위해서 작성한다. 기동전의 모든 작전에서는 항상 이를 사용한다.

명령 및 훈령은 특별히 기동전에 있어서 간단명료해야 한다. 하지만 사령부의 의도를 충분히 이해시킬 필요가 있는 사항은 자세한 내용을 포함해야 한다.

상황이 크게 변하기 쉬운 기동전에서는 그때마다 지시를 문서화할 여유가 없는 경우가 많다. 따라서 이러한 상황에서는 바로 뒤에 명확히 한정된 조건 하에서 실행할 수 있는 지시를 포함한 '명령'이 하달된다. 또한, 유동적인 기동전에서는 각 부대들에게 최초의 대응조치를 사전에 지시해두는 '준비명령'을 항상 사용하도록 하고 있다. 그러나 작전템포가 빠른 기동전에서 상급지휘관이 적절한 '준비명령'을 내리지 못했을 경우에 각 부대들의 최초 조치는 어떻게 될까? 이는 제2차 세계대전 초기에 독일군에게 선수를 빼앗겨 수동적으로 대응했던 프랑스군의 전투 사례에서 확인할 수 있다.

지금까지의 내용들을 정리하면, 프랑스군은 '기동계획', '정보계획', '연락계획', '각 부의 사용계획' 등의 각종 계획문서를 중심으로 하였고, '훈령'과 '명령'은 보조적인 역할을 하였다고 할 수 있다. 이러한 규정들을 살펴보면, 프랑스군은 일반적으로 상황변화가 적은 진지전을 주로 상정하고 있었고, 상황이 크게 변하는 기동전을 고려하고 있지 않았다는 것을 엿볼 수 있다. 이처럼 프랑스군은 교범이 제정되던 1936년의 시점에도 제1차 세계대전의 서부전선과 같은 참호전을 상정하고 있었던 것이다.

수색과 접적·접촉

지금부터 프랑스군의 수색에 대하여 살펴보겠다.

우선 독일군 『군대지휘』의 목차를 보면, 제3장 「수색」은 제5장 「행군」과 제6장 「공격」과 나란히 대항목인 '장(章)'으로 되어 있다. 한편, 프랑스군 『대단위부대 전술적 용법 교령』의 목차에서 제3편 「정보와 경계」는 제1장 「정보」와 제2장 「경계」로 구성되어 있으며, 제1장 「정보」는 제1관 「총칙」, 제2관 「정보기관과 그 성능」, 제3관 「수색」으로 구성되어 있다. 다시 말해, 독일규이 「수색」을 '장(章)'이라는 대항목에 두고 있는 것과 대조적으로, 프랑스군은 대항목인 '편(篇)'의 하위항목인 '장'보다도 한 단계 하위의 소항목인 '관(款)'에서 「수색」을 규정하는 데 그치고 있다.

이러한 구성을 보면 독일군과 프랑스군 사이에 '수색'이라는 전술행동의 지위가 상이했다는 것을 알 수 있다. 독일군에서는 '수색'이 각종 정보활동을 포함하며, '행군' 및 '공격'과 대등한 중요한 전술행동이었으나, 프랑스군에서는 '경계 및 정보활동의 일부'에 지나지 않았던 것이다. 당연히 그 내용에서도 큰 차이가 있었다. 독일군『군대지휘』의 제3장「수색」은「수색기관, 수색에서의 협동」,「수색 실시」,「특수한 수단을 이용한 정보 입수」,「간첩의 방지」라는 소항목으로 구성되어 있으며, 조항의 전체 수량도 75개였다. 또한,『군대지휘』에서 규정하고 있는 '수색'은 전선에서의 수색 활동뿐만 아니라 다양한 정보활동을 포함한 매우 폭넓은 것이었다.

이에 비해 프랑스군『대단위부대 전술적 용법 교령』에서 제3편「정보와 경계」의 제3관「수색」은 ①「비행대 및 기병 대단위부대」의 3개 조항과 ②「정찰대」의 1개 조항으로 구성되어 전체 4개 조항뿐이었다. 다시 말해, 프랑스군 교범에서 규정하고 있는 '수색'은 독일군과 비교해서 매우 좁은 범위의 내용이었다.

하지만,『대단위부대 전술적 용법 교령』의 제5편「회전(會戰)」을 살펴

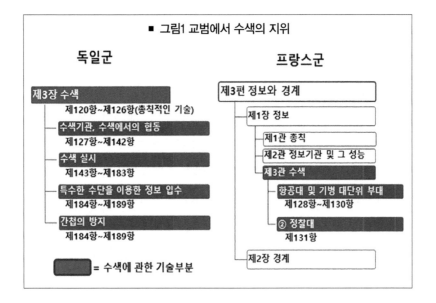

■ 그림1 교범에서 수색의 지위

■ 그림2 교범에서 '공격의 사전단계 행동'의 지위

독일군

제6장 공격
- 공격실시
  - 제병과 협동의 기초
  - 공격준비 배치
  - 공격 경과
- 조우전
- 진지공격
  - 제386항~제389항
  - **제390항**
  - 제391항
  - **제392항**
  - **제393항**
  - 제394항~제403항
  - **제404항**
  - 제405항~제409항

████ = 공격의 사전 단계에
　　　　　관한 기술부분

그림1과 그림2는 '수색'과 '공격의 사전단계 행동'이 교범에서 어떠한 지위에 있는지를 비교한 것이다. 본문에서 기술한 것처럼 프랑스군과 독일군은 각사 숭시하는 것이 달랐다. 한편 프랑스군은 각 부대의 규모별로 구분하고 있는 것이 특징이다.

프랑스군

제5편 회전
- 제1장 회전의 개황
- 제2장 공세회전
  - **제1관 접적**
  - **제2관 접촉**
  - **제3관 공격준비전투**
  - 제4관 공격

제6편 야전군의 회전
- 제1장 야전군의 공세
  - **제1관 준비 조치**
  - **제2관 접적과 부대편성**
  - **제3관 접적 및 공격준비전투**
  - 제4관 공격
  - 제5관 회전의 완결

제7편 군단의 회전
- 제1장 군단의 공세
  - **제1관 접적행진**
  - **제2관 접촉**
  - **제3관 공격준비전투**
  - 제4관 공격
  - 제5관 회전의 완결

제8편 보병사단의 회전
- 제1장 총칙
- 제2장 사단의 공세전투
  - **제1관 접적**
  - **제2관 접촉**
  - **제3관 공격준비전투**
  - 제4관 공격
  - 제5관 회전의 완결
  - 제6관 화력기동
  - 제7관 대진정면의 공격

보면 제1장 「회전의 개황」, 제2장 「공세회전」, 제3장 「수세회전」, 제4장 「회전에서의 항공대와 방공대」로 구성되어 있다. 예를 들어 제2장 「공세회전」을 보면 제1관 「접적」, 제2관 「접촉[24]」, 제3관 「공격준비전투」를 기술한 다음에, 제4관 「공격」으로 이어지고 있다. 또한 제6편 「야전군의 회전」의 제1장 「야전군의 공세」에서도 제1관 「준비 조치」, 제2관 「접적과 부대편성」, 제3관 「접촉 및 공격준비전투」의 다음에, 제4관 「공격」으로 되어 있다. 제7편 「군단의 회전」도 이와 동일한 구성으로 되어 있다. 게다가 제8편 「보병사단의 전투」의 제2장 「사단의 공세전투」도 동일하다. 다시 말해, 프랑스군 교범에서는 야전군, 군단, 사단이라는 부대의 규모에 따라서 공격의 사전단계인 '접적', '접촉', '공격준비전투'를 일일이 규정하고 있다. 반면에 독일군 『군대지휘』의 제6장 「공격」은 「공격실시」, 「조우전」, 「진지공격」이라는 소항목으로 구성되어 처음부터 본격적인 공격에 관해서 기술하고 있다. 그리고 적 진지로의 '접적(Annäherung)'과 '접촉(Herangehen)', 그리고 프랑스군의 '공격준비전투'에 해당하는 '적 전투전초의 격퇴' 등에 관해서는 「진지공격」의 4개 조항에 담고 있다.

이처럼 프랑스군과 독일군은 '수색'과 '공격의 사전단계 행동(접적과 접촉, 공격준비전투)'의 지위가 정반대였다. 다시 말해, 독일군에서는 '수색'을 공격으로부터 독립시켜서 중시하였던 것에 비해서, 프랑스군에서는 '수색'을 독일군 정도로 중시하지 않고 공격의 사전단계 행동인 '접적', '접촉', '공격준비전투'를 중시하였던 것이다.

---

24) 역주〉 원문에서는 촉접(觸接)을 사용하고 있으나, '접촉'으로 순화해서 사용함. '적 가까이 있으면서 그 행동을 확인한다'는 의미임.

수색 : 정보활동의 일부

앞서 언급한 것처럼 프랑스군에서는 '수색'을 '경계 및 정보활동의 일부'로 인식하고 있었다. 그리고 『대단위부대 전술적 용법 교령』은 제3편 「정보와 경계」 제1장 「정보」의 제1관 「총칙」에서 '정보'를 다음과 같이 규정하고 있다.

제121항 대단위부대의 지휘관에게 정보는 다음 2개 항목을 위해서 중요하다.
  − 끊임없이 적 상황을 고려하며 자신의 기동을 지휘하는 것
  − 자신의 경계를 보장하기 위해서 적시에 적의 기도를 식별하고 대비하는 것

프랑스군은 '적 상황을 고려하며 자신의 기동을 지휘하거나, 적의 기도를 밝혀내어 자신의 경계를 보장하기 위해서 정보가 중요하다'고 하고 있다. 이어서 다음과 같이 기술하고 있다.

정보는 주로 다음 4개 항목에 대해서 획득해야 한다.
  − 특정 시기 · 일정 지역에 있어서 적의 존재 여부
  − 적의 일반적인 태세 (전진, 정지, 퇴각)
  − 적의 외곽(적 병력이 존재하는 범위) 및 제1선 부대의 규모, 주력 및 예비대의 상황 · 위치 · 기동 여부
  − 적의 주된 행동지역 또는 주요 저항지역

여기서는 적 진지의 편성 등에 대한 상세한 사항은 언급하지 않고, 적의 유무와 전반적인 상황 등을 중심으로 하고 있다.

제122항 정보 탐지의 수단 및 방법은 일반상황, 지휘관의 의도, 사용하는 정보 부대의 능력을 판단하여 결정하며, 다음 3개 요소를 고려한다.

- 정보 전달에 필요한 시간
- 적 전투부대들의 예상 이동속도와 가능한 기동범위
- 획득한 정보와 관련하여 아군 편성의 변경에 필요한 시간

이러한 요소들을 현재의 수송 및 통신 능력을 기초로 고려하면, 해당 사령부가 상급제대일수록 원거리의 정보를 획득해야 한다.

한편, 1940년 5월에 시작된 독일군의 서방진공작전에서 아르덴 삼림지대를 돌파한 독일군 클라이스트 기갑집단의 '이동속도'는 프랑스군이 예상하고 있던 이동속도를 훨씬 뛰어넘는 것이었다. 또한, 클라이스트 기갑집단의 '기동범위'도 프랑스군의 예상을 능가했다. 이 때문에 아르덴 방면의 수색 임무를 담당하고 있던 프랑스군의 경기병사단과 기병여단은 적절한 수색을 실시하지 못했고, 독일 제1기갑사단의 진격로 상에 전개해 있었던 제5경기병사단(DLC)은 예하의 제15경차량화여단 지휘소가 습격당하는 등 큰 피해를 입고 순식간에 돌파당하여 뮤즈강으로의 진출을 허용했다.

'수색', 그 자체에 대해서는 제3관 「수색」 ①「비행대 및 기병 대단위부대」의 첫 조항에서 다음과 같이 규정하고 있다.

제128항 수색의 목적은 상급사령부의 기동계획 발전에 필요한 정보들을 제공하는 것이다.

수색은 비행대 및 기병 대단위부대와의 협력을 통해서 확보한다.

비행대는 원거리의 정보를 수집하고, 이를 통해 전반 상황을 판정할 수 있다. 특히, 적 주력과 예비대의 기동에 대하여 그 노력을 기울여야 한다.

기병은 활동지역이 충분할 경우에 지상수색을 통해서 항공수색을 보완한다. 기병이 제공하는 정보는 비행대의 정보보다 근거리에서 획득하여 보다 정확하다. 게다가 접촉을 통해 확인할 수 있으며, 때로는 전투를 통해서 실증할 수 있다.

이처럼 '수색'의 목적은 '기동계획'에 필요한 정보를 제공하는 것으로 정의하고 있다. 그리고 '지상수색'은 전투 이전에 접촉으로 확인하고, 전투 자체로 실증할 수 있다고 기술하고 있다.

앞서 설명하였듯이 프랑스군에서 전투 이전의 '수색'은 '접촉' 및 '전투'로 그대로 연결되는 것이었다.

■ 군단의 수색 · 정찰 · 경계 개념도

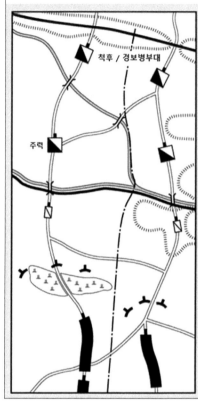

『대단위부대 전술적 용법 교령』은 제128항에서 '수색의 목적은 상급사령부의 기동계획 발전에 필요한 정보들을 제공하는 것'이라고 하며, 수색은 '비행대 및 기병 대단위부대와 협력을 통해서 확보한다'고 하고 있다. 당시 프랑스군의 군단은 통상적으로 3개 보병사단, 1개 경기병사단으로 편성되어 있었다. 따라서 군단 수준에서는 경기병 사단이 수색 등의 임무를 주로 담당하였다. 그리고 지상수색은 기병 대단위부대에서 파견된 척후 등이 선견대로서 도로 축선을 기준으로 광정면에 전개하여 수색하였다.

한편, 사단 수준에서는 정찰부대로서 전방에 사단 정찰대를 파견하거나, 보병을 근간으로 하는 일부를 전위로 지정하였다. 이러한 전위는 사단 근거리 정찰부대의 임무도 겸하고 있었다. 또한, 야간기동의 경우에 수색부대는 방어에 유리한 지형을 점령하여 주력을 엄호하였다. (그림에서는 편의상 통제선으로서 표기)

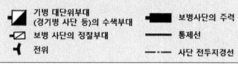

독일군의 수색

수색에 대한 기본적인 사고방식

독일군 『군대지휘』는 제3장 「수색」의 서두에서 다음과 같이 규정하고 있다.

> 제120항 수색은 가능한 신속하고, 완전하며, 확실하게 적 상황을 밝히는 것이다.
> 수색의 결과는 지휘관의 조치와 화기 효력의 이용을 위한 가장 중요한 준거를 제시한다.

여기서 '가능한'이라는 유보적인 표현을 사용하고 있지만, '신속성'을 '완전성'보다 우선하고 있다. 이와는 대조적으로 프랑스군 교범에서는 지휘관에게 '수집해야 하는 정보 목록의 작성'에 관한 의무를 부여하고, 이러한 '정보계획'을 끊임없이 최신화해야 한다고 하고 있다(『대단위부대 전술적 용법 교령』 제23항). 이러한 프랑스군의 방식으로는 독일군과 같은 '신속성을 우선하는 수색행동'을 기대할 수 없을 것이다.

> 제121항 공중과 지상을 이용해서 전략적 및 전술적 수색을 실시하고, 추가로 제184항~제189항에서 제시하는 특수수단을 이용한 정보의 입수를 통해 보완해야 한다.

이처럼 독일군의 수색활동은 공중과 지상에서 실시되는 '전략적 수색'과 '전술적 수색'을 중심으로 하며, 이를 보완하는 '특수수단을 이용한 정보의 입수'로 이루어져 있었다. 그중에서 '특수수단을 이용한 정보의 입수'에 대해서는 제3장 「수색」의 마지막에서 기술하고 있으므로 뒤에서 다루기로 하겠다.

> 제122항 전략적 수색은 전략적 결심의 기초를 제공하는 것이다.
> 전술적 수색은 군대[25]의 지휘·운용을 위한 기초를 제공하는 것이다.
> 한편, 전투수색은 늦어도 전투접촉과 동시에는 개시되어야 한다. 전투수색은 전투실시를 위해서 필요한 기초를 제공하는 것으로 각종 병과들이 참여한다.

이처럼 '전략적 수색'은 전략적인 결심의 기초가 되는 것이고, '전술적 수색'은 군대의 지휘 및 운용에 기초가 되는 것이며, '전투수색'은 전투실시를 위해서 필요한 것이라고 구분하고 있다. 이를 보면 독일군이 수색을 '전략–전술–전투'라는 세 가지 수준으로 구분하고 있었다는 것을 알 수 있다.

> 제123항 수색을 위해서 필요 이상의 병력을 사용해서는 안 된다.
> 특히, 적보다 수색부대가 열세할 것으로 예상되는 경우에는 적시에 수색부대를 가장 중요한 방향에 집중 운용하고, 중요하지 않은 방향에는 필요 최소한으로 운용해야 한다.
> 정황에 따라서는 예비 수색부대를 이용해서 언제든 수색의 밀도를 높이거나, 수색의 범위를 확대할 수 있어야 한다. 또한, 필요하다면 새로운 방향에

---

25) 여기서 말하는 '군대'란 일반적인 제병과 협동부대인 보병사단과 기병사단을 의미한다.

대해서도 수색을 할 수 있도록 해야 한다.

당시 각 국가들의 육군에서는 예기치 못한 상황의 변화에도 대응할 수 있도록 제1선의 전투부대에 예비 병력을 확보해 두는 것이 일반적이었다. 예를 들어 적이 예기치 않은 방향에서 공격해 오면, 예비 병력을 투입하여 대응하였다. 이와 동일하게 독일군 전술교범에서는 수색부대에도 예비 병력을 확보하도록 규정하고 있다. 물론, 수색에 필요 이상의 병력을 사용하는 것을 금지하고 있으나, 정황에 따라서는 예비 수색부대를 투입하여 수색의 밀도를 높이거나, 수색의 범위를 확대하거나, 새로운 방향을 수색할 수 있도록 규정하고 있다.

여기서도 (상세한 '정보계획'의 작성 등과 같이) 계획성을 중시하였던 프랑스군과 (예비를 이용해서 우발사태에 대처하도록 하는) 유연성을 중시하였던 독일군 사이에 큰 차이를 느낄 수 있다. 단적으로 말해서, 독일군의 수색행동은 서두에서 설명했던 '신속성'과 함께 '유연성'도 중시하였던 것이다.

한편, 『군대지휘』에서는 '수색'과 함께 '정찰'이라는 용어를 다음과 같이 구분해서 사용하고 있다.

> 제126항 지형과 그 통과의 좋고 나쁨, 도로 · 철도 · 교량의 상태, 장애물의 가능성, 관측지점, 시찰에 대한 엄호, 통신시설에 대한 정찰은 수색 임무와 함께 부여되는 경우가 종종 있다.
> 수색 임무를 수행하는 모든 부대들은 임무의 허용 한도 내에서 별도의 명령 없이도 수색과 함께 지형정찰을 실시해야 하는 의무가 있다. (이하 생략)

참고로 1930년에 일본 육군대학교가 정리한 『군사용어 해석(兵語

／解)』에 따르면, "통상적으로 적 상황을 밝히기 위한 수단을 '수색'이라 하고, 지형을 명확히 히는 것을 '정찰'이라고 구분해서 사용하지만, 적 상황과 지형을 동시에 밝히는 경우에는 어느 용어를 사용해도 무방하다"라고 하고 있다.

이것만 놓고 보면, 당시 일본군의 '수색'과 '정찰'의 정의는 『군대지휘』가 작성될 당시의 독일군과 거의 유사했다.

공격적인 수색활동

다시 독일군의 수색행동을 살펴보면 다음과 같다.

제124항 수색지역 내에서의 우세는 아군의 수색을 용이하게 하고, 적의 수색을 곤란하게 한다. (중략)

적 수색에 대한 공세적인 행동은 지상에서의 우세 획득에 있어서 가장 중요한 방법이다. 따라서 가장 말단인 척후에 이르기까지 수색부대는 임무 및 정황이 허용하는 범위 내에서 공세적으로 행동해야 한다. (이하 후술)

이처럼 척후를 포함한 수색부대에 대하여 임무와 정황이 허락하는 범위에서 '공세적'으로 행동할 것을 요구하고 있다. 이를 통해 우세를 확보하고, 적의 수색행동을 곤란하게 하는 것을 목적으로 하고 있다는 것이다.

제124항 (중략) 차후의 수색을 위해서 적의 수색 또는 경계를 돌파해야 하는 경우, 수색부대는 신속하게 병력을 집결하여 불시에 돌파해야 한다. 반대

로 적이 우세할 경우에는 적을 교묘하게 회피 및 우회하여 아군의 수색을 보호할 수 있도록 한다. (이하 후술)

독일군은 신속하게 병력을 집결하여 적의 수색 및 경계부대를 불시에 돌파할 것을 수색부대에게 강하게 요구하고 있다. 그러나 적에 비해 우세를 확보할 수 없는 경우에는 회피 및 우회하도록 하고 있다. 다만, 야전군 직할의 기병부대와 독립 기계화 수색부대에 대해서는 다음과 같이 기술하고 있다.

제124항 (중략) 야전군의 기병부대는 우세한 적에 대해서도 시찰을 강행할 수 있다. 또한, 이러한 임무를 위해서는 기회를 놓치지 말고 독립 기계화 수색대를 다른 기계화 부대로 증원해야 한다. (이하 후술)

유사시에 보병부대보다도 신속하게 이동할 수 있는 야전군의 기병부대(일반적으로 기병사단)는 우세한 적에 대해서도 시찰도 강행할 수 있다고 하고 있다. 또한, 기병부대보다도 더욱 높은 기동력을 보유한 기계화 부대라면 기회를 놓치지 말고 증원을 통해서 적에 대한 우세를 확보하도록 하고 있다. 이처럼 기동력의 우위는 수색행동에서도 큰 장점인 것이다. 그리고 이어지는 내용은 '공격적 행동'의 구체적인 사례를 들고 있다.

제124항 (중략) 때로는 요충지를 적보다 앞서 불시에 점령하는 것은 수색지역 내에서 우세를 확보하기 위한 전제조건이다. 이를 위한 주력부대로서 기동력 높은 기계화 부대를 사용할 수 있다.

여기서는 적보다 먼저 전장의 요충지를 점령하라고 강조하고 있다. 당시 독일군의 각 사난에는 기계화 또는 기마 수색대를 편제하고 있었기 때문에, 이를 투입할 수 있었다. 그렇다고 해서 수색대가 '공격적'으로 행동하는 것이 제한 없이 권장되었던 것은 아니었다. 이어지는 소항목인 「수색실시」에서는 다음과 같이 기술하고 있다.

제155항 수색대는 적의 수색을 배제하거나, 수색을 강행하는 데 필요한 경우(제124항) 이외에는 전투를 회피해야 한다. (이하 생략)

수색대가 공격적으로 행동하는 것은 적 수색부대의 제거와 수색의 강행에 필요한 경우로 한정하고 있다는 것에 유의할 필요가 있다.

각 수색기관의 장단점

제3장 「수색」의 첫 항목은 「수색기관, 수색에서의 협동」으로서 주요 수색기관 사이의 협동작전에 관해서 기술하고 있다.

제127항 항공수색은 정찰비행중대의 정찰요원이 실시한다.
지상수색은 전투수색이 시작되기 전까지 일반적으로 기계화 및 기마 수색대의 척후가 담당한다.

이 조항에서는 '항공수색'과 '지상수색'이라는 두 가지 수색방법을 제시하고 있다. 그리고 전투수색의 이전 단계인 지상수색은 기본적으로 기계화 수색대와 기마 수색대가 실시하는 것으로 규정하고 있다.

제128항 항공수색의 장점은 적 경계부대, 장애물, 진지의 상공을 비행할 수 있으며, 적 종심 깊숙한 곳의 상황을 확인할 수 있다는 점이다. 또한, 비행기는 신속하며 지형에 좌우되지 않는다. (중략)

그렇지만 항공수색은 순간적인 모습을 제공하는 것에 불과하고, 동일 지역을 연속적으로 감시하는 것은 대부분 불가능하다. 날씨, 지형, 적의 대응수단 등은 항공수색을 제한한다.

이 조항에서는 항공수색의 장단점을 기술하고 있다. 항공수색의 경우, 빠른 속도로 적의 후방 종심 깊숙이까지 탐색하는 것이 가능하지만, 한곳에 머물지 못하여 연속적인 감시가 불가능하고, 악천후 및 산림 등의 차폐물과 대공위장 등에 취약하다.

제129항 가장 간단한 항공수색 방법은 목시(目視)를 이용한 수색이다. (이하 생략)

당시, 독일군 직협정찰기[26]의 주력은 단엽복좌기인 하인켈(Heinkel) He 46으로 지상 방향의 시계가 좋은 '파라솔 윙'(동체에 지지대를 세우고, 그 위에 주익을 붙인 형식)을 채용하고 있어 목시(目視) 수색에 적합한 구조를 하고 있었다. 또한, 후속기로서 1938년 말부터 배치가 시작된 단엽복좌기인 헨셀(Henschel) Hs 126 직협정찰기는 조종석은 밀폐식이었으나, 정찰요원을 위한 좌석은 시계가 넓은 개방된 방식을 유지했으며, 또한 '파라솔 윙'을 채용하고 있었다. 이러한 정찰기 구조를 보면, 독일군이 비행기를 이용한 목시수색을 중시하고 있었다는 것을 알 수 있다.

---

26) 역주〉직접협동 정찰기(直接協同 偵察機) : 전선의 지상부대와 긴밀하게 협조하며 정찰과 관측 임무를 수행하다가, 지상으로부터 요청이 있을 경우에 기관총이나 폭탄으로 근접항공지원까지도 할 수 있는 군용기

독일 공군 초창기의 근거리용 직협정찰기
였던 하인켈 He 46

He 46의 후속기였던 헨셀 Hs 126. 제2차
세계대전 중반까지 전선에서 직협정찰기
로 활약했다.

이어서 항공사진을 이용한 수색과 정찰에 대해 다음과 같이 기술하고
있다.

제130항 사진수색은 목시를 이용한 수색을 보완하여 확실하게 한다. (중략)
사진정찰은 지형정찰 및 측량에 이용한다. (이하 생략)

항공사진을 이용한 '수색'과 '정찰'에 있어서 앞서 설명한 '수색'과 '정
찰'의 의미를 그대로 사용하고 있다는 것을 알 수 있다.

제131항 통상적으로 지상수색을 통해서는 적 종심 깊은 곳의 상황을 확인
할 수 없다. 항공수색은 지상수색이 수색할 방향을 종종 지시한다. 이에 비
해 특정 지역에서 적의 유무를 충분하게 확인할 수 있는 것은 지상수색만이
가능하다. (중략) 또한, 항공수색이 날씨 때문에 불가능하거나 어려운 상황
에서도 지상수색은 결과를 제공할 수 있다.

여기서는 지상수색의 장단점을 기술하고 있다. 지상수색은 항공수색처럼 적 전선의 후방 종심 깊숙이까지 탐색할 수 없다. 제1차 세계대전의 서부전선과 같은 참호전에서는 더욱 그러하다. 그러나 항공수색이 못 보고 지나칠 수 있는 적의 유무에 대해서 충분히 확인할 수 있으며, 항공수색이 어려운 악천후 속에서도 수색활동을 할 수 있다. 항공수색과 지상수색은 서로 다른 장단점을 가지고 있다.

다음 조항에서는 지상수색에 운용하는 기계화 수색대의 장단점, 그리고 기본방침을 제시하고 있다.

제132항 기계화 수색대는 신속하고 원거리에 대한 수색을 실시할 수 있다. 하지만, 항상 상세하게 탐색할 수 있는 것이 아니다.

그 수색활동은 통상적으로 주간에 실시한다. 전진은 야간에 실시할 수도 있다. 그 속도의 진가를 발휘하는 것은 도로를 이용할 때 가장 현저하다.

기계화 수색대는 이동속도가 느린 도보 수색부대와 별도로 운용해야 한다. (이하 생략)

이처럼 기계화 수색대는 통상적으로 주간에 수색활동을 실시하도록 하고 있다. 또한, 이동속도가 느린 도보 수색부대와는 별도로 행동하고, 신속함을 발휘하기 위해서 도로를 사용하는 것을 권장하고 있다.

당시 독일군 기계화 수색대에는 승용차 차체의 기관총차량인 Kfz.13과 트럭 차체의 중장갑 척후차인 Sdkfz.231(6-Rad) 등 장륜(타이어)식 장갑차량이 편제되어 있었고, 1935년부터는 사륜구동의 경장갑 척후차인 Sdkfz.221의 배치가 시작되었다[27]. 한편, 야지 기동력이 좋은 전장궤(캐터필러)식 장갑차량은 편제되지 않았으나, 이것은 장궤식 차량을

---

27) Aufklärungspanzer는 정찰전차, Panzerspähwagen은 장갑척후차로 번역함.

사륜구동의 장갑척후차량인 Sdkfz.221 (사진 앞쪽 차량). 무장으로 7.92mm 기관총 1정을 탑재하여 전투력이 빈약하였다.

승용차 차체의 경장갑 차량인 Kfz.13. 무장으로 1.92mm 기관총 1정을 탑재했다.

Sdkfz.250 장갑차에 2cm기관포탑을 탑재하고, 정찰 임무에 사용된 Sdkfz.250/9 장갑척후차량. 최대 14.5mm 두께의 장갑을 갖추고 있었다.

6륜 장갑차량인 Sdkfz.231(6-Rad). 무장으로 2cm 기관포와 7.92mm 기관총을 탑재하여 어느 정도의 전투력을 가지고 있었다.

이용한 야지 극복 능력의 향상보다도 장륜식 차량의 도로 이용을 통한 신속성 발휘를 중시하고 있었기 때문일 것이다.

이후 제2차 세계대전 중반에 표준화된 1934년형 기갑사단 편제에서는 기갑수색대대 제1중대가 장륜장갑차 중대로, 제4중대가 오토바이 중대로 편성되었다. 그리고 제2중대는 반장궤식(하프 트럭) 장갑척후차량인 Sdkfz.250/9 등을 장비한 장갑차 중대이다. 제3중대는 보병(정찰) 분대의 절반을 수송할 수 있는, 반장궤식 장갑병력수송차량인 Sdkfz.250/1 등이 편제된 차량화 수색중대로 되어 있었다. 또한, 제5중대는 중장비 중대로서 다수의 반장궤식 차량이 편제되어 있었다. 장륜식 차량보다도 야지 극복 능력이 좋은 반장궤식 차량이 늘어난 이유는

2cm 기관포를 탑재한 2호 전차 L형 룩스. 제2차 세계대전 후반에 2호 전차와 같은 경전차는 정면전투에 대한 부담이 컸기 때문에, 정찰을 주임무로 하였다.

38톤 전차를 기반으로 2cm 기관포와 7.92mm 기관총을 탑재한 포탑을 장착한 정찰전차인 Sdkfz.140/1

주된 전장이 소련이었기 때문이다. 소련은 서부 유럽에 비해 도로망이 빈약하였고 봄에는 눈이 녹아 진창이 되었기 때문에, 장륜식 차량의 신속함을 발휘하기가 상대적으로 어려웠다.

하지만, 전장궤식 차량은 일부 기갑정찰대대의 제2중대(정찰전차중대)에 2cm 기관포를 탑재한 2호 전차 L형 룩스(Luchs)와 38톤 전차를 기반으로 한 정찰전차인 Sdkfz.140/1가 배치되는 정도였고, 전장궤식 차량은 마지막까지 정찰차량의 주력이 되지 못했다.

제133항 기마 수색대는 야외에서 기동성이 크다는 장점이 있고, 또한 넓은 방향으로 분산해서 수색할 수 있다. 또한, 기계화 수색대에 비해서 날씨, 지형, 보급에 좌우되는 일이 적다. 그러나 행군속도 및 행군거리에는 한계가 있다.

기마 수색대는 은폐된 관측지점에서 적을 감시하고, 치밀한 수색망을 구성할 수 있기 때문에, 세부적인 확인이 필요할 경우에 그 가치가 더욱 증대한다.

기병은 넓은 차폭을 가진 차량이 통과할 수 없는 깊은 산림지역이나 중량이 큰 장갑차량이 통과할 수 없는 습지 등을 기동할 수 있다. 또한, 잘 훈련된 군마는 엔진음으로 인한 소음이 큰 차량보다 정숙하다. 이 때문에 전장의 지형과 임무의 내용에 따라서는 기마부대가 기계화부대 보다 유리할 경우가 있다. 이처럼 각종 수색기관의 장단점을 제시한 이후에 다음과 같이 규정하고 있다.

제135항 각종 수색기관의 장단점을 서로 보완하도록 하고, 특정 수색기관의 결점은 다른 수색기관을 적절히 사용하여 보완해야 한다.

전투시에 여러 병과 부대들의 장단점을 서로 보완해가며 싸우는 것처럼, 각종 수색기관도 서로 보완하면서 수색하도록 규정하고 있다.

한편, 수색부대 지휘관에게 요구되는 자질에 대해서는 다음과 기술하고 있다.

제134항 지상수색의 임무를 부여받은 지휘관은 척후 조장에 이르기까지 고도의 자질을 갖춰야 한다. 지휘관의 능력은 수색의 성과를 좌우한다.

수색부대 지휘관은 순발력, 민첩성, 임무에 대한 이해력, 다양한 지형에 대한 주파 능력, 야간에도 지형을 잘 알아볼 수 있는 재능, 냉정하고 신속하게 독립행동을 할 수 있는 능력을 갖춰야 한다. (이하 생략)

제2차 세계대전 당시에 독일군 기갑사단에서는 기갑정찰대대에 전차와 보병, 포병 등을 증강하여 연대 규모의 제병협동전투단을 편성하고, 기갑정찰대대장을 전투단의 지휘관으로 임명하는 일이 드물지 않았다. 이는 기갑정찰대대장 대부분이 위와 같은 뛰어난 자질을 갖추고 있었기 때문에, 연대 규모의 제병협동전투단도 지휘할 수 있는 능력이 있었다는 것을 보여주고 있다.

그리고 수색부대의 구체적인 전투편성에 대해서는 다음과 같이 기술하고 있다.

제136항 수색부대의 편성은 정황 및 기도, 수색기관의 종류 및 수량, 예측할 수 있는 적의 대응수단, 지형, 도로망, 계절, 시각 및 날씨 등의 상태에 따른다. 이에 따라 수색부대의 편성이 천차만별이기 때문에, 모든 경우를 아우르는 방법을 제시할 수 없다. (이하 생략)

요약하면 상황에 따라서 천차만별이기 때문에, 천편일률적으로 규정할 수 없다는 것이다. 이와는 대조적으로 소련군『적군야외교령』에서는 다양한 상황에 따라서 수색부대를 세부적으로 규정하고 있다. 예를 들어 다음과 같은 방식이다.

제27항 적과 직접 접촉하는 경우에 사단장은 적의 진지를 정찰하기 위해서 사단 수색대 이외에 사단 내의 1개 저격대대(보병대대)를 운용할 수 있다.

이러한 경우에 저격대대의 행동을 지원하기 위해서 2개의 포병대대 및 전차(가령 1개 소대라도 가능)를 운용한다. 이때 대대장은 통상적으로 보병의 일부를 제1선에서 운용하고, 수색요령은 앞 항목에서 기술한 내용에 준해서 실시한다. (이하 생략)

여기서도 교범으로 모든 사항을 일일이 규정하려 하는 소련군의 경직성과는 대조적인 독일군의 유연성을 엿볼 수 있다.

수색의 실시

이어서 「수색 실시」라는 소항목에서 구체적인 실시방법을 규정하고
있다. 먼저 '전략적 수색'의 중점부터 살펴보겠다.

제143항 전략적 수색은 적의 집중, 특히 철도를 이용한 집중, 전진 또는
후퇴, 적 병단의 수송, 야전 및 영구 축성의 구축, 적 항공부대의 전개 등을
감시한다. 적의 대규모 기계화병단, 그중에서도 아군의 노출된 측면에 대한
적의 유무를 조기에 확인하는 것이 중요하다.

'전략적 수색'에서는 적 부대의 집중, 전진 및 후퇴 등의 전반적인 움
직임, 축성 상태, 항공부대의 전개 등의 보편적인 내용과 함께 아군 부
대의 노출된 측면에 대하여 적의 대규모 기계화 부대가 있는지 탐색하
는 것을 중시하였다. 이처럼 독일군은 적 기계화 부대의 측면공격을 특
히 경계하였다. 그러나 역으로 말하면 측면이 노출되는 대담한 기동을
당연시하고 있었다는 것을 알 수 있다. 실제로 제2차 세계대전 초기에
독일 클라이스트 기갑집단은 측면이 노출된 채로 영불해협을 향해 돌진
하였고, 다음 해에 시작된 독소전에서도 기갑집단(기갑군)들은 종종 측
면이 노출된 채로 진격하였다.

이어서 '전략적 수색'에 종사하는 부대들을 열거하고 있다.

제144항 공중에서의 전략적 수색은 공군의 특별정찰비행중대(Besondere
Aufklärungsstaffel)가 담당한다. (이하 생략)
제145항 지상에서의 전략적 수색에는 독립 기계화 수색대나 야전군 기병
을 사용한다. (이하생략)

다음으로 '전술적 수색'의 중점을 기술하고 있다.

제147항 적의 집결 또는 전진 상황, 편성, 정면 및 종심의 병력 배치, 보급, 진지공사, 항공 상태, 그중에서도 특히 새로운 비행장 및 방공상태에 관해서는 더욱 확실하게 확인해야 한다. 시기를 놓치지 말고 적 차량화 부대의 상황을 보고하는 것이 중요하다. (중략)

전술적 수색의 편성, 특히 주요 방향을 결정하기 위해서는 전략적 수색의 결과를 이용해야 한다. (이하 생략)

'전술적 수색'에서는 적의 전진 상황 등 일반적인 내용과 함께 높은 기동력을 가진 적 차량화 부대의 상황에 대한 보고를 특히 중시하고 있다.

이어서 '전술적 수색'에 종사하는 부대들을 열거하고 있다.

제148항 공중에서의 전술적 수색은 상급제대의 정찰비행중대를 이용하여 실시한다.

지상에 대한 전술적 수색의 담당은 기계화 수색대(독립 기계화 수색대나 야전군 기병 소속의 기계화 수색대) 및 기마 수색대(야전군 기병 소속의 기병수색대나 보병사단 소속의 수색대)이다.

이 중에서 기계화 수색대의 도로 이용과 관련해서 다음과 같이 명확하게 규정하고 있다.

제157항 (생략) 기계화 수색대에 소속된 모든 부대는 가능하면 도로를 이용하도록 해야 한다.

이 규정만 보아도 독일군 수색부대에 장륜식 장갑차량이 다수 배치된 이유를 잘 알 수 있다.

다음으로 '전투수색'에 관해서 다음과 같이 기술하고 있다.

제174항 전투수색은 통상적으로 전투를 위한 분진과 함께 시작된다. (이하 생략)

제176항 정찰기를 이용한 항공수색은 적, 그중에서도 포병의 병력 배치, 예비대의 위치 및 기동, 적 전선 후방의 전차 등의 사항에 관한 중요한 징후를 얻을 수 있다. 또한, 전투의 추이를 감시할 수 있다. (이하 생략)

'전투수색'은 각 병과의 부대들을 이용해서 실시하지만, 그중에서도 유일하게 적 전선의 후방 종심 깊숙이까지 비교적 용이하게 수색할 수 있는 정찰기를 이용한 항공수색은 적의 포병의 배치와 예비대의 위치 등에 중점을 두도록 하고 있다.

제180항 각 병과의 전투수색은 각 병과 자신의 필요에 이바지하는 것이다. (중략)

그 확인사항은 각 병과 상호 간에 또한 인접부대와 신속히 교환하고, 상급 제대와 관련된 중요한 확인사항은 신속하게 전달해야 한다. 이를 통해 막대한 관찰 정보들이 모든 관계부대에 전달되면, 제병과를 이용한 수색 및 정찰의 결과를 신속하게 이용할 수 있게 된다. (이하 생략)

여기서는 인접부대들과 제병과 협동부대 내부의 각 병과 부대들 사이에서 수색 및 정찰의 결과를 신속히 공유해야 한다고 규정하고 있다. 제2차 세계대전 당시에 독일군 지휘관들은 빈번하게 야전토의를 실시하였는데, 여기서 교환된 정보 중의 하나는 이러한 수색 및 정찰의 결과였다.

특수한 수단을 이용한 정보의 입수

「특수한 수단을 이용한 정보 입수」라는 소항목에서 다음과 같은 수단을 이용한 정보수집에 관하여 기술하고 있다.

먼저 언급하고 있는 것은 의외로 적의 공중활동에 대한 감시이다.

제184항 비행정보근무(Flugmeldedienst)는 적의 공중활동을 감시하고, 또한 이를 이용하여 비행 정황을 판단하는데 중요한 기초를 획득할 수 있다.

다음은 통신수색이며, 유선통신의 도청 등을 들고 있다.

제185항 통신대의 통신수색은 도청소, 회광통신(신호등과 같이 빛을 이용한 통신) 탐지반, 전선접속 등을 이용하여, 공중 및 지상에서 적의 통신을 감시하는 것이다. (이하 생략)

제186항 (생략) 적국 내부에서는 공중전화선에 접속하면 유리하다.

이어서 외국신문과 각종 압수서류 등의 분석을 언급하면서 급여명부 및 비망록까지 열거하고 있다.

제187항 외국신문을 감시할 필요가 있다. (이하 생략)

제188항 포로의 심문 및 압수서류(전사자, 포로, 편지배달 비둘기, 전령으로 사용하는 개, 촌락, 진지, 압수차량, 비행기, 기구 등에서 발견된 명령지 및 지도, 급여명부, 비망록, 편지, 신문지, 사진, 영화 등을 말하며, 이를 파기하지 말고 보존해야 한다)의 이용을 위해서 통일된 규정을 마련할 필요가 있다.

그리고 이 장의 마지막인 「간첩의 방지」에서는 방첩에 관해서도 규정하고 있다.

제190항 적 역시도 아군의 수색에 준하여 특수한 수단을 이용하여 정보를 획득하려고 노력할 것이다. 이에 대해 전장 및 국내에서는 엄격한 감시를 실시해야 한다. 각종 수단을 이용하여 군대를 위해(危害)하려는 적의 선전과 적 주민을 감시해야 한다. (이하 생략)

독일군이 하고자 하는 정보활동은 적도 시행하려 하기 때문에 엄격한 감시가 필요하다는 것이다.

제192항 편지 및 일기 등에 개인의 전쟁 기억을 기록하는 것과 관련하여 깊은 주의가 필요하다. (이하 생략)

이 조항은 제2차 세계대전에서 일본군 병사가 휴대했던 일기를 연합군이 압수하여 귀중한 정보자료로써 사용했던 것을 생각나게 한다. 참고로 일본군 『작전요무령』의 '방첩 및 군사비밀 누출'에 관한 조항에서는 다음과 같이 개인편지와 관련하여 주의사항은 있지만, 일기의 작성과 관련해서는 언급이 없다.

제130항 적의 첩보와 군사비밀의 누출을 방지하기 위해서 고급지휘관은 필요한 규정을 마련하고, 이를 엄수하게 해야 한다. 군사비밀은 개인편지를 통해 누출되는 경우가 적지 않다. 따라서 개인은 편지의 내용에 아군의 기도, 상태, 부대번호, 지점, 일시 등을 기재해서는 안 된다. 이를 위해 각 부대장은 필요하면 부하의 개인편지를 점검할 수 있다.

이처럼『군대지휘』에 규정된 수색활동은 전선에서의 수색활동뿐만 아니라, 다양한 정보활동을 포함한 매우 폭넓은 것이었다.

■ 독일군의 수색행동

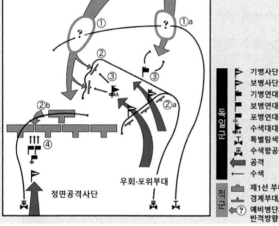

►	기병사단
►	보병사단
►	기병연대
►	보병연대
►	포병연대
►	수색대대
☒	특별탐색항공대
☒	수색항공대
⬅	공격
←	수색
⊠	제1선 부대
⊠	경계부대/진지
?	예비병단과 반격방향

독일군

적군

그림은 독일군의 수색행동을 개념화한 것이다. ①은 전략적 항공정찰, ②는 전술적 항공수색, ③은 지상부대에 의한 전술적 수색, ④는 전투수색이다.

①a는 우회·포위부대의 노출된 측면을 노리는 적 예비병단의 공격방향이기 때문에 특별히 중요하다. 또한, ②a의 수색을 통해서 우회·포위부대는 적 경계부대 사이의 간격을 통해 침투할 수 있었다. 더욱이 ②b의 수색을 통해서 적 제1선 예비대의 위치를 확인하였기 때문에, 정면공격 사단은 아군 우회부대로부터 멀리 떨어진 곳에서 적 예비대를 구속할 수 있었다. ④의 전투수색은 각 병과가 실시한다.

독일군 제1기병사단(1940년 5월)

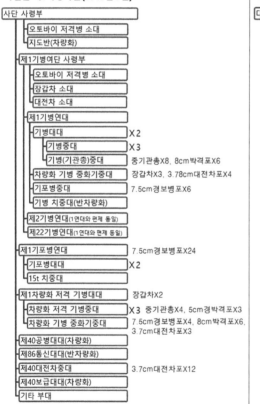

사단 사령부	
오토바이 저격병 소대	
지도반(차량화)	
제1기병여단 사령부	
오토바이 저격병 소대	
장갑차 소대	
대전차 소대	
제1기병연대	
기병대대	X 2
기병중대	X 3
기병(기관총)중대	중기관총X8, 8cm박격포X6
차량화 기병 중화기중대	장갑차X3, 3.78cm대전차포X4
기포병중대	7.5cm경보병포X6
기병 치중대(반차량화)	
제2기병연대(1연대와 편제 동일)	
제22기병연대(1연대와 편제 동일)	
제1기포병연대	7.5cm경보병포X24
기포병대대	X 2
15t 치중대	
제1차량화 저격 기병대대	장갑차X2
차량화 저격 기병중대	X 3 중기관총X4, 5cm경박격포X3
차량화 기병 중화기중대	7.5cm경보병포X4, 8cm박격포X6, 3.7cm대전차포X3
제40공병대대(차량화)	
제86통신대대(반차량화)	
제40대전차중대	3.7cm대전차포X12
제40보급대대(차량화)	
기타 부대	

제2차 세계대전 당시 독일군 기병사단은 제1기병사단 뿐이었으며, 이는 1941년에 제24장갑사단으로 개편되었다.

장갑사단 장갑수색대대의 편제(1940년)

대대 본부	Sdkfz.247X1
제1, 제2(장갑차) 중대	Sdkfz.247X1, Sdkfz.263X1, Sdkfz.223X1
제1소대	Sdkfz.231X3, Sdkfz.232X3
제2소대	Sdkfz.221X6
제3소대	Sdkfz.221X4, Sdkfz.222X4
물자수송대	
제3(오토바이 저격병)중대	
제1소대	
제2소대	
제3소대	
제4(기관총)소대	
물자수송대	
제4(중화기)중대	
대전차 소대	
보병포 소대	
박격포 소대	
공병 소대	
경장갑수색 치중대	

인원 : 806명
장갑차 : 53대
오토바이 / 사이드카 : 111대
5cm박격포 : 3문
8cm박격포 : 6문
3.7cm대전차포 : 3문
7.5cm보병포 : 2문

Sdkfz.247 : 4륜형 또는 6륜형 장갑수색부대 지휘용 장갑차
Sdkfz.263 : 6륜형 또는 8륜형 장갑무선차
Sdkfz.223 : 4륜형 경장갑 척후차(무전기 장착)
Sdkfz.231 : 8륜형 중장갑 척후차
Sdkfz.232 : 8륜형 중장갑 척후차(무전기 장착)
Sdkfz.221 : 4륜형 경장갑 척후차(기관총형)
Sdkfz.222 : 4륜형 경장갑 척후차(기관총형)

소련군의 수색

수색에 대한 기본적인 사고방식

『적군야외교령』의 제2장 「수색과 경계」는 ①「수색」, ②「경계」, ③「대공방어」, ④「대화학방어」, ⑤「대전차방어」로 구성되어 있으며, 서두에서 다음과 같이 규정하고 있다.

제18항 수색과 경계의 목적은 부단히 적의 병력 및 자재를 탐색하고, 적 비행기, 전차, 각종 정진대(挺進隊)[28], 기병 및 보병의 기습, 화학자재를 이용한 공격으로부터 아군을 경계하는 것이다. 수색과 경계 활동을 끊임없이 시행해야 한다.

여기서는 앞서 설명했던 프랑스군 『대단위부대 전술적 용법 교령』의 제121항처럼 '적의 기도를 명확히 하는 것'을 목적으로 하지 않고, 적의 병력과 자재 등의 물질만을 수색하도록 하고 있다. 그리고 제2장의 소항목들을 보면 알 수 있듯이 '수색'의 연장선상에 '경계'를 두고 있으며, 더욱이 대공, 대화학, 대전차방어를 중시하고 있다.

이러한 제2장은 「수색」에 총 17개 조항을 할애하여 비교적 상세하게 규정하고 있으나, 「경계」에는 단지 4개 조항만을 할애하여 큰 틀만을 규정하고 있을 뿐이다. 하지만, 「대공방어」(15개 조항), 「대화학방어」(12개 조항), 「대전차방어」(7개 조항)에 총 34개의 조항을 할애하여 '방어계획의

---

28) 본대의 움직임과는 직접 관계없이 독립적으로 활동하는 부대

작성과 조치'에 대하여 구체적으로 규정하고 있다. 대공, 대화학, 대전차방어가 '경계'의 주된 내용이라고 할 수 있기 때문에, 이러한 의미에서 제2장의 대부분을 '경계'에 할애하고 있다고도 할 수 있다. 삘사가 이 책의 제2장에서도 설명했듯이 소련군은 '경계'를 중시하고 있었다.

추가로 제12장「군대의 이동」의 ②「행군 간의 경계」와 제13장「숙영 및 숙영 간의 경계」에서도 '행군 및 숙영 중의 경계'와 '대공·대화학·대전차 방어'에 대하여 기술하고 있다. 또한, 제6장「조우전」과 제7장「공격」에서도 각각 필요로 하는 수색 활동에 관하여 기술하고 있다. 이러한 구성은 독일군『군대지휘』보다 프랑스군『대단위부대 전술적 용법 교령』에 가깝다. 앞서 설명한 것처럼『군대지휘』는「수색」을「행군」및「공격」과 대등한 상위 항목인 '장'으로 두고 있는 것에 비해서,『대단위부대 전술적 용법 교령』은「수색」을 하위 항목인 '관'으로서 두고 있지만,「야전군의 공격」,「군단의 공격」,「사단의 공격전투」에서 각각 '공격의 사전단계 행동'인 '접적'과 '접촉'을 기술하고 있다.

다시 말해, 독일군은 '수색' 그 자체를 중시하였고, 프랑스군은 공격의 사전단계 행동인 '접적'과 '접촉'을 중시하였다. 이에 비해, 소련군은 행군 및 숙영에 앞서 실시하는 '수색'과 함께 조우전 및 공격에서의 '수색'을 중시하고 있었다.

■ 교범에서 수색과 전투의 지위

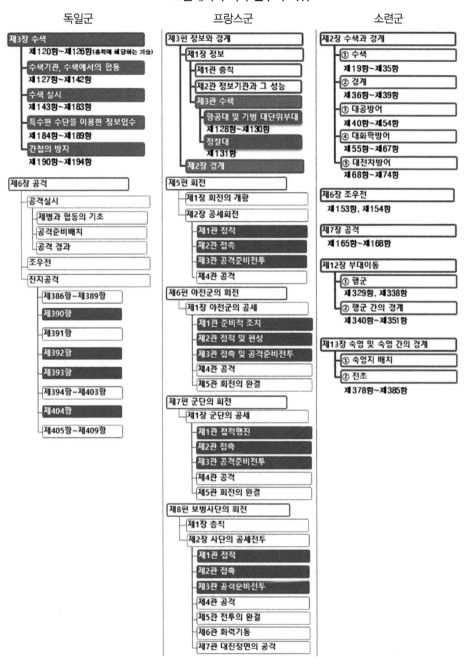

독일군

제3장 수색
- 제120항~제126항(총칙에 해당하는 기술)
- 수색기관, 수색에서의 협동
  제127항~제142항
- 수색 실시
  제143항~제183항
- 특수한 수단을 이용한 정보입수
  제184항~제189항
- 간첩의 방지
  제190항~제194항

제6장 공격
- 공격실시
  - 제병과 협동의 기초
  - 공격준비배치
  - 공격 경과
- 조우전
- 진지공격
  - 제386항~제389항
  - 제390항
  - 제391항
  - 제392항
  - 제393항
  - 제394항~제403항
  - 제404항
  - 제405항~제409항

프랑스군

제3편 정보와 경계
- 제1장 정보
  - 제1관 총칙
  - 제2관 정보기관과 그 성능
  - 제3관 수색
    - 항공대 및 기병 대단위부대
      제128항~제130항
    - 정찰대
      제131항
- 제2장 경계

제5편 회전
- 제1장 회전의 개황
- 제2장 공세회전
  - 제1관 접적
  - 제2관 접촉
  - 제3관 공격준비전투
  - 제4관 공격

제6편 야전군의 회전
- 제1장 야전군의 공세
  - 제1관 준비적 조치
  - 제2관 접적 및 편성
  - 제3관 접촉 및 공격준비전투
  - 제4관 공격
  - 제5관 회전의 완결

제7편 군단의 회전
- 제1장 군단의 공세
  - 제1관 접적행진
  - 제2관 접촉
  - 제3관 공격준비전투
  - 제4관 공격
  - 제5관 회전의 완결

제8편 보병사단의 회전
- 제1장 총칙
- 제2장 사단의 공세전투
  - 제1관 접적
  - 제2관 접촉
  - 제3관 공격준비전투
  - 제4관 공격
  - 제5관 전투의 완결
  - 제6관 화력기동
  - 제7관 대진정면의 공격

소련군

제2장 수색과 경계
- ① 수색
  제19항~제35항
- ② 경계
  제36항~제39항
- ③ 대공방어
  제40항~제54항
- ④ 대화학방어
  제55항~제67항
- ⑤ 대전차방어
  제68항~제74항

제6장 조우전
  제153항, 제154항

제7장 공격
  제165항~제168항

제12장 부대이동
- ① 행군
  제329항, 제338항
- ② 행군 간의 경계
  제340항~제351항

제13장 숙영 및 숙영 간의 경계
- ① 숙영지 배치
- ② 전초
  제378항~제385항

교범의 구성 측면에서 소련군 『적군야외교령』은 「수색과 경계」를 '장'으로 두어 중시하고 있다는 점에서 독일군 교범과 유사하다. 하지만, '경계'의 구체적인 내용을 6장, 7장, 12항, 13항에 나누어 기술하고 있다는 점에서 프랑스군 교범에 가깝다고 할 수 있다.

※ 표에서 프랑스군과 독일군의 음영 내용은 '수색과 경계' 및 '공격의 사전단계 행동'에 해당하는 부분임.

전투를 통한 수색

제2장 「수색과 경계」 ①「수색」의 서두에서는 다음과 같이 기술하고 있다.

제19항 적 상황과 그 밖의 내용에 대한 정보수집은 전투행동의 처음부터 마지막까지 어떠한 경우에도 부대, 사령부, 각 개인의 책무이다.

적 상황은 각 부대들의 전투행동, 공중 및 지상 수색, 시찰 및 방청(傍聽) 근무, 포로와 탈영병에 대한 심문, 무전수색, 노획문서의 연구, 지역 주민을 이용해서 탐지할 수 있다.

(1) 전투를 통한 수색과 지상수색은 적 상황에 대한 완전하고 가장 신뢰할 수 있는 정보를 제공한다. 이러한 수색은 수색대의 수색 활동과 파견부대의 전투를 이용해서 실시하고, 전투 간에는 부대별로 실시한다.

(2) 항공수색은 상급제대 지휘관이 실시하는 전략적 수색의 중요한 수단이 며, 또한 전술적 수색의 주요한 수단 중 하나이다. (이하 후술)

여기서 흥미로운 것은 적 상황을 탐색하는 수단으로써 '공중 및 지상 수색'보다도 먼저 '각 부대의 전투행동'을 제시하고 있는 점이다. 그리고 '전투를 통한 수색'을 '지상수색'과 같이 '적 상황에 대한 완전하고 가장 신뢰할 수 있는 정보를 제공한다'라고 높이 평가하고 있다. 소련군에서 는 일반적인 항공수색과 지상수색뿐만 아니라, 각 부대들의 '전투를 통한 수색'도 중시하고 있는 것이다.

또한, 이어지는 조항에서 다음과 같이 규정하고 있다.

제22항 사령부의 일반적인 수색계획에 기초하여 수색은 전투 간에 또는 그 전·후의 전투상황에 상관없이 계속해서 실시한다.

전투 또는 수색의 결과로 식별된 적 상황은 이후의 수색을 통해서 감시하며 나날이 최신화한다.

공격개시 전에 적 병력의 배치를 확인하기 위해서 특별히 지시한 부대의 전투를 통해 정보를 획득할 수 있다.

이 조항에서도 '전투'와 '수색'을 통한 적 상황의 식별을 동등한 지위에 두고 있으며, 공격개시 전에 특별히 지시한 부대의 전투를 통해 적 병력배치를 확인할 수 있다고 하고 있다(이 내용만 보면 공격을 통해 적의 반응을 탐색하는 '위력수색'이라고 생각할 수도 있으나, 실제로는 큰 차이가 있다. 이에 대해서는 뒤에서 설명하겠다). 이처럼 소련군에서는 일반적인 항공수색 및 지상수색과 함께 '각 부대들의 전투를 통한 수색' 또는 '전투 그 자체'를 통해서 적 상황을 알아내는 것을 매우 중시하였다.

게다가 제21항에서는 계획적으로 포로를 획득하는 방법도 기술하고 있다.

제21항 적 병력배치를 탐색하기 위해서는 수색대의 적극적인 행동, 야간 수색과 부분공격 등의 수단을 통해 계획적으로 포로를 획득해야 한다.

포로를 획득하면 바로 간단한 심문을 실시하고, 만약에 군인이라면 즉시 현장에서 휴대하고 있던 문서 및 필기 내용을 압수한 다음에 호위를 붙여서 사령부로 송치한다. (이하 생략)

이러한 포로 획득의 목적은 휴대한 문서들과 진술 내용으로부터 정보를 획득하기 위함이다. 다만, 수색대는 간단한 심문과 서류의 압수만을 실시하고, 바로 사령부로 송치하도록 강조하고 있다. 필요한 정보는 전선의 수색대가 아닌 후방의 사령부에서 시간을 두고 밝히도록 하고 있다.

참모장의 계획과 참모장교의 시찰

구체적인 '수색계획의 작성'과 관련해서는 다음과 같이 기술하고 있다.

제23항 지휘관은 수색에 관한 임무를 정하고, 이에 필요한 자재를 편성한다. 수색계획은 다음 사항을 포함하고, 참모장이 이를 확인한다.
(1) 수색의 목적, 탐색해야 하는 사항 및 그 기한
(2) 수색대 또는 소부대의 명칭 및 편성, 수색목표(가장 중요한 목표에 대하여 각종 수단을 중첩하여 지향한다), 정면 (또는 방향), 지역 (또는 지점), 수색실시의 기한
(3) 수색기관에 대한 참모장교의 배속 (필요한 경우)
(4) 수색대의 보고수단(무전, 비행기, 전투차량, 자동차, 오토바이, 전령 임무를 수행하는 기병, 도보 전령, 정보수집소)
(중략)
수색계획은 수색실시에 따라서 축차적으로 이를 보완하여 정밀하게 한다.

이처럼 수색계획의 작성은 각 부대의 참모장이 담당하도록 하고 있다. 그리고 앞서 설명한 제19항의 뒷부분에서는 다음과 같이 기술하고 있다.

제19항 (생략)
(3) 시찰은 각종 수색(항공수색, 기병, 차량화 및 기계화 부대, 포병 및 도보 부대의 수색)에 동반하며, 특별히 지정된 시찰자 및 참모장교를 운용해서 실시한다. (이하 생략)

또한, 이어지는 조항에서는 다음과 같이 규정하고 있다.

제20항 전투 간에, 특히 수색을 목적으로 하는 전투에서 시찰수단을 강구하는 것은 참모의 중요한 책무이다. 시찰자는 적시에 상급지휘관에게 정확하고 완전한 적의 병력자재 및 행동, 그리고 지형에 관한 정보를 제공해야 한다. (이하 후술)

'전투를 통한 수색'을 담당하는 부대나 수색대에 참모장교 등의 시찰자를 파견할 것과 그 시찰자가 적 병력과 자재, 그리고 그 행동(서두인 제18항에서처럼 물자 만에 한정하고 있지 않은 것에 주의) 등을 상급지휘관에게 정확하게 보고하도록 규정하고 있다.

이처럼 소련군에서는 적과의 전투를 담당하는 수색대와 함께 이를 시찰하는 참모장교 등으로 구성된 시찰자를 편성하여 수색하도록 하고 있었다. 이것은 다른 국가의 육군에서는 볼 수 없는 소련군만의 특징이라고 할 수 있다.

항공수색과 지상수색

항공수색과 지상수색에 관한 구체적인 규정에 대하여 살펴보겠다. 먼저 항공수색부터이다.

제25항 일반병단(보병사단과 기병사단 등)을 위한 항공수색은 군단 비행중대와 야전군으로부터 배속받은 비행대로 실시한다.

사단 연락비행편대는 주로 전장감시 및 부대와의 연락을 담당하는 임무

이외에, 아군의 제1선을 초월하지 않은 상태에서 적 상황을 시찰한다. 그 비행고도는 통상적으로 전장 상공의 500m 이하로 한다. 연락기가 적 상황을 수색할 목적으로 적 전선 내부에 진입하는 일은 드문 경우로 한정한다.

군단 비행중대가 한 대의 비행기를 이용해서 정찰 및 감시를 담당할 수 있는 지역은 아군 상공의 종심 10㎞, 폭 12㎞이며, 적 상공에서 종심 깊이 수색하는 경우에는 정면폭 5~10㎞, 종심 100㎞이고, 횡 방향으로 수색하는 경우에는 정면폭 100㎞이다. 비행고도는 전장 상공에서 1,000m 이상, 종심을 수색하는 경우에 1,500m 이상이다.

기본적으로 사단 소속의 연락기는 전장감시와 연락용이며, 항공수색은 군단과 야전군에 편제된 정찰기가 담당한다고 하고 있다. 그리고 운용방법에 따른 다양한 사항들을 구체적인 숫자로 규정하고 있다.

이어서 사단의 지상수색에 대해서 원거리 수색과 근거리 수색으로 구분하여 다음과 같이 기술하고 있다.

제26항 사단 수색대대는 사단의 작전지역 내에서 원거리 및 근거리 수색을 담당한다.

(1) 원거리 수색을 위해서 수색대대는 사단 주력의 전방 25~30㎞에 진출하고, 척후(차량화 보병이 탑승한 장갑자동차 2~3대) 및 이동감시초(간부 부대장)를 파견한다.

대대 주력과 척후 사이의 거리는 중기관총 사거리를 초과할 수 없다. 이동감시초는 척후의 후방에서 자동차를 이용하여 전진한다.

수색대대의 주력인 기병 및 자동차화 부대의 전진 방법은 약진을 이용한다.

사단 참모장은 수색대대의 전투를 시찰하기 위해서 참모장교에게 연락수단을 부여하여 수색대대로 파견하고, 이와 동시에 공중시찰 수단도 강구해야 한다.

원거리 수색에서는 선두에 척후, 그 후방에 이동감시초, 이어서 수색대대, 마지막에 사단 주력의 순으로 전개한다. 선두의 척후가 적과 접촉하거나, 수색대대가 적과의 전투를 시작하면, 이러한 부대들과 동행하던 참모장교가 현장이나 공중에서 이를 시찰하도록 하고 있다.

제26항 (생략)

(2) 수색대대의 근거리 수색(사단 주력이 적 주력과 전투접촉의 상태에 있는 경우)은 일반부대의 전투요령 또는 야간의 소규모 기습을 이용한다.

수색대대를 이용하여 적 진지대를 정찰하는 경우에 포병, 때로는 저격부대(보병부대)로 증강한다. 이러한 경우에 적 진지대의 내부를 볼 수 있는 지점을 탈취하고, 이와 동시에 적 상황을 알아낼 수 있도록 포로획득에 힘써야 한다. (중략)

사단 사령부는 수색대대의 탈취지점, 사단 주력의 위치, 공중 시찰수단을 사전에 정해야 한다.

야간의 소규모 기습은 분대 또는 (부중대장이 지휘하는) 소대를 이용하여 실시한다. (기습의 필요를 고려) 포병과 기관총의 준비사격을 실시하지 않는다

근거리 수색(전투를 시작으로 사단 주력이 접촉한 경우)의 경우, 주간에는 일반부대의 전투요령과 같다. 수색대대는 적 진지 내부를 볼 수 있는 지점을 탈취하고, 이러한 전투를 간부가 시찰한다. 이러한 시찰을 할 수 없는 야간에는 소부대를 이용해서 기습을 실시한다.

이를 다르게 말하면, 주간에 근거리 수색을 실시하는 소련군은 '일반적인 수색방식'이 아니라, 일반부대처럼 전투를 실시하고 사단의 참모장교가 이를 시찰하는 방식을 취했다. 이는 수색대의 자체 능력만으로 적에 대한 탐색공격을 실시하는 '위력정찰'과는 명백히 다른 것이다.

■ 원거리 수색

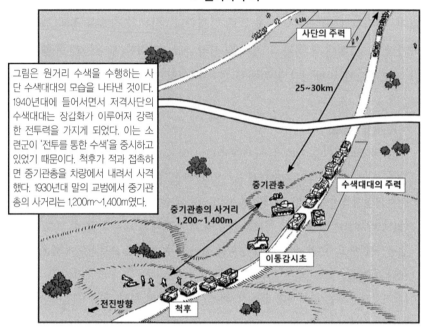

그림은 원거리 수색을 수행하는 사단 수색대의 모습을 나타낸 것이다. 1940년대에 들어서면서 저격사단의 수색대는 장갑화가 이루어져 강력한 전투력을 가지게 되었다. 이는 소련군이 '전투를 통한 수색'을 중시하고 있었기 때문이다. 척후가 적과 접촉하면 중기관총을 차량에서 내려서 사격했다. 1930년대 말의 교범에서 중기관총의 사거리는 1,200m~1,400m였다.

사단의 주력

25~30km

중기관총

수색대의 주력

중기관총의 사거리
1,200~1,400m

이동감시초

전진방향   척후

수색대 편조 등의 규정

『적군야외교령』은 사단 소속의 수색대대 등을 보병, 포병, 전차로 증강할 경우, 각 부대의 규모에 대해서 다음과 같이 세부적으로 규정하고 있다.

제28항 저격연대는 기마 수색소대 및 예하 보병의 소부대를 이용하여 수색을 실시한다. (이하 생략)

제29항 저격대대는 수색을 위해서 통상적으로 선발척후군을 운용한다.

제30항 기병의 수색은 경계부대나 기병, 자동차화 기계화병으로 편성한

수색대를 이용하여 실시한다. (이하 생략)

제31항 기계화 병단은 예하 경계부대나 수색대를 이용하여 적 상황을 수색한다.

경계부대는 척후(통상적으로 전투차량 2대)를 이용하여 수색을 실시한다. 척후가 주력과 이격할 수 있는 거리는 2㎞ 이내로 하고, 척후의 후방에는 직접 적 상황의 시찰을 담당하는 전차가 후속한다.

기계화 여단의 수색을 위해서는 통상적으로 수색중대를 파견한다.

수색중대는 경우에 따라 특수한 전차 및 차량화 보병을 이용하여 증강한다. 전차대대는 수색을 위해서 수색소대 또는 척후(전투차량 2~3대)를 파견한다.

포병, 전차(1개~2개 소대) 및 차량화 보병으로 증강되고 아군 항공기의 공중감시를 통해서 엄호받는 수색중대가 여단 주력과 이격할 수 있는 거리는 25~35㎞이다. (이하 생략)

이처럼 『적군야외교령』에서는 각 부대의 수색 편성을 상세하게 규정하고 있다. 역으로 말하면, 소련군의 지휘관들은 이와 관련해서 자유로운 결심이 허락되지 않았던 것이다.

수색부대 지휘관에게 요구되는 능력

앞서 설명한 것처럼 독일군 『군대지휘』는 지상수색을 담당하는 부대의 지휘관(최하위 제대인 척후조장을 포함)에게 고도의 능력을 요구하고 있는 것에 비해, 『적군야외교령』은 다음과 같이 규정하고 있다.

제24항 (중략) 부대의 임무를 수색대장에게 전달할 경우에는 반드시 구두로

하고, 그 내용은 수색임무 달성에 필요한 범위 이내로 한정한다. (이하 생략)

부대 전체의 작전계획을 구두로 전달하는 것은 계획이 기술되어 있는 서류가 적에게 압수되는 것을 방지하기 위해서이고, 수색임무에 필요한 범위 이내로 한정하는 것은 수색대장이 적의 포로가 되어 작전을 발설하더라도 피해를 최소한으로 하기 위해서이다. 그리고 앞서 설명했던 것처럼 소련군에서는 사단 사령부의 참모장이 전령과 통신병을 붙인 참모장교를 수색부대에 파견하여 전투의 시찰내용을 보고하도록 하고 있다. 달리 말해, 소련군은 수색부대의 지휘관에게 독일군처럼 고도의 능력을 요구하지 않았던 것이다(다만, 참모장교에게는 정확한 시찰 및 보고 능력을 요구하고 있다).

아군의 병사에게 고도의 능력을 요구하지 않는 경향은 다음의 조항에서도 볼 수 있다.

제20항 (생략) 항공수색을 실시하는 데 있어서 목시(目視)를 이용한 정찰은 사진정찰을 이용한 보완이 필요하다.

참고로 독일군 『군대지휘』에서는 다음과 같이 규정하고 있다.

제129항 가장 간단한 항공수색 방법은 목시를 이용한 수색이다. (이하 생략)
제130항 사진수색은 목시를 이용한 수색을 보완하여 확실하게 한다.(중략)

독일군에서는 사진을 목시수색을 보완하고 확인하는 데 사용하지만, 소련군처럼 사진이 '필요하다'라고 하지 않았다. 그러나 소련군은 독일군처럼 정찰병의 관측내용을 신뢰하지 않았고, 목시만으로는 신뢰할 수 없기 때문에 사진이 '필요하다'고 밝히고 있다.

이처럼 소련군은 수색부대의 지휘관과 병사의 능력을 신뢰하지 않았지만, 한편으로는 다음과 같이 부대장과 참모장교의 시찰을 매우 중시하였다.

제33항 참모장교 및 특과[29]장교로 구성된 정찰단을 이용한 정찰과 부대장의 현장 시찰은 전투에 관한 결심을 하기 전에 반드시 실시해야 한다.

전투에 관한 결심을 하기 전에 부대장의 현장시찰을 필수사항으로 두고 있다.

조우전과 공격 시의 수색

마지막으로 조우전과 공격 시의 수색에 대하여 살펴보겠다. 제6장「조우전」에서는 수색에 대하여 다음과 같이 규정하고 있다.

제154항 적의 전진방향과 제대편성에 대해서 적극적으로 지상 및 공중에서 수색하여 적시에 관련된 정보를 획득할 수 있도록 노력해야 한다.
조우전에서 항공수색은 가장 중요한 수단이다. (중략)
사단 수색대대는 행군개시 이전부터 사전에 부여된 임무를 기초로 지상수색을 실시하고, 적의 소재 및 이동방향을 탐색한다. 그리고 행군제대의 편성과 일정지역을 통과한 시각을 밝혀내야 한다. (중략)

---

29) 당시 소련군의 '특과'는 기술, 화학, 통신, 철도, 치중, 자동차, 위생을 지칭하는 것으로, '특과병'이란 이러한 부대에 소속된 병력을 가리킨다.

상급부대의 수색부대와 별도로 행군제대 지휘관들은 각자 수색대를 운영해야 한다.

특과병의 수색기관은 첨병 또는 사단 수색대대와 함께 전진한다.

이처럼 조우전에서 항공수색을 매우 중시하였다. 또한, 제7장 「공격」에서는 일반부대의 수색에 대하여 다음과 같이 규정하고 있다.

제166항 일반부대의 수색은 비행기, 기병, 수색대대, 척후군, 시찰 기관(특히 지휘관의 시찰)을 이용하여 실시한다. (이하 생략)

제167항 항공수색 기관은 단순한 관찰만이 아니라, 전투수단(폭격, 기관총 사격)을 이용하여 은폐한 적 예비대도 식별할 수 있어야 한다.

적 진지대의 사진촬영은 특히 중요하다. 해당 사진은 많이 복사하여, 원거리에서 작전하는 전차, 포병, 주공 방향에서 작전하는 보병대대에 먼저 지급해야 한다. 사진의 축척은 1:5,000이다.

앞서 설명한 지상수색과 동일하게 소련군은 항공수색에서도 '전투를 통한 수색'을 중시하고 있다. 또한, 적 진지에 대한 사진촬영의 중요성을 강조하고 있다. 게다가 사진의 축척까지 전술교범의 조문으로 규정하고 있다.

그리고 ②「대치상태에서 시작하는 공격」의 서두에서는 다음과 같이 규정하고 있다.

제206항 대치상태에서 시작하는 공격에 있어서 공자는 한층 상세하게 적 진지대, 진지대 전연의 위치, 화력조직, 인공장애물, 포병 및 예비대의 배치를 탐지하고, 또한 적 배치의 전투지경선을 판단할 수 있다. 적 배치에 관한 정보는 통상적으로 적 진지대에 대한 계획적인 사진촬영을 통해서 확인

한다. 부단히 지상수색을 실시하고, 야간에는 주로 소규모 기습을 통해 적의 대비상태를 확인하며, 적 부대의 전투지경선을 판단한다. 그리고 적 상황을 확인하기 위해서 포로를 획득한다.

　적 진지대의 제1선에 대한 수색은 제26항 ②의 요령에 따른다.

　여기서는 적 진지의 사진을 계획적으로 촬영하여 적 배치를 확인하도록 규정하고 있다.

지휘관 능력에 대한 낮은 기대

　지금까지의 내용을 정리하면, 소련군은 일반적인 항공수색과 지상수색과 함께 각 부대들을 이용한 '전투를 통한 수색'을 중시하고 있었다. 다만, 수색대 지휘관에게 고도의 능력을 요구하지 않았고, 참모장교와 부대장에 의한 시찰을 중시하였다.

　소련군은 독일군처럼 기선제압을 위한 전장의 중요지역 점령 등을 수색내에게 요구하지 않았다. 극단적으로 말해, 소련군 수색대는 주간에는 일반적인 전투만을, 야간에는 포로획득을 하면 되었다. 적 진지 전방의 장애물과 중화기 배치 등의 정보는 수색대의 전투를 사단의 참모장교가 관찰하여 상급지휘관에게 보고하고, 수색대가 획득한 포로는 사단 사령부에서 심문하도록 하고 있었다. 이것은 소련군이 수색대 지휘관과 부대원의 능력에 큰 기대를 할 수 없다고 냉철히 판단하고 있었다는 것을 보여주고 있다. 즉, 수색대 지휘관은 전투를 통해 적 상황을 탐색하는 일종의 소모품이었으며, 이를 관찰하는 참모장교와는 그 지위가 달랐다. 이것이 프롤레타리아 군대의 실태였다.

일본군의 수색

수색에 대한 기본적인 사고방식

『작전요무령』은 제1부의 제3편 「정보」에서 수색 활동에 관한 대부분을 규정하고 있다. 이러한 제3편은 서두인 「통칙」, 제1장 「수색」, 제2장 「첩보」로 구성되어 있었다. 이처럼 「첩보」와 「수색」을 동등하게 '장'으로 편성하고 있어서, 교범의 구성 측면에서 '첩보'를 상당히 중시하고 있는 것처럼 생각할 수 있다. 하지만 조항의 수를 비교해 보면 「수색」이 45개 조항인 것에 비해서 「첩보」는 10개 조항뿐으로 4배 이상의 차이가 있었기 때문에, 정보활동의 중심은 '수색'이었다. 이러한 제3편 「정보」의 내용을 중심으로 살펴보겠다.

우선, 서두인 「통칙」의 첫 조항에서는 다음과 같이 규정하고 있다.

제69항 정보 근무의 목적은 적 상황, 지형, 기상 등에 관한 정보들을 수집 및 심사하고, 지휘관의 결심 및 지휘에 필요한 자료를 얻는 것에 있다.

이처럼 일본군은 수색을 포함한 정보활동의 목적을 '지휘관의 결심 및 지휘'에 필요한 자료를 획득하기 위함이라고 하고 있다.

이에 비해 독일군 『군대지휘』는 제3장 「수색」의 서두 조항에서 다음과 같이 기술하고 있다.

제120항 수색은 가능한 신속하고, 완전하며, 확실하게 적 상황을 밝히는

것이다.

　수색의 결과는 지휘관의 조치와 화기 효력의 이용을 위한 가장 중요한 준거를 제시한다.

독일군은 '지휘관의 조치'와 함께 '화기 효력의 이용'을 정보활동의 목적으로 제시하고 있다. 일본군과 독일군 모두 '화력'보다도 '기동'을 중시하는 '기동전' 지향의 군대였지만, 위의 내용을 보면 독일군은 일본군보다 '화력'을 중시하고 있었다고 할 수 있다.

　한편, 소련군은 제2장 「수색과 경계」의 서두 조항에서 '경계'를 '수색'과 함께 중시하였고(『적군야외교령』 제18항), 이는 앞서 설명했던 독일군과 일본군이 '지휘관의 결심(조치)'을 중시한 것과는 큰 차이를 보였다. 반면에 프랑스군은 제3편 「첩보 및 경계」의 서두에서 지휘관에 의한 '기동에 대한 지도'와 '경계의 보증'을 제시하면서, 다른 국가들의 교범 규정을 망라하는 내용으로 되어 있었다(『대단위부대 전술적 용법 교령』 제121항). 이는 '이론서'의 성격이 강한 『대단위부대 전술적 용법 교령』의 특징이 잘 보여주고 있는 것이었다.

　요약하면, 수색을 포함한 정보활동에 대한 일본군의 기본적인 사고방식은 독일군에 가까웠지만, '화기 효과의 이용'은 그다지 중시하지 않았다고 할 수 있다.

수색 편성의 유연성과 정병주의

　일본군 『작전요무령』은 제1장 「수색」의 첫 조항에서 다음과 같이 기술하고 있다.

제76항 수색 편성에 있어서 수색의 목적, 시기 및 범위, 특히 수색의 중점을 결정하고, 각종 수색기관의 특성을 고려하여 적설한 임무를 배당한다. 그리고 상호 장단점을 보완하며, 연락을 긴밀하게 해야 한다.

일본군은 수색 편성에 대해서 '수색의 중점 결정'이나, '적절한 임무의 배당' 등 추상적인 내용만을 기술하고 있을 뿐, 소련군『적군야외교령』(제27항~제31항)처럼 사단, 저격연대, 저격대대, 기병, 기계화 부대 등의 수색대 편성을 하나하나 구체적으로 규정하고 있지 않다. 이러한 점에서는 '상황에 따라 천차만별이기 때문에 수색부대를 천편일률적으로 규정할 수 없다'라고 기술하고 있는 독일군에 가깝다고 할 수 있다(『군대지휘』 제136항).

물론, 아군 장병의 능력이 충분하다면, 수색편성을 소련군처럼 교범에서 명시하여 정형화하기보다는 독일군처럼 당시 상황에 따라 유연하게 적용하는 편이 바람직하다. 하지만, 소련군은 앞서 설명했듯이 아군 장병의 능력을 냉철하게 판단하여 크게 기대하지 않았고, 수색대의 편성을 현장에 맡기지 않고 교범으로 규정했던 것이었다.

이러한 점에서 일본군은 독일군의 '정병주의'에 가까운 사고방식을 가지고 있었다고 할 수 있다. 하지만, 앞서 설명하였듯이 그 내용은 얼핏 독일군과 비슷해 보이지만 실제로는 큰 차이가 있었다.

원거리 수색과 근거리 수색

『작전요무령』에서는 '가스 수색' 등을 제외한 '일반 수색'에 대하여 거리를 기준으로 하여 '원거리 수색'과 '근거리 수색'으로 구분하고 있다. 그리고 원거리 수색은 다음과 같이 기본적으로 항공기 부대의 임무로 하고 있다.

제77항 원거리 수색은 주로 고급지휘관이 작전지도를 위해서 필요한 원거리의 목표에 대하여 실시하는 것으로, 통상적으로 항공기, 때로는 기병, 기계화 부대 등에 임무를 부여한다. 수색목표는 상황을 기초로 작전의 추이를 통찰하여 선정해야 하며, 적의 이동 및 집결 상태, 병단의 행동, 비행장과 다른 중요한 후방시설 등은 가치 있는 수색목표이다.

여기서는 "수색목표는 상황을 기초로 작전의 추이를 통찰하여 선정해야 한다"고 하고 있지만, '어떤 상황에서 어떻게 작전의 추이를 통찰하고, 어떠한 기준으로 수색목표를 선정해야 하는지'에 대한 '의사결정의 기본적인 방법'과 '판단의 기준'을 제시하고 있지 않다. 단지, 일반적인 적의 이동 및 집결 상태, 병단의 행동, 비행장과 다른 중요한 후방시설 등을 '가치 있는 수색목표'라고 열거하고 있을 뿐이다.

한편, 근거리 수색에서는 먼저 기병과 항공기를 이용하고, 이어서 각 부대들의 척후가 수색을 실시한다고 기술하고 있다.

제78항 근거리 수색은 주로 각급 지휘관의 전술 편성 및 전투 지휘에 필요한 자료를 수집하기 위해서 실시하는 것으로, 적과 가까워질수록 더욱 주노면빌하게 실시해야 한다. 이를 위해서 먼저 기병, 항공기 등에 임무를 부여하고, 적과 근접해지면 각 부대의 척후, 소부대 등을 이용하여 이를 실시한다.

앞서 설명했듯이 독일군 교범은 수색을 '전략적 수색', '전술적 수색',

'전투수색'으로 구분하고 있다(『군대지휘』 제122항). 그중에서 지상에서의 '전술적 수색'은 독립 기계화 수색대 또는 야전군 기병 소속의 기계화 수색대, 야전군 기병 소속의 기병수색대, 보병사단 소속의 수색대가 실시하도록 하고 있다(『군대지휘』 제148항). 또한, '전투수색'은 세부적인 적 상황을 '전투척후' 등을 이용하여 수집하도록 하고 있다(『군대지휘』 제178항). 이처럼 독일군은 수색을 전략-전술-전투 수준으로 구분하고 있었다.

그렇지만 『작전요무령』에서는 수색을 '원거리 수색'과 '근거리 수색'으로만 구분하고, 『군대지휘』에서 말하는 '전투수색'은 '근거리 수색'의 내용 속에 포함하고 있다. 즉, 독일군이 '전술 수준'과 '전투 수준'으로 수색을 구분하고 있는 것에 비해, 일본군은 '전술 수준'과 '전투 수준'의 수색을 하나로 합쳐 사용하고 있다. 조금 더 구체적으로 말하면, 독일군은 수색대 지휘관과 전투척후가 각각 별개의 지위에 있는 것에 비해, 일본군은 항공부대와 기병부대 등의 지휘관과 척후를 한데 묶어서 다루고 있다. 그 이유로 들 수 있는 것은 '전투의 계층성(Level of War)'에 대한 일본군의 인식이 약했기 때문이라고 생각할 수 있다. 또한, 이는 '군대에 있어서 계급과 권한에 상응한 능력'이라는 근원적인 문제를 내포하고 있을 가능성도 있으며, 이에 대해서는 뒤에서 설명하겠다.

주요 수색부대와 척후

제1장 「수색」의 제1절 「항공기부대, 기구부대」에서는 항공수색에 대하여 다음과 같이 기술하고 있다.

구형 항공기의 모습이지만, 조종성과 실용성이 뛰어났던 99식 군 정찰기. 최초
에는 지상의 적 부대를 공격하는 99식 습격기로서 개발되었으나, 정찰용 항공
사진기 등을 장착하여 99식 군 정찰기로도 생산되었다.

제86항 항공수색은 주로 정찰비행대에게 임무를 부여하고, 적이 방심하고
있는 틈을 타서 신속히 목적을 달성해야 한다. (이하 생략)

제87항 작전 초기에 정찰비행대는 통상적으로 야전군에서 그 전체 또는
대부분을 통합적으로 사용하고, 전투가 예상되면 직협비행대를 제1선부대
및 야전군 직할의 포병대 등에 배속한다. 그러나 직협비행대의 배속 방법에
있어서는 분할을 피해야 한다. (이하 생략)

이처럼 일본군 항공수색의 주력은 야전군의 정찰비행대와 함께 제1
선부대 또는 야전군 직할의 포병부대 등의 수준에서는 직협비행대를 운
용하였다. 태평양전쟁 초기에 이러한 비행대의 주력 기종은 99식 군 정
찰기(キ51), 98식 직협기(キ36)였다.

그리고 비행기를 이용한 수색방법에 대해서 다음과 같이 규정하고
있다.

제90항 항공기를 이용한 수색은 시찰 또는 사진을 통해서 실시하거나, 이
를 함께 운용한다. 어느 것을 이용할지는 주로 수색의 목적, 적 상황, 기상,

시각, 수색 결과의 이용 시기 등을 고려하여 결정한다.

앞서 설명했던 수색 편성과 동일하게 일본군 교범은 소련군처럼 수색의 방법을 상세하게 규정하고 있지 않다.

이어지는 제2절 「기병」은 제1관 「대규모 기병부대」와 제2관 「그 밖의 기병부대」로 구성되어 있으며, 제1관의 첫 조항에서 다음과 같이 기술하고 있다.

제96항 대규모 기병부대는 수색을 위해서 배속된 직협항공기를 사용하고, 그 밖에 수색대 또는 장교척후를 파견하거나 이를 함께 운용한다.
수색대는 항상 아군 항공기와의 연락을 밀접하게 해야 한다.

이처럼 대규모 기병부대의 수색에서는 직협기에 이어서 수색대 및 장교척후를 기술함으로써, 일본군이 수색부대와 함께 '소규모 척후를 이용한 수색'을 중요시하고 있다는 것을 엿볼 수 있다.

또한, 다음과 같이 수색대의 행동을 규정하고 있다.

제99항 수색대는 필요한 척후를 파견하고, 적시에 이를 지원하며 진출한다. 소규모 적 부대는 격파하며 수색을 실시한다.

여기서는 척후의 파견을 제일 먼저 제시하고 있다. 더욱이 제2관 「그 밖의 기병부대」에서는 다음과 같이 기술하고 있다.

제102항 기병은 그 소속 부대를 위해서 필요한 수색 임무를 수행한다. 그렇지만 원거리 수색을 실시하는 경우에는 그 주력을 이용하여 임무를 수행해야 하나, 상황에 따라서는 장교척후만을 이용해서 실시할 수도 있다.

여기서도 기병 주력과 함께 장교척후도 기술하고 있다.

더욱이 이어지는 제3관 「기계화 부대」에서는 서두인 제105항에서 '대규모 기병부대'를 이용한 수색에 준해서 실시하도록 하고 있다. 이처럼 중시하고 있는 '척후를 이용한 수색'에 대해서는 제5절 「척후」에서 구체적으로 수색방법을 규정하고 있다.

제108항 척후는 관측지점에서 다음 관측지점을 향해 약진하는 것이 통상적이다. 상황에 따라 척후조장은 부하들을 알기 쉬운 지점에 잔류시키고, 혼자나 소수의 부하들과 함께 앞질러 나아가서 수색하거나, 요충지에 위치한 뒤 더욱 근거리에 소규모 척후를 파견하여 수색하는 것이 유리할 경우가 있다. 또한, 사전에 적당한 지점에 잠복하여 적 상황을 감시하는 것이 유리할 수도 있다.

참고로 독일군 『군대지휘』의 척후에 관한 규정은 『작전요무령』과 유사하지만, 그 정도로 상세하게 규정하고 있지 않다. (독일군 『군대지휘』의 관련 규정은 다음과 같다.)

제160항 척후에 대해서는 전진 경로 및 수색목표를 지시한다.
부대의 근거리 경계를 위해서 척후를 운용하는 경우는 드물다.
척후는 관찰 지점에서 다음의 관찰 지점으로 약진한다. 수색대가 전방으로 어느 정도 거리까지 진출해야 하는지는 상황, 지형, 통신거리에 따르며, 통상적으로 자동차로 1시간 거리를 넘지 않는다.

이러한 내용들을 보면, 일본군은 근거리 수색 중에서도 수색부대를 이용한 '전술 수준'의 수색보다도 한 단계 아래인 척후 등을 이용한 '전투 수준'의 수색을 보다 중시하고 있었다고 할 수 있다.

척후에게 요구되는 고도의 자질

독일군은 앞서 설명한 것처럼 척후조장 이상의 지휘관에게 고도의 자질을 요구하고 있다(『군대지휘』 제134항). 이에 비해 『작전요무령』에서는 척후에 대하여 다음과 같은 고도의 자질을 요구하고 있다.

> 제111항 척후 임무를 수행하는 자는 담력이 강하고, 슬기롭고 민첩하며, 열정적이고 침착하며, 책임감이 왕성해야 한다.

일본군은 장교를 조장으로 하는 척후를 특별히 '장교척후'라고 하면서 부사관과 병사로 구성되는 일반적인 '척후'와 구별하였으나, 여기서 말하는 '척후 임무를 수행하는 자'는 모두를 포함한다. 이처럼 일본군은 독일군보다도 '계층'이 낮은 병사에게까지 높은 자질을 요구하고 있다. 여기서 말하는 '계층'과 관련하여 설명하자면, 독일군이 '전술 수준'의 수색을 담당하던 수색부대 지휘관에게 높은 자질을 요구하고 있었던 것에 비해서, 일본군은 '전투 수준'의 수색을 담당하던 척후에 대해서도 높은 자질을 요구하고 있었다.

잘 생각해 보면, 애초부터 군대가 계급을 세부적으로 나누어 높은 계급의 장교에게 큰 권한을 부여하는 이유는 장병들에게 계급과 권한에 상응하는 능력을 기대하기 때문이다. 다시 말해, 계급이 높은 지휘관에게 요구되는 고도의 능력을 일반 병사에게까지 요구하는 것은 계급과 권한의 바람직한 모습에서 근본적으로 모순된 것이라 할 수 있다. 구체적으로 말하자면 판단 실수 등의 '위험성 증가'로 이어지게 된다. 이러한 점은 '정병주의'에 있어서 일본군과 독일군의 차이점이라고 할 수 있다.

중점 판단에 대한 현장 위임

『작전요무령』의 제76항을 다시 살펴보면 다음과 같다.

제76항 수색 편성에 있어서 수색의 목적, 시기 및 범위, 특히 수색의 중점을 결정하고, 각종 수색기관의 특성을 고려하여 적절한 임무를 배당한다. 그리고 상호 장단점을 보완하며, 연락을 긴밀하게 해야 한다.

위와 같이 일본군 교범은 수색 편성에 있어서 '수색 중점의 결정', '적절한 임무의 배당' 등을 기술하고 있으나, 독일군 『군대지휘』는 다음과 같이 규정하고 있다.

제137항 수색 근무에 종사하는 지휘관에게 부여하는 임무는 엄격하게 제한해야 한다. 또한, 알고자 하는 사항은 오해 없이 명확히 해야 하며, 긴급한 순서를 포함해야 한다.

독일군에서는 수색부대 지휘관에게 부여하는 임무를 엄격하게 제한하고 있으며, 필요한 정보를 명확히 해야 하고 더욱이 우선순위를 밝히도록 강조하고 있다.

또한, 일본군 『작전요무령』에는 다음과 같은 규정이 있다.

제84항 수색에 임하는 자는 명령이 없을지라도 지형, 교통, 통신, 그리고 이러한 것들에게 기상이 미치는 영향, 민간 물자 및 이용해야 하는 자재의 상황, 주민의 성향 및 동정 등에 관해서 중요한 사항을 수색하고, 이를 보고해야 한다. (이하 생략)

다시 말해, 명령이 없어도 다양한 사항들을 수색하여 보고하라는 것이다. 이에 비해『군대지휘』에서는 다음과 같이 '임무가 허락하는 한'이라는 제약을 기초로 지형정찰만은 명령 없이도 실시하도록 규정하고 있다.

제126항 (생략) 수색 임무를 수행하는 모든 부대는 임무의 허용 한도 내에서 별도의 명령 없이도 수색과 함께 지형정찰을 해야 하는 의무가 있다. (이하 생략)

언뜻 보기에 임무를 엄격하게 제한하고 있는『군대지휘』와 비교하여, 명령이 없어도 이것저것 보고하도록 하는『작전요무령』쪽이 다양한 정보를 수집할 수 있어서 유리할 것으로 생각할 수 있다.

그러나 전장에서 수색부대 병력은 물론 수집한 정보를 처리하는 참모의 능력 등 가용자원은 한정되어 있다. 따라서 이러한 자원을 투입할 중점을 결정하고, 한계를 따져서 우선순위를 명확히 해야 한다. 독일군 교범에서는 이러한 사항을 명확하게 규정하고 있다(『군대지휘』 제137항). 또한,『적군야외교령』도 넓은 의미에서 아군 능력의 한계를 명확히 판단하여, 부단한 수색과 적 항공기 및 전차의 기습에 대한 경계를 우선시하였다.

이에 비해 『작전요무령』에서는 수색의 중점을 결정해야 한다고 말하면서도, 명령이 없어도 이것저것 보고하도록 하고 있으며, 『군대지휘』처럼 임무를 엄격히 한정하거나 우선순위를 명시하는 것을 크게 요구하고 있지 않다.

게다가 『작전요무령』은 다음과 같이 규정하고 있다.

제83항 수색을 담당하는 자는 하나의 사건을 관찰했을 경우, 즉시 이를 보고하거나, 또는 이후의 수색 결과를 기다렸다가 보고하는 등 보고의 시기 및 내용이 지휘관의 의도에 부합되도록 해야 한다. 하지만 적을 최초로 발견했을 경우, (중략) 그 목적 또는 임무를 달성하는 내용일 경우에는 신속하게 이를 보고해야 한다.

이 조문의 내용을 보면 몇 가지 예외를 제외하고는 보고의 시기와 내용이 지휘관의 의도에 부합되는지를 수색부대원의 판단에 위임하고 있다는 것을 알 수 있다.

독일군이라면 처음부터 수색의 대상을 엄격하게 한정하며, 어떠한 수색 사항이 중요한지에 대하여 명시하였을 것이다. 다시 말해, '어떠한 수색 사항이 우선순위가 높은가'라는 판단을 독일군은 수색부대의 지휘관에게 상급지휘관이 명령으로 부여하는 데 비해서, 일본군은 척후의 병사가 판단할 수도 있는 것이다.

지금까지 반복해서 설명한 것처럼, 일본군은 보고를 요구하고 있는 정보의 종류가 많아서 얼핏 보기에 정보의 수집을 중시하고 있는 것처럼 보일 수 있지만, 한정된 자원을 이용해서 정말로 필요한 정보를 효율적으로 획득하는 것에서는 문제가 발생하게 된다. 이를 보면 일본군이 수색활동에 대한 깊은 이해가 부족했다는 것을 알 수 있다. 결과적으로 이러한 관점에서 일본군이 수색을 경시하고 있었다고 말할 수밖에 없는 것이다.

수색에 대한 경시의 배경

이러한 문제의 배경에는 '지휘관의 상황판단과 결심'에 대한 일본군의 독특한 사고방식이 작용했기 때문이라고 할 수 있다. 예를 들어 지휘관의 상황판단에 대해서 제1부 제2편 「지휘 및 연락」에서는 다음과 같이 규정하고 있다.

> 제8항 지휘관은 그 지휘를 적절하게 하려면 끊임없이 상황을 판단해야 한다. 상황판단은 임무를 기초로 하고, 아군의 상태, 적 상황, 지형, 기상 등의 각종 자료를 수집·비교하여 적극적으로 아군의 임무를 달성하는 방책으로 결정해야 한다.
> 적 상황, 그중에서도 적 기도는 대부분의 경우에 불명확하다. 그렇더라도 획득된 적 상황 이외에도 국민성, 편제, 장비, 전법, 지휘관의 성격 등의 특성과 당시의 작전능력 등을 고려하여 적이 취할 수 있는 방책, 특히 아군 방책에 중대한 영향을 미치는 행동을 추정한다면 아군 방책의 수행에 큰 과오가 없을 것이다.

지휘관의 상황판단에 있어서 우선적으로 부여된 임무에 기초를 두도록 하고 있으며, 다음으로 아군의 상태와 적 상황 등을 비교하여 적극적으로 그 임무를 달성하는 방책을 결정해야 한다고 하고 있다. 여기서 '임무를 달성할 수 있는 방책'이 아닌 '임무를 달성하는 방책'으로 되어 있는 것에 주목해야 한다('달성 가능하도록 하는 것'이 아니라 '달성해야 하는 것'이다). 그리고 대부분은 적 상황과 그 기도가 명확하지 않겠지만, 적이 채택할 것으로 생각하는 행동, 특히 아군 방책에 큰 영향을 미치는 행동을 추정한다면 크게 틀리지 않을 것이라고 하고 있다.

또한, 애초부터 지휘관의 결심에 대해서 다음과 같이 규정하고 있다.

제9항 지휘관은 상황판단에 기초하여 적시에 결심을 해야 한다. 그리고 결심은 전기(戰機)를 명찰하고, 주도면밀한 사고와 신속한 결심을 통해 결정해야 하며, 항상 임무를 기초로 해야 한다. 지형 및 기상의 불리함, 적 상황의 불명확함 등으로 인해 주저해서는 안 된다.

여기서도 부여된 임무의 달성을 기초로 하고, 설사 적 상황이 불명확하더라도 주저하지 말고 적시에 결심해야 한다고 하고 있다. 극단적으로 말해, 일본군 지휘관은 적 상황 및 기도가 불명확하더라도 '임무를 달성하는 방책'을 주저함 없이 결심해야 했다. 그러나 '적 상황이 불명확하더라도 아군 방책을 결정한다'라고 하면, 적 상황을 탐지하는 수색 행동에 큰 의미를 두었을까? 이러한 규정들로 인해서 수색을 경시하는 경향이 생겨나도 이상하지 않을 것이다.

게다가 제1장 「수색」의 서두인 「요칙」에서는 수색의 기본방침을 다음과 같이 규정하고 있다.

제82항 수색에 있어서 병력의 많고 적음을 불문하고 적극적인 수단을 이용하여 목표 달성에 힘써야 한다. 이를 위해 적의 관용(慣用)적인 전투방법을 간파하여 그 약점을 이용하거나, 지형 및 기상을 이용하여 기습하거나, 또는 필요로 하는 병력을 이용하여 적을 공격하는 등의 조치를 강구함과 함께 적의 기만활동에 현혹되지 않도록 주의해야 한다.

앞서 설명한 제8항과 마찬가지로 병력의 많고 적음에 관계없이 적극적인 수단을 통해서 목표 달성에 힘쓰도록 하고 있고, 이를 위해서 '적의 관용적인 전법을 간파'하거나, '지형 및 기상을 이용'하는 것을 들고 있다.

한편, 제9항에서는 '지형 및 기상의 불리함' 등으로 결심을 주저해서는 안 된다고 하고 있다. '수색에서는 목표달성에 지형과 기상을 이용하지만, 자신의 결심에는 지형과 기상의 불리함으로 인해서 주저해서는 안 된다'고 하는 것은 읽는 사람들에게 혼란을 주지는 않았을까?

이에 비해 독일군 교범에서는 예비 수색부대를 확보해두고, 정황에 따라서 보유하고 있던 수색부대를 투입하도록 하고 있다(『군대지휘』 제123항). 적 상황과 그 기도가 확실하지 않을 경우에 필요에 따라 예비 수색부대를 투입하도록 한 것이다.

과도한 적극성이 초래한 결과

일반적으로 군에서 임무의 달성에 적극적인 것은 나쁜 일이 아니다. 그러나 적 상황의 식별을 무시하는 것과 같은 과도한 적극성은 생각하지 못한 결과를 초래할 수 있다. 이를 상징적으로 보여주는 사례가 있다. 과달카날 전투 초기에 선발대로 투입되었던 이치키 지대(一木 支隊)의 전투이다.

1942년 8월 19일 새벽에 보병 제28연대를 기간으로 이치기 기요나오(一木淸直) 대좌가 지휘하는 선발대(916명)는 과달카날섬 북동부에 상륙하였고, 공격 목표였던 과달카날 비행장으로 향하던 중에 4개의 장교척후조를 일루 강의 맞은편에 있는 비행장 방면으로 파견하였다. 그러나 장교척후조들은 미군 해병대의 수색부대와 교전하여 모두 전멸하였고, 이를 보고받은 지휘관인 이치기 대좌는 교범의 내용처럼 '적 상황이 불명확함 등으로 인해서 주저하는 것 없이' 기존의 공격계획에 따라 '적극적으로 아군이 임무를 달성하는 방책'을 결정하여 전진을 개시하였다. 그러나 미군의 방어선에 부딪혀 돌파하지 못하고 전멸하였다. 이는 과도한 적극성이 나쁜 결과를 초래한 대표적인 사례라고 할 수 있다. 부대장이었던 이치기 대좌는 이전에 육군보병학교의 교관으로서 오랫동안 근무했었다. 이는 적 상황이 불확실한데도 전진을 계속한 선발대의 전멸이 지휘관 개인의 문제가 아닌, 그러한 교육을 시행해온 일본군 전체의 문제였다는 것을 보여주고 있다.

【칼럼 4】 일본군의 기병연대와 수색연대

일본군 보병사단에는 수색임무를 담당하는 기병연대가, 그리고 이를 기계화한 수색연대가 편제되어 있었다. 경장갑차와 차량화 보병을 주력으로 하는 수색연대는 수색부대의 임무뿐만 아니라, 소규모이지만 우수한 기동력을 지닌 전투부대로서 임무를 수행하는 경우도 적지 않았다.

예를 들어 말라야[30] 진공작전(Malayan Campaign, 1941년 12월) 초기에 제5사단 소속의 제5수색연대[31]는 제1전차연대의 3중대 등이 증강되어 사혜키 정진대(佐伯 挺進隊)[32]로 편성되었다. 이 부대는 영연방군의 저지선인 짓트라(Jitra) 라인을 단시간에 돌파하는데 있어 원동력으로써 말라야 작전의 성공에 크게 기여하였다.

반면에, 제1차 노몬한 사건(1939년 5월)에서는 제23사단의 수색대가 주력보다 먼저 진출하여 할하강(Khalkha River) 대안의 소련군 퇴로를 차단하기 위해서 기동하였지만, 할하강과 홀스텐강(Holsten River)의 합류지점 부근에서 우세한 소련군에게 포위되었다. 그 결과, 병력의 절반이 전사하고, 지휘관이었던 아주마 야오조(東 八百蔵) 중좌도 마지막 돌격에서 전사하였다. 원래대로라면 적정을 파악했어야 할 수색대가 적 부대에게 포위되어 전멸해 버린 것이었다.

이러한 '사혜키 정진대'와 '아주마 수색대'로 대표되는 수색부대의 공격적인 운용은 일본군이 수색임무를 본질적으로 경시하고 있었던 것을 나타내고 있다.

말라야 전투에서는 97식 경장갑차량이 편제된 제5수색연대에 97식 중(中)전차와 95식 중(中)전차가 편제된 전차 중대로 증강하여 '사혜키 정진대'를 편성하였고, 짓트라 라인의 공략에서 주역이 되었다. 사진은 97식 경장갑차량인 테게(テケ)

---

30) 역자 주〉 말라야(Malaya)는 영국의 식민지 지배 아래에 있던 말레이반도의 연방 국가이며, 1963년 국명을 말레이시아로 개명하였다. 말라야(Malaya)는 연방 명칭이며, 말레이(Malay)는 반도 또는 국민을 지칭할 때 사용하는 명칭이다.

31) 연대장은 기병 출신의 사혜키 시즈오(佐伯 靜夫) 중좌로 이전 보직은 제40사단 기병대장이었다.

32) 역자 주〉 정진대(挺進隊)는 특수임무부대(TF, Task Force)로 번역할 수 있다.

제4장 공격

이 장에서는 각 국가들이 공격에 대하여 전술교범에서 어떻게 규정하고 있었는지 살펴보겠다. 지금까지의 순서와 달리 독일군 전술교범을 프랑스군보다 먼저 다루겠다. 왜냐하면 당시 독일군은 다른 국가들과는 다른 요소까지 고려하고 있었기 때문이다.

독일군의 공격

공격에 대한 기본적인 사고방식

독일군 『군대지휘』는 제6장 「공격」의 첫 조항에서 다음과 같이 기술하고 있다.

제314항 공격은 기동, 사격, 충격(Stoss), 그리고 이것들이 지향하는 방향에 의한 효과를 발휘하는 것이다.

공격은 적의 정면(통상적으로 강도가 가장 큰 방면), 측면 또는 후면을 지향하여 하나의 방향에서 실시한다. 또한, 여러 개의 방향에서 공격하는 경우도 있다. (이하 생략)

이 조항에서는 '사격' 및 '기동'과 함께 '충격'이라는 요소를 제시하고 있다. 이중에서 '사격'과 '기동'이라는 요소는 잘 알려진 전술 용어인 'Fire and Movement'에서 볼 수 있는 것처럼 일반적이다. 하지만 '충격'이라는 요소는 구체적으로 무엇을 말하는 것일까?

쉽게 떠올리는 것이 화력과 기동력을 겸비했던 기갑부대 (Panzertruppen)의 돌진에 의한 충격효과이다. 실제로 제2차 세계대전에서 독일군 기갑부대의 돌진은 막대한 충격효과를 발휘하였다. 이 때문에 여기서 말하는 '충격'이 '화력'과 '기동력'을 일체화함으로써 발생하는 것, 구체적으로는 기갑부대의 돌진에 의한 것으로 생각하기 쉽다. 그러나 잘 따져보면 독일군이 기갑사단을 최초로 정식 편제화한 것은 『군대지휘』가 반포되기 직전인 1935년 10월이었기 때문에, 이 교범을 집필하는 시점에서 전차를 집중 운용함으로써 생기는 기갑부대의 충격효과에 대하여 충분히 인식하고 있었다고 생각하기 어렵다. 또한, 전술교범의「공격」첫 조항으로 제시할 정도로 중요하게 인식하고 있지도 않았을 것이다.

이 때문인지 독일군『군대지휘』에서도 이러한 '충격' 효과를 기갑부대에 한정하지 않고, 공격에 관한 일반론으로서 '효과를 발휘하는 것'이라고 하고 있다. 이러한 정의에 따르면 보병부대의 공격을 통해서도 '충격' 효과를 발휘할 수 있다는 것이 된다. 실제로 제1차 세계대전 후반에 독일군의 엘리트 보병부대이었던 '돌격부대(Stoßtruppen)'는 기갑부대의 돌진과 근본적으로 다른 전술을 통해서 적에게 큰 타격을 주었다. 돌격부대는 소대와 분대 등의 소부대로 나뉘어 적의 거점과 거점 사이를 빠져나가거나, 경기관총과 화염방사기 등의 지원화기를 사용하여 적

제1차 세계대전 후반에 활약한 돌격부대.
참호전용 수류탄과 단기관총, 철조망 절단기, 발판 등을 휴대하고, 화염방사기와 경기관총의 지원을 받으며 적 진지 내부로 침투하였다.

전선에 간격을 만들면서 적진 내부로 침투하였다.

'돌격부대'의 장병들은 자신들이 우회한 적 거점에 대하여 신경 쓰지 않도록 교육받았다. 돌격부대의 목표는 어디까지 적 전선의 후방이었으며, 적 거점에 대한 공격은 보다 큰 규모의 후속부대가 담당하도록 규정하고 있었다. 이러한 후속부대는 '돌격부대'의 성공을 확대하기 위해서만 사용되었고, 실패를 만회하기 위해서 사용되는 일은 결코 없었다.

독일군 '돌격부대'는 거점에 있는 적 수비대의 병참선을 차단하여 후방의 사령부로부터

명령과 보급을 불가능하게 하였다. 사령부의 통제를 잃고 고립된 거점의 적 수비대는 독일군 후속부대의 포위공격 위협에 쉽게 항복하였다. 이를 통해 적 전선에 돌파구를 형성할 수 있었고, 더욱 큰 규모의 부대가 침투할 수 있는 여건을 마련했다. 적 사령부는 전선의 부대들과의 연락이 차단되어 명령을 내릴 수 없었으며, '돌격부대'의 침투에 대처하지 못하고 혼란이 가중되어 갔다. 결국에는 조직 전체가 마비 상태에 빠지게 되었고, 최종적으로는 전선의 붕괴에 이르게 되었다. 이처럼 돌격부대는 '기동'과 '사격'을 통해서 적 전투력에 물리적인 피해를 줬을 뿐만 아니라, '혼란'과 '마비'라는 심리적인 피해도 입혔던 것이다.

이러한 사례를 토대로 생각해 보면, 서두 조항에서 기술하고 있는 '충격'은 '혼란'과 '마비'라고 하는 심리적인 측면도 포함하고 있다고 할 수 있다. 오히려 "충격'은 기동과 사격 이외에 적에게 효과를 발휘할 수 있는 다양한 요소를 포함한 것'으로 받아들여야 할지도 모르겠다. 왜냐하면 독일군은 '기동'과 '사격', 즉 기동력과 화력을 일체화한 기갑부대의 돌진 이외에 보병부대를 이용한 침투를 통해서도 적에게 큰 '충격'을 줄 수 있다는 것을 알고 있었기 때문이다.

이러한 의미에서 독일군은 근본적으로 동일한 발상을 기초로 보병부대와 기갑부대를 운용하였다고 할 수 있다. 독일군의 사고방식에서는 '제2차 세계대전에서 기갑부대의 돌진이 큰 충격효과를 발휘하였다'라고 인식하기보다는 오히려 '공격에 있어서 충격효과가 가장 컸던 것은 (결과적으로) 기갑부대의 돌진이었다'고 할 수 있나.

정면공격과 소모전에 대한 부정

이어지는 조항에서는 정면공격에 대하여 다음과 같이 기술하고 있다.

제315항 정면공격은 수행하기 가장 어렵지만, 가장 많이 이루어진다. 정면공격을 위해서 편성된 부대라고 할지라도, 통상적으로 정면에서 공격하면 안 되는 경우도 있다.

방어하는 적에 대한 정면공격은 장기간의 완강한 투쟁을 발생하게 한다. 이를 수행하기 위해서는 현저하게 우세한 병력과 자재가 필요하다. 그러나 통상적으로는 적을 돌파할 수 있을 경우에만 결정적인 전과를 얻을 수 있다.

이처럼 정면공격은 가장 힘들고, 적보다 현저히 우세한 병력과 자재가 필요하며, '통상적으로는 적을 돌파한 경우에만 결정적인 전과를 얻을 수 있다'라고 기술하고 있다. 다시 말해, 적을 돌파하지 못하면 결정적인 전과를 획득할 수 없다는 것이다. 이러한 의미에서 '돌파 없는 소모전'을 부정하고 있다고 할 수 있다.

제1차 세계대전 중반인 1916년 2월, 서부전선의 베르됭 전투(Battle of Verdun)에서 독일군 총참모장인 에리히 폰 팔켄하인(Erich von Falkenhayn, 1869년~1922년) 대장은 '아군의 소모 이상으로 적을 소모하게 하면 이길 수 있다'라는 '소모전' 방식의 발상에 기초하여 '적 전선의 돌파를 목적으로 하지 않는 공세'를 시행하였다. 이러한 발상에 대하여 제2차 세계대전 직전의 독일군은 부정하였던 것이다.

포위공격의 중시

제2차 세계대전을 앞두고 독일군은 정면공격과 소모전 대신에 포위공격을 권장하고 있었다.

제316항 포위공격은 정면공격에 비해서 그 효과가 크다. 적의 양익을 동시에 포위하기 위해서는 현저하게 우세해야만 한다. 적의 한 측익 또는 양익을 종심 깊숙이 포위하면 적을 섬멸할 수 있다.

포위는 이를 실행하는 병력이 사전에 원거리부터 적의 측익 또는 측면을 향해 기동할 경우에 가장 용이하게 실행할 수 있다. 적 근처에서부터 포위를 시작하는 것은 비교적 어렵다.

포위하기 위한 병력의 이동은 지형이 특별히 유리하거나, 야간에만 가능하다. (이하 후술)

포위공격이 정면공격보다도 효과가 크며, 적의 종심 깊숙이까지 포위할 수 있다면 적을 섬멸할 수 있다고 하고 있다. 이는 '포위섬멸'을 의미한다. 다만, 적의 양익을 포위하기 위해서는 병력이 현지하게 우세해야 한다고 하고 있다. 또한, 포위를 위해서 병력을 이동시키는 것은 특별히 지형이 유리하거나 야간이 아니라면 불가능하고, 적과 근접한 곳에서부터 포위 기동을 시작하기 어렵기 때문에, 원거리서부터 적의 익측을 향해 기동하여 대규모 포위망을 형성하도록 권장하고 있다.

제2차 세계대전에서 '포위섬멸'외 이상적인 성공 사례는 독일군의 서방진공작전이다. 클라이스트 기갑집단은 신속히 아르덴 숲을 통과하여 세당 주변에서 프랑스군 전선을 돌파하고, 영불해협까지 포위망을 형성하여 벨기에 딜강(river Dyle) 방면에 돌출되어 있던 영불연합군의 주력을 포위하였다. 당시에 클라이스트 기갑집단은 원거리에서부터 적의 측익 또는 측면을 향해서 기동하였다. 이러한 기갑집단의 운용방법은 『군대지휘』의 기술내용을 그대로 구현한 것이었다.

게다가 이 조항은 이어서 다음과 같이 기술하고 있다.

> 제316항 (생략) 포위의 성과는 '적이 위협받고 있는 정면으로 적시에 병력을 이동시킬 수 있는지'와 '포위망의 규모'에 달려 있다. (중략)
> 포위를 실시할 경우에는 역으로 포위될 위험도 존재한다. 지휘관은 이를 고려해야 하지만, 포위익(包圍翼)의 우세를 확보하기 위해서는 정면을 약화시키는 것에 주저하면 안 된다.

포위의 성과는 적이 병력을 적시에 전환할 수 있는지와 포위망의 규모에 달려 있다고 하고 있다. 즉, 아군이 가용한 수단을 마련한 다음에는 적이 어떻게 대응하는지에 따라서 성과가 결정된다고 하는 것이다. 참고로 서방진공작전에서는 프랑스군의 1개 야전군(제7군)이 네덜란드 방면을 향했기 때문에, 결과적으로 독일군의 포위를 돕는 형태가 되었다. 이른바 '회전문 효과'이다.

조문의 내용을 다시 살펴보면, 포위익을 구성하는 부대는 적진을 향해서 크게 돌출된 모양이 되기 때문에, 역으로 적에게 포위될 위험이 있다고 하고 있다. 지휘관은 이러한 위험을 고려해야 하지만, 포위익의 병력 우세를 확보하기 위해서는 정면의 병력을 절약하는 것에 주저해서는 안 된다고 하고 있다.

한편, 이어지는 조항에서는 포위의 조건으로써 적을 정면에 구속해야 한다고 기술하고 있다.

제317항 포위는 그 조건으로써 적을 정면에 구속해야 한다.

적의 모든 정면을 공격하는 것은 가장 확실하게 적을 구속하는 방법이다. 그렇지만 이처럼 공격하기 위해서는 우세한 병력이 필요하고, 포위익의 병력에 부족이 발생할 수 있다. 따라서 제한된 목표에 대한 공격, 또는 양공을 이용해서 이를 충족시켜야 하는 경우가 자주 있다. (이하 생략)

여기서는 적의 모든 정면을 공격할 수 있다면 가장 확실하게 적을 구속할 수 있으나, 그렇게 하면 포위망의 병력이 부족하게 되기 때문에 '제한된 목표에 대한 공격'(여기에 대해서는 후술하겠다)이나 '양동공격'으로 포위의 조건을 충족시키지 않으면 안 된다는 것이다.

서방진공작전에서 서부전선의 독일군 3개 집단군 중에서 벨기에 북부로부터 네덜란드까지의 정면에서 영불연합군의 주력과 대치했던 B집단군과 독일-프랑스 국경 정면의 C집단군은 주력이었던 A집단군에 비해서 약체인 병력뿐이었다. 그중에서도 독일군에 10개 밖에 없었던 귀중한 기갑사단은 A집단군에 7개를 집중해서 운용했던 것에 비해, B집단군에는 3개를 배치하였고 C집단군에는 하나도 할당하지 않았다. 한편, B집단군이 제7항공사단(훗날 제1강하사단)과 제22항공수송 보병사단이라는 2개의 공정사단을 네덜란드 방면에 투입한 것은 운하 등의 장애물이 많은 지형에서 중요했던 교량의 신속한 확보를 노린 것이었으나, 동시에 주공인 아르덴 방면에 대한 주의를 분산하는 훌륭한 양공작전이었다.

이러한 점에서도 독일군의 서방진공작전은 『군대지휘』의 기술내용을 그대로 구현한 것이었다.

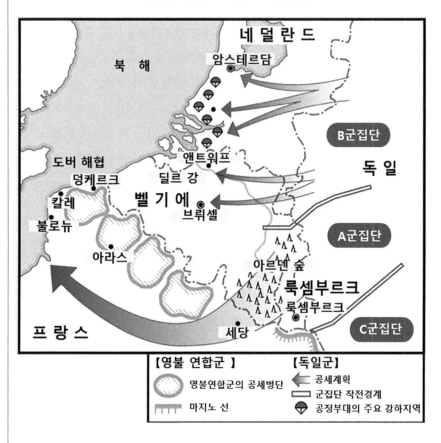

■ 서방진공작전에서 독일군의 작전구상

훗날 '전격전'으로 유명해진 독일군의 서방진공작전은 전략 수준의 계획이었으나, 『군대지휘』에서 기술하고 있는 것처럼 광정면에서의 양동작전과 좁은 정면에서의 돌파(돌파부대를 이용한 적 측면에 대한 포위 시도)로 구성되어 있었다. 특히, 포위익을 형성하고 있는 A집단군은 기갑사단 등의 전력이 집중되어 있었다. 사단의 편제가 군사교리를 반영하고 있는 것처럼 전투서열은 작전구상을 반영하고 있다.

■ 서방진공작전에서 독일군의 전투서열

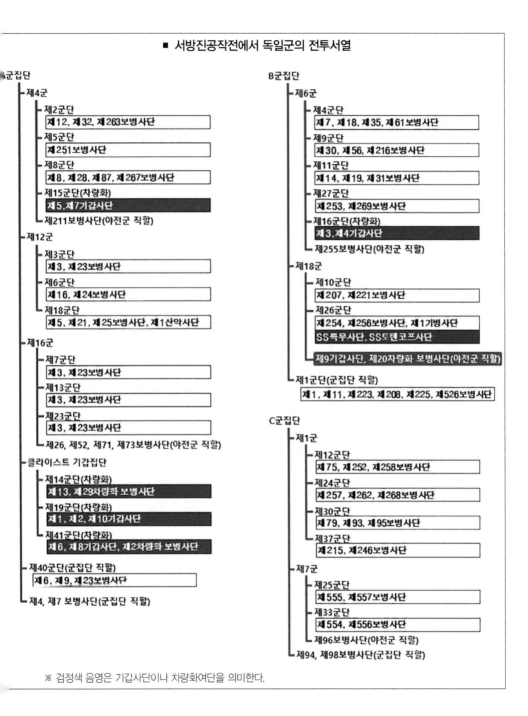

A군집단
- 제4군
  - 제2군단
    - 제12, 제32, 제263보병사단
  - 제5군단
    - 제251보병사단
  - 제8군단
    - 제8, 제28, 제87, 제267보병사단
  - 제15군단(차량화)
    - 제5, 제7기갑사단
  - 제211보병사단(야전군 직할)
- 제12군
  - 제3군단
    - 제3, 제23보병사단
  - 제6군단
    - 제16, 제24보병사단
  - 제18군단
    - 제5, 제21, 제25보병사단, 제1산악사단
- 제16군
  - 제7군단
    - 제3, 제23보병사단
  - 제13군단
    - 제3, 제23보병사단
  - 제23군단
    - 제3, 제23보병사단
  - 제26, 제52, 제71, 제73보병사단(야전군 직할)
- 클라이스트 기갑집단
  - 제14군단(차량화)
    - 제13, 제29차량화 보병사단
  - 제19군단(차량화)
    - 제1, 제2, 제10기갑사단
  - 제41군단(차량화)
    - 제6, 제8기갑사단, 제2차량화 보병사단
- 제40군단(군집단 직할)
  - 제6, 제9, 제23보병사단
- 제4, 제7 보병사단(군집단 직할)

B군집단
- 제6군
  - 제4군단
    - 제7, 제18, 제35, 제61보병사단
  - 제9군단
    - 제30, 제56, 제216보병사단
  - 제11군단
    - 제14, 제19, 제31보병사단
  - 제27군단
    - 제253, 제269보병사단
  - 제16군단(차량화)
    - 제3, 제4기갑사단
  - 제255보병사단(야전군 직할)
- 제18군
  - 제10군단
    - 제207, 제221보병사단
  - 제26군단
    - 제254, 제256보병사단, 제1기병사단
    - SS특무사단, SS토텐코프사단
    - 제9기갑사단, 제20차량화 보병사단(야전군 직할)
  - 제1군단(군집단 직할)
    - 제1, 제11, 제223, 제208, 제225, 제526보병사단

C군집단
- 제1군
  - 제12군단
    - 제75, 제252, 제258보병사단
  - 제24군단
    - 제257, 제262, 제268보병사단
  - 제30군단
    - 제79, 제93, 제95보병사단
  - 제37군단
    - 제215, 제246보병사단
- 제7군
  - 제25군단
    - 제555, 제557보병사단
  - 제33군단
    - 제554, 제556보병사단
  - 제96보병사단(야전군 직할)
- 제94, 제98보병사단(군집단 직할)

※ 검정색 음영은 기갑사단이나 차량화여단을 의미한다.

측면공격과 돌파공격

포위공격에 이어서 권장하고 있는 것은 측면공격이다.

제318항 측면공격은 기존의 전진방향 또는 우회를 통해서 발생한다. 적을 기습하고, 또한 적에게 대응조치를 강구할 여유를 주지 않을 경우에 그 효과가 특히 크다. 측면공격을 실시하기 위해서는 적보다 우세한 기동성을 가져야 하고, 또한 다른 방향에서 적을 기만해야 한다.

전진방향 혹은 우회를 통해서 측면공격이 가능할 경우, 적의 의표를 찌를 수 있고 아군 병력이 충분하게 우세하다면 큰 성과를 거둘 수 있다.

측면공격에서는 적을 기습하여 대응조치를 강구할 여유를 주지 않으면, 그 효과가 특히 크다고 하고 있다. 다만, 측면공격에는 적보다 우세한 기동력이 필요하며, 다른 방면에서 기만을 시행할 필요가 있다는 전제조건도 기술하고 있다.

그리고 적의 의표를 찌르는 것과 함께 아군 병력이 충분하게 우세하다면 큰 성과를 올릴 수 있다고 하고 있다. 다시 말해 우세한 병력이 없다면, 비록 적의 의표를 찔러 적의 측면을 공격하여도 큰 성과를 올릴 수 없다는 것이다. 독일군의 사고방식에서는 측면공격도 충분히 '우세한 병력'을 필요로 했다.

측면공격에 이어서 제시하고 있는 것은 돌파공격이다.

제319항 돌파공격(Durchbruchsangriff)은 적 정면의 연쇄를 분단하고, 돌파지점에 있는 적의 익단(翼端)을 포위하는 것이다.

돌파 성공에 필수요건은 △적을 기습할 것, △돌파지대의 내부도 공격하는 보병에게 유리할 것, △돌파 이후에도 공격을 지속하는데 충분히 우세한 병력을 확보할 것이다. 돌파지점 측방의 적을 견제하기 위해서는 돌파하려는 정면의 폭보다 넓은 정면을 공격해야 한다. 그 외의 정면에서는 적을 구속해야 한다. (중략)

돌파공격은 적의 정면을 돌파하여 분단하고, 돌파구의 좌우에 발생하는 적의 익단을 포위한다. 다시 말해, 적의 정면을 공격하는 경우에도 적 전선을 종심 방향으로 그대로 압박하는 것이 아니라, 적 전선의 어딘가를 분단하여 그 익단을 '포위'하는 것이다. 그리고 돌파공격 시에는 돌파 이후에도 공격을 계속할 수 있을 만큼의 우세한 병력이 필수적이라고 강조하고 있다. 독일군은 앞서 설명했듯이 측면공격과 동일하게 돌파공격에서도 '우세한 병력'이 필요하다고 생각하고 있었던 것이다.

물론 여기서 말하는 '우세한 병력'이란, 단순하게 병력과 화포의 '수적인 우위'를 의미하는 것이 아니라, 적과의 '상대적인 종합전투력의 우위'를 의미하고 있다. 실제 사례를 들면, 독소전 초기의 소련군 부대와 비교하면, 비록 동일한 규모라고 해도 프랑스전 등에서 실전 경험을 쌓은 정예병력으로 구성된 독일군이 '우세한 병력'이라고 할 수 있다.

이 조항은 이어서 돌파 성공 이후의 전과확장에 대해서도 규정하고 있다.

제319항 (생략) 돌파에 성공하면 적이 대응조치를 강구하기 이전에 전과를 확장해야 한다. 공자가 계속해서 종심 깊이 진출할수록 유효한 포위로 전환할 수 있으며, 또한 후방으로의 전선조정을 통해서 돌파된 정면을 폐쇄하고자 하는 적의 기도를 좌절시킬 수 있다. 따라서 조기에 방향을 전환하는 것은 피해야 한다.

먼저, 적 전선의 돌파에 성공하면, 적이 대응책을 강구하기 전에 전과를 확장하라고 하고 있다. 이어서 적 전선의 후방 깊숙이까지 진격할수록 효과적인 포위가 가능하고, 후방으로의 전선조정을 통해 돌파구를 막고자 하는 적의 기도도 좌절시킬 수 있기 때문에, 조기에 방향을 전환함으로써 적 부대를 작게 포위하지 않도록 경계하고 있다. 다시 말해, 독일군은 돌파 이후의 전과확장에서 '적을 작게 포위하는 안전한 방책'보다도 '적을 크게 포위하는 적극적인 방책'을 권장하였던 것이다.

서방진공작전에서는 차량화 군단을 집중 운용하여 신속한 기동이 가능했던 클라이스트 기갑집단이 영불연합군 전선의 후방 깊숙이까지 돌진하였고, 영불해협까지 포위익을 전개하여 연합군의 1개 집단군을 통째로 포위하였다. 이 당시 차량화 군단장, 기갑사단장, 차량화 보병사단장 수준의 지휘관인 구데리안(Heinz Wilhelm Guderian) 대장과 게오르크 한스 라인하르트(Georg-Hans Reinhardt) 중장 등은 전과확장에 매우 적극적이었고, 이는 『군대지휘』의 규정에 따른 행동이었다고 할 수 있다.

한편, 전술교범을 참조할 지위에 있지 않았던 최고 사령관인 아돌프 히틀러와 국방군 최고사령부의 수뇌부, 더욱이 A집단군 사령관과 각 사령관급 수준의 최고 지휘관, 즉 게르트 폰 룬트슈테트(Karl Rudolf Gerd von Rundstedt) 상급대장과 귄터 폰 클루게(Günther Adolf Ferdinand Hans von Kluge) 상급대장은 전선 부대에게 공격중단 및 정지 명령을 여러 번 하달하였다(다만, 육군총사령부의 총참모장 프란츠 리터 할더(Franz Ritter Halder) 대장은 전과확장에 적극적이었다).

이어서 제319항의 마지막 부분에서는 다음과 같이 기술하고 있다.

제319항 (생략) 돌파에 성공하면 전략적으로 먼저 야전군 기병 및 기계화 부대를 이용하여 그 전과를 확장한다. 이때, 서둘러 접근하는 적의 새로운 부대를 구축전투기와 폭격기로 공격하여 전과확장 부대를 지원해야 한다.

'구축전투기'의 대명사라고 할 수 있는 메서슈미트 Bf110. 대지공격, 대공전투 등 많은 임무를 수행한 다용도 전투기였으나, 공중전에서는 단발전투기를 당해내지 못했다. 사진은 '영국 본토 항공전(Battle of Britain)' 당시에 도버 해협을 비행하던 Bf110C

'바르바로사 작전'에서 평원을 진격하는 독일군 기갑부대. 그림 앞쪽은 장갑병차량인 Sdkfz.250, 중간은 Ⅲ호 전차, 왼쪽은 Ⅱ호 전차. '바르바로사 작전'에서는 높은 기동력의 차량화 부대와 기갑부대가 대규모 돌파에 성공하여 전과확장을 실시하였다.

대규모 포위가 시작되면, 적지 종심 깊숙이에서 작전하는 기병 부대와 기계화 부대를 기동력이 낮은 야전 중포병 등으로 지원하기 어렵게 된다. 이러한 곳에 구축기와 폭격기를 이용한 항공지원을 하도록 규정하고 있다. 참고로 '구축전투기(Zerstörer)'란, 쌍발이지만 경쾌한 운동성을 가진 다용도 항공기로써 일정 수준의 공중전 능력과 대지 공격능력을 겸비하고 있었다. 이러한 구축전투기와 폭격기를 전과확장을 담당하는 기계화 부대 등의 지원에 사용하도록 한 것이다.

이 조문을 보고 제2차 세계대전의 서방진공작전과 소련 진공작전인 '바르바로사 작전(Operation Barbarossa)'에서 보여줬던 독일군의 전격전을 떠올리는 독자가 많을 것이다. 이처럼 제2차 세계대전 이전에 제정된 독일군 전술교범 속에는 훗날 '전격전'의 축소판이라고 할 수 있는 사고방식이 이미 존재하고 있었다.

마지막으로 제한목표에 대한 공격을 살펴보겠다.

제320항 제한목표에 대한 공격은 그 목표의 범위 내로 한정된 성과를 추구하는 것이다. 통상적으로 상황이 이러한 성과를 요망하는 곳에서 이를 실시한다. (중략)

공격은 적시에 중지되어야 한다. 부대는 그 권한을 부여받은 경우에 한해서 공격목표를 초과할 수 있다. 해당 권한을 부여할 것인지 아닌지를 결정하는 것에는 주도면밀한 고려가 필요하다.

제한목표에 대한 공격은 최초부터 한정된 범위의 성과를 목표로 하고, 이를 초과하는 것은 그 권한이 부여되었을 때로 한정하고 있다. 즉, 독단전행에 일정한 조건이 붙어있었던 것이다.

중점의 형성과 공격 중지의 판단

『군대지휘』에서는 이처럼 일련의 공격방법에 관하여 기술한 다음에, 별도로 '지휘의 통일'과 '공격의 중점'에 대하여 규정하고 있다.

제323항 모든 공격은 통일된 지휘를 받는 각개의 공격들이어야 한다.

주력과 탄약의 대부분은 결전방면에 사용해야 한다. 포위에서 결전방면은 포위익이고, 그 밖의 상황에서 결전방면은 기도, 상황, 지형에 따라 다르며, 통상적으로는 제병과의 위력을 최대로 발휘하고, 또한 이를 이용할 수 있는 방면으로 한다. 공격의 중점은 이러한 지점에 존재한다. (이하 후술)

이어서 이 조항에서는 '공격의 중점' 형성에 대하여 다음과 같이 기술하고 있다.

제323항 (생략) 공격 편성에 있어서 중점은 △좁은 전투지역(Gefechtsstreifen), △모든 병과의 화력과 인접 지역의 화력을 집중하기 위한 조치, △보병 중화기와 포병의 화력 증가를 위한 특별지시 등을 통해서 형성한다. 그리고 공격의 시행에 있어서 중점은 화력의 집중, 전차와 예비대의 사용을 통해서 형성한다. (이하 생략)

주력의 전투지역을 좁게 부여함과 동시에 화력을 집중하고, 더욱이 전차와 예비대도 투입하여 공격의 중점을 형성하도록 구체적으로 규정하고 있다. 달리 말하면, 광정면에서 동시에 공격을 개시함으로써 적이 특정 정면에 예비병력을 집중 투입하여 반격하는 것을 어렵게 하는 일종의 '포화공격'[33) 방식을 채용하지 않았다.

또한, '공격의 중지'에 대해서도 기술하고 있으며, 그 판단기준은 다음과 같다.

제325항 기존의 부대 편성으로 공격을 계속할 수 없을 때는 △부대편성의 변경, △새로운 병력의 투입, △화력 운용의 재편성을 해야만 공격을 계속할 수 있다.

이러한 방책을 시행할 수 없을 때는 공격을 계속하여 부대의 전투력을 위험에 처하게 하기보다는 공격을 중지하는 것이 통상적으로 한층 타당하다.

---

33) 역자주〉 포화공격(Saturation Attack)이란, 적의 반격능력 이상의 전력으로 공격에 나서서 양적인 우위를 노리는 공격이다. 여기서 '포화(飽和)'란, 능력을 '초과(飽)'하여 '균형(和)'을 잃은 상태를 의미하며, 중요한 점은 '동시성'으로 일정 시간에 적이 대처가 가능한 한계를 초과하도록 동시에 공격을 가하는 것이다.

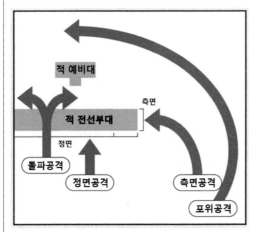

■ 독일군의 공격 패턴

독일군의 공격은 그림에 표시된 4개(돌파공격, 정면공격, 측면공격, 포위공격)와 '제한목표에 대한 공격'으로 분류할 수 있다. 이 중에서 측면공격·우회공격은 적에게 대응할 틈을 주지 않기 위해서 '기동력'과 '기도비닉'을 중요시한다.

다시 말해, 공격이 한계에 도달한 경우에는 부대 편성 및 화력 운용의 변경, 또는 새로운 병력을 투입하지 않으면 상황을 타개할 수 없다고 하고 있다. 그리고 이러한 방책을 채택할 수 없을 경우에는 공격을 계속하여 부대가 위태롭게 되는 위험을 범하기보다는 공격을 중지하는 편이 타당하다고 밝히고 있다. 구체적으로 설명하면 다음과 같다. 독일군 지휘관은 공격이 진전되지 않으면 예비병력을 투입하거나 포병지원의 할당을 검토한다. 그래도 공격에 진전이 없으면 상급사령부에게 직할 포병부대를 이용한 포격지원과 새로운 증원부대 등을 요청한다. 만약에 이것이 승인되지 않는다면, 공격을 중지하는 방안이 적어도 교범의 규정상 '정당한' 판단이라는 것이다.

이처럼 독일군은 '무리한 공격의 계속'에 대하여 신중하였다. 앞서 설명했던 것처럼 측면공격 및 돌파공격에서도 '우세한' 병력이 필요하다는 사고방식을 가지고 있었기 때문에, 오히려 공격 전반에 있어서 신중했다고 해야 할지도 모르겠다.

지금까지 살펴본 독일군의 공격에 대한 기본적인 사고방식을 정리하

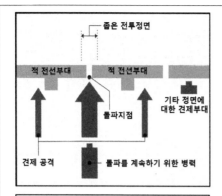

■ 돌파공격

독일군의 돌파공격은 좁은 진두정면에 전력을 집중하여 적 전선에 구멍을 내어 돌파하는 것이다. 이를 위해 비교적 광정면에서는 견제를 통한 한정적인 공격을 시행함으로써 돌파지점에 대한 적 전력의 증원을 차단한다.

이를 통해 돌파에 성공하면 익단을 포위하여 돌파구를 확장하고, 돌파부대는 종심을 향해서 돌진을 계속한다.

이때, 역포위를 우려하여 포위익을 너무 조기에 방향 전환하면, 역으로 적의 예비대에게 역포위를 당하거나 측면을 공격받게 된다.

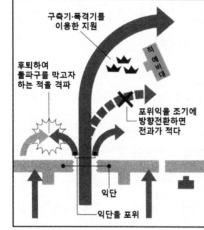

면 다음과 같다. '포위섬멸'을 지향하며, 적 전선 돌파 이후의 '전과확대'에 매우 적극적이었던 반면에, '무리한 공격의 계속'에 대해서는 신중하였다. 또한, '소모전'과 '포화공격'은 고려하지 않았다.

보병과 포병의 협동

독일군 『군대지휘』는 제6장 「공격」의 첫 소항목에 「공격실시」-「제병과 협동의 기초」를 두고 있으며, 첫 조항에서 다음과 같이 기술하고 있다.

제329항 공격에 있어서 제병과 협동의 목적은 보병이 전투의 최종 결착을 짓기 위해서이며, 충분한 화력과 돌격을 이용하여 적에게 근접하고 적 전선 깊숙이 돌입하여 적의 저항력을 결정적으로 파쇄하는 것에 있다.

이러한 목적은 적의 포병을 탈취하거나, 또는 패주를 강요할 때에 비로소 달성된다. (이하 생략)

공격 시에 다양한 병과들이 협동하는 목적을 '보병이 전투를 결정짓기 위해서'라고 하고 있다. 다시 말해, 보병 이외의 다른 병과들(포병, 공병, 전차 등)은 보병이 전투를 결정짓게 하도록 협동하는 것이다. 이러한 의미에서 『군대지휘』가 반포되었던 1930년대 중반의 독일군은 '보병중심주의'였다고 할 수 있다.

독일군에서 전차를 주력으로 하는 기갑사단이 공격의 중핵이 되고, 이러한 기갑사단과 차량화 보병사단 등으로 구성된 차량화 군단을 집중 운용하는 기갑집단이 편성되는 등 당시까지의 보병중심주의에 변화가 나타나는 것은 1940년 5월에 시작된 서방진공작전 이후의 일이다. 이러한 의미에서 서방진공작전은 독일군의 군사사상사에 있어서 새로운 시대를 여는 전환점이었다고 할 수 있다.

참고로 1939년 9월에 시작된 폴란드 진공작전인 '백색작전'의 시점에서는 차량화 군단을 집중운용하는 기갑집단이 아직 편성되지 않았으며, 서방진공작전과 1941년 6월에 시작된 소련 진공작전에서와 같이 기갑집단을 작전입안의 중요한 요소로 인식하고 있지 않았다. 폴란드 진공작전에서도 급강하폭격기를 포함한 항공병력을 잘 활용한 것은 분명했으나, 지상부대작전의 기본은 '보병부대를 주력으로 하는 기동전'이었다.

참고로 일본군 『작전요무령』의 제2부 제1편 제2장 「제병과 운용 및 협동」에서도 이와 매우 유사한 조항이 있다.

제19항 제병과 협동은 보병이 그 목적을 달성하는 것을 주안으로 하여 실시해야 한다. (이하 생략)

이처럼 제2차 세계대전 직전의 시점에서 일본과 독일 모두 큰 차이 없이 보병중심주의였다. 그러나 이후의 전술사상은 기갑부대·장갑차 부대의 운용을 중심으로 크게 달라졌다(1940년 12월 하순, 일본군은 독일·이탈리아 파견 군사시찰단, 즉 야마시타 방독단(山下 訪獨團)을 파견하여 독일군 기갑병단의 운용사상을 도입하고자 하였다).

독일군 교범을 다시 살펴보면, 앞서 설명한 조문에서 '적의 저항력을 결정적으로 분쇄하는 것은 적의 포병을 탈취하거나 패주를 강요함으로써 비로소 달성된다'라고 하면서, 그 목표를 적 포병부대에 두고 있다(『군대지휘』 제329항).

그리고 이어지는 조항에서 보병과 포병 사이의 협동을 규정하고 있다.

제330항 공격하는 보병과 이를 지원하는 포병의 협동은 공격의 경과에 따라 특징이 존재한다. (중략)
포병의 보병지원은 화포의 하방 산비계(下方 散飛界, Untere Streugrenze)[34] 까지이다. 따라서 보병은 해당하는 산포계 이후부터는 일반적으로 자체 보유 화력만을 이용해서 공격전투를 계속해야만 한다.

포병을 통한 보병지원에 한계가 있다는 것은 독일군에게만 해당되는

---

34) 역자주〉 오늘날 군사용어로 '하방 산비계'는 '포병사격 위험범위'로, '산포계(散布界)' 는 '사거리 공산오차'로 각각 순화하여 사용함.

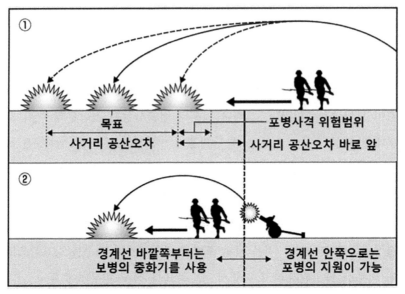

■ '포병사격 위험범위' 개념과 보병 돌격 간의 관계

포격시의 포탄은 일정 범위로 흩어져 떨어진다. 이것을 '사거리 공산오차'라고 한다.

아군 포격으로 인해 돌격하는 보병에게 피해를 주지 않기 위해서, 아군 보병이 적진에 접근하면 일정한 거리에서 포격을 멈출 수밖에 없다(실제로는 사거리를 연장하여 더욱 원거리에 포격하였다). 이러한 거리의 기준이 되는 것이 '포병사격 위험범위'이다. 그리고 포격이 멈춘 다음부터 보병이 적진에 돌입하기 직전까지의 '화력의 공백'을 메우기 위해서 보병부대는 자체 보유한 보병포 등의 지원화기를 사용하였다.

사항은 아니다. 공격 전진 중인 보병부대가 아군 포병사격의 위험범위에 도달하게 되면, 아군 피해의 위험이 발생하기 때문이다. 따라서 포병사격 위험범위 도달 이후부터 보병부대는 자체 보유한 화기만을 이용하여 공격할 수밖에 없다. 이 때문에 당시 독일군을 비롯한 열강국가들의 보병부대는 박격포와 기관총 등 자체 지원화기를 편제하고 있었다.

구체적인 사례를 들면, 제2차 세계대전 직전에 동원된 독일군의 일반적인 보병연대는 15cm 중보병포(重步兵砲)인 siG33 2문과 7.5cm 경보병포(輕步兵砲)인 leIG18 6문을 보유한 보병포 중대를 편제하고 있었다. 또한,

7.5㎝ 경보병포 leG18
독일군 보병연대의 보병포 중대에
편제되어 보병에 대한 지원사격을
실시하였다.

각 보병대대는 8㎝ 박격포인 Gr.W34 6문과 삼각대가 달린 MG34 중기
관총(重機關銃) 8정을 보유한 중화기(기관총) 중대를 편제하고 있었다.

　제332항 통일된 사격지휘는 포병 화력의 효과를 향상시키고, 또한 결정적
시기와 장소에 포병화력의 신속한 집중을 가능하게 한다.
　그렇지만 보병은 종횡으로 산개하여 존재하고, 또한 관측하기 힘든 목표
에 대하여 공격하기 때문에, 처음부터 끝까지 보병과 직접협동하면서 화력
요청에 즉시 대응 가능한 포병이 필요하다.
　따라서 보병연대에는 상황에 따라서 규모가 다른 포병부대(대대 또는 중
대)를 할당하여 직접협동(Zusammenarbeit)의 임무를 부여하는 것을 원칙
으로 한다. (이하 생략)

　포병 화력의 측면만을 고려한다면, 모든 포병부대를 일괄적으로 지휘
함으로써 신속한 화력집중을 가능하게 하는 편이 좋을 것이다. 그러나
독일군은 보병부대의 자체 지원화기에 추가해서 '직접협동'(오늘날 군사
뇽어로 '직접지원(Direct Support)')하는 포병부대가 필요하다고 판단하였
고, 각 보병연대에 포병대대 또는 포병중대를 할당하여 '직접지원'을 담
당하도록 하였다.
　여기서 당시 독일군의 편제를 살펴보면, 각 보병사단은 원칙적으로 3

제2차 세계대전 당시 독일군의
주력 야포였던 10.5cm leFH18
경야전유탄포.

개 보병연대를 기간으로 하는 '삼각편제'를 채택하고 있었고, 사단 예하
의 각 포병연대에는 보병연대와 같은 수인 3개의 경포(輕砲, 독일군 제
식 명칭은 'Leichte Feidhaubitze'로 '경(輕)야전유탄포') 대대가 편제되어 있
었다. 다시 말해, 각 보병연대에 경포대대 1개씩 직접지원할 수 있는 편
제를 채택하고 있었다.

제333항 보병 지휘관이 직접협동 포병에게 지원을 요청하면, 해당 포병
지휘관은 이러한 요청에 대응해야 한다. 해당 포병 지휘관은 사단포병 지휘
관으로부터 동시에 다른 임무를 부여받을 경우에 어느 임무를 우선해야 하
는지를 사단포병 지휘관의 결심을 받아야 한다. 긴박한 경우에는 자신의 책
무를 기준으로 행동해야 한다. 배속 포병은 그 배속된 보병부대 지휘관의 명
령에 따라서 지원해야 한다. (이하 생략)

이처럼 직접지원 임무의 포병부대는 보병부대 지휘관의 명령에 따르
도록 하고 있었다.

제2차 세계대전에서 독일군의 주력 야포였던 10.5cm 경(輕)야전유탄
포 leFH18는 프랑스군과 소련군의 주력야포(75mm 또는 76.2mm)에 비해
서 구경은 컸으나, 경량으로 사거리가 짧았다. 이러한 제원상의 특징은
경포(輕砲) 부대를 보병부대에 배속하여 비교적 전방지역에서 직접지원

한다는 운용방법에 부합되었다.

보병과 전차의 협동

이어서 『군대지휘』는 보병부대와 전차부대 사이의 협동에 관하여 기술하고 있다.

제339항 협동하는 전차와 보병은 일반적으로 동일한 공격목표를 가지며, 적 포병을 목표로 해야 한다.
통상적으로 전차는 결전이 요구되는 방면에 사용한다. (이하 후술)

이처럼 보병과 협동작전 하는 전차는 기본적으로 보병과 동일하게 적 포병을 목표로 하고 있었다. 다시 말해 전차를 이용해서 적 전차를 격멸하는 것을 중시하지 않았던 것이다.

당시 전차부대의 주력이었던 I호 전차의 무장은 7.92㎜ 기관총 2정으로 적 보병에 대한 소탕에는 유효하였으나, 대전차 능력은 거의 없었다. 또한, 이를 지원하는 II호 전차는 2㎝ 기관포를 탑재하여 대전차 능력이 제한적이었기 때문에, 프랑스군과 영국군의 중장갑 전차를 상대할 수 없었다. (이 책의 제1장에서 설명했던 우수한 대전차 능력을 지닌 3.7㎝ 포를 탑재한 III호 전차의 본격적인 양산형인 A형과 이를 지원하는 7.5㎝ 포를 탑재한 IV호 전차 A형의 배치는 이 교범의 반포 이후인 1937년부터 시작되었다.)

또한, 전차는 결전 방면에 투입하도록 하고 있다. 예를 들면 포위 시에 적을 정면에서 견제하는 양동공격 등에는 사용하지 않았다.

제339항 (생략) 전차 공격은 보병과 동일한 방향이나 다른 방향에서 실시한다. 이를 결정하는 요소는 지형이다.

보병과 밀접하게 운용할 경우에는 전차의 장점인 속도를 잃게 되고, 또한 전황에 따라서는 적의 방어에 의해 피해가 발생한다. 따라서 전차는 그 전진을 통해서 보병의 공격을 저지하는 적의 화기, 그중에서도 적 포병 화력을 차단(ausschalten)하거나, 보병과 함께 적에게 돌입하도록 편성해야 한다. 보병과 함께 돌입할 경우에는 전차 공격을 실시하는 지역의 보병 지휘관에게 배속해야 한다. (이하 후술)

전차가 보병과 같은 방향에서 공격(동축공격, 同軸攻擊)하거나, 보병과 다른 방향에서 공격(이축공격, 異軸攻擊)하는 것은 지형이 결정한다고 하고 있다. 또한, 전차를 (도보 이동하는) 아군 보병과 밀접하게 협력시키면, 전차의 장점인 속도를 충분하게 발휘하지 못하고 격파되기 때문에, 전차가 먼저 전진하여 적 포병의 사격을 차단하거나, 보병과 동시에 적진에 돌입하도록 시기를 조정해야 한다고 하고 있다. 그리고 적진에 돌입할 때 전차를 보병 지휘관의 지휘하에 두도록 하고 있다.

한편, 독일군은 영국군이 제1차 세계대전 중에 양산했던 마름모형 중전차나 제2차 세계대전 직전에 양산을 시작했던 보병전차처럼 보병의 도보 속도와 큰 차이가 없는 느린 보병지원용 전차를 생산하지 않았다. 대신에 처음부터 비교적 속도가 빠른 Ⅰ호 전차와 Ⅱ호 전차를 양산하였다. 그리고 육군 참모본부에서는 보병사단의 '반(半)차량화'[35]를 통한 기동력의 향상을 고려하고 있었다.

---

35) 역자주〉 독일군 보병사단의 '반(半)차량화'에 대해서는 이 책의 제2장 독일군의 항목을 참조.

■ 이축공격의 사례

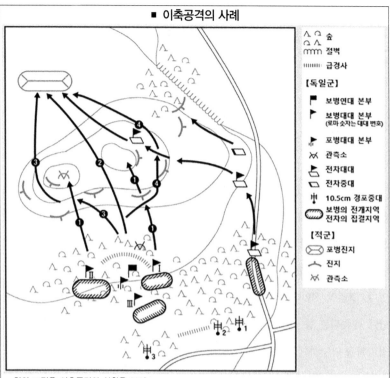

∧ ᄋ 숲
∧ ∧

mmm 절벽

⊪⊪⊪⊪ 급경사

【독일군】

⊩ 보병연대 본부

⊩ 보병대대 본부
(로마 숫자는 대대 번호)

⊩ 포병대대 본부

⋈ 관측소

⊾ 전차대대

⊓ 전차중대

⊬ 10.5cm 경포중대

⬭ 보병의 전개지역
⬯ 전차의 집결지역

【적군】

⬯ 포병진지

⋏ 진지

⋈ 관측소

위의 그림은 이축공격의 상황을 보여
주고 있다.

전차대대를 배속받은 보병연대의 지휘
관은 정면의 고지를 공격함에 있어서 경
사가 급하고 고지 가까이 숲이 발달한 남
쪽에 보병부대를 할당하고, 개활지이며
경사가 완만하고 도로가 발달한 동쪽에
전차부대를 할당하였다.

① 주공은 전차대대의 지원을 간접적으
로 받는 1대대(2개 경포중대가 지원).
조공은 2대대(1개 경포중대가 지원).
예비는 3대대.

② 3대대는 공격이 진전되면 일제히 적
포병진지까지 돌입

③ 1대대의 공격이 진전되지 않을 경우, 1
대대와 전차대가 견제하는 동안에 3
대대가 2대대를 초월하여 포병진지로
돌진.

④ 2대대의 공격이 진전되지 않을 경우,
3대대의 공격 축을 우익으로 돌려서
언덕의 우측을 전진경로로 한다. 고지
탈환 이후에 적 포병진지를 향한 돌진
은 전차대대가 선두에 선다.

■ 동축공격과 이축공격

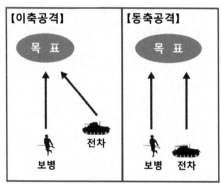

【이축공격】

목 표

전차

보병

【동축공격】

목 표

보병 전차

일반적으로 동축공격은 지원포격을 포함한 부대 간의 협조·조
정이 간단하지만, 전차가 지닌 속도를 이용한 충격효과를 발휘
하기 어렵게 한다. 한편, 이축공격은 각 병과의 특징을 활용한 2
개 방향에서의 공격으로 적의 방어를 어렵게 하지만, 부대간의
조정·통제와 보병지원 등이 어렵다. 독일군은 지형에 따라 공
격방법을 결정하도록 하고 있다.

제339항 (생략) 경우에 따라서 전차공격은 보병공격의 가장 마지막 단계에서 운용하기 곤란해진 포병지원을 보완하거나, 또는 포병이 차후 공격지원을 위해서 전진이 필요할 경우에 진지변환 사이에 발생하는 화력의 공백을 보완한다.

이 조항의 마지막에서는 전차의 임무로써 직접지원 포병의 보완을 제시하고 있다.

제2차 세계대전 이전의 독일군은 보병에 대한 직접지원을 주임무로 하는 독립 전차여단을 편성하였다. 이를 보면 독일군이 전차를 이용한 보병지원을 상당히 중요시하였다는 것을 알 수 있다(독립 전차여단은 제2차 세계대전 발발 직전에 해체되었고, 해체된 부대들은 기갑사단에 편입되었다. 그리고 제2차 세계대전 중에는 독립 돌격포부대가 다수 편성되어 보병사단에 배속되는 등 독립 전차부대가 아니라, 주로 독립 돌격포부대가 보병의 직접지원을 담당하게 되었다).

이 교범이 반포되기 직전인 1935년 10월에는 (보병이 아닌 전차를 주력으로 하고, 이를 지원하는 보병, 포병, 공병 등의 부대들로 편성한) 기갑사단 3개가 신편 되었다. 그러나 독일군의 전체적인 군사교리에서 보면 전차를 주력으로 하는 기갑사단은 당시까지 미미한 존재에 지나지 않았다고 할 수 있다.

하지만『군대지휘』에서는 전차를 주력으로 하는 기갑사단의 운용방식에 가까운 규정이 이미 존재하고 있었다.

제340항 부대 지휘관은 전차의 전투와 다른 병과 사이의 협력을 조정해야 한다. 전차의 공격지역 내에서 다른 병과부대의 전투는 전차의 운용에 따라야 한다. (생략)

여기서는 기갑사단처럼 '전차를 주력으로 한다'는 정도는 아니지만, 다른 병과가 '전차의 운용에 따를 것'을 요구하고 있다.

이어서 전차에 대한 보병부대의 협력과 관련하여 다음과 같이 규정하고 있다.

제340항 (생략) 보병은 전차공격의 효과를 이용하여 신속하게 전진해야 한다. 보병 중화기의 일부는 적 대전차 화기를 제압해야 한다. 적의 저항이 다시 시작되고, 보병의 신속한 진격이 막혔을 때는 다양한 수단을 이용해서 가능한 신속하게 이를 돌파해야 한다. 이를 위해서 때로는 후방의 전차부대를 투입한다.

보병부대는 앞서 설명한 보병포와 박격포 등의 자체 중화기로 적 대전차포를 제압하도록 하고 있다.

기갑사단은 예하 차량화 보병연대가 신속하게 기동할 수 있도록 1939년부터 1개 보병분대를 수송할 수 있는 반장궤식 병력수송용 장갑차량인 Sdkfz.251/1을 배치하였다(다만, 이 책의 제2장에서도 설명했듯이 제2차 세계대전시 차량화 보병연대 중에서 장갑차량이 편제된 것은 통상적으

후륜은 장궤식이고 전륜은 장륜식인 하프 트럭(반장궤식 차량) Sdkfz.251/1
Sdkfz.251은 병력수송용 장갑차량인 Sdkfz.251/1을 기반으로 23개의 다양한 파생형이 생산되었다.

15cm 중보병포 sIG33을 Ⅰ호 전차 차체에 탑재하여 자주화한 Ⅰ호 B형 15cm 자주형 중보병포.

로 1개 대대뿐이었다). 또한, 차량화 보병연대의 중화기 중대에는 8㎝ 박격포 탑재형인 Sdkfz.251/2와 7.5㎝ 경보병포 견인형인 Sdkfz.251/4 등을 배치하였다. 추가로 서방진공작전 직전에는 각 차량화 보병연대를 지원하기 위해서 Ⅰ호 B형 15㎝ 자주형 중(重)보병포를 보유한 자주형 중보병포 중대가 편제되었다.

제340항 (생략) 포병은 전차의 공격을 지원한다. 이를 위해서 적의 대전차 화기 및 관측소를 제압하거나 연막으로 차장한다. 또한, 전차공격이 실시되는 부근에 있는 수목과 부락을 제압하거나, 그 화력을 차단하며, 또한 적 예비대의 투입을 저지한다.

자주화된 포병과 대전차포를 전차공격에 함께 운용한다.

차량화된 공병을 전차부대에 배속한다. (생략)

구축전투기는 적의 대전차 화기, 포병, 예비대를 공격하여 전차를 지원한다. (생략)

여기서는 전차부대에 대한 포병부대의 지원에 추가하여, 자주화된 포병부대와 대전차포 부대의 운용, 차량화된 공병부대의 배속 등도 규정하고 있다. 당시 3개였던 기갑사단에는 이러한 부대들이 일시적인 배속이 아니라 정식 편제화 되어 있었다.

보병부대의 전진

그럼, 독일군의 구체적인 공격순서를 살펴보겠다.

제357항 보병의 공격은 포병과 보병 중화기의 엄호하에 보병 경(輕)화기

의 전진으로 시작된다.

전진하면서 지형과 적 화기를 고려하여 필요할 경우, 분대는 불규칙한 거리 및 간격, 충분한 종심을 두고 분진 및 전개한다.(중략)

적 화기로 인해 어쩔 수 없다면, 분대별(수 명 단위 또는 개인 단위)로 약진하거나, 포복을 이용하여 전진을 계속한다. (이하 후술)

보병부대는 포병과 보병 중화기(각 보병연대에 편제된 보병포와 대대~소대에 편제된 박격포[36])의 엄호하에서 필요하면 분대별(수 명 단위 또는 개인 단위)로 나뉘어 약진(차폐물에서 다음 차폐물로 빠르게 이동하는 것) 또는 포복으로 전진하도록 하고 있다.

제357항 (생략) 경기관총은 유효사거리에서 사격을 개시해야 한다. 산병(散兵)은 엄호사격 하에 전진을 계속하고, 이후 적에게 근접함에 따라 필요하다면 스스로 화력전투에 참가한다. (중략)

이후의 접근은 사격과 기동을 주도면밀하게 규정하여 실시한다. (이하 후술)

각 보병분대에서는 경기관총이 소총병의 전진을 엄호한다. 적에게 접근한 소총병은 소총 사격을 이용하여 화력전투에 가담한다. 그 이후에는 사격을 통한 적의 제압과 이를 활용한 전진, 즉 '사격과 기동(Fire and Movement)'을 반복하며 적에게 접근한다.

제357항 (생략) 노출되어 전진하는 부대에게 사격지원이 부족해서는 안된다.

부대의 전진 간에 인접 부대의 경기관총을 중화기와 협동하여 적 제압에

---

36) 제2차 세계대전 초기에는 각 보병 소대에 5㎝ 경박격포 leGr.W.36가 지원화기로써 편제되었으나, 전쟁 중반 무렵에는 위력부족으로 폐지되었다.

활용한다.

결정적인 돌입에 이르기까지 일시적이고 국지적인 화력의 우세를 유지하고, 이를 활용하여 전진하는 것이 중요하다.

한편, 전진이 어려워진 부대는 참호를 파서 방호하도록 해야 한다. (이하 후술)

노출되어 전진하는 부대에 지원사격이 부족해서는 안 된다고 하며, 돌입할 때까지 일시적이고 국지적인 화력의 우세를 이용하여 전진하는 것이 매우 중요하다고 하고 있다. 만약에 전진할 수 없게 되면, 그 장소에 엎드린 채로 휴대용 야전삽을 이용해서 산병호를 파야 한다고 규정하고 있다.

이와는 대조적으로 일본군『작전요무령』의 제2부에서는 보병 전투에 관해서 다음과 같이 기술하고 있다.

제92항 보병은 전투를 개시하면 적의 맹렬한 화력에 개의치 않는다. (이하 생략)

이 조문에서 일본군의 '화력의 경시'와 그 이면에 있는 '백병전 중시' 모습을 엿볼 수 있다. 다시 화제를 독일군으로 되돌려서, 제357항의 마지막 내용을 살펴보면 다음과 같다.

제357항 (생략) 점차 적의 약점이 판명되면, 이에 대하여 맹렬하게 공격을 가하고, 예비병력을 투입한다.

하급지휘관의 독단전행과 긴밀한 협동은 공격의 각 단계에 있어서 특히 결정적인 가치를 가진다.

여기서는 분대장 등 하급지휘관의 독단전행과 긴밀한 협동을 '결정적'이라고 하며 중시하고 있다. 제1차 세계대전 중반 무렵까지 모든 국가의 보병부대들은 기본적으로 중대 이상의 단위로 행동하였기 때문에, 소대장 이하의 하급지휘관은 가까이에 있는 중대장의 지시를 받을 수 있었고, 고도의 전술적 판단능력이 요구되는 경우도 거의 없었다.

그러나 독일군은 제1차 세계대전에서 '침투전술'을 도입하였고, 이러한 훈련을 받은 돌격부대는 때로는 분대장조 등의 소부대로 나뉘어 적 진지의 후방으로 침투하였다. 이 때문에 분대장 등의 하급지휘관에게도 고도의 전술적 판단능력을 요구하게 되었고, 독단전행도 인정하게 되었던 것이다.

또한, 이 조항에서는 '판명된 적의 약점에 대한 공격'과 '예비병력의 투입'을 명시하고 있다. 이는 '침투전술'에서 기본으로 삼고 있는 사고방식이다.

돌입과 전과확장

보병부대가 적 방어선에 근접하면 돌입을 시작하게 된다.

제362항 보병은 각 방면에서 돌입 거리에 접근해야 한다. 돌입(Einbruch)의 결심이 전선에서의 판단을 토대로 이루어지면, 발화 및 다른 신호들을 이용하여 지원부대들에게 그 상황을 전파해야 한다.
지원부대는 필요하다면 돌입지점에 대하여 화력을 증강하고, 보병의 전진에 따라 사거리를 연신한다. (이하 생략)

보병의 돌입은 돌격지원 포병사격의 최종탄에 맞춰서 개시하는 것이 아니라, 전선에서의 판단을 토대로 시작한다고 하고 있다.

　　제363항 이리하여 결국에는 소규모 또는 대규모의 돌입이 발생하게 되고, 적 전선의 일부를 탈취하게 되면, 이를 기점으로 종심을 향해 전과를 확장한다. (이하 생략)

보병부대가 적 전선의 일부를 탈취하면, 이어서 횡 방향으로 전과를 확장하여 돌파구의 폭을 넓히는 것이 아니라, 종 방향으로 전과를 확장하여 적 전선의 후방 깊숙이 돌파하도록 하고 있다. 목표는 어디까지나 적 전선 후방의 포병부대였다.

　　제364항 광정면에서 적의 동요를 인지하게 되면, 이는 승리에 가까워졌다는 징후이다.
　　공격하는 보병의 다음 임무는 적 포병을 탈취할 때까지 기존의 공격방향으로 돌진을 계속하는 것이다. 결정적인 돌파에 이르기까지 조기에 측방을 향해 방향을 전환하는 것은 피해야 한다. 돌파부대는 그 측면을 엄호받고 있다고 확신해야 한다. (이하 후술)

적 전선의 일부를 탈취한 보병부대는 측면 노출을 신경 쓰지 말고 적 전선 후방의 포병부대를 향해서 계속 돌진하도록 하고 있다. 이는 제1차 세계대전 중에 도입된 '침투전술'에서 원칙으로 삼고 있던 사고방식이다.

　　제364항 (생략) 예비대의 투입은 △공격의 돈좌를 방지하고, △적의 반격을 격퇴하고, △전진을 촉진한다. 예비대는 성과를 올릴 수 있는 지점에서 사용하고, 전력을 다해서 그 성과를 확장해야 한다. (이하 생략)

예비대는 공격이 돈좌된 지점에 투입하여 실패를 만회하는 것이 아니라, 성과를 거둔 시점에 투입하여 전력을 다해서 그 성과를 확장하도록 하고 있다. 이것도 '침투전술'에서 원칙으로 삼고 있던 사고방식이다.

> 제366항 일몰까지 결전을 실시하지 못한 경우, 공격부대는 통상적으로 야간을 위해서 방어 시설을 구축한다. (이하 생략)
> 제367항 중대한 적정의 변화가 예상되지 않을 경우에는 다음날의 공격명령을 조기에 하달하고, 이를 통해서 제병과, 그중에서도 보병과 전차가 적시에 준비를 마칠 수 있도록 해야 한다. (이하 생략)

만약에 일몰까지 '결전', 즉 '승패를 결정짓는 전투'를 실시하지 못한 경우에는 방어태세로 전환한다. 그리고 적 상황에 큰 변화가 없을 것 같으면, 야간에 다음날의 공격 준비를 마치도록 요구하고 있다.

> 제371항 공격이 순조롭게 진행되고 있으나, 이후 이를 지속하기 위한 충분한 병력을 보유하지 못한 경우에는 획득한 지역을 유지해야 한다. 방어로의 전환을 일시적인 정지로 할 것인지, 아니면 결정적인 조치로 할 것인지에 따라 적합하게 명령해야 한다. (이하 생략)

공격이 순조롭게 진행되어도, 이를 계속할 수 있을 만큼의 병력이 없을 경우에는 방어태세로 이행하여 점령지를 유지하도록 하고 있다.

지금까지의 독일군 공격전술을 정리하면 다음과 같다. 먼저 '보병을 중심으로 한 포병과 전차 등의 제병과 협동작전을 중시하고 있다'는 것을 들 수 있다. 그리고 보병부대의 공격전술은 제1차 세계대전 중에 채택된 '침투전술'을 기반으로 하고 있으며, 보병연대에 배속된 포병대대 또는 중대를 이용하여 포병과의 밀접한 직접지원을 중시하고 있었다. 전차부대는 그 장점인 속도를 희생하며 보병부대와의 밀접한 협동을 하는 것이 아니라, 돌입 시기에 맞춰 다른 방향에서의 공격도 고려하고 있었으며, 전차를 주력으로 하는 '기갑사단'의 운용방법에 가까운 규정도 있었다. 또한, 항공지원에 관해서는 훗날 '전격전'의 축소판이라고 할 수 있는 조항도 있었다.

간단히 말해서 독일군은 기본적으로 제1차 세계대전과 동일한 사고방식을 기초로 하여 제2차 세계대전에 임하였으나, 이를 발전시켜 기갑사단과 급강하폭격기 등의 새로운 요소를 조합한 획기적인 '전격전'을 고안해냈던 것이다.

조우전에 대한 기본적인 사고방식

다음으로 '조우전'과 '진지공격'이라는 특별한 상황에 관한 규정과 함께 '추격'에 관한 규정을 살펴보겠다.

제6장 「공격」은 「공격실시」에 이어서 「조우전」과 「진지공격」이라는 소항목으로 구성되어 있다. 「진지공격」보다 「조우전」을 먼저 다루고 있는 것은 독일군이 '진지전' 지향의 군대가 아닌 '기동전' 지향의 군대였기 때문에, 고정적인 진지전에 비해 유동적인 기동전에서 '조우전'이 많이 발생하는 것을 반영한 결과일 것이다.

이러한 「조우전」의 서두 조항은 다음과 같다.

제372항 조우전은 행군하는 피아 부대들이 충돌하여 긴 준비 없이 전투를 개시할 때 발생한다.

조우전에 있어서 결심 및 행동은 통상적으로 정황이 불확실한 가운데 이루어진다.

우선 '조우전'이 어떠한 경우에 발생하는지를 언급한 다음에, 조우전이 통상적으로 불확실한 상황에서 '결심'과 '행동'이 이루어진다고 하고 있다.

제375항 조우전에 있어서 성과는 기선을 제압하여 적이 아군을 추종하게 하는 것에 달려 있다.

유리한 정황을 신속하게 인식하고, 불명확한 상황에서도 신속하게 행동하며, 또한 즉시 명령을 부여하는 것이 필수요건이다. (이하 생략)

제376항 충돌하면서 적의 기도를 알 수 있는 것은 예외적인 상황이다.

(중략)

통상적으로는 일부 전투를 치르고 나서야 적 상황을 판명할 수 있다. 그렇다고 해서 이를 기다린 다음에 조치하고자 해서는 안 된다.

조우전에서는 '적의 기선을 제압하여 적이 아군을 추종하게 하는 것', 즉 선수를 쳐서 적이 아군 행동에 대한 대응에만 급급하도록 몰아붙임으로써 성과를 올릴 수 있다고 하고 있다. 이는 한마디로 '주도권 확보'이다.

이를 위해서는 상황이 비록 불분명하더라도 신속하게 행동하고, 그 자리에서 명령을 하달해야 한다. 애초부터 충돌 시에 적의 기도를 알 수 있는 경우는 예외적인 상황이며, 통상적으로는 조금 싸워본 뒤에서야 비로소 어느 정도 적 상황을 알 수 있게 되지만, 적의 기도가 판명되기를 기다린 다음에 조치하고자 해서는 안 된다고 하고 있다.

이처럼 독일군은 조우전에서 '계획성'이 아니라 그 반대인 '즉흥성'이라고 할 수 있는 것을 요구하고 있다.

하급지휘관의 독단

이러한 조우전에 대해서 독일군은 다음과 같이 인식하고 있었다.

　제374항 조우전은 최초의 정황이 변화함에 따라서 그 모습도 달라진다. 최전방 부대의 전투 경과는 차후 전투의 전개 및 계속을 위해서 중요한 가치를 가지는 경우가 자주 있다.
　피아 부대들이 행군에서 바로 공격으로 전환할 경우에는 여러 장소에서 승패를 예측할 수 없는 전투들이 발생한다. 이때 하급지휘관의 독단과 부대의 높은 숙련도가 승패를 좌우한다. (이하 생략)

조우전은 '최초 전투'의 상황에 따라서 '차후 전투'의 양상도 달라진다. 따라서 최전방 부대의 전투 경과는 차후 전투에 큰 영향을 미친다고 하고 있다. 그리고 피아 부대들이 행군에서 바로 공격을 실시할 경우에 예상하기 어려운 전투들이 곳곳에서 발생하고, 이러한 상황에서 승패를 좌우하는 것은 하급지휘관의 독단과 군대의 높은 숙련도라고 하고 있다. 이는 앞서 설명한 '즉흥성'을 뒷받침하는 구체적인 요소이다.

　제378항 상급지휘관이 적시에 정황을 통찰하기 어렵다면, 여러 개의 제대로 행군하는 것은 각 행군제대의 지휘관들에게 광범위한 독단적 결심을 요구하게 된다.
　행군제대의 지휘관은 임무의 전제에 변화가 없는 한, 기존 임무에 매진해야 한다.

인접한 행군제대에서 시작된 전투에 참여하기 위해서 자신의 임무와 행군목표로부터 이탈하고자 할 경우에는 더욱 큰 성과를 단념하는 것이 아닌지 따져봐야 한다.

하급지휘관이 독단으로 처리한 전투지휘 내용을 신속하게 장악하는 것은 상급지휘관의 임무이다.

여러 개의 행군종대로 나뉘어 행군하는 경우에 상급부대 지휘관(제병과 협동부대 지휘관)이 적시에 상황을 통찰할 수 없다면, 각 행군제대의 하급지휘관들에게 독단적인 '결심'을 요구하게 된다.

이때, '임무의 전제'에 변화가 없다면 기존의 임무에 매진해야 하나, 인접 행군제대의 전투에 참여하는 것으로 인해서 자신에게 부여된 임무와 행군목표로부터 이탈하는 경우도 있을 수 있다. 이러한 경우에는 기존의 임무를 달성함으로써 예상되는 성과를 놓치게 되는 것이 아닌지 잘 고려하도록 하고 있다.

다시 말해, 독일군은 각 행군제대의 하급지휘관들에게 독단적인 '결심'을 할 수 있을 정도의 판단능력을 요구하고 있었고, 그 판단의 기준으로써 '독단행동을 통해서 얻을 수 있는 성과와 기존 임무를 달성함으로써 예상되는 성과를 비교'하도록 교범의 조문으로 명시하였던 것이다. 또한, 상급부대 지휘관에 대해서도 이러한 하급지휘관의 독단에 의한 전투지휘를 신속하게 장악하도록 요구하고 있다. 이는 상급지휘관이 정황을 계속해서 장악하지 못한다면, 난처한 일이 발생하기 때문이다.

참고로 독일군은 (이 책의 제3장에서도 설명했듯이) 수색부대 지휘관에 대해서도 다음과 같은 고도의 능력을 요구하고 있다.

제134항 지상수색의 임무를 부여받은 지휘관은 척후조장에 이르기까지 고도의 자질을 갖춰야 한다. 지휘관의 능력은 수색의 성과를 좌우한다.

순발력, 민첩성, 임무에 대한 이해력, 다양한 지형에 대한 주파 능력, 야간에도 지형을 잘 알아볼 수 있는 재능, 냉정하고 신속하게 독립행동을 할 수 있는 능력은 수색부대 지휘관이 갖춰야 하는 능력이다. (이하 생략)

일반적으로 조우전이 빈번히 발생하는 기동전을 지향하는 군대에서는 상급부대 지휘관은 물론이고 수색부대와 행군제대 등의 하급지휘관에게도 고도의 판단능력을 요구하게 된다.

전위(前衛)의 전투방법과 지휘관의 결심

이어지는 조항에서는 조우전에 있어서 전위의 임무를 기술하고 있다.

제379항 전위의 임무는 △행군제대 지휘관에게 결심의 자유를 부여하고, △후속부대에게 전투준비를 위한 시간적 여유를 주며, △포병과 보병 중화기의 관측에 양호한 조건을 확보하는 것이다. 전위는 공격 및 방어를 통해서 이러한 임무를 달성해야 한다.

요충지의 획득은 종종 성과를 가져온다. (이하 생략)

전위의 임무로써 가장 먼저 제시하고 있는 것은 행군제대 지휘관에게 '결심의 자유', 즉 '전술상의 폭넓은 선택지'를 부여하는 것이다. 달리 말해 행군제대 지휘관은 적에 대한 대응으로 인해서 '결심의 자유'를 잃지 않도록 해야 한다는 것이다. 그 구체적인 수단으로써 전장에서 요충지(예를 들어 야포의 낙탄 관측이 가능한 고지 등)를 확보하면, 성과를 거둘 수 있다고 하고 있다.

또한, 이전 조항에서는 다음과 같이 기술하고 있다.

제376항 (중략) 피아 모두에게 가치가 있는 중요한 지역이 있을 경우, 적 전위의 신속한 전진이 예상된다. (이하 생략)

참고로 (이 책의 제3장에서 설명한 것처럼) 독일군은 전투를 앞두고 수색을 이용해서 요충지를 점령하도록 다음과 같이 권장하고 있다.

제124항 수색지역 내에서의 우세는 아군의 수색을 용이하게 하고, 적의 수색을 곤란하게 한다. (중략) 요충지를 적보다 먼저 기습적으로 점령하는 것은 수색지역 내에서 우세를 확보하기 위한 선제조건이다.

이처럼 독일군은 조우전이나 수색에서 요충지를 신속하게 확보하도록 강조하고 있다.

제380항 전위의 전투준비는 신속하게 완료해야 한다. 보병 중화기 및 전위 포병의 적시적인 사용은 적의 최초 저항을 격파하기 쉽게 하고, 적의 기동을 돈좌시키며, 또한 적 포병이 사격하도록 유도한다. 전위에 전차가 배속된 경우, 이를 이용하여 준비되지 않은 적을 기습하는 것은 효과를 발휘한다. (이하 후술)

전위가 신속하게 전투준비를 완료하는 것은 주도권을 확보하기 위한 수단 중의 하나이다. 그리고 보병포 등의 보병 중화기와 전위에 배속된 포병으로 적을 적시적으로 타격하는 것, 준비되지 않은 적을 전위에 배속된 전차를 이용해서 기습하는 것은 큰 효과를 발휘한다고 하고 있다.

제380항 (중략) 적시적절한 공격을 결심한 전위 보병은 정지하는 일 없이 빠른 경로를 통해서 결전방면으로 전진하고, 중화기의 엄호하에 빠르게 전투준비를 마치고 전개한다.

방어를 결심한 전위 부대장은 전위 포병을 넓은 지역에 분산하여 진지를 점령하도록 함으로써 적이 병력을 오인하여 우회하거나, 신중하게 행동하도록 강요할 수 있다. (이하 생략)

전위가 공격하고자 할 경우에는 전위 보병을 정지함 없이 그대로 전진시키고, 보병 중화기의 엄호하에서 빠르게 전투 배치한다. 전위가 방어하고자 할 경우에는 전위 포병을 분산하여 전개함으로써 적이 병력을 오인하여, 멀리 우회하거나 신중한 행동을 하도록 강요한다. 다시 말해, 방어 시에도 아군의 행동에 대한 대응을 적에게 강요하고 있으며, 이러한 의미에서 '주도권 확보'를 위한 행동이라고 할 수 있다.

한편, 주력을 지휘하는 상급지휘관은 다음과 같이 전위의 전투결과와 지형을 고려하여 차후 전투를 어떻게 지휘할 것인지 결심하도록 하고 있다.

제382항 초반 전투의 결과와 지형판단을 기초로 상급지휘관은 차후 전투를 어떻게 지도할 것인지를 결정한다.

신속한 행동의 장점을 유지하기 위해서 상급지휘관은 주력의 공격을 위한 준비배치가 적절하지 않을 경우, 행군제대에서 공격편성으로 바로 전환하고, 전진하고 있는 부대들에 대해서 개별적으로 또는 전체적으로 공격명령을 하달한다. (이하 후술)

만약에 주력이 공격을 위한 준비배치 이후에 공격을 개시하는 것이

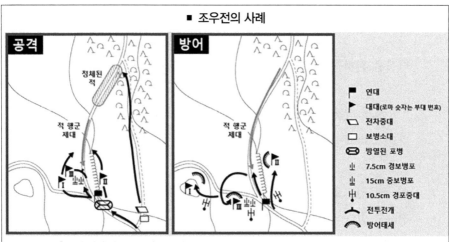

■ 조우전의 사례

그림은 조우전의 사례를 보여주고 있다.

공격할 경우, 첨병인 3대대가 전개하고, 보병포 중대의 지원을 이용하여 적 선두를 구속한다. 그 사이에 포병의 지원을 받는 다른 대대들이 양익으로부터 적을 공격한다. 또한 배속된 전차중대는 우회로를 통해서 정체된 적을 후방에서 공격한다. 또한, 전차중대에 보병소대를 할당한 것은 후속하는 주력의 차후 행동을 고려하여 삼림의 애로지역을 확보하기 위해서이다.

방어할 경우, 접촉한 첨병대대가 보병포 중대와 2대대의 엄호하에 이탈한다. 그 사이에 포병은 중대 단위로 전개한다. 또한, 1대대는 요충지인 고지대를 점령한다. 이를 통해서 방어에 적합한 'ㄴ' 모양의 진지를 구축할 수 있고, 주력은 1대대의 고지를 선회 축으로 왼쪽으로 선회하여 적을 포위할 수 있다.

신속한 행동의 장점을 확보하는데 부적절하다고 판단하면, 행군제대에서 즉시 공격편성으로 전환하도록 하고 있다. 구체적으로는 이동 중인 부대들에 대해서 개별적으로 또는 전체적으로 공격명령을 하달하는 방법을 사용한다.

조우전에 관한 지금까지의 내용들을 한 문장으로 정리하면, '하급지휘관의 독단에 의한 현장의 명령과 높은 숙련도에서 나오는 부대의 신속한 행동을 이용한 주도권 확보를 중시했다'라고 할 수 있다.

진지 공격에 대한 기본적인 사고방식

다음은 진지공격에 관한 규정을 살펴보겠다.

제386항 공자의 조치는 그 기도, 적의 행동, 피아 병력, 적 진지의 상태와 강도, 그리고 공격지대의 지형과 관련되어 있다.

이 조문만으로는 추상적이지만, 이어지는 조항에서 더욱 구체적으로 규정하고 있다.

제387항 적 진지를 우회하거나 포위할 수 없을 경우, 정면에서 이를 공격하거나 돌파하려고 노력해야 한다.
정면공격의 실시는 '공자의 병력과 자재가 어떻게 하면 시간적·공간적으로 효과를 발휘할 수 있는가'에 따라서 그 결과가 정해진다.
병력과 자재가 돌파를 수행하기에 부족하면, 공격목표를 더욱 한정해야 한다.

우선 '공격지대의 지형' 측면에서 적 진지를 우회하거나 포위하기 불가능한 경우에는 정면공격하여 돌파해야 한다고 하고 있다. 그러나 '적 진지의 상태와 강도' 측면에서 피아의 '병력과 자재'가 돌파하는데 부족한 경우에는 공자의 기도, 즉 '공격목표'를 한정해야 한다고 하고 있다.
이 조항에서 "시간적·공간적으로 효과를 발휘할 수 있는가"라는 추상적인 내용에 관하여 다음 조항에서 구체적으로 기술하고 있다.

제388항 공격개시까지의 소요시간은 공자가 이미 적 진지 앞의 경계지대를 점령하고 있는지 아니면 이를 극복해야 하는지, 그리고 병력 및 공격배치

등의 준비에 걸리는 시간에 따라 좌우된다.

공격이 어렵다고 판단될수록 더욱 철저하게 준비해야 한다. 하지만 공자가 준비에 사용하는 시간은 방자에게도 역시 이익이 된다. (이하 생략)

공격개시까지의 소요시간은 '주전투지대' 전방의 '경계지대'를 적이 점령하고 있는지에 따라서, 그리고 공격준비에 어느 정도의 시간이 소요되는지에 따라서 좌우된다고 하고 있다. 공격 측이 공격준비를 위해서 시간을 보낸다면 방어 측에게도 방어를 강화할 수 있는 시간을 부여하게 되기 때문에, '단순히 시간을 많이 투자해서 준비하는 것이 좋다'라고 만은 할 수 없는 것이다. 이것이 '시간적으로 효과를 발휘할 수 있는가'에 대한 구체적인 사례라고 할 수 있다.

제389항 공격편성을 위해서는 적 진지구성의 근간이 되는 지형상의 요충지를 조기에 식별해야 한다. 이는 공격의 중점을 결정하는 요건이 된다. (이하 생략)

적 진지의 아무데나 공격해서는 효과를 발휘할 수 없다. 적 진지 구성에 있어서 중심이 되는 지형상의 요충지를 식별하여 이곳에 공격의 '중점'을 두어야 한다고 하고 있다. 이것이 '공간적으로 효과를 발휘할 수 있는가'에 대한 구체적인 사례라고 할 수 있다.

진지공격의 방법

이어서 구체적인 진지공격의 방법을 기술하고 있다.

제391항 적 진지에 근접(Herangehen)함에 따라 주전투지대가 어디인지 식별해야 한다. 통상적으로 적은 경계지대에서 전투를 계속 수행하고자 한다. (중략)

공자는 활발하게 전진 기동을 계속하는 것에 힘써야 한다. (중략)

필요 최소한의 보병과 포병, 추가로 필요하다면 전차로 구성된 다수의 소규모 공격군(Angriffsgruppe)으로서 전진하는 것을 원칙으로 한다.

이러한 공격군은 적의 경계부대를 신속하게 돌파하거나 격퇴해야 한다. 전진(前進)진지는 (공격 측의) 전진을 정체시키고자 하기 때문에, 측방을 이용하여 이를 통과하도록 노력해야 한다.

제1차 세계대전 이후의 표준적인 진지는 통상적으로 '주전투지대' 전방의 '경계지대'에서 적의 공격부대를 붙들어 둠으로써 방어의 주력이 준비할 시간을 확보하고자 하였다. 공격 측의 입장에서는 '경계지대'의 전진진지에 전개하여 있는 방어 측의 경계부대를 신속하게 돌파하거나 격퇴해야만 했다.

이 때문에 독일군은 최소한의 보병과 포병, 필요에 따라 전차를 추가하여 소규모 공격군으로 전진하고, 적의 전진진지를 굳이 공격하지 않고 측방을 통해서 통과하도록 한 것이다. 이처럼 소규모로 분산하여 적의 거점을 통과하는 전진방법은 제1차 세계대전 중에 채택되었던 '침투전술'과 동일하다.

제405항 (생략) 적의 저항이 비교적 빈약할 때는 주전투지대에 대한 근접작전과 직접 연계하여 돌입한다. 완강하게 방어하고 있는 주전투지대에 대한 돌입 전에는 모든 병과의 집중사격을 이용해서 종심 깊숙이까지 돌입준비를 실시하고, 또한 적을 소모하게 해야 한다.

주전투지대의 강도에 따라 돌입방법도 달라진다.

저항이 빈약할 경우에는 종종 하급지휘관의 독단에 따라 돌입이 발생하며, 또한 준비되지 않은 지역에 대한 공격의 경우에는 돌입의 형식만을 지시한다. 완강한 방어에 대한 공격의 경우에는 돌입을 통일해야 한다. (중략)

통상적으로 돌입은 시각을 이용하여 규제하는 '통일돌격(Einheitlicher Strum)'을 실시하고, 그 시기는 마지막까지 비밀을 유지해야 한다. (생략)

적 진지의 '경계지대'를 통과하면, 이어서 '주전투지대'에 돌입하게 된다.

이때 적의 저항이 약하면 계속해서 돌입할 수 있지만, 적의 저항이 강한 경우에는 포병과 보병 등 제병과의 집중사격을 이용해서 적 종심 깊숙이까지 적을 제압한 다음에 돌입한다.

또한, 적의 저항이 약한 경우에는 종종 각 하급지휘관들의 독단에 따라 돌입하게 되지만, 적 저항이 강한 경우에는 시각을 정해서 일제히 돌입한다. 이러한 판단에서도 하급지휘관의 독단이 허용되었다.

제406항 돌입 이후에는 제363항 및 제364항의 착안사항에 따르고, '사격과 돌격의 협조'와 '세병과 협동작전' 하에 수많은 각개전투를 실시하며, 주전투지대의 종심에 있는 적을 제압하여 완전한 돌파를 달성하거나, 제1의 공격목표에 도달해야 한다. 그리고 일시적으로 해당 목표를 초월할 수 없을 경우에는 획득한 지역에 방어 설비를 구축하고, 공격을 계속할 수 있을 때까지 이를 유지해야 한다. 이때, 즉시 새로운 수색 및 정찰을 편성해야 한다.

적의 주전투지대에 돌입하면, 적 종심 깊숙이까지 적을 제압하여 완전히 돌파하거나, 제1의 공격목표를 지향하게 된다. 만약에 일시적으로 진격할 수 없을 때는 그 장소에서 방어를 실시하며, 공격을 지속할 수 있을 때까지 유지한다.

제363항과 제364항의 조문은 보병부대가 적 전선의 일부를 탈취하면 횡 방향으로 전과를 확장하여 돌파구의 폭을 넓히는 것이 아니라, 측방에 대해서 신경 쓰지 말고 적 전선 후방의 포병부대를 향해서 그대로 돌진하라는 규정이다.

추격에 대한 기본적인 사고방식

마지막으로 제7장 「추격」에 대해서 살펴보겠다.

> 제410항 '부대의 피로'는 결코 추격을 포기하는 이유가 될 수 없다.
> 지휘관은 일견(一見) 불가능한 것을 요구할 권능을 가지고 있다.
> 지휘관은 의지가 굳세야 하고, 또한 작은 것에 구애됨이 없어야 한다. 개인은 마지막까지 노력을 다해야 한다.

이 책의 제2장 「행군」에서 설명했듯이 독일군은 행군시에 '부대의 애석에 대한 충분한 배려'를 요구하고 있는 반면에, 유사시에는 '부대 애석에 대한 일체의 고려를 버리고' 강행군을 실시하도록 강조하고 있다. 이와 동일하게 추격에서도 부대의 피로를 고려하지 않고 있으며, 언뜻 보기에 불가능한 지휘관의 요구까지도 인정하고 있다.

장병에 대한 무리한 요구라고 하면 가장 먼저 일본군의 이미지를 떠올린다. 그러나 독일군도 지휘관이 '일견 불가능한 것'을 요구할 수 있는 권한이 있다고 교범에서 당당히 밝히고 있다. 다만, 이러한 요구가 일본군처럼 '보급 부족에 대한 극복'[37]이 아니라, '추격'이라는 점에서 독

---

37) 이 책의 제1장에서 설명한 『작전요무령』의 강령(綱領)인 제8항을 참조

일군과 일본군 사이에 큰 차이가 있다고 할 수 있다.

제418항 보병은 사격과 맹렬한 육박전을 통해 적이 전투에서 패주하도록 강요해야 한다. 즉, 수류탄과 백병전을 이용하여 적에게 육박해야 한다. (중략) 비교적 강한 적의 저항은 그 측방을 통해서 통과하고, 이에 대한 대응은 후속부대에 맡겨둔다. (이하 생략)

추격 시에 만약 적의 저항이 크다면 이에 대한 대응은 후속부대에게 맡기고, 그 옆을 통과하여 추격을 계속하도록 하고 있다.

제2차 세계대전 당시의 독일군 기갑부대도 추격 도중에 적의 강한 저항에 부딪히면, 이에 대한 대응을 후속부대에게 위임하고 우회하여 적 전선 후방으로 추격을 계속하였다. 이러한 전투행동들은 『군대지휘』의 보병부대 규정을 기갑부대에 응용한 것뿐이었다.

제426항 추격은 상급지휘관의 명령에 의해서만 중지할 수 있다. (이하 생략)

앞서 설명했듯이 독일군은 다양한 상황에서 하급지휘관의 독단을 인정하고 있었다. 그뿐만 아니라 조우전에서는 하급지휘관의 독단이 승패를 좌우하는 중요한 요소 중의 하나라고 강조하였다. 반면에 추격의 중지에 관해서는 하급지휘관의 독단을 인정하지 않고, 상급부대 지휘관의 명령에만 따르도록 규정하였다.

이처럼 독일군은 하급지휘관의 독단전행을 무조건 권장했던 것이 아니라, 독단전행이 효과적인 경우에 한해서만 인정하였던 것이었다.

프랑스군의 공격

공격에 대한 기본적인 사고방식

프랑스군 『대단위부대 전술적 용법 교령』은 제2편 「활동수단과 활동방법」에서 '부대의 활동'[38]을 '수단', '방법', '제 요소'라는 세 부분으로 나누어 설명하고 있다. 구체적으로 제2편의 제1장 「활동수단」에서는 각 병과의 특성과 일반편성, 그리고 대단위 부대의 편제와 기능 등을 설명하고 있고, 제2장 「활동방법」에서는 부대의 활동방법을 제1관 「공세」와 제2관 「수세」[39]로 나누어 각각 기본개념을 규정하고 있다. 마지막으로 제3장 「활동의 제요소」에서는 부대의 활동을 구성하는 요소를 제1관 「화력」과 제2관 「운동」으로 나누어 설명하고 있다. 지금까지 설명했던 것처럼 『대단위부대 전술적 용법 교령』은 용병에 관한 '이론서'적인 성격이 강하며, 여기서도 부대의 활동을 '공세'와 '수세', '화력'과 '운동'과 같이 근원적인 부분부터 설명하고 있다.

이러한 제2편의 제2장 「활동방법」은 서두에서 다음과 같이 정의하고 있다.

제107항 활동방법에는 '공세'와 '수세'라는 두 가지가 있다. 작전행동은 일반적으로 '공격'과 '방어'라는 두 가지 형식의 연합이다.

---

38) 역자주〉 필자는 'action'을 '행동'이 아니라 '활동'이라고 표현.

39) 역자주〉 필자는 '방세(防勢)'라는 용어를 사용하였으나, 이 책에서는 '수세'라고 순화하여 사용.

일반적으로 기동력을 중시하는 '기동전'에서는 '공격'과 '방어'의 구분이 명확하지 않다. 한 가지 사례를 들면, 제2차 세계대전 후반의 동부전선에서 독일군이 소련군에게 자주 사용한 '기동방어'는 전반적인 관점에서는 '방어'이지만, 예비인 기갑부대의 기동력을 활용하여 적 공격부대를 타격하는 국면만을 본다면 '공격'이라고 할 수 있다. 이 때문에 '공격'과 '방어'를 전혀 다른 것으로 인식하는 '공방이원론'의 사고방식은 독일군처럼 '기동전'을 지향하는 군대에 적합하지 않은 측면이 있다. (최초부터 독일군 『군대지휘』가 '기동방어'를 명확하게 주장했던 것은 아니다. 상세한 내용은 이 책의 제5장을 참조하기 바란다.)

이에 반해, 화력을 중심으로 하는 '진지전'에서는 '적 진지에 대한 공격이 아니면 아군 진지에서의 방어'로 인식하여 '공격'과 '방어'의 구분이 명확하다. '진지전'을 중시하였던 프랑스군이 제107항처럼 '공방이원론'의 인식방법을 채용했던 것은 자연스러운 결과였을 것이다.

그리고 이 조항에 이어서 제1관 「공세」에서는 다음과 같이 규정하고 있다.

제108항 공세는 가장 우수한 활동방법이다.
공세는 적을 핍박하여 지반을 빼앗고, 적의 사기와 물리적인 위력을 소모하게 하는 것을 목적으로 한다. 공세는 적에게 다량의 피해를 주어 지속할 수 없게 하도록 가용한 수단을 이용해서 실시하는 전진 운동이다.
공격만이 유일하게 결정적인 성과를 획득할 수 있다.

이처럼 공세가 가장 우수한 활동방법이고, 공세만이 전투를 결정짓는 성과를 가져올 수 있다고 하고 있다. 참고로 이러한 제108항에 대응하여 제2관 「수세」는 첫 조항에서 다음과 같이 기술하고 있다.

제111항 전반적인 또는 국지적인 수세는 지휘관이 그 활동지대의 전체 또는 일부에 대하여 공세를 취할 수 없다고 판단하였을 때 일시적으로 채용하는 것이다. (중략) 수세로는 결정적인 성과를 얻을 수 없다. 따라서 이를 부득이하게 실시하다가도 열세함이 사라지면, 지휘관은 공세로 전환하여 적군이 유지할 수 없는 상태에 이르게 해야 한다.

수세는 어디까지나 공세를 취할 수 없는 경우에 일시적으로 실시하는 것으로 전투를 결정짓는 성과를 얻을 수 없기 때문에, 열세함이 해소되면 공세로 전환하도록 하고 있다.

다시 제1관「공세」에 대한 설명으로 돌아가면, 두 번째 조항에서 다음과 같이 기술하고 있다.

제109항 공세는 처음부터 우세를 확보해야 한다. 이러한 우세는 병력, 무기와 기재, 정신력, 숙련 정도 및 교육, 전략적 상황, 선제적인 준비 등의 조건들을 통해서 획득된다. 공세에는 항상 지휘관의 수완과 과학적 수단을 기울여야 하고, 또한 정예화된 부대가 필요하다.

여기서는 공세의 초기 '우세' 확보가 중요하며, 이러한 우세를 획득하기 위한 다양한 요소를 열거하고 있다. 그러나 이러한 요소 중에서 프랑스군이 무엇을 가장 중시하였는지 분명치 않다.

이와 대조적으로 소련군『적군야외교령』은 "제3항 (생략) 전승의 획득을 확실하게 하는 수단은 중점 방면에서 병력과 자재를 결집하여 결정적인 우세를 확보하는 것이다"라고 하여, '병력과 자재의 우세'를 중시해야 한다고 명확히 기술하고 있다. 한편, 독일군『군대지휘』는 "제11항 (생략) 전투능력의 우세는 병력의 열세를 보완할 수 있다. (중략) 탁월한 지휘와 부대의 우세한 전투능력은 전승의 기초이다"라고 하여, 병력의 우세보다도 '뛰어난 지휘와 부대 전투력의 우세'를 중시하였다는 것을 알 수 있다. 또한, 일본군 『작전요무령』은 서두 항목에서 "제2항 (생략) 훈련을 자세하고 치밀하게 하여 필승의 신념을 견고히 하며, 군기를 엄정하게 하여 공격정신이 가득 차서 넘치는 군대는 물질적인 위력을 능가하여 승리를 얻을 수 있다"라고 하여, 물질적인 우세보다도 '필승의 신념과 공격정신'을 중시하고 있다.

이처럼 프랑스군 이외의 다른 국가들은 조항의 번호를 보면 알 수 있듯이 전술교범의 서두 부분에 가까우며, 무엇으로 우위를 확보할 것인지 명확하게 기록하고 있다. 이에 반해 프랑스군 전술교범은 그 조항의 번호가 100단위(제109항)이며, 어떠한 측면에서 우위를 확보해야 하는지 다른 전술교범에 비해 불분명하다.

이러한 프랑스군 전술교범을 군사에 관한 '이론서'라는 관점에서 본다면, '관련 요소들을 잘 망라하고 있다'라고 평가할 수 있을 것이다. 그러나 적과 싸워 이기기 위한 '매뉴얼'이라는 관점에서 본다면, '기술내용에 있어 명쾌함이 결여되어 있다'고 생각할 수 있다.

부대활동을 구성하는 요소

제3장 「활동의 제요소」는 첫 조항에서 다음과 같이 기술하고 있다.

제114항 병력의 활동은 '화력'과 '운동'을 통해서 표현된다.

이 조항처럼 부대활동을 '화력'과 '기동' 또는 '사격'과 '기동'이라는 두 가지 요소로 구분하는 것은 특별한 것이 아니다. 그러나 당시 프랑스군의 사고방식은 이러한 일반적인 사고방식과는 큰 차이가 있었다. 예를 들어 제1관 「화력」의 첫 조항에서는 다음과 같이 정의하고 있다.

제115항 화력은 전투의 주요한 인자(因子)이다. 이를 이용해서 적을 파쇄하거나 제압한다. 공격은 전진하는 화력이고, 방어는 정지하고 있는 화력이다. (이하 생략)

또한, 제2관 「운동」의 첫 조항에서는 다음과 같이 정의하고 있다.

제119항 전진 운동은 적의 저항을 파쇄할 수 있는 화력을 점차로 적에게 가져가는 것이다. (이하 생략)

다시 말해, 프랑스군에 있어서 '전투의 주요한 인자'는 '화력'이며, 이러한 화력이 전진하면 '공격'이고 정지하고 있으면 '방어'라고 생각했던 것이다. 따라서 '전진 기동'은 '화력을 적에게 가져가기 위한 수단'에 지나지 않는 것이었다. 전투를 구성하는 요소에 대한 사고방식의 측면에서 프랑스군은 철저한 '화력중심주의'라고 할 수 있다.

이에 반해 독일군 『군대지휘』는 앞서 설명했던 것처럼 공격을 다음과 같이 정의하고 있다.

제314항 공격은 기동, 사격, 충격(Stoss), 그리고 이것들이 지향하는 방향에 의한 효과를 발휘하는 것이다. (이하 생략)

부대 활동을 '화력'과 '기동'이라는 이원론적으로 인식했던 프랑스군과 달리, 독일군은 '기동' 및 '사격'과 함께 '충격'도 중시하였다. 앞서 설

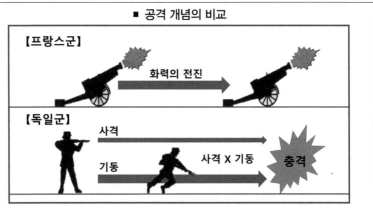

■ 공격 개념의 비교

【프랑스군】

화력의 전진

【독일군】

사격

기동

사격 X 기동

충격

독일군은 공격을 '사격'과 '기동', 그리고 이를 통해서 발생하는 '충격'으로 정의하고 있었다. 이에 비해서 프랑스군은 공격을 '화력의 전진'이라고 정의하고 있었다.

명했듯이 제2차 세계대전에서 독일군 기갑부대의 돌진은 '충격' 효과를 크게 발휘하였다. 한편, '과거 나폴레옹 전쟁 당시에 프랑스군 중기병 부대의 돌격이 큰 충격효과를 발휘했었다'라는 사실은 프랑스군이 가장 잘 알고 있었을 것이다. 그러나 제2차 세계대전 직전의 프랑스군 전술 교범에서는 이러한 '충격' 효과를 무시하고 있었고, 전진 기동을 적에게 화력을 가져가기 위한 수단에 지나지 않는다고 하고 있었다. 결국, 서방 진공작전에서 높은 기동력과 화력을 겸비한 기갑사단을 주력으로 한 독일군의 공격은 우세한 화력을 지닌 보병사단을 주력으로 한 프랑스군의 방어를 격파하고 순식간에 영불해협까지 도달했다.

당시 독일군 기갑사단과 보병사단에는 포병연대가 1개밖에 편제되지 않았던 것에 비해, 독일군과 대치하고 있던 프랑스군의 북동형 보병사단(Division d'infanterie type NE)은 포병연대를 2개씩 편제하고 있었고, 그중에서 1개 연대는 야전중포병연대로 편성하여 강력한 위력을 지닌 155㎜ 유탄포대대 2개를 근간으로 하고 있었다. 이처럼 양쪽 모두 숫자 면에서 주력이었던 보병사단은 화력 면에서 프랑스군이 독일군을 압도하고 있었다.

당시에 부대 활동을 인식하는 척도가 '화력'과 '기동' 밖에 없었던 프랑스군은 어쩌면 독일군 기갑사단의 '빠른 진격'을 단순히 '화력의 신속한 전진'으로만 인식함으로써 '기갑사단의 공격이 아군에게 큰 충격 효과를 발휘하고 있었다'는 사실을 정확하게 인식하지 못했을 수도 있다.

공방이원론(攻防二元論)

이러한 제2편 「활동수단과 활동방법」에 이어서 『대단위부대 전술적 용법 교령』은 제3편 「정보와 경계」, 제4편 「수송, 운동, 숙영」, 제5편 「회전」, 제6편 「야전군의 회전」, 제7편 「군단의 회전」, 제8편 「보병사단의 전투」로 구성되어 있다. 이 중에서 제5편 「회전」은 제1장 「회전의 개황」, 제2장 「공세회전」, 제3장 「수세회전」, 제4장 「회전에서의 항공대와 방공대」로 구성되어 있다. 또한, 제6편 「야전군의 회전」은 제1장 「야전군의 공세」와 제2장 「야전군의 수세」로, 제7편 「군단의 회전」은 제1장 「군단의 공세」와 제2장 「군단의 수세」로, 제8편 「보병사단의 전투」는 제1장 「총칙」, 제2장 「사단의 공세전투」, 제3장 「사단의 수세전투」로 구성되어 있다.

다시 말해, '회전'의 일반론에서 시작하여 야전군부터 사단에 이르기까지 '공세회전'과 '수세회전', '공세'와 '수세', '공세전투'와 '수세전투'로 구성되어 그 내용 모두가 '공방이원론'의 사고방식에 기초한 편성으로 되어 있었다.

그리고 제5편 「회전」은 제1장 「회전의 개황」의 첫 조항에서 다음과 같이 규정하고 있다.

제200항 회전의 목적은 적의 유형적 및 무형적 위력을 타파하는 데 있다. 공세는 적을 그 진지로부터 구축(驅逐)하고, 방어준비를 파쇄하며, 또한 병력의 괴멸을 수행하는 것이다. 수세는 적의 공격을 격퇴하여 위치를 보전하는 것이다. (이하 생략)

이처럼 프랑스군에서 '공세'는 적을 진지로부터 몰아내어 괴멸시키는 것이고, '수세'는 적을 격퇴하여 위치를 유지하는 것이라고 간단명료하게 정의하고 있었다. 이것은 '적 진지에 대한 공격이 아니면 아군 진지에서의 방어'라고 하는 '공방이원론' 그 자체라고 할 수 있다. 간단히 말해서 프랑스군에서는 '공격 = 진지공격'이고, '방어 = 진지방어'였던 것이다.

이어지는 조항에서는 공세회전에 대하여 다음과 같이 규정하고 있다.

제201항 공세회전은 기동에 연속하여 실시하는 경우와 진지 정면에 대하여 실시하는 경우가 있으며, 그 최초 모습은 상이하다. 다시 말해 다음과 같은 세 가지 상황을 상정할 수 있다. (이하 후술)

여기서는 공세회전을 부대 이동에서부터 연속하여 실시하는 경우와 상호 진지를 형성하여 대치하고 있는 경우로 구분하고, 전자를 두 개의 상황으로 나누어 총 세 가지 상황으로 정리하고 있다.

제201항 (생략) 공세전진 중인 피아 양군이 그 전진을 계속하는 경우.
이 경우에는 '접촉'과 '제1선 부대들의 전투'가 빠르게 연달아 발생하여, 종종 단기간의 치열한 공격 및 결전에 이르게 된다. 이때 자신이 선정한 전장에서 조우하도록 기동한 측은 승리하기 유리한 입장에 서게 된다. (이하 후술)

첫 번째는 전진 중에 피아 양군이 그 전진을 계속하는 경우이다. 프랑스군의 정의에서는 화력이 전진하면 '공격'이기 때문에, 양군 모두가 '공격'을 실시하는 경우이다. 이 경우에 전장을 주도적으로 선정한 측이 유리하다고 하고 있다.

제201항 (생략) 공세전진 중인 적이 대항하기 위해서 정지하여 참호를 구축하고, 보병과 포병의 화력 배치를 실시하는 경우.
이 경우에는 공자의 작전 진도는 그 전개의 진전상황, 탄약보급, 적의 방어편성 능력에 따라 느려지거나 빨라진다. (이하 후술)

두 번째는 전진 중인 적이 정지하여 참호를 구축하고 화력을 배치하는 경우이다. 프랑스군의 정의에 따르면, 화력이 정지하면 '방어'가 되기 때문에 적의 행동은 '진지방어'에 해당하게 된다.

제201항 (생략) 적이 축성정면 또는 서로 접하고 있는 진지정면에 있는 경우.
이 경우에는 공격에 필요한 각종 수단을 현지로 가져오기 위해서 장기간의 준비가 필요하고, 엄밀한 공격방법을 채택한다.

세 번째는 적이 최초부터 '진지방어'를 하고 있는 경우이다.
다시 말해, ①공세전진 중에 양군이 전진을 계속하는 경우, 즉 양군이 '공격'을 계속하는 경우, ②적군이 도중에 정지하여 '방어'를 실시하는 경우, ③최초부터 정지하여 '방어'를 실시하는 경우만을 상정하고 있는 것이다. 한편, 방자의 기갑부대가 기동력을 발휘하여 공격 측을 타격하는 '기동방어'와 같은 상황은 전혀 고려하지 않았다.

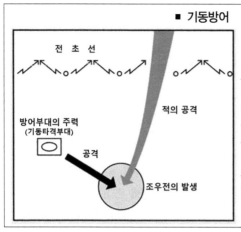

■ 기동방어

전초선

적의 공격

방어부대의 주력
(기동타격부대)

공격

조우전의 발생

그림은 기동방어의 개념이다. 기동방어는 기동타격의 국면만을 보면 공격행동이며, 적 또한 공격 기동을 실시하기 때문에 전투의 형태는 조우전이라고 할 수 있다. 프랑스군의 '공방이원론'적인 사고방식으로는 분류하기 곤란한 전투형태라고 할 수 있다.

프랑스군의 정의에서는 '화력이 전진하면 공격이고 정지하면 방어'이기 때문에, '기동방어'는 '공격'으로 분류할 수 있다. 다시 말해, 프랑스군의 정의에서는 '기동방어'를 '방어'의 한 형태로 생각할 수 없는 것이다. 이것이 바로 프랑스군의 '공방이원론'적인 사고방식의 큰 결함이라고 할 수 있다.

『대단위부대 전술적 용법 교령』의 반포 이후에 프랑스군은 제병과 협동의 기갑부대인 기갑예비사단(Division Cuirassée de Réserve, 약어 DCR)을 4개 편성하였다. 주된 임무는 그 이름처럼 상급사령부의 예비대로서 아군 전선의 후방에 집결보유하고 있다가 아군 전선을 돌파한 적 부대에 대해 반격하는 것이었다. 그러나 샤를 드 골(Charles de Gaulle) 준장이 지휘하는 제4기갑예비사단이 실시한 몽코르네(Battle of Montcornet)에서의 반격을 제외하고, 프랑스의 다른 기갑예비사단들은 제2차 세계대전에서 독일군에게 제대로 된 반격을 하지 못했다.

그 실패의 근저에는 화력과 기동을 겸비한 기갑부대의 특성을 활용한 '기동방어'가 전반적인 방어체계 속에 제대로 자리매김하지 못했던 프랑스군 군사교리의 결함때문이라고 할 수 있다.

조우전의 기피

앞서 설명한 제201항의 이어지는 내용은 원문에서도 의도적으로 굵은 글씨체로 강조하여 기술하고 있다.

제201항 (생략) 일반적으로 특히 전쟁 초기에 적절한 선제 행동은 물론 실시해야 하지만, 지휘·통제된 전투를 실시하는 것이 중요하며, 통제되지 않는 조우전은 피해야 한다. 실제로 조우전은 요령을 필요로 하기 때문에, 처음 참전하는 새로운 부대의 사용은 적합하지 않다. 이러한 부대는 필요한 화력의 다양한 지원 하에서 질서정연한 전투방식을 취하는 전장에 참가하게 해야 한다.

이처럼 프랑스군에서는 통제되지 않는 조우전을 회피하도록 하고 있었으며, 특히 처음 참전하는 부대는 화력지원 하의 질서정연한 전투에 참여하도록 강조하였다. 또한, 프랑스군은 (이 책의 제3장에서도 기술했듯이) '기동계획', '정보계획', '연락계획', '사용계획'을 작성하게 하는 등 '계획성'을 매우 중시하고 있었다.

이와는 대조적으로 독일군 『군대지휘』는 앞서 설명했듯이 조우전에 있어서 '불확실한 상황에서 결심하고 행동하는 것'을 당연시하였고, '적의 기선을 제압하는 것'을 중시하였다. 이를 위해 '명확하지 않은 상황 속에서도 신속하게 행동하여 즉각적으로 명령을 하달해야 한다'고 규정하고 있었다. 이처럼 독일군은 조우전에 있어서 '계획성'과는 정반대인 '즉흥성'을 요구하였던 것이다.

각자의 전술교범 규정에 따라 통제되지 않는 조우전을 회피하고 질서정연하게 싸우도록 하는 프랑스군과 불확실한 상황에서도 적의 기선을 제압하고 신속하게 행동하도록 하는 독일군 사이에서 조우전이 발생했을 경우를 생각해보자. 일단 후퇴하여 각종 계획을 새로 수립하고자 하는 프랑스군에 대해서 독일군은 그때마다 즉흥적인 작전으로 프랑스군을 점차 궁지로 몰아넣을 것이다. 이처럼 계획성을 중시하는 프랑스군의 군사교리는 즉흥성을 중시하는 독일군의 군사교리와 궁합이 유난히 나빴던 것이다.

이어지는 조항에서는 프랑스군이 적 정면을 돌파한 이후에 실시하는 행동에 대해서 다음과 같이 기술하고 있다.

제202항 적 정면을 돌파한 제대는 패퇴하는 적을 적극적으로 추적하고, 지체함 없이 이를 압박하여 대오의 정돈을 방해해야 한다. 해당 제대가 적의 조직적인 저항에 다시 부딪히면 밀접한 접촉을 가능한 유지하고, 지휘관은 새로운 공격 실시를 위해서 각종 수단을 신속히 집결시킨다. (이하 생략)

적의 정면을 돌파하면 먼저 적의 대오 정돈을 방해하도록 요구하고 있다. 질서정연하게 전투를 이끌어 나아가고자 하는 프랑스군에게 있어서 대오의 정돈을 방해하는 것은 큰 고통이었을 것이다.

제203항 패배한 적이 항전하지 않고 전투를 포기하면, 추격이 시작된다. 추격은 단순히 지역을 점령하는 것만으로 충분하지 않으며, 적 조직을 완전히 붕괴시키고, 적 병력의 재건을 방해해야 한다.
만약 공격에 성공하지 못했을 경우, 지휘관은 적어도 편성을 정리하는데 필요한 기간 동안에 점령지역을 확보하고, 이를 통해 공격에 성공하지 못한 결과를 국한하는 데 노력해야 한다.

추격에서는 적 조직을 완전히 붕괴시켜 적 병력의 재건을 방해해야 한다고 하고 있다. 그리고 공격에 실패했을 때는 적어도 편성을 정리할 동안 점령지역을 확보하도록 요구하고 있다. 이처럼 프랑스군은 대오와 편성의 정리정돈을 중시하고 있었다.

프랑스군의 기본적인 사고방식을 정리하면, '적 진지에 대한 공격이 아니면 아군 진지에서의 방어'라고 하는 '공방이원론'적인 사고방식을 가지고 있었다. 그리고 화력이 전진하면 '공격', 정지하고 있으면 '방어'라고 정의하고 있었기 때문에, 기동력을 활용하여 적 공격부대를 타격하는 '기동방어'를 '방어'의 한 형태로 인식하지 못하는 결함이 있었다. 또한, 전투의 주요 인자를 '화력'이라고 생각하고 있었고, '전진기동은 화력을 적에게 가져가기 위한 수단에 지나지 않는다'라고 주장하는 등 철저한 '화력중심주의'였다. 그리고 '계획성'을 중시하여 통제되지 않는 조우전을 회피하도록 하고 있었다. 이러한 군사교리는 '즉흥성'을 중시하는 독일군의 군사교리와 궁합이 특히 나빴다고 할 수 있다.

공세회전의 시기 구분

이어서 제5편 「회전」의 제2장 「공세회전」과 제3장 「수세회전」에서는 각 회전에 대하여 더욱 구체적으로 규정하고, 제4장 「회전에서의 항공대와 방공대」에서는 항공대와 방공대의 활동에 관하여 기술하고 있다.

제2장 「공세회전」의 첫 조항은 다음과 같이 규정하고 있다.

제206항 활동의 통일은 공세회전 성공의 가장 중요한 방법이다.
지휘관은 예하 부대들에게 다음 3개 항목을 제시하고, 이를 통해 의지 · 독단 · 노력에 있어서 필요로 하는 협조를 요구해야 한다.

- 임무
- 방향

  상급제대로부터 지시받은 방향을 기초로 지휘관이 결정한다.

  방향은 명령의 성격을 가지며, 전략 및 전술적 규율의 기초가 된다.
- 주력이 도달해야 하는 목표

  이러한 목표는 대단위 부대의 기동을 실현하거나, 그 편성을 수정하기 위함이다.

이처럼 첫 조항에서부터 '활동의 통일'과 '공격 방향'의 중요성을 강조하고 있다. 그리고 이어지는 조항에서는 공격회전을 시간순으로 '준비기', '실행기', '전과확장기'라는 세 시기로 나누고, 각 시기에 달성해야 하는 목적을 명확하게 규정하고 있다.

제207항 공세회전은 시간적으로 다음 세 시기로 구분할 수 있다.

준비기.
이 시기에 목적하는 것은 다음과 같다.
- 안전하게 또한 최소의 피해로 모든 부대들을 적 방향으로 진출시키는 것.
- 전투를 통해 적의 상황을 파악하는 것.
- 정면을 구성하고, 그 엄호하에서 모든 부대들을 공격에 유리하게 편성하는 것.

실행기.
선정된 하나의 방향에 주력을 지향하는 것을 목적으로 한다.

전과확장기.

적 조직을 완전히 붕괴시키는 것을 목적으로 한다.

(이하 생략)

이와 동일하게 제2장 「공세회전」은 이어서 제1관 「접적」, 제2관 「접촉」, 제3관 「공격준비전투」, 제4관 「공격」, 제5관 「회전의 완결」이라는 시간순으로 구성하고 있다. 이를 보면, 프랑스군이 공격회전의 각 단계(phase)에 있어서 '목적 달성'과 이를 위한 '활동의 통일', 즉 오늘날의 군사용어로 표현하면 '국면관리'를 중시했다는 것을 알 수 있다.

다만, 제1관 「접전」의 바로 앞 조항이자, 제2장의 세 번째 조항인 제208항에서 다음과 같이 기술하고 있다.

제208항 위와 같이 공세회전의 개념을 구분하고 분석함으로써 회전을 확연히 여러 개의 시기로 나눌 수 있더라도, 실제로 각 시기들이 반드시 이러한 순서에 따라서 연달아 발생한다고 할 수 없다.

따라서 이후의 조항들에서 기술하고 있는 회전의 각 시기에 관한 일반규정들은 지휘관에게 상황, 특히 주어진 임무에 적용할 수 있는 회전의 수단과 방법을 선택하는 데 있어서 방침을 제시하는 것을 목적으로 할 뿐이다.

이전 조항에서 공세회전을 세 시기로 나누었다고 해서 실제로 반드시 이렇게 된다고 할 수 없기 때문에, 이어지는 규정에서는 '지휘관에게 방침을 제시하는 것'뿐이라고 하고 있다. 다시 말해, 대단위 부대의 지휘관들은 교범에서 제시한 방침을 기초로 실제의 상황과 주어진 임무에 적합한 수단과 방법을 결정해야 한다는 것이다.

전술교범을 '승리하기 위한 매뉴얼'의 관점에서 본다면, 이처럼 '해답'을 명쾌하게 적지 않고 지휘관 스스로 생각하게 하는 방식은 에둘러 하는 말처럼 느껴질 것이다. 그러나 이 교범을 '승리하기 위한 매뉴얼'이 아니라, 지휘관이 '스스로 생각하기 위한 참고서'라는 관점에 본다면 이해할 수도 있다. 아마도 프랑스군은 교범의 규정이 '도그마화'하여 경직된 교조주의에 빠지는 것을 우려했던 것 같다.

접적, 접촉, 공격준비전투

지금부터는 시간순으로 구성되어 있는 제1관부터의 내용들을 차례로 살펴보겠다. 제1관「접적」의 첫 조항에서는 다음과 같이 기술하고 있다.

> 제209항 접적은 공중폭격이 빈번해지거나 조밀해지고, 포병 화력의 증가나 기갑병기의 전진으로 인해서 대단위 부대가 도로 위에서의 대형을 부득이 포기하면서부터 개시된다.
> 이때부터 대단위 부대는 접적대형으로 전환한다. 접적대형의 목적은 기도비닉을 유지하고, 안전하고 신속하게 유형·무형의 가장 좋은 조건으로 대단위 부대를 적에게 근접시키는 데 있다. (이하 생략)

접적은 적 폭격기의 공격과 기갑부대의 전진으로 인해서 대단위 부대가 도로상의 대형에서 접적대형으로 전환하는 시점부터 시작된다고 하고 있다.

> 제210항 야간은 적 활동에 불리하지만, 아군의 기도비닉 유지에 유리하다. 부대에 가해지는 피로에 구애받지 말고, 접적을 위해서는 야간을 이용해야 한다. (중략)
> 하지만 상황에 따라서는 접촉에 가까워졌다고 예측될 경우, 주간 접적을 부득이 실시하는 경우가 있다. 이때 모든 부대는 적에게 감시되거나 사격받

을 수 있는 주요 도로는 피하고 소로길을 이용한다. 또한, 적 관측소 및 항공기의 관측으로부터 은폐되는 경로를 채택한다.

프랑스군은 이 책의 제2장 「행군」에서 언급한 것처럼 적의 공중정찰과 첩보활동을 회피하기 위해서 야간기동을 권장하고 있었다(『대단위부대 전술적 용법 교령』 제160항). 동일한 이유로 야간 접적을 권장하고 있으며, 주간 접적을 해야 하는 경우에도 가능하면 적 관측소와 정찰기의 감시를 피하도록 하고 있는 것이다.

이어서 제2관 「접촉」의 첫 조항에서는 다음과 같이 규정하고 있다.

> 제216항 접적행진은 접촉에 이르게 된다. 접촉의 목적은 다음과 같다.
> - 진지를 점령하고 있는 적에 대해서는 조직적인 저항을 형성하고 있는 선을 확인한다.
> - 기동 중인 적에 대해서는 지휘관이 선정한 지역에서 적의 전진을 거부하고, 공격개시 이전에 적을 일정한 선에서 저지한다.
>
> 이러한 두 가지 경우에 있어서 접촉은 하나의 정면을 구성하고, 그 엄호하에서 주력은 공격편성을 완성한다.

프랑스군 제1의 가상적이었던 독일군은 진지 중에서 가장 중요한 지역을 '주전투지대'라고 하며, 방어 시에 이를 최후까지 확보하도록 하고 있었다. 그리고 '주전투지대'의 전방에는 '전진진지(前進陣地)'를 설치하여 적이 전방의 요충지를 확보하는 것을 거부하였다. 또한, '전투전초(戰鬪前哨)'를 두어서 주전투지대의 병력이 전투 준비할 수 있는 시간을 확보함과 동시에, 주전투지대의 위치를 기만하여 조기에 적의 공격부대를 전투대형으로 전환하도록 하였다(자세한 내용은 이 책의 5장 「방어」에서 설명하겠다).

이에 대항하여 프랑스군은 진지방어를 실시하는 적에 대한 접촉의 목적으로써 '주전투지대의 전연(독일어로 Hauptkampflinie, 약어 HKL / 영어로 Forward Edge of the Battle Area, 약어 FEBA)'을 식별하도록 요구함으로써 전투대형으로의 조기 전환을 피하고자 한 것이다. 또한, 기동 중인 적에 대해서는 앞서 설명했듯이 주도적으로 전장을 선정할 수 있는 측이 유리하기 때문에(제201항), 접촉 시 지휘관이 선정한 지역에서 적의 전진을 저지하도록 하고 있다.

그리고 어떤 경우든지 접촉정면[40]을 구성하고, 그 엄호하에서 주력은 공격편성을 완성하도록 강조하고 있다. 이를 통해서 (앞의 제201항에서 규정되어 있는 것처럼) 통제되지 않는 조우전을 회피하고 질서정연하게 전투에 참여할 수 있게 되는 것이다.

제218항 진지를 점령하고 있는 적에 대해서 전위는 좌우의 정돈을 고려하지 말고 먼저 적 전선의 빈약한 부분을 침투하고, 이어서 다소 고립되더라도 어느 정도 연계된 인접부대의 행동을 통해서 보완된 화력의 연합과 기동을 이용하여 행동한다.

그러나 최종적으로는 격렬한 접촉을 실시하고 저항정면을 구성하기 위해 전위 전체의 병력을 참가시킨다. (이하 생략)

진지방어를 실시하는 적에 대해서 전위는 적의 취약한 부분, 즉 적의 전초와 전초 사이의 간격을 이용하여 침투하도록 하고 있으며, 다소 고립되더라도 행동하도록 하고 있다. 다시 말해, 전위가 '다소 고립되어 행동하는 것'은 적 전초에 대한 공격만이며, 명확히 식별된 적의 주전투

---

40) '접촉정면'이란, 이 교범의 서두에 수록된 「용어의 해석」에서 '부대의 전체 행동지역에서 확보해야 하는 접촉 지역'을 말한다.

지대에 대해서는 단독 침투를 고려하지 않았다.

제219항 공격 전진 중인 적에 대해서 전위는 원거리 경계부대들의 엄호하에서 전진한 이후에, 전위 지휘관은 적이 접촉을 위해 접근해야 하는 진지를 수세적으로 점거하도록 명령한다. (중략)

이러한 진지 전개 명령은 적의 전진에 최소한의 지반만을 허용하는 것으로, 아군 전위가 강력한 화망을 구성하는데 충분한 여유를 만들기 위해서 적당한 시기에 하달해야 한다.

방어시설은 원거리 경계기관의 엄호하에서 최단시간 내에 구축한다. 사용 가능한 모든 포병은 그 저지행동에 참가하기 위해서 전개한다.

공세전진을 계속하는 적에 대해서 전위는 비행대와 기병 대단위 부대 등의 원거리 경계부대의 엄호하에 지휘관이 선정한 진지를 점령하고 적과의 접촉을 기다리도록 하고 있다. 프랑스군의 정의에서는 '화력이 정지해 있으면 방어'이기 때문에, 조문에 있는 것처럼 '수세'적인 것이 된다. 놀라운 것은 양군이 기동하는 '기동전'의 상황에서도 프랑스군은 마치 '진지전'의 진지방어처럼 싸우고자 하고 있는 것이다.

이어지는 제3관 「공격준비전투」는 첫 조항에서 다음과 같이 규정하고 있다.

제221항 대개의 경우에 접촉의 효과를 이용하여 공격으로 바로 전환할 수 없다. 특히 다음의 경우에 그러하다.
  - 접촉을 통해서 얻은 정보를 더욱 확실하게 하고, 또한 보조할 필요가 있을 경우
  - 적이 중요한 관측소 또는 지역의 돌출 지점들을 점령하여 양호한 조건에서 공격병력의 집결이 어려울 경우

－ 모든 경계기관들이 진지를 점령하고 있는 적의 각 전초들을 탈취할 수

　　없고, 무익하게 공격이 과도한 원거리에서 출발할 우려가 있을 경우

　이 같은 경우에 지휘관은 준비활동을 명령하기에 이른다. 전반적으로 모
든 활동은 '공격준비전투'를 구성한다.

　이러한 활동의 목적은 △접촉의 가치를 확실하게 하고, △공격편성 및 진
출에 필요한 진지와 거점을 탈취하는 것에 있다.

　(이하 생략)

　접촉을 통해서 얻은 정보를 더욱 확실하게 하고 공격편성을 정비할
필요가 있는 경우, '접적'에서 바로 '공격'으로 전환하는 것이 아니라,
'공격준비전투'를 거쳐서 실시하도록 하고 있다.

　이처럼 제2장 「공세회전」에서는 공세회전을 시간에 따라 세부적으로
구분한 다음에, 각 단계의 목적을 각각 밝히고 있다. 이것 역시도 프랑
스군이 '국면관리'에 있어서 계획성을 매우 중시하였다는 것을 보여주고
있다.

공격의 실시

이어지는 제4관 「공격」의 첫 조항에서는 다음과 같이 규정하고 있다.

　세222항 공격기동의 전반적인 형태와 상관없이 적은 항상 하나의 정면
을 형성하여 아군에 대항하며, 이를 힘으로 타파해야 하는 시기가 도래하게
된다.

　공격은 '공세회전의 특성이 있는 행위'이다.

　'노력의 집중'은 '지휘의 통일'을 통해서 얻을 수 있으며, 이는 공격의 현저

한 성질이다.

쉽게 말해서 공격기동을 통해서 적을 우회하거나 측면을 타격하고자 해도, 적은 항상 방어정면을 형성하여 대항하기 때문에, 결국에는 정면 공격을 할 수밖에 없다는 것이다.

제1차 세계대전의 서부전선에서는 개전 초기의 독일군 진격을 영불 연합군이 '마른 전투'에서 저지한 다음부터 양쪽 진영이 서로 측면공격을 위해서 '바다로의 경주(Race to the Sea)'를 계속하였다. 그 결과, 스위스 국경부터 영불해협까지 이어진 전선이 형성되어 양쪽 진영 모두 우회 및 측면공격을 할 수 없게 되었다. 이러한 상황을 염두에 두고 이 조항을 작성했을 것이다.

제224항 한 번의 공격으로 기대할 수 있는 성과는 통상적으로 공격정면의 최초 규모가 커질수록 현저히 많아진다.
실제로 공격은 집중포화를 받기 쉬운 측면에서부터 돈좌에 이르는 경우가 매우 흔하다. (이하 생략)

이어지는 조항에서는 공격정면이 커질수록 기대할 수 있는 성과도 더욱 커진다고 하고 있다. 다만, 포위공격과 측면공격을 요구하지 않고, 아군 측면에 대한 적의 집중포화를 경계하여 공격정면을 확장할 것만을 요구하고 있다.

이에 반해 독일군 『군대지휘』는 앞서 설명한 것처럼 제6장 「공격」의 첫 조항에서 다음과 같이 기술하고 있다.

제314항 (중략) 공격은 적의 정면(통상적으로 강도가 가장 큰 방면), 측면

또는 후면을 지향한 하나의 방향에서 실시한다. 또한, 여러 개의 방향에서 공격하는 경우도 있다. (이하 생략)

여기서는 공격이 적 정면을 지향할 뿐만 아니라 측면과 후면도 지향한다고 규정하고 있으며, 이어지는 조항에서는 다음과 같이 기술하고 있다.

제315항 정면공격은 수행하기 가장 어렵지만, 가장 흔하게 이루어진다. (이하 생략)
제316항 포위공격은 정면공격에 비해서 그 효과가 크다. (이하 생략)
제318항 측면공격은 최초부터 측면을 향한 전진이나 우회를 통해서 발생한다. 적을 기습하고, 또한 적에게 대응조치를 강구할 여유를 주지 않을 경우에 그 효과가 특히 크다. (이하 생략)

첫 조항에 이어서 정면공격의 어려움, 포위공격과 측면공격의 큰 효과를 기술하고 있어, 독일군이 포위공격과 측면공격을 중시하고 있었다는 것을 엿볼 수 있다. 이에 비해 프랑스군은 어떻게 기동하든지 결국에는 정면공격이 된다고 생각하고 있었기 때문에, 그 차이가 매우 크다고 할 수 있다.

이어서 제4관의 ①「일반적인 부대편성」은 공격편성에 관해서 다음과 같이 기술하고 있다.

제227항 공격은 통상적으로 대단위 부대의 건제부대만으로는 실시하기 어렵다. 반드시 약간의 보조부대가 필요하다. 대부분의 경우에 보조부대는 포병이나 전차로 구성하고, 때로는 기관총 대대로 증강한다.
특히, 전차는 보병이 전진 중에 조우하는 각종 제한사항에 대한 극복을 지원하는 데 적합하다.

　기관총 대대는 전선 중에서 견제 지역을 유지함으로써 공격이 활발한 방향의 병력집중을 가능하게 한다. 또한, 공격의 진출에서는 화력기지를 증원하여 전진하는 부대들의 측면을 엄호할 수 있다. (이하 생략)

프랑스군에서는 통상적으로 대단위 부대가 단독으로 공격하지 않고 반드시 포병부대와 전차부대, 때로는 기관총 대대로 증강하도록 하고 있었다. 그리고 그중에서 기관총 대대는 주공 방면이 아닌 전선 일부를 확보함으로써 아군이 주공 방면에서 병력을 집중할 수 있게 한다고 하고 있다.

　제228항 대단위 부대의 공격편성은 통상적으로 다음과 같다.
　제1선부대들은 지휘관이 부여하는 공격의 중요도에 따라 정면지역에서 그 목표와 마주하여 병렬로 전개한다.
　제2선에는 제1선부대들을 교대 · 초월 · 증원하거나, 예상하지 못한 상황에 대비하기 위한 예비대를 보유한다.

공격정면에서는 제1선에 부대를 횡으로 배치하고, 제2선에는 제1선을 교대하거나 증원하는 부대를 위치시킨다. 제2차 세계대전 직전의 프랑스군 보병사단의 기본편제는 3개 보병연대를 근간으로 하는 '삼각편제 사단'이었기 때문에, 통상적으로 제1선에는 2개 연대를 병렬로 배치하고, 제2선에는 1개 연대를 편성하였다.

　제230항 다수의 전차를 광정면에 분산하여 각 부대를 후속하도록 하는 것은 공격 시 전차 운용방법의 일반원칙이다.
　이러한 운용방법은 유형 · 무형의 큰 효과를 발생하고, 보병의 전진을 용이

공격 시에 프랑스군 보병부대는 전차와 포병부대로 증강하도록 하고 있었다. 사진은 제2차 세계대전 초기에 프랑스군 주력전차였던 르노 R38. 장갑은 45mm로 독일군 전차보다 두꺼웠으나, 주포는 장갑관통력이 거의 없는 단포신의 보병지원용 37mm포였다. 또한, 최대속도도 독일군 전차보다 훨씬 느린 20km/h로써 전형적인 보병전차였다.

샤를 B1bis를 버리고 투항하는 프랑스군 전차병. B1bis는 대구경인 75mm포와 장포신인 47mm포를 장착하고 있었고, 60mm의 중장갑을 갖추고 있었다. 당시 독일군 전차들을 압도하는 강력한 중전차(重戰車)였다. 그러나 이렇게 강력한 프랑스군 전차도 상급사령부의 혼란으로 인해서 우왕좌왕하는 사이에 독일군에게 각개격파 되었다.

하게 하며, 적 포병 및 대전차 화기의 화력을 분산하게 만든다. (이하 생략)

제2차 세계대전 이전에 독일군의 구데리안 등은 전차부대를 집중해서 운용할 것을 제창하였고, 이에 따라 전차부대(최초에는 전차 1개 여단 = 2개 연대 = 4개 대대)를 주력으로 하는 기갑사단을 편성하였다. 그리고 폴란드 진공작전 직전에는 기갑사단과 차량화 보병사단을 집중 운용하는 차량화 군단(훗날 기갑군단으로 개칭)을 편성하였다. 이와는 대조적으로 제2차 세계대전 직전의 프랑스군은 전차를 넓은 정면에 분산 배치하도록 교범에 기술하고 있었다.

게다가, 프랑스 진공작전 직전의 독일군은 3개 차량화 군단을 집중하여 운용하는 야전군 규모의 클라이스트 기갑집단을 편성하였다. 이에 대항하여 프랑스군은 각 야전군이나 군단에 전차대대(Bataillon de Chars de Combat, 약어 BCC) 2개를 주력으로 하는 전차대대군(Groupe Bataillon de Chars, 약어 GBC)을 직할부대로 편성하였다. 이러한 전차대대군(GBC)을 대대와 중대로 분할하여 제1차 세계대전 때처럼 주로 보병사단을 지원하도록 하였기 때문에, 전차부대를 집중하여 운용하는 독일군에 대항할 수 없었다. 이러한 전차의 분산운용은 프랑스군의 전술교범에 규정된 것이었다.

이어서 ②「공격준비사격」에서는 다음과 같이 정의하고 있다.

제232항 공격준비사격은 공격개시 이전에 실시하는 전반적인 사격을 말한다. (중략)

이러한 준비사격은 주로 포병의 임무이지만, 보병과 비행대도 여기에 참가하기도 한다.

준비사격의 정도와 실시 기간은 상황에 따라 차이가 있다. 때로는 적 종심지역에 있는 적의 모든 기관의 파괴 및 제압을 목적으로 하거나, 때로는 단순히 제1선의 적 부대에 대한 제압을 목적으로 한다. 예외적으로 공격준비사격 없이 공격을 실시하기도 하는데, 이러한 경우는 '공격을 기습적으로 실시한다'라고 말한다. (이하 후술)

공격개시 전에는 공격준비사격을 실시한다. 이때, 적 종심지역까지 파괴사격을 실시하는 경우도 있고, 제1선 부대에 대한 제압사격만을 실시하는 경우도 있다고 기술하고 있다. 공격준비사격을 실시하지 않는 것은 예외적인 경우이며, 이를 '기습적인 공격'이라고 하고 있다. 그리고 이 조항의 뒷부분에서는 다음과 같이 규정하고 있다.

제232항 (생략) 준비사격에 관한 사항들의 결정은 적 편성 및 아군 지휘관이 가진 전투수단에 따른다. 강력한 전차부대가 배속되고, 순간적으로 큰 효과를 발휘할 수 있는 많은 포병부대를 보유한 경우에는 공격준비사격을 단축하거나, 예외적으로 이를 생략할 수 있다.

제1차 세계대전 중인 1917년 11월, 영국군은 프랑스 북동부 마을인 캉브레 근처에서 공세를 시작하였고, 9개 전차대대의 지원받는 2개 보병군단이 공격준비사격 없이 기습적으로 공격하여 큰 성과를 거두었다. 이 조항은 당시 상황을 염두에 두고 작성한 것처럼 보인다.

이어지는 ③「공격의 실시」의 내용에서는 '프랑스군이 계획성을 중시하였다'는 것을 엿볼 수 있다.

제233항 공격의 발진에 관해서 지휘관은 더욱 명확히 규정해야 한다.

공격개시 시간은 일반규정으로서 공격 편성의 제1선 부대들이 발진기지로부터 진출해야 하는 시각이다. (이하 생략)

제234항 종심 깊이 공격하기 위해서 지휘관은 적어도 서로 다른 목표에 대한 전진조건(전진의 평균속도, 각 목표에서의 정지시간, 이후 목표로부터 기동을 개시하기 위한 협조 및 기동개시를 명령하는 담당자의 지정, 포병의 이동 등)을 결정한다.

이러한 조치는 적이 강력한 방어를 위해서 많은 여유를 가질수록, 더욱 세밀하게 규정해야 한다.

이처럼 지휘관에게 각 부대의 전진속도와 각 목표에서의 정지시간까지도 사전에 계획하도록 하고 있다. 게다가 적이 강력할 경우에는 더욱 세밀하게 규정해야 한다고 하고 있다.

한편, ④「지휘관의 활동」의 첫 조항에서는 다음과 같이 기술하고 있다.

제239항 대단위 부대의 지휘관은 회전의 각 시기마다 포병 화력의 기동, 비행대의 투입(제296항)과 함께 특히 예비대인 보병과 전차의 전투 투입에 대한 결심 등의 주요 활동을 수행한다.(이하 생략)

이 책의 제3장에서 설명한 것처럼 프랑스군은 대단위 부대의 지휘관에게 '기동계획(공격계획 또는 방어계획)'과 '정보계획', '연락계획', '각 부의 사용계획' 등 각종 계획의 작성을 요구하였다. 반면에 회전의 각 단계에서 지휘관의 주요 활동은 포병화력의 운영과 비행대 및 예비대의 투입 결심 정도였다.

전과확장기

제5관 「회전의 완결」에서는 전과확장에 대하여 다음과 같이 규정하고 있다.

제240항 공격에 성공한 이후에는 적을 완전히 붕괴하고 병력의 재건을 방지하기 위해서 지체 없이 전과를 확장한다.

그러나 통상적으로 형성된 돌파구는 너무 좁아서 여기에 예비대를 투입하는 것만으로는 대부분의 경우에 앞 항목과 같은 전과를 확장할 수 없다.

따라서 지휘관은 돌파구의 각 지점을 함락시켜서 돌파지대를 확대하는 데 특별히 노력해야 한다.

돌파구의 확대는 △돌파구 양 끝단을 향해서 선회운동을 하거나, △공격지대를 점차 연신하거나, △양자를 병행해서 실시해야 한다.

프랑스군 교범에서는 앞서 설명한 것처럼 '공격 정면이 커질수록 기대할 수 있는 성과도 많아진다'고 하고 있다. 다만, 통상적으로 최초 돌파구가 너무 작아서 예비대를 투입해도 충분한 성과를 얻을 수 없기 때문에, 먼저 돌파구의 양 끝단에 대한 선회운동으로 돌파구를 확장하도록 강조하고 있다.

반면에 독일군『군대지휘』에서는 다음과 같이 규정하고 있다.

제319항 돌파공격(Durchbruchsangriff)은 적 정면의 연쇄를 분단하고, 돌파지점에 있는 적의 익단(翼端)을 포위하는 것이다. (중략)

돌파지점 측방의 적을 견제하기 위해서는 돌파하려는 정면의 폭보다 넓은 정면을 공격해야 한다. 그 외의 정면에서는 적을 구속해야 한다.

돌파의 폭이 커짐에 따라서 더욱 깊게 돌파작용이 이루어질 수 있다. 이때, 예비대를 가까이에 위치시키고, 이를 이용하여 돌파측면으로 유입되는 적의 예비대를 격퇴한다.

돌파에 성공하면 적이 대응조치를 강구하기 이전에 전과를 확장해야 한다. 공자가 계속해서 종심깊이 진출할수록 유효한 포위로 전환할 수 있으며, 또한 후방으로의 전선조정을 통해서 돌파된 정면을 폐쇄하고자 하는 적의 기도를 좌절시킬 수 있다. 따라서 조기에 방향을 전환하는 것은 피해야 한다.

여기서도 돌파를 노리는 정면 폭 이상의 크기로 공격하도록 하고 있으며, 돌입의 폭이 커짐에 따라서 종심깊은 돌파작용이 이루어지게 된다고 하고 있다. 그러나 프랑스군처럼 돌파구 양 끝단에서의 선회운동을 요구하는 것이 아니라, 반대로 조기에 방향 전환하는 것을 경계하고 적 전선의 후방 깊숙이 진출할 것을 요구하고 있다.

이처럼 프랑스군은 적 진지에 공격부대의 쐐기를 박고 돌파구의 폭을 넓힘으로써 그 선단을 적 진지 깊숙이까지 도달시키고자 한 것에 비해

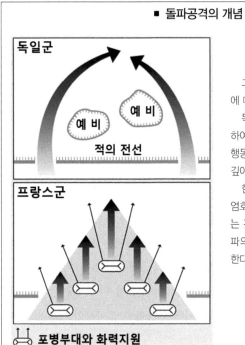

■ 돌파공격의 개념

독일군

예 비

예 비

적의 전선

프랑스군

포병부대와 화력지원

그림은 독일군과 프랑스군의 돌파에 대한 개념 차이를 나타낸 것이다.

독일군은 우월한 작전속도를 이용하여 적의 반응속도를 뛰어넘는 돌파행동을 계속한다. 이 때문에 돌파의 깊이는 속도에 비례한다.

한편, 프랑스군은 돌파부대 익측의 엄호를 화력으로 실시하며 쐐기를 박는 것과 같이 돌파한다. 이 때문에 돌파의 깊이는 공격정면의 폭에 비례한다.

서, 독일군은 적 진지를 돌파한 공격부대의 포위익을 적 전선의 후방 깊숙이까지 전개하여 적 부대를 크게 포위하고자 한 것이라고 할 수 있다. 적 정면에 대한 공격에 있어서도 독일군과 프랑스군의 전술에는 큰 차이가 있었던 것이다.

그리고 이어지는 조항에서는 다음과 같이 규정하고 있다.

제241항 (생략) 만약에 패배한 적이 항전을 단념하고 혼란하게 퇴각하면, 추격을 개시한다. 추격은 중단함 없이 대담하고 격렬해야 한다.

실제로 『대단위부대 전술적 용법 교령』의 제5편 「회전」에서 추격에 관한 규정은 이것뿐이다. 이와는 대조적으로 독일군에서는 대항목인 '장'을 할애하여 추격에 관해서 규정하고 있다. 게다가 추격에는 군대의 피로를 고려하지 않고 지휘관의 일견 불가능한 요구까지 인정하고 있다.(『군대지휘』 제410항)

요약하면 프랑스군은 적 전선 돌파 이후의 전과확장에 대하여 독일군 정도로 중시하지 않았다고 할 수 있다. 이것은 적 전선에 쐐기를 박는 것처럼 공격하는 프랑스군에게 있어서 추격을 통해서 얻을 수 있는 성과와 종심깊이 진출하여 적 부대를 크게 포위하려는 독일군에게 있어서 추격을 통해서 얻을 수 있는 성과의 차이를 반영하고 있다고 할 수 있다.

그리고 제5관 「회전의 완결」의 마지막 항목에서는 공격에 실패했을 경우에 관해서 규정하고 있다.

제242항 공격에 성공하지 못한 경우, 먼저 지휘관은 점령지역의 유지를 확실하게 하고, 이어서 포병의 엄호하에 편성의 질서를 회복하며, 가장 큰 피해를 받은 부대는 후퇴시켜서 신속히 개편을 실시한다. (이하 생략)

여기서는 점령지역의 유지에 이어서 편성의 정리정돈을 제시하고 있다. 이것도 프랑스군의 계획성 중시를 보여주는 것이라고 할 수 있다.

용병사상의 근본적인 차이

『대단위부대 전술적 용병 교령』의 「공격회전」에 관한 규정들을 보면,

프랑스군이 제1차 세계대전의 서부전선과 같은 '참호전'을 염두에 두고 있었다는 것을 강하게 느낄 수 있다.

독일군이 포위공격과 측면공격을 중시하였던 것에 비해서, 프랑스군은 어떻게 기동하든지 결국에는 정면공격이 된다고 생각하고 있었다. 또한, 독일군처럼 적 부대를 크게 포위해서 섬멸하는 것이 아니라, 적 진지에 쐐기를 박는 것처럼 공격하고자 하였다. 그 외에도 '충격(Stoss)' 효과에 대한 인식 등에 있어서 프랑스군과 독일군은 서로 인접한 국가였음에도 사고방식에는 큰 차이가 있었다.

이러한 차이의 근저에는 '프랑스군이 화력을 중시한 진지전 지향의 군대였으나, 독일군은 기동력을 중시한 기동전 지향의 군대였다'라는 본질적인 차이가 존재하고 있었던 것이다.

【칼럼 5】프랑스군의 '전투군전법'과 「작전계획 1919」

제1차 세계대전 후반에 독일군은 소규모 돌격부대를 선두로 하여 적 방어 거점을 우회하거나, 적의 약점인 좁은 간격을 비집고 들어가서 적 전선의 후방으로 침투하는 '침투전술'을 대규모로 활용하였다. 이로 인해 연합군 부대는 혼란과 마비 상태에 빠지곤 하였다. 이러한 혼란과 마비는 돌격부대에 의한 '충격(Stoss)' 효과의 일종이라고 할 수 있다.

한편, 프랑스군은 이보다 이른 1917년 9월에 반포한 교령에서 소대의 절반 규모(훗날 '전투군(戰鬪群)'으로 개칭)를 독립된 전투단위로 정식 채용하였고, 부사관의 지휘하에서 전후좌우로 유연히 기동하며, 전장의 지형지물을 이용하여 적의 방어 포격을 피하고, 기회를 노려 일거에 돌파하고자 하였다. 이러한 '전투군전법'은 분대 규모의 소부대 전술이라는 점에서 독일군의 '침투전술'과 유사하다.

그러나 『대단위부대 전술적 용법 교령』(제115항)의 '전투의 주요 인자'에 대한 정의를 기초로 생각해 보면, 최초부터 '충격'에 의한 '혼란'과 '마비'를 노리고 있었던 '침투전술'과 달리, '전투군전법'은 본질적으로 소대 절반 규모에 편제된 경기관총의 '화력'을 신속하게 전진시키기 위한 수단에 지나지 않았다고 할 수 있다. 또한, 독일군의 '침투전술'에 대하여 프랑스군은 '아군 거점의 간격 등을 이용하여 화력을 잘 전진시켰다'라고 인식했을 것이다.

참고로 영국 전차부대 참모장이었던 풀러(J.F.C. Fuller, 1878년~1966년) 대령은 '침투전술'을 이용한 적 부대의 '마비'에 주목하여, 먼저 신속한 중전차(中戰車) 부대를 이용하여 독일군 전선 후방의 상급사령부와 통신시설 등을 향해서 돌진시키고, 이어서 중전차(重戰車) 부대와 보병부대, 포병부대를 이용하여 지휘계통이 마비되고 보급선이 단절된 독일군 전선의 약점을 공격하여 돌파하고자 하는 「작전계획 1919(Plan 1919)」를 제1차 세계대전 말기에 발안하였다. 이 작전계획이 노리고 있던 적 부대의 '마비'는 독일군에서 말하는 '충격'으로 발생하는 효과 일부라고 할 수 있다. 따라서 풀러는 '충격'의 효과에 대해서 적어도 프랑스군보다도 잘 이해하고 있었다고 할 수 있다.

'작전계획 1919'를 고안한 영국 육군의 풀러 대령. 그의 사상은 훗날 독일군, 소련군 등의 전차 지휘관들에게 큰 영향을 미쳤다.

소련군의 공격

공격에 대한 기본적인 사고방식

소련군『적군야외교령』은 제5장「전투지휘의 원칙」에서 '공격'에 대하여 다음과 같이 기술하고 있다.

제106항 군대는 행군편성 또는 전투편성을 통해서 행동한다.

행군편성은 적과의 조우 시에 유리한 태세로 병력을 전개할 수 있을 뿐만 아니라, 적 항공기 및 기계화 부대의 공격을 격퇴할 수 있어야 한다. (중략)

전투편성은 타격부대와 견제부대로 구성하고, 여러 개의 선(2선 혹은 3선)으로 배치한다. (중략)

전황의 필요에 따라 불의의 사태에 대비하기 위해서는 일정 규모의 예비대를 보유한다. (이하 생략)

소련군은 '행군편성'이나 '전투편성' 중에서 어느 하나의 행동을 한다고 하고 있다. 그중에서 '전투편성'은 크게 '타격부대'와 '견제부대'로 나누고, 이를 2선 혹은 3선으로 배치하며, 추가로 전황의 필요에 따라 일정 규모의 예비대를 후방에 배치하도록 하고 있다. 여기서 주의해야 할 것은 타격부대 및 견제부대의 제2선과 제3선이 사태의 변화 등에 대응하기 위한 예비대가 아니라는 점이다. 이에 대해서는 앞으로 살펴볼 제108항에서 상세하게 설명하겠다.

이어서 '타격부대'와 관련해서는 다음과 같이 규정하고 있다.

제107항 공격편성에 있어서 타격부대는 주공정면에서 사용해야 한다.

타격부대의 제압자재가 많을수록 보병의 공격을 용이하게 만든다. 따라서 타격부대에는 병단 고유의 깃이든 배속받은 것이든 상관하지 말고 제압자재의 대부분을 집결시킨다. 보병 병력은 전차와 포병 지원 하에서 적 진지의 중심 전체를 돌파할 수 있을 정도의 위력을 갖추어야 한다. (중략)

저격사단의 타격부대는 통상적으로 연대를 1선에 병렬로 배치하고, 저격연대는 소속 부대를 2선 또는 3선으로 배치하여 공격한다.

타격부대는 주공정면에 투입한다. 타격부대에 집중되는 '제압자재'는 구체적으로 (제112항에서 상세히 설명하고 있는) 포병, 항공기, 전차 등 적 병력을 제압할 수 있는 자재를 가리킨다.

그리고 (통상적으로 3개 저격연대를 기간으로 하는) 저격사단의 경우, 타격부대인 저격연대를 1선에 나란히 배치하지만, 각 저격연대는 소속 부대를 2선 혹은 3선으로 배치하여 공격한다. 이처럼 부대를 몇 개 제대로 나누어 공격하는 방법은 일반적으로 소련군의 '제파식 공격'으로 알려져 있다.

그런데 제1차 세계대전 중반에는 수개의 참호선으로 구성된 '진지대(陣地帶)'를 여러 개 보유한 '진지대 지대(數帶陣地)'가 일반화되었다. '진지대 지대'는 적 부대가 진지 전체를 한 번에 돌파하는 것을 막기 위해서 고안된 진지구성 방식이었다. 예를 들어 진지가 3개의 진지대로 구성된 경우, 공격 측이 제1선에 병력을 집중하여 제1진지대를 돌파하면, 방어 측은 예비대를 투입하여 제2진지대에서 적 공격부대를 저지한다. 만약에 공격 측도 예비대를 투입하여 제2진지대를 돌파하면, 방어 측은 전선 후방에서 추가로 증원부대를 투입하여 제3진지대에서 적의 공격을 저지한다.

게다가 제1차 세계대전 후반부터 독일군은 제1진지대를 단지 '경계진지'라고 간주하여, 이에 대한 고수에 집착하지 않고 유연하게 후퇴함으로써 △적의 포탄을 낭비하게 하고, △전진해오는 적 공격부대를 '주 저항진지'인 제2진지대에서 포격하고, △이후에 제2진지대와 그 전방에서의 역습을 통해서 저지한다는 방어전술을 채택하고 있었다. (상세한 것은 이 책의 제5장「방어」에서 설명하겠다.)

이러한 방어진지와 방어전술의 발달을 염두에 두고, 소련군에서는 타격부대를 2선 혹은 3선으로 나누고, 필요에 따라 예비대를 확보해 두는 공격전술을 채택했던 것이다. 예를 들어 적 진지가 세 개의 진지대로 구성된 경우, 먼저 제1선 부대가 제1진지대를 공격하여 돌파한다. 여기서 제1선 부대가 심하게 소모되면, 새로이 제2선 부대가 제2진지대를 공격하여 돌파한다. 만약에 제1선 부대가 제1진지대를 돌파하지 못하면, 제2선 부대가 제1선 부대를 지원하여 제1진지대를 돌파한다. 제2진지대 이후의 공격도 동일한 방법으로 실시하며, 필요에 따라서는 예비대도 투입한다.

타격부대를 2선, 3선, 예비대로 나누면 당연히 제1선 병력이 약해지게 되지만, 공격 시에 적 진지의 전 종심을 돌파할 수 있을 만큼의 보병을 집결하도록 하고 있었고, 전투 시에 자재의 보급과 집결을 지휘관 및 참모의 최대 책무로 하고 있었다. (이 책의 제1장에서 설명한『적군야외교령』제17항을 참조) 충분한 전력을 준비하지 못한 책임은 타격부대 지휘관이 아니라 보다 상급지휘관과 참모에게 있었다.

한편, '견제부대'에 대해서는 다음과 같이 규정하고 있다.

제109항 공격편성에서 견제부대는 국지적인 공격을 통해 적을 차등정면(次等正面)에 구속하여 주공방면으로 병력을 전환할 수 없도록 해야 한다.

국지적인 공격을 위해서는 통상적으로 많은 병력·자재를 사용하지 않는다. 이 때문에 전투 초기에 견제부대의 임무는 공격정면 및 종심에서 한정된 목표를 부여받는다. (이하 후술)

견제부대는 주공방면 이외의 지역에서 소규모 병력을 이용한 한정된 목표에 대한 국지적인 공격을 통해 적이 병력을 주공정면으로 전환할 수 없도록 한다. 하지만, 이어서 다음과 같이 규정하고 있다.

■ **소련군의 제파식 공격과 제1차 세계대전 당시의 진지공격**

〈그림1〉 제1차 세계대전 당시의 진지공격 　　　　〈그림2〉 소련군의 제파식 공격

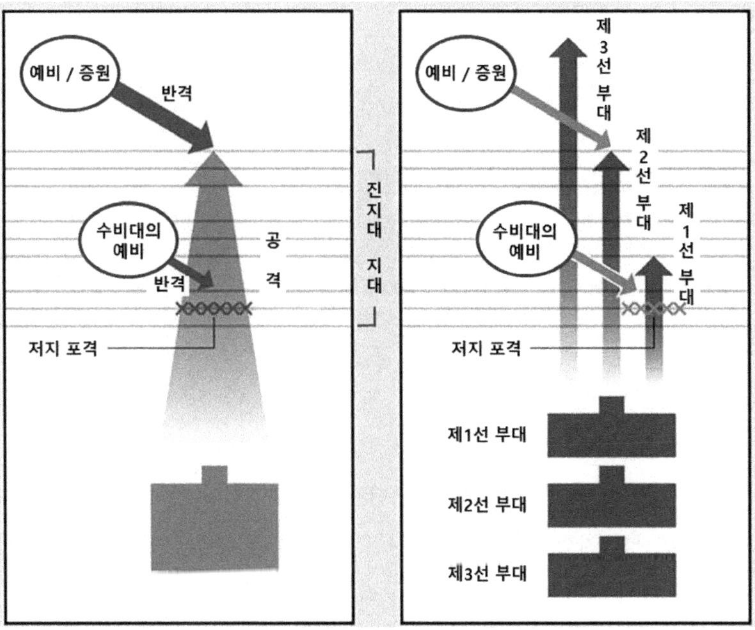

제1차 세계대전 당시 각 국가의 일반적인 진지공격 방법은 적의 저지포격으로 인해서 앞뒤 부대 사이와 연계가 끊어지고, 또한 수비대의 반격으로 전력이 감쇄되었다. 최종적으로는 적 예비대의 반격으로 인해서 돌파가 저지되었다.
한편, 소련군의 제파식 공격은 저지포격에도 제2선 부대가 즉각 전진함으로써 공격을 계속할 수 있었고, 항상 새로운 전력을 투입하였기 때문에 적 예비대의 반격에도 대응할 수 있었다.

제109항 (생략) 아군의 주공정면에 대한 공격을 통해서 적의 배비에 혼란이 생기면, 견제부대도 주공정면과 연계하여 결정적인 공격으로 전환해야 한다.

만약에 주공정면의 공격이 성공하여 적의 방어가 혼란해지면, 견제부대도 연계하여 결정적인 공격으로 전환하도록 하고 있는 것이다.

이처럼 소련군에서는 공격부대를 '타격부대'와 '견제부대'로 나누고, 이를 2선 혹은 3선으로 배치하여 주공정면과 그 이외의 정면이라는 2개 정면에서 공격하도록 하는 내용을 교범의 조문으로 규정하고 있었다. 역으로 이러한 규정들에 반하는 지휘관의 '결심의 자유'는 인정되지 않았다고 할 수 있다.

제2선, 제3선 부대장의 독단전행

그렇다고 해서 소련군 지휘관에게 '결심의 자유'가 전혀 없었던 것은 아니었다.

제123항 전투에서의 성과는 각급 지휘관의 대담하고 적극적인 정신에 의존해야 하는 경우가 많다. 특히, 독단전행은 결정적인 가치를 가지고 있다. 고급지휘관의 지휘기술에 요구되는 것은 △각 부대에게 명확한 임무를 주고, △적절한 공격지점을 선정하고, △해당 방면으로 적시에 충분한 제압자재를 집중하고, △각 부대의 협동을 조율하고, △부하의 독단전행을 수용하고 이를 이용하며, △다양한 부분적 성과를 지원하여 이를 확장하는 것이다. (이하 생략)

이처럼 (사단장 등의) 고급지휘관에게는 공격지점의 선정 등과 관련한 '결심의 자유'를 인정하고 있었고, 하급지휘관의 독단전행도 인정하고 있었다.

그리고 하급지휘관의 독단전행에 대해서는 다음과 같이 규정하고 있다.

> 제108항 타격부대의 제2(3)선 부대는 제1선 부대와 함께 전투임무를 수령한다. 제2선은 새로운 지시 또는 명령을 기다리지 말고 독단으로 제1선 부대의 전과를 확장하거나, 제1선을 지원하도록 한다. (중략) 제2(3)선 부대장은 호기(好機)를 식별하면 단호히 제1선의 획득한 전과를 확장하거나, 이를 지원하는 것과 관련하여 그 책임을 가지고 있다. (이하 생략)

모든 것을 교범의 조문으로 빈틈없이 규정하는 경향의 소련군에서도 타격부대의 제2선 및 제3선 부대지휘관들에게 독단으로 제1선 부대를 지원하여 전과를 확장하도록 하고 있었다.

제1차 세계대전에서는 전장의 야지와 철조망 등 장애물을 극복하며 전진하는 공격 측보다도 진지 내부의 정비된 교통로와 전선 후방의 도로망 등을 사용할 수 있는 방어 측이 예비대와 증원부대를 신속하게 투입할 수 있었기 때문에, 공격 측은 적 진지를 돌파하기 어려웠으며 전선이 고착되는 주된 원인이었다.

이러한 전훈을 염두에 둔 소련군에서는 방어 측이 예비대와 증원부대를 투입하여 돌파를 저지하기 이전에 제2선 및 제3선 부대지휘관들(예를 들어 저격연대라고 하면 저격대대장들이 여기에 해당함)의 독단으로 제1선 부대를 신속하게 지원하며 전과를 확장하도록 하고 있었다. 실제로 하급지휘관의 독단전행은 돌파의 성공을 좌우할 정도로 '결정적 가치'가 있었던 것이다.

한편, 독일군은 앞서 설명한 것처럼 진지공격에 있어서 분대 등의 소부대로 분산하여 적 거점을 통과하며 전진하는 전술을 채택하고 있었다. 이러한 전술은 소부대 지휘관들에게 고도의 판단능력을 요구하는 것이었다. 이에 비해서 소련군은 독단에 의한 전과확장의 판단을 제2선(제3선) 부대의 지휘관에 한정하여 요구하고 있었다. 이러한 고도의 판단능력을 요구하는 지휘관의 수적인 차이는 양쪽 지휘관의 능력 차를 반영한 결과라고 할 수 있다.

전종심 동시타격과 포위섬멸

지금부터 설명할 내용에 대한 결론을 먼저 말하자면, 소련군 공격의 최대 특징은 '적 전투편성의 전종심에 대하여 동시에 타격을 가하는 것' 이다.

> 제112항 대규모로 사용되는 현대전의 제압자재(특히 전차, 포병, 항공기, 기계화 부대)의 발달은 적을 고립시켜 격멸할 수 있도록 '적 전투편성의 전종심에 대한 동시 공격'을 가능하게 만들었다. (이하 후술)

여기서 말하는 '전종심'이란, 적 진지의 모든 종심뿐만 아니라, 적 전선의 후방에 위치한 증원부대 등을 포함한 '전종심'을 의미하고 있다. 앞서 설명한 수개의 진지대에 배치된 적 수비대와 예비대뿐만 아니라, 그 후방의 증원부대에 대해서도 동시에 타격을 가함으로써 각 제대를 고립시켜 격멸하는 것이다.

다른 국가들에서는 적 제1진지대의 수비대에 대하여 포병으로 타격한 다음에 제1선 부대가 공격하는 것이 일반적인 공격방법이었다. 이에 비해 소련군에서는 적 제1진지대에 추가해서 제2진지대와 제3진지대의 수비대와 그 예비대, 그리고 이를 지원하는 포병, 더욱이 적 전선 후방의 증원부대 등도 아군 원거리 포병과 항공기, 전차, 기계화 부대 등을 이용하여 동시에 타격하도록 하고 있었다.

이러한 공격으로 인해 적군은 포병의 지원사격이나 예비대·증원부대의 역습 등이 불가능하게 되었다. 적 수비대는 포병지원을 받지 못하게 되고, 예비대 및 증원부대의 지원을 받지 못하게 됨으로써 사실상 고립되었다. 공격하는 타격부대의 제1선, 제2선, 제3선의 부대는 각각 적의 제1진지대, 제2진지대, 제3진지대에 고립된 수비대만을 상대하여 각개격파하였다.

이어서 이 조항에서는 적 부대를 포위하기 위한 수단을 다음과 같이 제시하고 있다.

제112항 (생략) 포위는 다음과 같은 수단을 통해서 달성한다.
(1) 적의 한 익측 또는 양익을 우회하여 적의 측면 및 후면을 공격한다.
(2) 적 후방에 전차 및 차량화 보병을 투입하여 적 주력의 퇴로를 차단한다.
(3) 항공기, 기계화 부대, 기병 등을 이용하여 적의 퇴각 부대를 습격함으로써 적의 퇴각을 저지한다.

소련군은 적의 익측을 우회하여 적의 측면과 후면을 공격하고, 적의 후방에 전차와 차량화 보병을 전진시켜서 적의 퇴로를 차단한다. 게다가 항공기, 기계화 부대, 기병 등으로 퇴각 중인 적 부대를 습격함으로써, 적의 퇴각을 저지하고 적을 완전히 포위하도록 하고 있었다.

이처럼 다양한 수단을 이용하여 포위에 완벽함을 도모하는 것은 소련군 공격전술의 가장 큰 특징이라고 할 수 있다.

각 부대의 주요 임무

이어서 『적군야외교령』에서는 전차부대, 포병부대, 항공부대 등의 운용방법을 규정하고 있다.

> 제103항 사단 전차대대는 보병지원 전차군의 임무를 가진다.
> 병단으로부터 배속받은 전차는 그 성능을 이용하여 △보병지원 전차군을 증강하기 위해서 보병에 배속시키나, △적 종심 깊숙이 돌입하기 위해서 원거리행동 전차군에 편성하도록 한다.
> 공격 시에는 원칙적으로 보병지원 전차를 중대 또는 소대별로 보병 지휘관에게 배속하고, 방어 시에는 역습 및 적 전차 파괴를 위해 대대 편제를 유지하여 보병지원 전차군을 사단장이 직접 운용한다.
> 원거리행동 전차군은 상황에 따라 군단장 또는 사단장이 직접 운용한다.
> 대부분의 경우에 전차는 수개의 제대로 편성하여 공격한다.

제2차 세계대전 당시 열강들의 전차 운용에 대한 기본적인 사고방식은 프랑스군 전차대대군으로 대표되는 '분산배치를 통한 보병에 대한 직접지원'과 독일군 기갑사단으로 대표되는 '집중배치를 통한 통일운용'으로 크게 둘로 나눌 수 있다.

그러나 소련군에서는 보병을 직접지원하는 '보병지원 전차군'과 적 전선 깊숙이 돌입하는 '원거리행동 전차군'이라는 두 가지 방법으로 운용하였다. 그리고 보병지원 전차군용 전차로서 운용하기 적합했던

제2차 세계대전 당시에 소련군 주력전차였던 T-26 경보병전차.

속력은 최대 28km/h였으나, 보병지원용 선차였기 때문에 문제가 되지 않았다.

주포는 BT-7과 동일한 장포신인 45mm포였고, 개발 당시에는 대전차 전투능력도 높았다.

소련군은 제2차 세계대전 직전에 T-26과 병행하여 BT 고속전차 시리즈를 대량으로 생산하였다. 사진은 BT 시리즈의 결정판이었던 BT-7 전차.

캐터필러 주행은 52km/h, 타이어 주행은 72km/h로 빠른 속도를 지녔다.

T-26 경보병전차를 놀라울 정도로 대량으로 생산했을 뿐만 아니라, 원거리행동 전차군용 전차로서 고속주행이 가능했던 BT 고속전차도 대량으로 생산하였다.

이 중에서 보병지원 전차군은 공격 시에 전차대대를 중대와 소대로 분할하여 각 보병부대에 배속하였으나, 방어 시에는 역습과 대전차 전투를 위해서 전차대대 편제 그대로 운용하였다. 한편, 원거리행동 전차군은 기본적으로 군단장이나 사단장이 직접 운용하도록 하고 있었다.

그리고 이러한 두 전차군 모두 기본적으로 보병처럼 여러 개의 선에 배치하여 '제파식 공격'을 실시하도록 하였다.

다음은 포병부대이다.

제114항 포병의 전투편성은 병단의 임무 및 전투편성과 완전히 일치해야 한다. 포병의 전투임무 달성을 위해서는 임시포병군을 편성한다. (이하 후술)

포병부대는 임무별로 세 가지 종류의 임시포병군으로 편성하였다

제114항 (생략) 보병(기병)지원 포병군은 보병(기병)과 그 배속전차를 지원하는 것을 임무로 하고, 사단 포병의 전부와 사단에 배속된 포병을 이용해서 편성하며, 저격연대 중에서 주로 타격부대를 지원한다. (중략)

보병지원 포병군의 각 대대 및 중대는 각각 지원해야 하는 보병 대대와 중대에 배속된다.

1개 저격대대를 지원하는 보병지원 포병군 내의 부대를 '보병지원 소포병군(小砲兵群)'이라고 칭한다. 보병지원 포병군 및 소포병군 지휘관은 보병 지휘관에 대하여 예속 관계에 있지 않지만, 오로지 그 전투 요구를 달성하고자 해야 한다.

각 사단 예하의 포병부대와 그 사단에 배속된 군단 직할 및 야전군 총예비의 포병부대로 구성된 '보병(기병)지원 포병군'은 주로 타격부대의 보병(기병) 및 보병지원 전차군을 지원하도록 하고 있다. 보병지원 포병군의 각 포병대대 및 중대는 지원대상인 보병대대와 중대에 배속하도록 규정하고 있다. 이러한 포병부대의 지휘관은 보병부대의 지휘관에게 직접 지휘를 받지 않지만, 그 요구에 따르도록 강조하고 있다.

이러한 보병지원 포병군의 주력은 야포와 중구경(中口徑) 유탄포였다.

제114항 (생략) 원거리 포병군은 군단 포병과 군단에 배속된 장사정 포병을 이용하여 편성하고, 그 임무는 △적 포병과의 전투, △적 후방에 위치한 예비대, 사령부, 도로 교차로, 그 밖의 중요목표에 대한 화력타격, △아군 비행대의 비행을 위한 적 고사포의 박멸이다.

각 사단의 상급부대인 군단 직할의 포병부대와 차상급부대인 야전군 총예비로부터 군단에 배속된 각종 장사정 포병부대로 구성된 '원거리 포병군'은 대포병전, 포병부대 독자적인 적 전선 후방에 대한 화력타격, 적 방공망 제압(SEAD)을 임무로 하였다. 이러한 원거리 포병군의 주력은 장포신의 캐논뽀였다.

제114항 (생략) 파괴 포병군은 큰 위력을 가진 포병으로 편성하고, 강도 높은 적 축성진지의 파괴를 임무로 한다.

'파괴 포병군'은 적 진지에 위치한 수비대의 제압을 목적으로 하는 '제압사격'이 아니라, 적 진지 그 자체를 파괴하는 '파괴사격'을 담당하였다. 이러한 부대의 주력은 대구경 유탄포와 박격포였다.

소련군은 이처럼 각종 임시편성의 포병군을 이용하여 적 전투배치의 전종심을 타격했던 것이다.

다음은 항공부대이다. 당시 소련군은 항공부대를 각 군관구(軍管區)와 야전군, 군단 등 지상부대의 지휘하에 두고 있었다. 구체적으로는 전선 항공부대, 야전군 항공부대, 군단 항공부대이다.

제116항 항공부대는 보병, 포병, 그 밖의 병과를 이용해서 제압할 수 없는 목표를 파괴하기 위해서 사용한다.
공군을 이용하여 최대의 전과를 거두기 위해서는 가장 큰 가치를 지닌 목표에 대하여 동시에 공격을 집중하는 '병력의 집단사용'을 실시해야 한다. (중략)
공군부대와 지상부대의 협동은 신뢰할 수 있는 기술적 연락수단과 (일반 부대 지휘관과 항공지휘관 사이에) 개인적인 양해가 있을 때 비로소 그 성과를 기대할 수 있다. (이하 생략)

항공부대는 다른 병과로는 제압할 수 없는 목표를 공격한다. 이때,

일류신 II-2 습격기. 애칭인 'Shturmovik'의
의미는 '습격기'이다.
'전차 킬러'로서 알려졌으나, 본래는 전장
으로 향하는 적군의 수송 및 행군을 공격
하여 저지하는 것이 주임무였다.

항공부대를 분산해서 운용하지 말고 집중적으로 운용하도록 하고 있다.
흥미로운 것은 지상부대와의 협동에는 무선기 등의 기술적인 연락수단
만이 아니라, 지휘관 사이의 개인적인 양해도 필요하다고 하는 것이다.

이어서 기종별로 각 비행대의 임무를 열거하고 있다. 가장 먼저 제시
하고 있는 것은 습격비행대이다.

> 제117항 습격비행대는 다음과 같은 임무를 가진다.
> (1) 부대 및 야전군의 후방에서 전장으로 향하는 적군의 수송 및 행군을 방
> 해하고, 이를 격멸한다.
> (2) 전투 간에 적을 습격하여 직접적으로 아군을 지원한다.
> (3) 사령부, 유선통신의 중추, 통신선, 무선통신소 등을 파괴하여 적의 통
> 신 및 지휘조직을 붕괴시킨다. (이하 생략)

우선적으로 '전장으로 향하는 적군의 수송 및 행군의 방해와 격멸'을
제시하고 있다. 이를 통해서 방어 측 증원부대의 신속한 투입을 방해하
여 그 이동속도를 야지를 전진하는 아군 공격부대보다도 느리게 할 수
있다면, 적 진지에 대한 돌파 가능성은 크게 된다.

제2차 세계대전시 습격기(러시아어로 Штурмовик, 영어로 Shturmovik)
로서 가장 유명했던 소련군 일류신 II-2(Ил-2)는 대전차 공격으로 높
이 평가받는 경우가 많았다. 그러나 소련군 습격기의 임무는 대전차 공

폴리카르포프 I-16은 공중과 지상을
가리지 않고 적 항공기 격파를 노린
구축기였다.
사진은 20㎜ 기관포를 주익에 탑재
한 개량형인 I-16P

격이 아니라, 전선으로 향하는 적군의 수송 및 행군의 방해였다. 적 증
원부대의 이동을 저지한 다음으로는 아군 지상부대의 진지돌파에 대한
지원과 적 지휘·통신 조직의 파괴를 제시하고 있다. 적 지휘기능을 마
비시킬 수 있다면, 적 포병부대가 적절한 지원포격을 실시하거나 증원
부대를 적시에 투입하는 것이 불가능해지기 때문이다.

　다음으로 기술하고 있는 것은 구축비행대로서 구축기(러시아어로 Истре
битель, 알파벳으로 표기하면 Istrebitel)를 편제하고 있는 비행대이다. 소련
군의 전술교범에서 구축비행대보다도 습격비행대를 먼저 제시하고 있는
것은 지상부대에 대한 직접협력을 중시하였다는 증거라고 할 수 있다.

　　제118항 구축비행대는 공중에 있든 지상에 있든 가리지 않고 각종 적 항공
　기를 격멸하는 것을 주요 임무로 한다. (이하 생략)

　구축비행대의 주요 임무는 각종 적 항공기를 격멸하는 것이며, 그 수
단은 공중격파든 지상격파든 가리지 않는다고 강조하고 있다.

　참고로 이 교범이 편찬될 당시의 주력 구축기 중의 하나였던 폴리카
르포프 I-16(И-16)은 대지공격에도 위력적인 20㎜ 기관포를 탑재한 개
량형(I-16P)과 로켓탄을 탑재한 개량형도 개발되었다. 이러한 개량형
일부는 '지상공격형'으로 볼 수도 있지만, 소련군의 전술교범에서 '적기

의 지상격파도 구축기의 주요 임무'라는 것을 고려한다면, 단순히 지상 공격용이 아니라 특별히 적기의 지상격파도 노린 것이라고 인식해야 할 것이다.

이어서 제시하고 있는 것은 경폭격(經爆擊) 비행대이다.

제119항 경폭격 비행대는 다음과 같은 목표에 대하여 사용한다.
(1) 밀집한 부대
(2) 지휘기관, 즉 사령부 및 통신 중추
(3) 보급원점
(4) 군용 열차, 철도 및 병참 선로
(5) 비행장에 존재하는 적 비행대
(이하 생략)

여기서는 밀집한 적 부대에 대한 폭격을 제일 먼저 제시하고 있으며, 적 비행대의 지상공격을 마지막에 두고 있다. 적 항공기를 지상에서 격파하는 것은 구축비행대의 제1의 임무였기 때문에, 경폭격 비행대의 주임무가 아니었다. 또한, 아군 지상부대에 대한 근접항공지원은 앞서 설명한 것처럼 습격기의 임무였기 때문에, 경폭격의 임무에는 포함하고 있지 않다.

마지막으로 부대비행대와 연락비행대이다.

제120항 부대비행대는 일반병단을 위한 수색, 전장감시, 연락, 전차의 유도, 포병의 사격관측을 주 임무로 한다.
연락비행대는 다음과 같은 임무를 가진다.
(1) 각 부대에 명령을 전달하고, 각 부대로부터 보고를 수령한다.
(2) 각 부대 상호 간에 연락을 유지한다.

(3) 전장을 감시한다.

부대비행내는 성찰비행대의 일부를 저격군단 등에 편제한 것으로써 일본 육군의 '직협비행대'가 담당하던 임무를 주로 담당한다. 연락비행대는 각 부대 사이의 연락에 추가하여 전장 감시에도 사용하였다.

이처럼 소련군에서는 독일군의 전격전과 유사하게 항공부대를 지상전과 밀접하게 협력하도록 하고 있었다. 추가하여 중폭격(重爆擊) 비행대를 제시하지 않은 이유는 총사령부 직할의 장거리 항공대에 소속되어 있고, 기본적으로 전략 수준에서 독립적인 운용을 하였기 때문이다.

제병과 협동

『적군야외교령』은 항공부대의 운용방법에 이어서 제병과 협동에 관해서 다음과 같이 규정하고 있다.

> 제122항 어떠한 경우에도 병과 상호 간의 협동은 보병의 전투임무에 포병과 전차의 행동을 일치시키도록 현지에서 주도면밀한 협조를 실시할 때만이 그 성과를 기대할 수 있다. 보병대대, 포병대대, 전차중대 사이에서는 특히 그러하다. (이하 생략)

독일군은 앞서 설명한 것처럼 보병을 중심으로 먼저 보병과 포병의 협동, 이어서 보병과 전차의 협동에 관해서 규정하고 있다(『군대지휘』 제330항, 제339항). 이에 비해 소련군은 보병을 중심으로 하는 것은 동일하지만, 포병과 전차의 협동을 동등한 지위에 두고 있다. 다시 말해, 독일군 전술교범은 보병과 포병의 협동, 보병과 전차의 협동을 각각 별도의 사항으로 규정하고 있으나, 소련군 전술교범은 최초부터 세 병과(보병, 포병, 전차)의 협동을 규정하고 있다.

게다가 독일군은 (3개 보병대대를 근간으로 하는) 보병연대에 포병대대 또는 중대를 할당하여 '직접지원' 하도록 하였으나(『군대지휘』 제332항), 소련군은 위의 조항에서처럼 보병대대, 포병대대, 전차중대를 협동의 기본단위로 하고 있었다. 다시 말해, 독일군은 3개 보병대대를 1개 포병대대 혹은 1개 중대, 전차대(규모의 규정은 없음)가 지원하도록 하고 있었으나, 소련군은 1개 보병대대를 1개 포병대대와 1개 전차중대가 지원하도록 하고 있었다. 즉, 독일군보다도 소련군 쪽이 보병에 대한 포병과 전차의 지원규모가 크다. 이러한 내용들을 보면, 전차부대를 포함한 제병과 협동에 관해서 소련군이 독일군보다 앞서 있었다고 할 수 있다.

소련군의 공격에 대한 기본적인 사고방식을 요약하면, 적의 제1진지대로부터 전선 후방의 증원부대까지 전 종심을 아군의 원거리 포병, 항공기, 전차, 기계화 부대 등으로 동시에 타격하는 '전종심 동시타격'을 가장 큰 특징으로 하고 있다. 공격부대를 '타격부대'와 '견제부대'로 나누고, 이를 2선 혹은 3선에 배치하여, 주공정면과 그 외의 정면에서 공격하도록 하고 있다. 그리고 적의 익측을 우회하여 적의 측면 및 후면을 공격하고, 적 후방에 전차와 차량화 보병을 전진시켜서 적의 퇴로를 차단하며, 추가로 항공기, 기계화 부대, 기병 등으로 퇴각 중인 적 부대를 습격하여 적의 퇴각을 저지함으로써 적을 완전히 포위섬멸 하고자 하였다.

■ 전종심 동시타격의 개념도

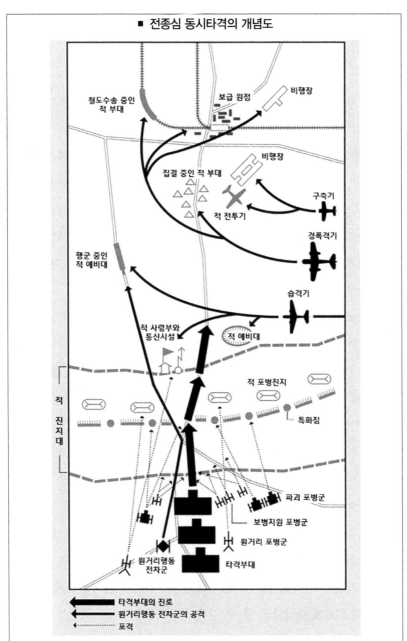

그림은 '전종심 동시타격'의 개념을 나타내고 있다. 공격개시와 동시에 각 부대는 일제히 전선에서 부터 적 종심 후방에 이르기까지 화력을 이용한 타격을 실시함으로써 적을 제압하도록 하고 있다.

조우전의 지위

다음은 소련군의 조우전에 대해서 살펴보자.

먼저, 독일군 『군대지휘』의 구성을 살펴보면, 제6장 「공격」에서 '조우전'과 '진지공격'을 나란히 구성하고 있다. 이처럼 독일군은 조우전을 진지공격과 동등한 공격 일부로서 인식하고 있었다. 이에 비해, 프랑스군에서는 앞서 설명한 것처럼 군대의 활동방법을 '공세'와 '수세' 두 가지로 나누고 있었다. 이 중에서 '공세'를 '진지로부터 적을 구축하여 파멸시키는 것'이라고 정의하며, 통제되지 않는 조우전은 회피하도록 하였다. 이처럼 프랑스군에서 공격은 진지공격을 의미하고 있었다(『대단위부대 전술적 용법 교령』 제114항, 제200항, 제201항 등).

한편, 소련군 『적군야외교령』은 제6장 「조우전」에서 조우전만을 별도로 규정하고 있으며, 이어서 제7장 「공격」과 제8장 「방어」에서 공격과 방어에 대해서 각각 규정하고 있다. 다시 말해, 소련군은 독일군처럼 조우전을 공격 일부로서 인식했던 것이 아니라, 조우전을 통상적인 공격(방어)과는 다른 별도의 지위를 부여했던 것이다. (참고로 제7장 「공격」에는 「행군 이후 시작하는 공격」이 포함되어 있는데, 조우전과는 다른 것이다.)

이러한 것들을 보면, 근본적으로 소련군은 프랑스군과 동일하게 '공격'과 '방어'를 완전히 다른 것으로 인식하는 '공방이원론'적인 사고방식을 하고 있는 것처럼 느껴진다. 게다가 소련군은 '진지대 지대를 이용한 방어전술'을 염두에 두고 공격부대를 수개로 나누어 배치하는 '제파식 공격'을 기본으로 하였다. 이러한 점에서도 '공격 = 진지공격'으로 인식하던 프랑스군에 가깝다고 할 수 있다.

하지만, 소련군은 프랑스군처럼 통제되지 않는 조우전을 회피하려 하지 않았다. 그러기는커녕 전술교범에서 '공격' 및 '방어'와 동일한 대항목인 '장(章)'을 '조우전'에 부여할 정도로 중시하였고, 이러한 점에서 프랑스군과는 차이가 있었다.

조우전에 대한 기본방침

지금부터 『적군야외교령』 제6장 「조우전」의 내용을 살펴보겠다. 그 첫 조항에서는 다음과 같이 규정하고 있다.

> 제140항 조우전은 행군하여 공격해 오는 적에 대항해서 발생하는 경우뿐만 아니라, 다양한 상황에서 발생한다. (이하 생략)

여기서는 접근해오는 적이 직접 공격하는 경우를 제시한 다음에, 이 밖에도 다양한 상황에서 조우전이 발생한다고 하고 있다.

> 제141항 조우전의 특색은 행군 편성으로부터 신속하게 전개하여, 수시로 임의의 장소에서 적에게 신속한 공격을 가하는 것이다. 전개, 사격개시, 공격전진의 시작 시기에 있어서 적의 기선을 제압하는 것은 조우전 지휘의 중요한 방법이다.
> 이 때문에 각급 지휘관은 대담하고 적극적인 태도와 단호한 행동을 통해서 적이 아군을 계속해서 추종하도록 만들어야 한다.

조우전에 있어서 소련군의 특징은 적에 대하여 신속한 공격을 가하는 것이다. 만약에 행군해온 적이 공격해도 방어로 전환하는 것이 아니라, 적의 기선을 제압하고 전개 · 사격 · 공격전진을 실시하여 적이 아군을 계속해서 추종하게 만들도록 규정하고 있다. 달리 말해, 적보다 먼저 선수를 쳐서 적이 아군 행동에 대한 대응에만 급급하도록 몰아붙여 적을 수동적인 상태에 빠뜨리는 것을 중시한 것이다. 이를 통해 주도성을 확보하고자 하고 있다.

제142항 조우전에서 정확한 상황 파악을 기대할 수 없다. 또한, 수색의 성과도 정확할 수 없다.

게다가 적의 기동에 따라 정보가치를 상실하는 경우도 많다.

적 상황의 불명확함은 조우전의 통상적인 모습이다.

정확한 상황파악을 기다리며 의심 및 주저하여 망설이는 것은 도리어 적에게 수색의 이익을 주고 선제의 이익을 상실하게 한다. (이하 후술)

상황이 유동적인 조우전에서는 아군 수색을 통한 성과가 정확할 것이라고 기대할 수 없으며, 게다가 적의 기동에 따라서 수색 정보의 가치도 급속하게 상실되기 때문에, 적 상황이 불분명한 경우가 일반적이라고 지적하고 있다. 그리고 적 상황의 판명을 기다리며 망설이는 것은 기선 제압의 이점을 상실하게 한다며 경계하고 있다.

그럼 불분명한 상황 속에서 어떻게 공격을 개시해야 하는가?

제142항 (생략) 조우전에서 주공방향은 종종 적을 압도할 수 있는 지형상의 이점만을 기초로 결정해야 한다.

조우전에서 기동의 근본목적은 적 제대를 분리하고, 단호한 행동을 통해서 동일한 목표로 제병과 전력을 동시에 집중하여 적을 각개격파 하는 것이다.

조우전에서는 아군이 적을 압도할 수 있는 지형인지만을 판단하여 주공방향을 결정하는 경우가 종종 있다고 하고 있다. '주먹구구식'이라고 생각할 수도 있겠으나, 소련군은 이 정도까지 '주도성 확보'에 집착하고 있다고 볼 수 있다. 또한, 적의 행군제대를 분단하거나 적을 각개격파할 목적으로 '기동'하도록 규정하고 있다. 이 전술행동은 '진지전'과 '기동전'이라는 이분법적인 사고방식에서 보자면, 명확히 '기동전'으로 분류할 수 있다.

여기서 독일군 『군대지휘』를 다시 살펴보면, "조우전에 있어서 결심 및 행동은 통상적으로 정황이 불확실한 가운데 이루어진다(제372항)", "조우전에 있어서 성과는 기선을 제압하여 적이 아군을 추종하게 하는 것에 달려 있다. 유리한 정황을 신속하게 인식하고, 불분명한 상황에서도 신속하게 행동하며, 또한 즉시 명령을 부여하는 것이 필수요건이다(제375항)"라고 규정하고 있다. 다시 말해, 조우전에서는 상황의 불확실함 속에서 결심하고 행동하지 않으면 안 되며, 이를 위해서는 상황이 불분명해도 신속하게 행동하며 현장에서 명령을 부여해야 한다고 하고 있다.

이와는 대조적으로 프랑스군에서는 '적절한 선제 행동은 물론 실시해야 하지만, 지휘·통제되는 전투를 실시하는 것이 중요하며, 통제되지 않는 조우전은 회피해야 한다'라고 하며, 통제되지 않는 조우전을 회피하도록 하고 있었다. 이어서 '처음 참전하는 새로운 부대의 사용은 적합하지 않다. 이러한 부대는 필요한 화력의 다양한 지원하에서 질서정연한 전투방식을 취하는 전장에 잠가하게 해야 한다'라고 하고 있다(『대단위부대 전술적 용법 교령』 제201항). 이러한 내용들을 비교해 볼 때, 소련군의 조우전에 대한 기본방침은 프랑스군보다는 오히려 독일군과 유사하다는 것을 알 수 있다.

한편, 통상적인 '공격'에 관해서 소련군 교범을 살펴보면, 제7장 「공격」에서 다음과 같이 규정하고 있다.

제163항 (중략) 공자는 주공방향에 가장 많은 병력과 자재를 집결하고, 적
보다 해당 정면에서 압도적인 우세를 점해야 한다.

통상적인 공격에서는 조우전처럼 지형만을 보고 바로 공격을 시작하
지 않고, 주공정면에 병력과 자재를 집중하여 압도적인 우세를 확보하
도록 규정하고 있다. 이를 보면 소련군이 통상적인 '공격'과 '조우전'을
전혀 다른 것으로 인식하고 있었다는 것을 알 수 있다.

제2차 세계대전의 전투 사례를 살펴보면, 1941년 6월에 시작된 독일
군의 소련진공작전인 '바르바로사 작전' 초기에 발생한 '스몰렌스크 전
투(제1차 스몰렌스크 전투)'에서는 소련 서부방면군에 편입된 다수의 임
시편성 작전집단(그 대다수는 수개의 사단을 근간으로 구성)이 독일군의 제
2기갑집단과 제3기갑집단(2~3개의 기갑군단을 근간으로 구성)에 대하여
'무모하다'라고 생각할 수밖에 없는 공격을 계속하였다.

한편, 1942년 11월에 스탈린그라드 부근에서 시작된 소련군의 동계
반격인 '천왕성 작전(Operation Uranus)'에서는 소련 남서방면군과 돈
방면군에 소속된 총 3개의 야전군이 루마니아 제3군에 대하여, 스탈린
그라드 방면군 소속의 2개 야전군이 루마니아 제4군에 대하여, 각각 국
지적인 우세를 확보한 다음에 공격을 개시하여 루마니아군 전선을 돌파
하였고, 스탈린그라드의 독일 제6군을 포위하였다.

이러한 두 가지 전투 사례 중에서 '스몰렌스크 전투'의 소련군 연속
공격은 서투른 작전지도에 의한 것, '천왕성 작전'에서 소련군의 우세는
약체인 동맹군에게 측면을 맡긴 독일군의 실책에 의한 것이라고 보기도
한다.

그러나 이를 전술 측면에서 본다면 다르게 해석할 수 있다. 먼저 '스몰렌스크 전투'는 소련군이 상황을 '조우전'으로 인식하고 있었기 때문에, 전술교범에서 규정하고 있는 것처럼 적 상황이 불분명하더라도 신속하게 공격을 개시한 것이라고 볼 수 있다. 또한, '천왕성 작전'은 소련군이 통상적인 '공격'을 준비하여 전술교범에서 규정하고 있는 것처럼 압도적인 우세를 위해서 병력을 집중한 것이라고 볼 수 있다. 다시 말해, 일관된 전술사상이 없는 것처럼 보이는 소련군의 이러한 작전행동들은 당시 전장상황에 대한 인식의 차이에 따라 전술교범의 다른 규정에 기초하여 다르게 행동한 결과라고 할 수 있다.

조우전에 대한 소련군의 기본방침은 상황에 따라 무리한 공격이 될 수도 있다. 실제로 '스몰렌스크 전투'에서 소련군의 작전집단들은 막대한 피해가 발생하였다. 그렇다고 해서 독일군을 상대로 프랑스군처럼 조우전을 회피하고 질서정연하게 싸우고자 하였다면, 좋지 못한 결과를 거두었으리라는 것은 서방진공작전의 경과를 보면 알 수 있다. 오히려 '스몰렌스크 전투'에서 소련군 작전집단에 의한 신속한 공격은 독일군 기갑집단을 저지하고 그 충격력을 감소시키는 성과를 달성했다. 이는 서방진공작전에서 프랑스군이 독일군 클라이스트 기갑집단에 대항해서 실시했어야 했던 것이 아니었을까? 한편, 결과적으로는 무모한 공격이 되어 버려서 비록 큰 피해가 발생했지만, 소련군은 이를 수용할 수 있을 만큼의 막대한 동원력을 가지고 있었다.

요약하면, 소련군의 조우전에 대한 기본방침은 교리적인 측면에서 볼 때, 결코 형편없는 것이라고 말하기 어려우며, 현실적으로는 열세한 상황 속에서도 이후 국면에 큰 영향을 주는 성과를 달성하였다.

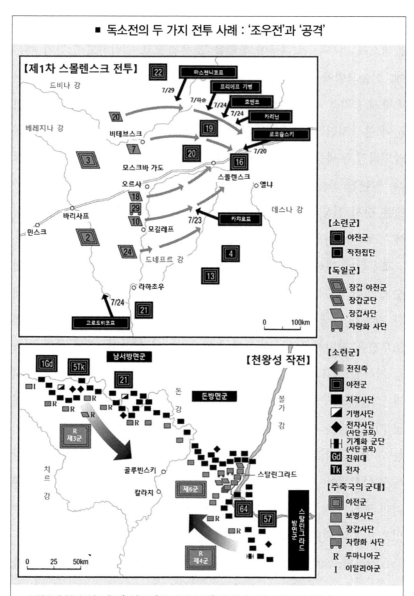

■ 독소전의 두 가지 전투 사례 : '조우전'과 '공격'

【제1차 스몰렌스크 전투】

드비나 강
베레지나 강
비테브스크
모스크바 가도
오르샤
바리사프
민스크
모길레프
드네프르 강
라하초우
고로도비쵸프

마스쳰니코프
7/29
프리에프 기병
7/하순
7/24 호먼코
7/24 카리닌
7/20 로코솝스키
스몰렌스크
옐냐
데스나 강
7/23 카차로프

7/24

【소련군】
야전군
작전집단

【독일군】
장갑 야전군
장갑군단
장갑사단
차량화 사단

0   100km

【천왕성 작전】

남서방면군
돈 강
돈방면군
볼가 강
골루빈스키
칼라치
스탈린그라드
치르 강

R 제3군
R 제4군
스탈린그라드방면군

1Gd 5Tk
I R R R R
R
제6군
64
57

【소련군】
전진축
야전군
저격사단
기병사단
전차사단 (사단 규모)
기계화 군단 (사단 규모)
Gd 친위대
Tk 전차

【주축국의 군대】
야전군
보병사단
장갑사단
차량화 사단
R 루마니아군
I 이탈리아군

0   25   50km

소련군에 있어서 '조우전'과 '공격'의 차이를 명확히 알 수 있는 전투 사례이다.

제1차 스몰렌스크 전투에서 소련군은 전진하는 독일군 기갑사단에 대하여 작전집단을 차례로 투입하며 전투를 실시하였다. 한편, 독일 제6군의 포위섬멸을 노린 천왕성 작전에서 소련군은 적을 압도하기에 충분한 전력을 집중하였고, 전선을 돌파하여 이중포위를 실시하였다.

전자는 '조우전'을, 후자는 '공격'을 보여주고 있다.

조우전에서의 지휘와 부대운용

이어서 조우전에서의 구체적인 전투방식을 살펴보겠다.

제143항 조우전은 각종 전투자재의 협조를 통해서 적을 포위섬멸하도록 지휘해야 한다.

이를 위해서는 다음과 같이 공격을 지휘해야 한다.

(1) 항공기를 이용해서 적의 행군제대를 공격한다.

(2) 기계화병단 및 기병병단을 이용해서 적 행군제대의 측면 및 배후를 공격한다.

(3) 일반병단은 신속한 전개와 전투 투입을 통해서 적의 측면 및 배후를 공격한다.

(이하 후술)

조우전에서 소련군은 적 제대를 분단하고, 각 제대를 포위섬멸하는 것을 목표로 한다. 이를 위해서 먼저 항공기로 행군 중인 적 제대를 공격하고, 이어서 기계화병단과 기병병단으로 적의 배후와 측면을 감싼 다음에, 일반병단을 최대한 신속하게 전개해 적의 배후와 측면을 공격하도록 하고 있다.

제143항 (생략) 광정면의 행군 편성으로 전진 중인 일반병단 지휘관은 △적에 대한 수색을 통해서 얻은 정보, 적 진진정보의 이점 비교, 주공을 지향하기 위한 지형의 이점을 고려하고, △적 부대를 격파하기 위한 순위를 결정하고, △주공방향에 주력부대의 공격을 집중함과 동시에 일부부대를 이용하여 다른 방향의 적을 구속하고, △비행대를 이용하여 그 전진을 방해한다.

주력인 일반병단 지휘관은 적 부대 격파를 위한 우선순위를 결정하고, 주공방향에 주력부대의 공격을 집중하도록 하고 있다. 이러한 우선순위 결정에서는 일반병단 지휘관에게 '결심의 자유'를 인정하고 있었다.

애초부터 조우전에 있어서 신속하게 공격을 시작하는 것이 대전제였고, 적 상황에 대해 잘 알 수 없다는 것을 당연시하였으며, 지형의 유리함만을 판단하여 공격하도록 하였기 때문에, '결심의 자유'라고 해도 그 내용은 뻔했다. 오히려 이러한 전제를 염두에 두고, 이에 관한 '결심의 자유'를 인정하고 있었다고 할 수 있다.

> 제144항 조우전에 돌입하기 이전에 행군 중인 적을 혼란에 빠뜨리는 것은 매우 중요하다.
> 이러한 목적을 위해서 비행대를 먼저 사용한다.
> 적 행군제대에 대한 공중공격은 각개격파를 가능하게 하는 첫걸음이다.
> 이때, 기관총, 폭탄, 독성 물질을 이용한 습격비행대의 지상습격과 경폭격비행대의 폭탄 및 독성 물질 살포는 큰 효과를 거둘 수 있다.
> 비행대는 적 병력과 군마, 포병, 포병탄 적재소, 치중대를 반복하여 공격함으로써 적 전투력을 파쇄하고, 후방보급을 차단하며, 이와 함께 적 포병을 박멸한다. (이하 생략)

여기서는 지상부대와의 조우전이 시작되기 이전에 행군 중인 적을 교란하는 것이 매우 중요하다고 하면서, 비행대를 이용한 적 행군제대에 대한 공격이 적 부대를 격파하는 첫걸음이라고 강조하고 있다. 이때, 가장 효과가 크다고 하고 있는 것은 습격기와 경폭격기를 이용한 총·포격과 독성 물질의 살포이다. (독가스 등 화학무기에 대한 소련군을 포함한 각 나라의 사고방식에 대해서는 【칼럼 6】을 참조) 이처럼 소련군은 조우전에서 비행대가 지상병단을 밀접하게 지원하도록 하고 있었다.

그러나 현실에서는 독일 공군의 기습으로 소련군 항공기 대다수가 지상에서 격파되었기 때문에, 독소전 초기에 지상군을 충분하게 지원할 수 없었다. 역으로 제공권을 확보한 독일 공군은 지상군을 자유자재로 지원할 수 있었다.

이 때문에 앞서 설명한 '스몰렌스크 전투'에서 소련의 지상군은 조우전의 상황 속에서 교범의 규정대로 공격을 계속하였으나, 교범에서 기술하고 있었던 비행대의 지원을 충분히 받지 못하였다. 여기서 독소전 초기 소련군이 고전을 면치 못했던 원인을 찾을 수 있다.

제145항 적과의 조우를 예상하고 행군을 편성하는 것은 매우 중대한 가치를 가진다. (이하 생략)

지상부대는 사전에 적과의 조우전을 예상하고 행군을 편성하도록 하고 있다. 만약에 행군 중에 적과 조우하면 행군편성에서 신속히 전투편성으로 전개하여 공격하도록 한 것이다.

제146항 기계화 병단은 상급지휘관이 우선적으로 격멸하고자 하는 적 부대의 주력에 대한 타격을 가하는 데 사용된다. 전투 투입이 결정될 때까지 기계화 여단은 항상 신속하게 전방으로 진출할 수 있는 준비를 하면서 독립된 도로와 행군로를 이용하여 이동한다.

진두 투입 시에 기계화 여단은 정찰비행대와 유도기의 유도 하에서 신속하게 전방으로 진출하고, 전투비행대와 협동하여 적 보병(기병)의 주력 및 포병을 습격한다. (이하 생략)

기계화 병단은 사단장보다 상급지휘관이 우선적으로 격멸을 노리는 적 부대의 주력과 상대하도록 하고 있다. 이 때문에 기계화 여단은 신속하게 전방으로 진출할 수 있는 도로와 행군로를 사용하여 전진하도록 하고 있다.

또한, 이를 지원하는 '전투비행대'는 구축기를 주력으로 하는 구축비행대가 아니라, 조우전에서 적 부대를 습격하는 비행대인 습격비행대와 경폭격비행대를 가리킨다.

제147항 기병병단은 주공이 지향하는 적 제대 혹은 적 집단의 측면 및 배후를 공격한다.

기병은 강력한 보병부대의 정면에 충돌하거나, 기계화 부대의 공격이 우려되는 정면을 회피해야 한다.

한편, 기병병단은 아군 주공이 지향하는 적 부대의 측면과 배후를 공격하도록 하고 있고, 적의 강력한 보병부대의 정면이나 적 기계화 부대의 공격 우려가 있는 정면을 회피하도록 하고 있다.

제148항 저격사단은 하나의 도로를 따라서 전진 중에 조우전 참가를 위해서 그 주력을 전개할 수 있는 최대 병단이다.

그렇다고 해도 적합한 도로가 있을 때는 저격사단을 2개 혹은 3개 제대로 전진시켜야 한다. 수개의 행군 제대로 전진하는 것은 전개 및 주공방면에 대한 병력의 집결을 신속하게 하는 데 도움이 된다. (이하 생략)

저격사단은 하나의 종대로 전진해도 조우전 참가를 위해서 주력을 전개할 수 있는 가장 큰 규모의 부대라고 하고 있다. 그렇다고 해도 행군편성에서 공격편성으로의 전개와 주공방면에 대한 병력의 집결을 신속하게 하기 위해서는 도로가 가용하다면 2~3개의 제대로 전진하도록 규정하고 있다. 여기서도 역시 신속함을 중시하고 있다.

제149항 포병의 주력은 각 제대의 임무 및 지형의 상태를 고려하여 가장 유리하게 이를 사용할 수 있는 방면으로 전진한다. (중략) △신속하게 그 진로를 개척하고, △행군 중인 적 제대를 파쇄하고, △적의 전개를 방해하며, △아군 주력의 전투 투입을 지원할 수 있도록, 강력한 포병(장사정포를 포함)을 전위에 배속한다. 상황에 따라서는 전체 포병의 절반까지 전위에 배속할 수 있다. 첨병에는 연대포를 배속한다. (이하 후술)

전위에는 최대 포병 전력의 절반을 배속하여 행군 중인 적 제대를 파쇄하고, 적 전개를 방해하고, 아군 주력의 전투 투입을 지원하도록 규정하고 있다. 이처럼 소련군은 포병 전력의 절반을 전위에 투입하면서까지 주도권을 확보하고자 하였다.

제149항 (생략) 주력 포병은 전개할 때에 보병을 초월하여 전진한다. 이때, 임무를 수령한 포병중대는 즉시 지원해야 하는 보병 대대와 중대에 연락반을 파견한다.

한편, 주력 포병부대는 아군의 보병부대를 초월전진하여 전개하고, 각 포병중대는 보병대대와 보병중대 등을 지원하도록 하고 있다. 이처럼 소련군은 조우전 시에 포병의 주력을 보병 전방에 전개하도록 하였다.

조우전의 전투방법

이어서 조우전의 전투방법을 더욱 자세하게 살펴보겠다.

제151항 적이 만약에 장사정포 사격을 개시하여 도로를 이용한 부대의 전진을 방해하기 시작하면, 행군제대 지휘관은 제대를 산개하여 차폐된 접근로를 따라 대대별로 제대를 형성하여 전진하도록 지시한다. 차폐된 접근로가 있을 경우는 대대 이하의 부대로 분산하지 않는다.

적 장사정포의 사격으로 인해서 행군제대로 도로를 따라 전진하는 것이 어렵게 되면, 산개하여 대대 단위로 전진하도록 하고 있다. 만약에 적으로부터 차폐된 접근경로가 있을 때는 대대 이하로 분산하지 않도록 강조하고 있다.

제152항 조우전이 예상되는 경우에 부대의 기동은 가능한 적으로부터 차폐되어야 한다.
오늘날의 발연 자재는 적 공중감시에 대항하여 부대의 행동을 은폐하기 위해서 광범위한 발연을 실시하거나, 실제로는 부대가 없는 방면에서 부대의 전진을 가장함으로써 적을 기만하는데 사용해야 한다.

부대의 기동은 가능한 적의 관측으로부터 차폐하도록 규정하고 있다. 예를 들어 지형을 이용하여 삼림 속이나 능선의 반대편 지형 등을 이용하도록 하고 있다. 또한, 연막을 이용한 은폐와 이를 이용한 기만을 시행하도록 하고 있다.

제155항 적보다 먼저 유리한 지선을 점령하고, 전술상의 요충지를 탈취하는 것은 특히 중대한 의의가 있다. (중략) 특히 포병을 위해서 유리한 관측소를 획득하는 것에 노력해야 한다. 이것은 사단 수색대대, 또는 특별히 파견된 제병과 협동제대인 선견부대의 임무이다. (중략)
만약에 적이 아군보다 먼저 유리한 지선을 점령했을 경우, 전방에 파견된 부대들은 전위의 도착을 기다리지 말고 독자적으로 이를 공격하여 해당 지선으로부터 적을 격퇴한다.

조우전에서는 적보다 먼저 유리한 지선과 전술상의 요충지를 확보하는 것이 중요하다고 하고 있다. 구체적으로 사단 수색대대와 선견부대가 포병 관측소를 확보해야 한다고 하고 있다. 또한 적이 유리한 지선을 점령했을 때는 이러한 부대들이 전위의 도착을 기다리지 말고 독자적으로 적을 공격하여 격퇴하도록 하고 있다.

한편, 독일군에서는 수색대가 수색지역 내에서 우세를 획득하기 위해 적보다 먼저 요충지를 점령하는 것을 권장하고 있으나, '수색에 필요한 전투를 제외하고 기본적으로는 전투를 회피하라'고 하고 있다(이 책의 제3장에서 설명한 『군대지휘』 제124항과 제125항 참조). 다시 말해, '요충지의 확보'라는 측면에서 독일군은 수색대에게 수색임무의 범위를 초과하는 '요충지의 확보'를 요구하지 않았으나, 소련군은 사단 수색대대와 선견부대에게 '독자적으로 적을 격퇴하고 유리한 지선을 확보하는 것'까지 요구하고 있었다. 이처럼 소련군은 독일군 이상으로 적보다 먼저 선수를 치는 것, 즉 '주도권 확보'를 중시하였다고 할 수 있다.

제156항 전위는 독자적으로 용맹하게 행동하고, 적 주력의 전개보다 먼저 활동하여 적 전위 및 선견부대의 격멸에 노력해야 한다. (중략)
전위를 격파하면, 상급지휘관은 주력을 이용해서 적이 주력부대를 공격한다. (중략)
만약에 적이 조우전에서 방어로 전환하면, 전위는 행군 편성에서 바로 적 경계부대를 공격하여 격멸하고, 이어서 적 진지대의 전연을 정찰한다.

전위는 적 전위 및 선견부대의 격멸에 노력하도록 강조하고 있다. 적 전위를 격파한 이후에는 주력을 투입하여 적 주력부대를 공격하도록 하고 있다.

만약에 적이 방어로 전환하면 전위는 그대로 적 경계부대를 격멸하고 적 진지대를 정찰하도록 요구하고 있다. 그 이후부터는 '조우전'이 아니라, 통상적인 '공격'으로 이루어지게 된다.

이어지는 조항에서는 조우전에 있어서 각 부대의 구체적인 행동을 기술하고 있다.

제157항 전위 포병은 최초 배치의 유리함과 상관없이 신속하게 진지로 진입하고, 포병 수색의 성과를 기다리지 않고 임시 관측소를 설치하여 즉시 사격을 개시하며, 아군 보병 및 전차의 행동을 방해하는 적을 제압한다. (중략)

포병대대는 사격명령을 수령하고 나서 수분 이내에 각 중대가 사격을 시작하도록 해야 한다. (중략)

전차는 포병 화력의 엄호하에서 적 경계부대를 돌파하고, 전위의 측면 및 배후를 습격한다.

보병은 신속하게 중화기를 제1선으로 전진시켜 사격을 개시한다.

대대는 은폐지를 따라서 적에게 접근하고, 적이 생각하지 못하는 곳에 전개하여 포병과 기관총 화력의 지원하에 공격을 시작하며, 적의 익측을 포위 및 우회해야 한다. (중략)

적 주력이 도착하기 전까지 적 전위를 격멸해야 한다.

전위에 배속된 포병부대는 즉시 사격을 개시하여 아군 보병과 전차를 엄호하고, 각 포병중대는 상급 포병대대의 명령을 수령하고 나서 수분 이내에 사격을 시작하도록 하고 있다. 단순하게 '신속히'가 아니라 '수분 이내'라고 구체적인 수치로 규정하고 있는 것은 소련군다운 기술방식이라 할 수 있다.

이러한 포병의 엄호하에서 전차부대는 적 경계부대를 돌파하여 적 전위의 측면 및 배후를 습격한다. 보병부대는 중기관총 등의 지원화기를 전개하고, 은폐지를 따라 적에게 접근한다. 아군 포병과 기관총의 지원하에서 공격 전진을 시작하고, 적의 익측을 포위 및 우회한다. 이렇게 하여 적 주력이 도착하기 이전에 적의 전위를 격멸하고자 하였다.

제158항 상급 지휘관은 만약에 적이 전투전진(접적) 편성을 이용해서 전진 중인 것을 발견하면, 적 배치가 가장 농밀한 부분을 포위 공격하도록 결심하고, 호기를 이용하여 은밀히 아군 타격부대가 적 측면을 지향하도록 하고, 은폐지를 이용하여 공격 시작 위치로 이동한다.

이때, 공격목표인 적 집단의 정면에 대해서는 전위로 공격하여 해당방면에 구속하도록 해야 한다.

상급지휘관은 적이 (행군편성이 아닌) 전투전진이나 접적편성으로 전진하면, 적의 배치가 가장 밀집된 부대의 포위를 노린다. 이를 위해서 전위를 '견제부대'로 하여 적 집단의 정면에서 적을 구속하도록 하고, 주력인 '타격부대'를 삼림 등의 은폐지를 이용하여 이동시켜서 적의 측면을 공격하도록 한다.

제160항 적 병력이 퇴각을 개시하면 신속하게 단호한 추격을 시작한다. 이때, 적 퇴로를 차단하여 완전하게 격멸하는 것을 목표로 하고, 이와 함께 뇌삭 부대에 대하여 추격을 실시해야 한다. (이하 생략)

적이 퇴각을 시작하면 퇴로를 차단하고 추격하여 격멸하도록 하고 있다.

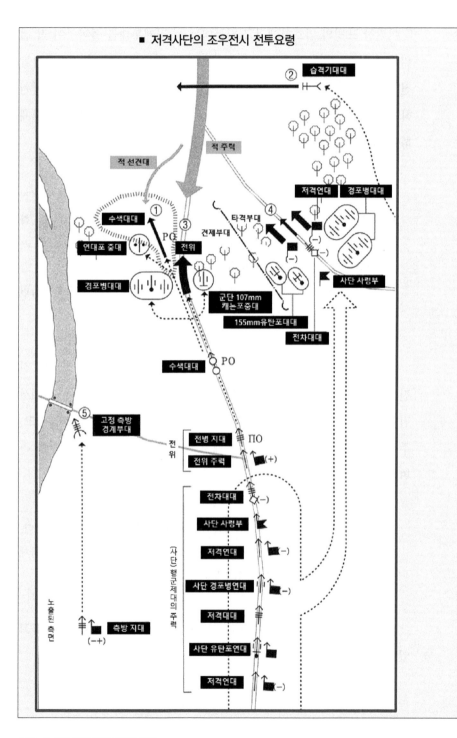

■ 저격사단의 조우전시 전투요령

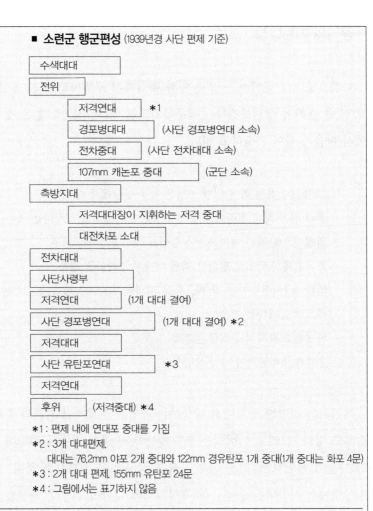

■ **소련군 행군편성** (1939년경 사단 편제 기준)

- 수색대대
- 전위
  - 저격연대　　＊1
  - 경포병대대　　(사단 경포병연대 소속)
  - 전차중대　　(사단 전차대대 소속)
  - 107mm 캐논포 중대　　(군단 소속)
- 측방지대
  - 저격대대장이 지휘하는 저격 중대
  - 대전차포 소대
- 전차대대
- 사단사령부
- 저격연대　　(1개 대대 결여)
- 사단 경포병연대　　(1개 대대 결여) ＊2
- 저격대대
- 사단 유탄포연대　　＊3
- 저격연대
- 후위　　(저격중대) ＊4

＊1 : 편제 내에 연대포 중대를 가짐
＊2 : 3개 대대편제.
　　　대대는 76.2mm 야포 2개 중대와 122mm 경유탄포 1개 중대(1개 중대는 화포 4문)
＊3 : 2개 대대 편제. 155mm 유탄포 24문
＊4 : 그림에서는 표기하지 않음

① 적 선견대를 격퇴하고 중요지형을 점령하는 수색대대
② 적 제대를 공격하는 습격기대대
③ 수색대대를 지원한 이후에 견제부대가 되는 전위
④ 타격부내인 2개 저격연대와 전차대대. 전개한 포병 중에 155㎜ 유탄포대대 1개는 견제부대에도 화력지원을 실시한다.
⑤ 측위 때부터 측면의 경계를 담당하는 측방 지대 / 고정 측방경계부대.
＊ 그림에서 (−)는 편제 결여, (+)는 증강, (− +)는 편제 결여와 함께 증강도 있는 것을 표시함

왼쪽의 그림은 조우전의 전투요령으로서 하나의 도로를 사용하던 저격사단이 적과의 접촉에서부터 전투 개시까지를 묘사하고 있다. 요충지의 탈취, 선두부대(전위)에 의한 견제, 주력에 의한 타격 등 보편적인 조우전의 방식이라고 할 수 있다. 다만, △요충지를 저돌적으로 탈취하는 것, △포병의 과반수를 전방으로 진출시키는 것, △견제부대와 타격부대를 명확히 구분하는 것은 소련군의 특징이라고 할 수 있다.

공격의 기본방침

다음으로 소련군에서는 '조우전'과 확실하게 구별하고 있는 통상적인 '공격'에 대해서 살펴보겠다. 『적군야외교령』의 제7장 「공격」은 첫 조항에서 다음과 같이 기술하고 있다.

> 제162항 방어하는 적에 대한 공격은 각종 상황에서 발생한다.
> – 공격 전에 적의 진지대를 향해서 장거리의 접적을 실시하는 경우
> – 직접적으로 적과 대치하는 상황에서부터 공격하는 경우
> – 조우전에서 방어로 전환한 적에 대해서 공격하는 경우
> – 퇴각 또는 전투이탈 할 때, 특정 지역에서 축차저항을 실시하는 적에 대해서 공격하는 경우
> – 하천을 도하하여 공격하는 경우
> 이 중에서 도하공격이 가장 복잡하다.

여기서는 다양한 상황에서 발생하는 공격을 구체적인 사례와 함께 기술하고 있다. 그리고 이어지는 조항에서 먼저 공격 전반에 관하여 기술한 다음에 이어서 ①「행군 이후 시작하는 공격」을 기본으로 하여, ②「대치상태에서 시작하는 공격」, ③「축성지역에 대한 공격」, ④「하천을 도하하여 실시하는 공격」에 대해서 기술하고 있다.

이러한 순서에 따라서 살펴보겠다. 먼저 공격 전반에 관한 규정이다.

> 제163항 방어력은 지형의 특성, 적이 진지설비에 사용한 시간, 적이 보유한 화력 및 기술자재에 따라 차이가 있다.
> 방어력은 비록 이러한 준비에 사용한 시간이 많지 않은 경우에도 그 위력은 사라지지 않는다.

따라서 공자는 주공 방향에 최대한 병력 및 자재를 집결하여 해당 정면에서 적보다 압도적인 우세를 점하도록 해야 한다.

방어력은 지형, 진지 구축 시간, 화력 등으로 차이가 발생하지만, 비록 방어 준비시간이 적은 경우에도 진지의 방어력은 상당하다고 하고 있다. 따라서 공격 측은 주공정면에 병력과 자재를 집중하여 적보다 압도적인 우세를 점하는 것이 중요하다고 강조하고 있다.

한편, 조우전에서는 앞서 설명한 것처럼 행군편성에서 전투편성으로 신속히 전개하여 공격을 시작함으로써, 적의 기선을 제압하는 것이 중요하다고 하고 있다. 계속해서 언급하였듯이, 소련군 교범에서는 통상적인 '공격'과 '조우전'의 기본방침이 전혀 다른 것이었다.

제164항 공격은 다양한 전투자재의 협조를 이용해서 적 방어배치의 전 종심을 동시에 제압하도록 지휘해야 한다.

이를 위해서

(1) 항공부대를 이용하여 적의 예비대 및 후방을 공격한다.

(2) 포병을 이용하여 적 전술배치의 전 종심을 파쇄한다.

(3) 원거리행동 전차군을 이용하여 적 전술배치의 전 종심을 돌파한다.

(4) 지원전차를 동반한 보병을 이용하여 적 진지에 돌입한다.

(5) 기계화 및 기병 병단을 적 후방 깊숙이 투입한다.

(6) 광범위한 연막을 이용하여 아군의 기동을 감추고, 또한 적을 기만하여 주공 방면 이외의 지역에 적을 구속한다.

이렇게 함으로써 적을 방어배치의 전 종심에서 구속하고, 이를 포위섬멸해야 한다.

만약 적에게 노출된 측면이 있을 때, 주력은 이를 우회하여 배후에서 적을 공격한다. 이때, 적의 정면에 대해서는 일부의 병력을 이용하여 용감히 공격해야 한다.

이처럼 소련군은 적 진지대 후방의 예비대 등을 포함한 전체 방어배치를 동시에 제압하는 '전종심 동시타격'을 지향하고 있었으며, 그 구체적인 방법은 다음과 같다. 항공부대로 적 예비와 후방, 즉 지휘·통신조직과 병참조직 등을 공격하여 예비대의 신속한 투입과 안정된 보급 등을 방해하고, 포병부대를 이용하여 적의 전술배치(전선 후방의 예비대 등 작전 수준 이상의 부대배치를 포함하지 않음)의 전 종심을 파쇄하여 아군 전차부대와 보병부대 등의 공격을 지원한다. 게다가 원거리행동 전차군으로 적의 전술배치의 종심을 돌파한다. 보병지원전차와 함께 보병부대가 적 진지에 돌입하고, 기계화 병단과 기병병단은 적 후방 깊숙이 투입한다. 이때, 연막을 전개하여 각 부대의 기동을 감추고, 기만을 통해서 적의 주의를 다른 지역으로 돌리도록 한다. 만약에 적의 익측이 노출되면, 주력을 우회시켜 배후에서 적을 공격한다. 이러한 경우에는 일부 병력으로 적 정면을 공격하여 적 병력을 고착시킨다. 이렇게 적 부대를 제1선부터 후방 깊숙이까지 구속하고 분단함으로써 제대별로 포위하여 섬멸하도록 하고 있다.

실제 사례를 들자면, '노몬한 사건'에서는 1939년 8월에 일본군 제23사단의 주력을 양익에서 포위하여 괴멸시켰고, 독소전에서는 1942년 11월부터 시작된 '천왕성 작전'에서 스탈린그라드의 독일 제6군을 양익에서 포위하여 최종적으로 항복하게 했다. 두 가지 사례 모두 전술교범을 그대로 적용한 공격이었다고 할 수 있다. 이처럼 소련군의 공격전술은 '적 진지에 공격부대의 쐐기를 박아 넣어 폭을 넓힘으로써 적 진지의 종심 깊숙이까지 진출'하고자 했던 프랑스군의 공격전술과는 명확히 다른 것이었다. 오히려 '포위섬멸을 지향하고 있다'는 측면에서 독일군과 유사했다.

이어지는 조항에서는 적 진지대에 대한 수색에 관해서 규정하고 있다.

제165항 적 진지대에 대한 수색은 진지 및 병력의 배치를 적시에 알아내는 것에 주안을 둔다.

수색을 통해서 탐지해야 하는 사항은 다음과 같다.

(1) 진지대 내부의 부대 배치

(2) 장애물 지대의 위치

(3) 경계부대의 배치

(4) 주전투지대의 배치

(5) 예비대의 배치

(6) 후방 진지대의 존재

(7) 보급로의 방향

(중략)

수색부대는 △적 방어배비와 포병의 병력 배치를 최대한 정확히 알아내고, △노출된 측면 또는 방어 배치되지 않은 지역을 식별하고, △진지대 내부의 상황 및 수비부대의 편성, 기술적 진지설비의 강도와 그 내용을 밝히도록 한다. (이하 생략)

적 진지대에 대한 수색을 이용해서 적의 방어배치 등을 식별하고, 노출된 측면의 유무를 확인하며, 진지대 내부의 상황을 밝히도록 하고 있다. 이를 통해서 제164항에서 규정하고 있는 '전종심 동시타격'이 기능하게 된다.

제166항 일반병단의 수색은 항공기, 기병, 수색대대, 척후군, 시찰(특히, 지휘관의 시찰) 등을 이용해서 실시한다. (중략)

수색부대의 파견 및 시찰은 항상 한정된 목적에 이용해야 한다. 즉, 불분명한 사항 또는 상황의 판명이 불충분한 사항을 확인하거나, 이미 입수한 정보를 확인·점검하는 것이다. (중략) 한정된 목적에 노력을 집중하지 않고, 쓸데없이 전 정면에서 동일한 주의를 기울여 분산된 수색은 효과를 거둘 수 없다.

저격사단 등 일반병단의 수색은 항공기, 기병, 수색대대, 척후, 지휘관의 시찰 등을 이용해서 실시한다. 이때 한정된 수색목적에 노력을 집중하는 것을 강조하고 있다. 이러한 부분은 광범위한 정보수집을 요구하였던 일본군『작전요무령』과는 대조적이다(이 책의 제3장에서 일본군 항목을 참조).

행군 이후 시작하는 공격

이어서 ①「행군 이후 시작하는 공격」의 첫 조항부터 살펴보겠다.

제169항 행군을 통해 적 진지대에 근접한 다음에 시작하는 공격에 있어서 전위는 다음과 같은 임무를 가진다.
   (1) 장애물과 엄호부대의 배제
   (2) 적 전투경계부대의 소탕
   (3) 적 진지대의 제1선에 대한 정찰 및 공격을 위한 주력의 전개 엄호
   전위에는 강력한 포병(가능하면 1개 보병대대당 2개 포병대대의 비율)을 배속한다. (중략)
   전위는 적 경계부대의 패주부대와 접촉을 유지하면서 전진하고, 비록 일부라고 해도 일거에 적의 주전투지대로 돌입할 수 있도록 노력해야 한다. (이하 생략)

전위는 적 철조망 등의 장애물과 그 개척을 방해하는 적 부대를 배제하고, 적의 경계부대를 소탕하도록 하고 있다. 그리고 적 진지대의 제1선을 정찰함과 동시에 주력의 전개를 엄호해야 한다고 하고 있다.

이때, 패주하는 적 경계부대와 접촉을 유지한 상태로 전진하여 비록 일부라도 적 주전투지대에 바로 돌입하도록 노력해야 한다고 하고 있다. 적과의 접촉을 유지하는 이유는 '적이 우군사격을 피하고자 화력 발휘를 제한하기 때문에, 적 주전투지대로의 돌입이 쉬워지는 것'을 이용하기 위해서이다.

제170항 전위와 적 경계부대 사이의 전투 시에 주력은 사단의 공격지역 내에서 차후에 있을 임의 방향에 대한 공격을 고려하여 차폐된 위치에 병력을 집결한다(적 진지대의 전연에서 3~4㎞).

(중략)

만약에 적이 진지대 밖에서 전투를 벌이고자 하면 기동전을 이용해서 이를 파쇄하고, 패주하는 적 배후와의 접촉을 유지하면서 적 진지대 내부로 침입해야 한다. (이하 생략)

주력은 적으로부터 차폐된 적 진지대 전연의 3~4㎞ 전방에 집결하도록 하고 있다. 여기서 만약에 적이 진지대가 아닌 야지에서 전투하고자 하면 기동전으로 격파하고, 퇴각하는 적 부대와의 접촉을 유지하며 적 진지대로 침입하도록 하고 있다. 적이 진지 내부로 복귀해서 방어태세를 정비하기 전에 적진 내부로 침입하고자 한 것이다.

제172항 공격계획은 측면을 공격하거나 정면을 돌파하거나 상관없이 항상 적 병력과 자재를 격멸하는 것을 목적으로 하고, 결코 압박을 주된 목적으로 해서는 안 된다.

공격 성공의 최대 요건은 적의 빈틈을 이용하는 것이다. 이를 위해서 부대의 다양한 준비행동은 최대한 기도비닉을 유지해야 한다.

공격계획은 어떤 방법이든지 단순히 적을 압박하여 물러나게 하는 것이 아니라, 적 병력과 자재 등 물리적 전투력의 격멸을 지향하도록 하고 있다. 다시 말해, 당시 소련군은 독일군의 침투전술처럼 '적의 혼란과 마비'라는 심리적 타격을 노리던 것이 아니었다.

또한, 공격에 있어서 적의 빈틈을 이용하는 것, 즉 '기습'을 중시하였다. 그리고 주공방면에서의 압도적인 우세도 중시하였기 때문에, 병력과 자재의 집중 등의 준비행동에 대한 기도비닉을 강조하였다.

실제로 제2차 세계대전시 동부전선에서 소련군은 병력집중에 대한 기도비닉과 기만에 상당한 노력을 쏟았으며, 스파이를 적발하거나 항공

■ 공격의 기준				
구 분		경미한 진지	보통의 진지	견고한 진지	비 고
공격정면	사단	4,000m (1연대/1사단)	3,000m (1½대대/1사단)	2,000m (1대대/1사단)	괄호는 (적/아군). (1대대/1사단)은 적 1개 대대에 아군 1개 사단을 투입하는 것을 의미
	연대	2,000m (1대대/1연대)	2,000m (1½중대/1연대)	1,000m (1중대/1연대)	
	대대	1,000m (1중대/1대대)	1,000m (1½소대/1대대)	500m (1소대/1대대)	
화포수 (1km정면)		30~40문 (약 3개 대대)	60문 (약 5개 대대)	70~100문 (약 8개 대대)	사단 포병의 문수는 76.2mm야포 × 24, 122mm경유탄포 × 12, 152mm유탄포 × 24
전차수 (1km정면)		30~40대 (약 1개 대대)	60대 (약 1개 대대+α)	60~100대 (약 1~2개 대대)	전차대대 전차수 : 51대

이 표는 1941년에 일본군이 『적군야외교령』 등을 정리한 소책자인 『소련군의 전투법 도해』를 기초로 작성한 것이다.

이를 보면, 주력인 보병의 경우에 공격 병력은 적보다 최소 3배 이상으로 하고 있다는 것을 알 수 있다. 이와 같은 철저한 물리적인 전력의 우세가 소련군 공격의 핵심이었다.

정찰을 방해함으로써 소련군 전선 후방의 정보를 얻지 못하게 하였다.

동부전선 전체의 병력 비율은 1944년 6월에 시작된 '바그라티온 작전 (Operation Bagration)' 이전까지 기껏해야 2:1 정도였으나, 독일군의 전투 기록에서는 '언제나 압도적인 병력의 소련군에게 공격받고 있다'고 기술하고 있었다. 이러한 기술들은 소련군이 '병력집중과 함께 기도비닉을 잘 수행하였다'는 증거이기도 하다.

제173항 적의 최대 약점은 노출된 측면과 병단 사이의 접합부이다. 따라서 모든 수단을 이용하여 탐지하고, 호기(好機)를 틈타 공격해야 한다. (중략)

제174항 적에게 노출된 측면이 없을 경우에는 돌파를 실시한다.

병력을 집중한 다음에는 적 부대의 약점인 노출된 측면이나 병단 사이의 접합부를 탐지하여 공격하고, 만약 적에게 노출된 측면이 없다면 돌파를 실시하도록 하고 있다. 이처럼 '포위공격'을 우선시하고, 이어서 '측면공격', '돌파공격' 순으로 지향하고 있는 점도 독일군에 가깝다. 그리고 이어지는 조항에서는 주공정면에 필요한 지원병력과 공격정면의 폭을 구체적인 수치의 형태로 규정하고 있다.

제175항 주공정면에는 철저하게 적보다 우세한 병력과 자재를 집결해야 한다. (중략)

급하게 방어로 전환한 적을 공격할 때는 타격부대 제1선이 1개 저격대대에 1개 포병대대와 1개 전차중대, 또는 2개 포병대대로 지원한다. 이 경우에 대대의 전투정면은 약 600m이다.

아군 포병과 전차의 지원을 더욱 강화할 경우에는 약 1km까지 전투정면을 확대할 수 있다.

고유편제 그대로인 사단이 타격부대일 경우에 정면의 폭은 2km~2.5km로 하고, 1개 포병연대와 1개 전차대대로 증강한 사단의 정면 폭은 3㎞~3.5㎞에 달하기도 한다. (이하 생략)

이 규정을 통해서 소련군의 병력집중 정도를 구체적으로 그려볼 수 있다.

원거리행동 전차군과 포병의 운용방법

'행군 이후 시작하는 공격'에서는 원거리행동 전차군을 다음과 같이 운용한다.

　제181항 원거리행동 전차군은 적 진지 돌파를 위한 결정적인 가치를 지니고 있기 때문에, 그 사용은 엄격하게 이러한 상황으로 한정해야 한다. (중략)
　원거리행동 전차군의 임무는 적 진지대의 후방으로 돌입하여 적 예비대, 사령부, 주력 포병군 등을 소멸시키고, 적 주력의 퇴로를 차단하는 것이다.
　대부분의 경우에 원거리행동 전차군의 습격은 보병과 보병지원 전차군이 적 진지대의 제1선 통과로 인해서 발생하는 방어 화망의 혼란을 이용할 수 있도록 계획해야 한다. (이하 생략)

원거리행동 전차군은 적 진지대의 후방으로 진출하여 적 예비대와 사령부, 포병 주력을 공격함과 동시에 적 퇴로를 차단하도록 하고 있다. 대부분의 경우에 이러한 습격은 보병지원 전차군의 지원을 받는 보병이 적 진지대의 제1선을 통과할 때 발생하는 적 방어화망의 혼란을 이용하여 실시한다고 기술하고 있다.

이러한 운용방법은 제1차 세계대전 중에 개발된 영국군 전차 Mk.A

휘펫 계열의 중전차(中戰車)와 순항전차의 운용방법에 가깝다. 실제로 원거리행동 전차군의 주력이 되는 BT 고속전차는 영국군의 순항전차인 Mk. Ⅲ(A13) 등에 큰 영향을 주었다.

한편, 포병부대는 다음과 같이 운용한다.

제186항 포병은 다음의 임무를 수행한다.
(1) 준비포격시기
적 포병의 제압, 식별된 대전차 방어자재의 박멸과 그 존재가 예상되는 지역의 제압, 관측소와 독립 엄체호, 특히 전차를 제압할 수 있는 대형 특화점(토치카)의 파괴, 전차가 공격하거나 접근할 수 없는 지역의 기관총 제압
(2) 원거리행동 전차군의 습격시기
대전차 자재의 박멸, 대전차 화력의 감쇄를 목적으로 하는 화력 지원, 새롭게 발견된 적 포병의 제압
(3) 지원전차를 동반한 보병의 돌격시기
보병의 전진을 보장하기 위해서 대전차 자재와 적 기관총을 제압하며, 완전히 적을 격멸할 때까지 공격 전투의 모든 과정에서 화력과 진지 변환을 통해서 보병을 지원

이처럼 세 가지 시기별로 포병의 임무를 규정하고 있다. 즉, 최초 준비포격시기에는 '적 포병의 제압', 원거리행동 전차군의 습격시기에는 '적 대전차 자재의 박멸', 지원전차를 동반한 보병의 돌격시기에는 (지원전차를 노리는) '적의 대전차 자재와 기관총의 제압'을 각각 우선목표로 제시하고 있다. 여기서 말하는 '대전차 자재'란 구체적으로 대전차포를 말한다.

제187항 포병의 준비포격은 공격정면 1㎞당 화포 30문~35문 이상을 보

유하고(원거리 포병 미포함), 추가로 1개 저격사단에 2개 전차대대를 보유한 경우에는 이를 1시간 반으로 단축할 수 있다.

전차의 숫자가 충분하지 않으면 3시간에 걸쳐 준비포격을 실시해야 한다. 또한 적 방어 진지대의 강도가 강할 경우에는 그 소요시간을 현저하게 연장한다. (이하 생략)

포병의 준비사격에 관해서도 이처럼 구체적인 수치를 제시하며 규정하고 있다.

지원전차부대의 규모가 클 경우(보통은 1개 저격사단에 1개 전차대대)에 포격시간을 단축할 수 있다고 하는 것은 적 대전차 자재를 완전히 박멸하거나 제압하지 못하여 아군 전차의 손해가 다소 증가하더라도, 적 공격으로부터 생존한 전차를 이용하여 적의 토치카를 격파하거나 기관총 화망을 제압할 수 있기 때문이다(앞서 설명한 제186항의 (1)을 참조).

제188항 원거리행동 전차에 대한 포병화력의 지원은 적 진지대의 전 종심에서 이동탄막사격을 통해 확실하게 실시되도록 해야 한다. 탄막의 연신이나 집중사격의 이동은 현지 상황에 따른 전차의 실제 속도를 기초로 결정된다. (중략)

1개 포병대대가 정면폭 혹은 (측면 엄호시) 종심으로 300~400m를 담당하게 할 경우, 이동탄막사격은 전차에 대하여 신뢰할 수 있는 엄호를 제공할 수 있다. (이하 생략)

원거리행동 전차가 적 진지대의 종심 깊숙이 돌입하면, 이와 함께 포병의 탄막을 적 진지대의 종심으로 이동시켜 가는 '이동탄막사격'을 실시한다. 이에 대해서도 구체적인 수치의 형태로 자세히 규정하고 있다.

제1차 세계대전에서 연합군은 공격시에 이동탄막사격을 정해진 시각에 따라 전진시켰기 때문에, 아군 보병의 전진과 괴리되어 공세가 실패하는 원인이 되었다. 이 조항에서 '전차의 실제 속도를 기초로 한다'고 기술하고 있는 것은 이러한 전훈을 염두에 둔 것이다.

보병지원전차와 보병부대의 운용방법

한편, 보병지원전차는 다음과 같이 운용되었다.

제189항 보병지원전차와 보병지원포병의 협동은 통상적으로 보병지원 소포병군이 지원하는 보병대대의 지원전차 전방에 존재하는 적 대전차 자재 또는 그 존재가 예상되는 지역에 대하여 화력을 지향하는 것에 귀착한다.
보병대대를 지원하는 전차중대는 포병화력의 엄호하에서 방자의 기관총 화망을 제압한다. (이하 생략)
제190항 연·대대포(連·大隊砲), 특히 박격포, 중기관총과 경기관총은 전력을 다해서 전차의 습격을 지원해야 한다. (중략)

보병지원포병은 보병지원전차의 전방에 있는 적 대전차 자재를 파괴하고, 그 엄호하에 보병지원전차는 적 기관총 화망을 제압하도록 하고 있다. 또한, 저격연대의 연대포와 대대포, 그리고 박격포와 기관총도 전차의 습격을 지원하도록 하고 있다. 이처럼 소련군의 공격전술은 다양한 화기가 다른 화기를 시원하도록 조합하여 운용하고 있었다.

제191항 보병지원전차는 돌격보병과 동행하며 직접 진로를 개척한다. (중략)
보병지원전차의 소부대 지휘관과 전차장은 끊임없이 보병지휘관의 '목표

지시'에 주목하고, 보병의 전진을 방해하는 적 화점을 제압해야 한다. (이하 생략)

보병지원전차는 적 진지로 돌격하는 아군 보병과 동행하고, 보병의 전진을 저지하는 적의 화점인 기관총 진지 등을 제압하도록 하고 있다. 이는 전형적인 전차를 이용한 보병에 대한 직접지원이다.

제193항 적의 빈틈을 이용하여 전개하기 위해서 저격대대는 포병 화력의 엄호하에 은폐하여 적의 제1선에 최대한 가까이 접근한다. (이하 생략)

제194항 보병은 전개 이후에 포병, 박격포, 중기관총 등의 화력을 이용하며, 빠른 약진 또는 포복 전진을 통해서 다음 은폐지를 향하여 약진하고, 돌격 출발 위치로 신속히 전진함으로써 사전에 정한 시각까지 모든 준비를 마친다. (이하 생략)

제196항 보병지원전차의 공격 전진은 통상적으로 보병의 돌격전진 신호가 된다. (중략)

전차가 없을 때는 사전에 정한 시각에 포병의 사거리 연신과 함께 보병 대대장 또는 중대장의 신호에 따라 돌격을 개시한다.

저격대대(보병대대)는 포병의 엄호하에서 은폐한 채로 적의 제1선에 접근하여 전개하고, 자체 화력인 박격포와 중기관총 등의 엄호하에서 빠른 약진과 포복전진으로 돌격 출발 위치로 이동하도록 하고 있다. 그리고 통상적으로는 보병지원전차의 공격 전진을 신호로 하며, 전차가 없을 경우에는 보병대대장이나 중대장의 신호에 따라서 돌격을 시작한다고 하고 있다. 소련군 보병은 일본군처럼 돌격지원 포병사격의 최종탄이 아니라 '아군 전차의 전진'을 시작 신호로 하여 돌격했던 것이다.

■ 적 제1진지대 돌파시의 병력 편성 (상당한 설비가 준비된 진지에 대한 공격의 경우)

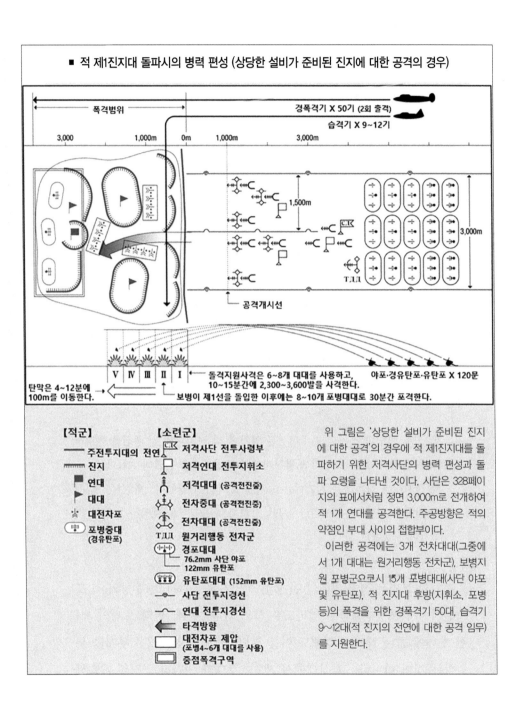

【적군】
- ━━ 주전투지대의 전연
- ▥▥▥ 진지
- 🚩 연대
- ▶ 대대
- ✳ 대전차포
- ⊕ 포병중대 (경유탄포)

【소련군】
- C.K 저격사단 전투사령부
- ⌂ 저격연대 전투지휘소
- 저격대대 (공격전진중)
- 전차중대 (공격전진중)
- 전차대대 (공격전진중)
- Т.Д.Д 원거리행동 전차군
- 경포대대
- 76.2mm 사단 야포
  122mm 유탄포
- 유탄포대대 (152mm 유탄포)
- ─◦─ 사단 전투지경선
- ⌒ 연대 전투지경선
- ⬅ 타격방향
- ☐ 대전차포 제압 (포병4~6개 대대를 사용)
- ▭ 중점폭격구역

위 그림은 '상당한 설비가 준비된 진지에 대한 공격'의 경우에 적 제1진지대를 돌파하기 위한 저격사단의 병력 편성과 돌파 요령을 나타낸 것이다. 사단은 328페이지의 표에서처럼 정면 3,000m로 전개하여 적 1개 연대를 공격한다. 주공방향은 적의 약점인 부대 사이의 접합부이다.

이러한 공격에는 3개 전차대대(그중에서 1개 대대는 원거리행동 전차군), 보병지원 포병군으로서 15개 포병대대(사단 야포 및 유탄포), 적 진지대 후방(지휘소, 포병 등)의 폭격을 위한 경폭격기 50대, 습격기 9~12대(적 진지의 전연에 대한 공격 임무)를 지원한다.

제198항 적 진지대에 발생한 돌파구는 종심을 향한 공격의 진전에 이용해야 한다. 각급 지휘관들은 발견한 돌파구가 비록 기존에 명령받은 방향과 일치하지 않을 경우에라도 이를 이용해서 돌진하여 전과를 확장해야 한다. 가령 소규모 병력이라도 저항하는 적의 측면 및 배후를 공격하는 것은 매우 유효하다. (이하 생략)

적 진지에 돌파구가 발생하면, 비록 이것이 명령으로 지시된 방향과 일치하지 않아도 진출하여 전과를 확장하도록 하고 있다. 이때, 소규모 병력일지라도 적 저항거점의 측면과 배후를 공격하도록 강하게 요구하고 있다.

참고로 독일군은 앞서 설명한 것처럼 적 전선의 일부를 탈취한 보병부대에게 측방을 신경 쓰지 말고 적 전선 후방의 포병부대를 향해서 그대로 돌진하도록 강조하였다(『군대지휘』 제364항). 이러한 점에 있어서 소련군의 공격 방법은 독일군보다도 유연했다고 할 수 있을 것이다.

제201항 보병과 전차의 전투편성은 일거에 적 진지대의 전 종심을 돌파하여 적을 완전히 격멸하고, 적 포병진지에서 포병부대를 격멸해야 한다.
적 진지대를 돌파하는 시기에는 보병을 교체하지 않는다. 제2선은 제1선을 교대하기 위한 것이 아니라, 이를 강화하고 공격력을 배양하기 위한 것이다. (이하 생략)

전차와 보병은 적 진지대의 전 종심을 일거에 돌파하고, 후방의 적 포병진지에서 포병부대를 격멸하도록 하고 있다. 이때, 만약 보병의 제1선 부대에 큰 손해가 발생해도 이를 후퇴시키고 나서 제2선 부대를 투입하는 것이 아니라, 그 상태에서 제2선 부대가 잇따라 공격을 계속하도록 하고 있다. 이러한 소련군의 공격방식은 '제파식 공격'이라고 한다.

제203항 진지대에 있는 적을 격멸하고 나면, 즉시 포위망을 이탈한 적에 대하여 추격을 개시하고, 후방기관과 치중대를 포획해야 한다. (중략) 포위망을 이탈한 적에 대한 섬멸은 집요한 추격을 통해서 이루어진다. (이하 생략)

진지대의 적을 격멸하면, 아군의 포위망에서 벗어난 적을 추격하고, 치중부대와 그 밖의 후방기관을 포획하도록 하고 있다. 그리고 잔적을 섬멸하기 위해서는 집요하게 추격하도록 강조하고 있다.

그 밖의 공격방법

마지막으로 그 밖의 공격방법에 대해서 살펴보겠다. 이와 관련한 각각의 조항 수는 적다. 먼저 ②「대치상태에서 시작하는 공격」이다.

제206항 대치상태에서 시작하는 공격은 공자가 한층 상세하게 적 진지대, 진지대 전연의 상태, 화력 조직, 인공장애물, 포병 및 예비대의 배치를 탐색하고, 적 배치의 접합부를 식별해 낼 수 있다. (이하 생략)
제207항 아군의 준비 사항에 대한 기도비닉은 성공의 중요한 조건이다. (이하 생략)

'대치상태에서 시작하는 공격'에서는 적 진지대의 배치와 그 접합부 등을 한층 상세하게 식별하도록 강조하고 있다.
이어서 ③「축성지역에 대한 공격」이다.

제212항 현대전에서 공자는 단순한 축성지역뿐만 아니라, 견고한 철근 콘

크리트로 제작한 영구축성 설비로 구성된 대규모 축성지대를 돌파해야 할 경우도 있다. (중략)

이로 인해 공격병단을 지원해야 하는 포병의 수가 증가하였고, 대구경 화포 및 중·대형(中·大型) 전차, 폭격항공기, 기술부대 등이 필요하게 되었다. 축성지역 및 축성지대에 대한 지상 및 공중 수색은 특히 주도면밀하게 실시해야 한다. (이하 생략)

'축성지역에 대한 공격'에는 통상적인 공격보다 포병이 증강될 뿐만 아니라, 철근 콘크리트로 만든 토치카를 파괴할 수 있는 대구경 화포와 이를 탑재한 대형전차, 대형 폭탄을 투하할 수 있는 폭격항공기 등도 필요하다고 하고 있다. 그래서 소련군은 제2차 세계대전 이전에 진지 돌파용 전차로써 76.2㎜포를 탑재한 T-28 중전차(中戰車)와 T-35 중전차(重戰車)를 완성시켰다.

마지막으로 ④「하천을 도하하여 실시하는 공격」이다.

제219항 도하는 야음을 이용하여 기습적으로 실시한다. (이하 생략)

제221항 준비포격의 엄호하에서 수륙양용 전차가 먼저 도하하고, 다음으로 선견부대인 보병부대 일부가 경도하(輕渡河) 자재를 이용해서 대안(對岸)으로 전진한다. 이를 통해 아군 포병으로 박멸하지 못한 대안(對岸) 상에 존재하는 적의 화점을 직접 제압한다.

이어서 제1제대(전위)는 광정면에서 신속하게 도하하고, 적 기관총 화력 및 포병관측으로부터 도하 지역을 엄호할 수 있는 교두보를 확보한다. (중략)

주력은 제1제대의 엄호하에 도하하고, 사전 계획에 따라서 공격을 실시한다. (이하 생략)

소련군은 도하를 위해서 수륙양용전차를 개발하였다. 사진은 핀란드군에게 노획되어 테스트 중인 T-37. 주요 무장은 7.62mm 기관총, 장갑은 최대 10mm로써 전투능력이 낮았다.

소련군의 도하공격은 야간에 실시한다고 하고 있으며, 구체적인 방법은 다음과 같다. 먼저 준비포격의 엄호하에 먼저 수륙양용전차가 상륙하고, 이어서 보병의 선견부대가 단정 등으로 상륙하여 적의 특화점을 제압한다.

당시 소련군은 제2차 세계대전 이전에 영국의 비커스사가 개발한 수륙양용전차인 L1E1(A4E11)을 기초로 소형 부항전차인 T-33을 개발하였고, 개량형인 T-37과 T-38을 저격사단 예하 수색대대의 전차중대와 전차대대의 수색소대 등에 배치하였다. 이러한 수륙양용전차는 수색·정찰뿐만 아니라 도하공격시에는 선두에 나섰다.

이어서 제1제대(전위)는 적의 기관총과 포병관측소로부터 주력의 도하지역을 엄호할 수 있도록 최대한 넓은 정면에서 도하하여 교두보를 확보하도록 하고 있다. 마지막으로 제1제대의 엄호하에 주력이 도하하는 순으로 이루어진다.

진지전 지향과 기동전 지향

지금까지 설명한 것처럼 『적군야외교령』은 '공격'과 '조우전'을 다른 개념으로 인식하고 있으며, 통상적인 '공격'은 적 진지대에 대한 공격을 주안으로 하고 있다. 이러한 의미에서 소련군은 프랑스군처럼 '진지전 지향의 군대'라고 생각할 수 있다. 소련군의 적 진지대에 대한 돌파 국면만을 보면 '진지전'이라고 할 수 있을 것이다.

그러나 소련군의 공격전술은 '적 진지 측익으로의 우회와 포위', '원거리행동 전차군을 이용한 적 진지대 후방으로의 돌입과 퇴로 차단' 등 진지공격에서도 '기동전'의 요소가 많이 포함되어 있다. 또한, 조우전에 있어서는 기동을 통해서 적 제대를 분단하고 제병과 전력을 집중하여 각개격파한다는 '기동전'의 내용을 기본으로 하고 있다. (제142항, 제143항 등을 참조) 이러한 점에서는 오히려 독일군 및 일본군처럼 '기동전 지향의 군대'에 가깝다.

이처럼 소련군은 '진지전 지향의 군대'와 '기동전 지향의 군대'라는 '이분법적인 틀로 규정하기 어려운 성격을 가진 군대'였다.

【칼럼 6】각 국가의 독가스 사용에 대한 입장

1925년에 스위스 제네바에서 조인되어 독가스 등의 사용을 금지한「질식성·독성 또는 기타 가스 및 세균학적 전쟁수단의 전시 사용금지에 관한 의정서」를 프랑스는 1926년에, 러시아는 1928년에, 독일은 1929년에 각각 비준하였다.

그러나 독일군『군대지휘』에는 다음과 같이 규정하고 있다.

제264항 (생략) 독성 물질의 살포는 종심을 크게 할 수 있을 경우에 수세적인 엄폐를 유효하게 지원한다. 가스양이 충분하지 않을 때는 교묘하게 선정한 장소에 살포하여 유효하게 한다. (이하 생략)

제344항 독가스는 포병 및 예비대의 전투에 적합하며, 측면의 접근을 차단하는 장애물의 설치나 그 보강에 유리하다. (이하 생략)

제502항 (생략) 독가스의 살포는 적의 추적을 곤란하게 할 수 있다.

독가스와 독성 물질의 사용을 특별한 것으로 다루지 않고, 통상적인 병기와 동등하게 사용방법을 기술하고 있다.

또한, 적의 독가스 사용에 관해서도 다음과 같이 담담하게 기술하고 있다.

제419항 적의 독가스 살포지대는 우회하고, 또한 후속부대를 위해서 표식을 남겨야 한다. 해당 지역은 자동차 탑승부대를 이용해서 돌진할 수 있다. 쉽게 제독할 수 있는 장소(도로, 식물이 없는 지역)에 통로를 설치해야 한다.

한편, 『군대지휘』는 서두에서 이렇게 기술하고 있다.

본 교령은 군비에 제한 없는 병력, 무기, 장비를 상정한 것이다.

본 교령의 규정을 독일 육군의 교육 및 운용에 적용할 때는 평화관계, 각종 법령, 국제조약 등에 의한 제약을 고려해야 한다.

다시 말해, 이 교령은 조약 등에 의한 군비제한이 없을 경우를 가정하여 기술하였기 때문에, 이를 실제로 적용할 때는 조약 등을 고려해야 한다고 밝히고 있다. 그러나 구체적으로 무엇을 어떻게 고려하는지는 규정하고 있지 않고, 교범의 기술내용만을 보면 '독가스의 사용을 당연시하고 있다'고 주변국으로부터 의심받을 수 있을 정도였다.

한편, 프랑스군 『대단위부대 전술적 용법 교령』은 서두인 「서언」에서 다음과 같이 기술하고 있다.

> 프랑스가 가입한 국제규약을 준수하는 정부는 전쟁 초기에 우선적으로 동맹국과 협력하여 적국 정부가 전투무기로써 독가스를 사용하지 않도록 약속하는 데 노력한다. 만약 이러한 조약을 맺지 못할 경우, 프랑스 정부는 상황에 따라 행동할 수 있는 자유를 가져야 한다. (1922년의 『대부대 전술적 용법 교령 초안』에서도 유사한 「서언」이 기술되어 있었다)

「독가스 사용금지에 관한 제네바 의정서」를 준수하는 프랑스 정부는 우선적으로 전쟁 초기에 동맹국과 함께 적국에 압력을 가해서 '독가스의 상호 사용금지 조약'을 맺는 것에 노력해야 하지만, 만약에 이러한 확약을 얻을 수 없는 경우에는 상황에 따라 독가스 사용의 자유를 가져야 한다고 하고 있다. 다시 말해, 독가스 상호 사용금지와 관련하여 적국에 확약을 얻지 못하면 독가스를 사용할 수도 있다고 위협하고 있다.

이러한 「서언」은 프랑스의 제1의 가상적국이면서 동시에 제1차 세계대전에서 우수한 화학공업을 활용하여 독가스를 선제적으로 사용했던 독일을 염두에 두고 있었음이 틀림없다.

한편, 『적군야외교령』의 본문 앞에는 1936년 판의 시행을 지시하는 「국방인민위원 명령 제245호」가 첨부되어 있으며, 그 마지막 부분에 화학적 공격수단, 즉 독가스 등의 사용방침에 관하여 기술하고 있다.

> 제4항 본 교령에서 다루고 있는 화학적 공격수단을 붉은군대가 실제로 사용하는 것은 적이 먼저 아군에게 이를 사용할 경우로 한정한다.

다시 말해, 소련군은 독가스 등의 선제사용을 금지하고 있으나, 적이 먼저 사용한 경우에만 사용하도록 하고 있었다.

제1차 세계대전 당시 러시아의 화학공업이 발달하지 못했기 때문에, 독일군의 독가스 공격에 심각한 피해를 받았다. 그러나 이 교범이 반포될 무렵에 소련군의 화학전 능력은 상당한 수준에 도달해 있었다. 그런데도 국방인민위원은 일부러 이러한 명령을 하달하였고, 이로 인해서 적어도 교범 상에서는 '소련군이 화학전에 적극적이지 않았다'는 것을 알 수 있다.

일본은 「독가스 사용금지에 관한 제네바 의정서」를 1970년까지 비준하지 않았으며, 『작전요무령』의 제4부 「독가스의 사용」에서 「통칙」을 포함하여 5개 장을 할애하고 있었다. 그 기본방침은 다음과 같다.

제2항 가스를 사용하는 것은 보복수단으로서 사전에 이것이 허락된 경우로 한정된다.

독가스의 사용을 보복에 한정하고 있었고, 이처럼 일본군도 소련군과 동일하게 적어도 교범 상에서는 화학전에 적극적이지 않았다. 이는 일본이 열강 각국보다 화학공업이 발달하지 못했기 때문에 자연스러운 결과라고 할 수 있다.

이처럼 각 국가의 전술교범은 화학무기의 사용에 관해서도 기술내용의 차이가 있었다.

일본군의 공격

통상적인 공격과 진지전의 지위

일본군 『작전요무령』은 제2부의 제1편 「전투지휘」에서 전투지휘의 원칙 등을 언급한 다음에, 제2편 「공격」에서 조우전, 진지공격, 야간공격 등을 규정하고 있다. 이어지는 제3편은 「방어」, 제4편은 「추격 및 퇴각」, 제5편은 결전을 회피하는 경우인 「지구전」에 대하여 각각 규정하고 있다.

이어서 제6편 「제병협동의 기계화 부대와 대규모 기병 부대의 전투」에서는 기계화 부대와 대규모 기병 부대의 전투에 대하여, 제7편 「진지전 및 대진(對陣)」에서는 견고한 진지대에서의 진지전과 대치상태에 대하여, 제8편 「특수한 지형에서의 전투」에서는 산지와 하천 등의 전투에 대하여 각각 규정하고 있다. 이것들은 일종의 예외적인 전투로써 통상적인 '공격' 및 '방어'와 구별하고 있었다.

이 중에서 제6편에서 규정하고 있는 기계화 부대와 대규모 기병 부대의 전투는 『작전요무령』의 제1부가 시행되기 이전에 '일본 최초의 상설 기계화 병단'이었던 '독립혼성 제1여단'이 해체되었고 대규모 기병 부대인 기병여단도 4개뿐이었기 때문에, 통상적인 전투와 구별하는 것이 당연하다. 참고로 소련군 『적군야외교령』에서는 기계화 부대와 대규모 기병 부대를 일반 보병사단과 구별하지 않고 하나로 기술하고 있다. 또한, 진지전은 제7편 「진지전 및 대진」의 서두에서 다음과 같이 정의하며, 통상적인 공격에 포함하여 분류하던 '진지공격'과도 명확히 구별하고 있다.

제275항 수개의 진지대로 구성된 견고한 진지의 공격 및 방어(이러한 종류의 전투를 '진지전'이라고 칭한다)에는 다량의 각종 전투자재가 필요하며, 전투 상황도 복잡하다.

애초부터 보병의 기동력을 중시하는 '기동전 지향'의 일본군에 있어서 한 장소에서 움직이지 않고 싸우는 '진지전'과 '대진 상태'는 예외적인 상황이었기 때문에, 이러한 의미에서 별도로 취급하는 것은 당연했다고 할 수 있다.

마지막으로 「특수한 지형에서의 전투」는 다른 국가의 전술교범에서도 통상적인 전투와 구별하고 있는 경우가 많았기 때문에 특별하다고 할 수 없다.

전투지휘의 기본방침

제2부 제1편 「전투지휘」의 제1장 「전투지휘의 요칙」은 첫 조항에서 다음과 같이 기술하고 있다.

제1항 전투에서 공격과 방어 중에 어느 쪽을 신택할시는 주로 임무에 기초하여 결정한다. 그렇지만 공격은 적 전투력을 파괴하고 이를 압도하여 섬멸하기 위한 유일 수단이며, 상황이 어쩔 수 없는 경우 이외에는 항상 공격을 결행해야 한다. 적 병력이 현저하게 우세하거나, 혹은 적에게 일시적으로 기선을 제압당한 경우에도 모든 수단을 강구해서 공격을 단행하고, 전세를 유리하게 해야 한다.

상황이 어쩔 수 없이 방어를 해야 할 경우일지라도 기회를 포착하여 공격을 감행함으로써 적에게 결정적인 타격을 주어야 한다.

이처럼 어쩔 수 없는 상황 이외는 항상 공격을 실시하는 것이 일본군의 대원칙이었다. 조문에 있는 것처럼 적 병력이 현저하게 우세하거나, 적에게 기선을 제압당하더라도 모든 수단을 강구해서 공격을 단행하도록 요구하고 있다. 이것이 일본군 전투지휘의 기본방침이었던 것이다. 제2차 세계대전에서 일본군은 종종 '무모하다'라고 생각할 수밖에 없는 공격을 실시하여 큰 피해를 보았다. 이러한 과도한 공격주의는『작전요무령』의 이 조항에 기인하고 있다고 회자되고 있다. 그러나 이는 다음과 같이 열세한 상황 속에서 소련군 전술을 염두에 둔 대응방안이라고 할 수 있다.

일본 육군에게 제1의 가상적이었던 소련군은 통상적인 공격에 있어서 주공 정면의 적에 대한 압도적인 우세 확보를 중시하였다(『적군야외교령』 제163항). 또한, 통상적인 공격과는 구별되는 '조우전'에서는 적의 기선을 제압하고 신속한 공격을 실시함으로써 적이 이에 대한 대응에만 급급하도록 몰아붙일 것을 강조하였다(『적군야외교령』 제141항).

이를 보면 알 수 있듯이 일본군『작전요무령』에서 규정하고 있는 「전투지휘의 요칙」의 첫 조항은『적군야외교령』에서 규정하고 있는 '공격' 및 '조우전'에 대한 소련군의 기본방침에 완벽히 대응하는 것이었다. 처음부터『작전요무령』은 그 서장에서 기술하고 있는 것처럼 극동 소련군과의 전투를 염두에 둔 「육군군비충실계획」, 즉 「1호 군비」를 적용하기 위해서 제정된 것이었다. 그러므로 이러한 군비계획에 의해서 개선될 예정의 '장비 및 편제'와 세트를 이루는 '전술'이 소련군의 전술을 반영하고 있는 것은 당연한 결과라고 할 수 있다.

그리고 「제2차 5개년 계획」 이후부터 급속히 증강되고 있던 극동 소련군 병력에 비해서 만주에 배치된 일본 관동군 병력이 훨씬 열세였기 때문에, 이러한 무리한 방침을 전투지휘의 근본에 두어야 했던 것이다.

지휘관의 결심과 전투지휘

이어지는 조항에서는 지휘관의 전투지휘에 대하여 다음과 같이 규정하고 있다.

제2항 지휘관은 결심에 기초하여 전투지휘의 방침을 확정하며, 이를 기준으로 부대를 편성하고 전투의 시작부터 끝까지 지휘한다. (이하 후술)

지휘관은 자신의 '결심'에 기초하여 전투지휘의 방침을 일단 확정하면, 이를 기준으로 전투의 시작부터 끝까지 지휘하도록 규정하고 있다. 그러나 '지휘관의 결심이 항상 올바르다'고는 할 수 없다. 사람은 오류를 범하기도 하며, 게다가 전장에서의 착오는 완전히 방지하기 어렵다. 이러한 사항은 일본군의 교범 집필진도 충분히 인지하고 있었을 터이다. 그렇다고 하면 이러한 규정은 '지휘관이 전투 중에 지휘방침을 함부로 바꾸면 단점이 증가하고, 다소 착오가 있다고 해도 최초의 방침을 관철하는 편이 전반적으로 이득이다'라는 판단에 기초했을 것이다. 또한, 앞에서 설명했듯이 소련군보다 매우 열세했던 일본군이 '모든 수단을 이용해서 계속 공격하기 위해서는 최초의 방침을 견지하는 것이 중요하다'라고 강조할 필요가 있었던 것이다.

그렇다고 해도 이러한 내용을 교범의 조문으로 규정하게 되면, 전투

중에 상황이 크게 변해도 유연하게 전투의 지휘방침을 변경하기 어려워지고, 최초 상황인식이 잘못되었더라도 이후의 더욱 정확한 인식에 맞춰서 방침을 변경하기 쉽지 않게 된다.

　그 대표적인 사례는 '제2차 노몬한 사건'에서 할하강 서안(西岸)의 공격을 담당하였던 야스오카 지대의 전투일 것이다. 지휘관이었던 야스오카 마사오미(安岡 正臣) 중장은 항공정찰의 적 퇴각 보고 등을 바탕으로 '추격전'을 결심하였다. 이에 따라 야스오카 지대는 사전에 수색도 하지 않고 해 질 녘부터 야간공격에 나섰고, 주력인 2개 전차연대와 1개 보병연대가 제각각 전투를 시작하게 되었다. 그러나 실제로 할하강 서안의 소련·몽고군은 야전진지를 구축하여 방어태세를 갖추고 있었고, 이로 인해 일본군 전차부대는 큰 피해를 입게 되었다. 야스오카 지대장이 '추격전'의 지도방침을 변경한 것은 공격개시로부터 4일째가 되는 야간이었으며, 결과적으로 야스오카 지대는 할하강 서안의 소련·몽고군 격멸에 실패하였다. 이처럼 일본군은 상황과 인식의 변화에 따라서 전투의 지휘방침을 유연하게 변경하지 못하였고, 최초방침을 변경하지 않는 경향이 있었다. 그 배경에는 『작전요무령』의 이러한 규정이 존재하고 있었던 것이다.

공격의 주안과 중점

이 조항은 이어서 전투지휘의 주안에 대하여 간략히 기술하고 있다.

　제2항 (생략) 전투지휘의 주안은 △끊임없이 주도하는 입장을 확보하고, △적의 의표를 찌르고, △예기치 못하는 지점과 시기에 철저히 타격함으로

써, 신속히 목적을 달성하는 데 있다.

이처럼 일본군은 '주도권 확보'와 '기습', 그리고 이를 통한 '속전즉결'을 강조하고 있었다. 『작전요무령』의 다른 조문들을 살펴보면, 기본원칙에 이어서 '그러나', '~라고 하더라도' 등과 같이 다른 경우나 반대의 경우를 제시함으로써 기본원칙에 너무 구애받지 않도록 경계하는 내용들을 적지 않게 볼 수 있다. 그러나 이 조항만은 이러한 유보적인 내용이 일절 없다. 다시 말해, 여기서 강조하고 있는 '주도권과 기습의 중시', 그리고 '속전즉결'은 일본군의 확고한 기본방침이라고 할 수 있다.

제3항 전투편성의 요결은 적시에 필승을 위한 병력을 결전방면에 집중하여 모든 병과의 통합전투력을 유감없이 발휘하는 것에 있다. 이때, 다른 방면에서는 결전방면의 전투를 용이하게 하도록 최소한의 병력만을 할당해야 한다.
필요로 하는 시기 및 지점에 병력을 집중하기 위해서는 부대의 높은 기동력이 필요하다. (이하 생략)

이처럼 결전방면에 대한 병력집중의 전제조건으로써 높은 기동력이 필요하다고 기술하고 있다. 이 조문은 일본군이 기동력을 중시하는 '기동전 지향의 군대'라는 것을 보여주고 있다.
이어서 제2편 「공격」의 내용을 살펴보면, 서두인 「통칙」의 첫 조항에서는 다음과 같이 규정하고 있다.

제52항 공격의 주안은 적을 포위하여 전장에서 섬멸하는 데 있다.
공격은 적의 의표를 찌르는 정도가 클수록 그 성과도 커진다.
공격에 임하는 부대는 항상 강건한 의지를 갖추고 적을 향해서 용감히 나아가야 한다.

일본군 공격의 주안은 적을 '포위섬멸'하는 것이었고, 적의 의표를 찌르는 '기습'을 중시하였다. 제1의 가상적이었던 소련군도 포위섬멸과 기습을 중시하였으며(『적군야외교령』제112항, 제72항), 이러한 점에서 매우 유사했다고 할 수 있다.

제53항 공격의 중점은 상황, 특히 지형을 판단하여 적의 약점 혹은 적이 고통스러워하는 방향에 이를 지향해야 한다. (중략)
특히, 측익, 배치의 간격, 부대 간의 접속부, 자질이 열세한 부대, 적이 예기치 못한 정면 등은 통상적으로 공격의 중점을 지향하는데 적절하다.

전술적으로 적의 약점을 공격하는 것은 당연하며, 적의 측익과 부대 간의 접속부, 적의 예상하지 못한 정면을 노리는 것도 일반적이다. 주목할 만한 부분은 '자질이 열세한 부대'라는 기술내용이다. 1933년 5월에 육군참모총장 명의로 배포된 『대(對)소련 전투법 요강』에서는 '소련군 각 부대의 전력에는 현저한 수준 차이가 있다'라고 지적하고 있다. 『작전요무령』에서 기술하고 있는 '자질이 열세한 부대'란, 이러한 소련군 부대의 전투력 수준이 고르지 못함을 염두에 둔 것이라고 할 수 있다. 소련군에는 '자질이 열세한 부대'가 포함되어 있었기 때문에, 일본군은 이를 약점이라고 인식했던 것이다. 추가적으로 일본군의 '정병주의'는 소련군의 '자질이 열세한 부대'보다 우세해지는 것을 최우선 목표로 삼고 있었다.

제54항 포위의 성과는 측면에서 운용할 수 있는 병력이 많고 과감한 정면공격을 통해 적을 견제하여 다른 곳으로 주의를 돌리지 못하게 할수록 커진다. (중략)
동시에 양익을 포위하거나, 한 측면과 배후를 포위할 수 있다면, 그 성과는 더욱 커진다. 따라서 상황이 가용하다면 단호하고 대담하게 포위를 실시하는데 주저해서는 안 된다. (중략)

상급지휘관이 부대배치를 이용하여 실시하는 포위 이외에도, 각급 지휘관은 국부적인 포위를 실시하도록 노력해야 한다.

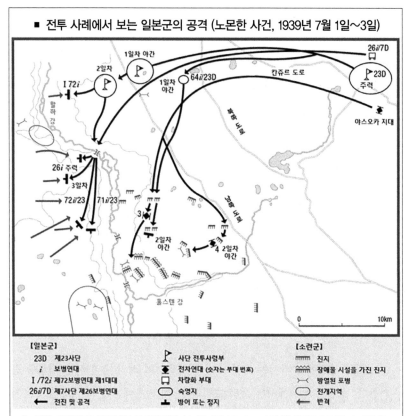

■ 전투 사례에서 보는 일본군의 공격 (노몬한 사건, 1939년 7월 1일~3일)

'노몬한 사건'에서 일본군의 공세작전은 실패로 끝났으나, 그 구상은 『작전요무령』의 내용을 그대로 적용한 것이었다. 전반적인 공격은 적의 측면을 지향하였으며, 중점목표(할하강 동쪽에 위치한 소련군 부대)에는 전차를 주력으로 하는 야스오카 지대를 할당하였고, 제23사단의 퇴로 차단을 통한 포위섬멸을 목적으로 하였다.

한편, 야스오카 지대 역시 제64보병연대를 운용하여 정면에서 소련군을 견제하고, 2개의 전차연대를 운용하여 양익 포위를 시도함으로써, 최종적으로는 홀스텐 강(Holsten River)을 이용하여 적을 섬멸하고자 하였다.

여기서 규정하고 있는 것처럼 일본군은 상황이 가용하다면 포위를 시도하였다. 그것도 상급제대에 의한 대규모 포위뿐만 아니라, 전선에 있는 각급 부대에 의한 소규모 포위도 권장하였다.

한편, 정면공격에 대해서는 다음과 같이 규정하고 있다.

제55항 정면공격에서 중요한 것은 적을 돌파하여 조성한 성과를 포위로 이끌어내는 것이다. 이를 위해서는 △특히 중점방면에 있는 부대들의 전투정면을 축소하고, △종심으로 부대를 두텁게 편성하며, △강력한 전차와 포병화력 등을 최대한 통합해서 사용함으로써, 신속하고 깊숙이 적진을 돌파해야 한다.

정면공격에서도 각급 지휘관은 각종 수단을 강구하여 국부적인 포위를 실시해야 한다.

이처럼 일본군에게 정면공격은 적을 돌파하여 포위하기 위한 것이었다. 정면공격의 방법 자체는 극히 상식적인 것으로 다른 국가와 비교해도 크게 다르지 않았다. 하지만, 정면공격에도 각급 부대들에 의한 소규모 포위를 권장하고 있는 것이 특징이라고 할 수 있다.

이어서 측면 및 배후 공격에 대해서 다음과 같이 규정하고 있다.

제56항 상황에 따라서는 모든 수단을 사용하여 적의 측면 혹은 배후를 공격한다. 소규모 부대에서는 특히 그러하다. 이 경우에 아군의 기도비닉 유지에 적극적으로 힘쓰고, 신속하게 행동하며, 병력에 구애받지 말고 과감하게 적을 급습함으로써 신속하게 목적을 달성해야 한다.

『작전요무령』은 적의 측면 및 배후를 지향하는 공격의 실시 기준과 관련하여 '상황에 따라서'라고만 기술하고 있다. 게다가, 기도를 감추고 신속하게 행동하여 적을 급습하는 것, 즉 '높은 기동력'과 '기습'을 중시하고 있는 것은 이미 언급한 공격방법과 동일하다. 다시 말해, 측면공격과 배후공격에 있어서 특별한 내용은 없었다.

지금까지의 내용을 정리하면, 일본군에게 정면공격은 포위를 위해서 실시하는 것이며, 상황에 따라서는 적의 측면과 배후를 공격하도록 하고 있으나, 공격의 주안은 어디까지나 적을 포위하여 섬멸하는 것이었다. 일본군은 독일군 및 소련군과 동일하게 '포위섬멸'을 기본으로 하고 있었다.

소련군 기갑부대에 대한 대응

제2편 「공격」의 「통칙」은 마지막 조항에서 다음과 같이 기술하고 있다.

제57항 전투 개시 전에 적 기갑부대의 공격을 받게 되면 필요한 병력을 운용하여 신속하게 반격함으로써 본래 임무달성에 지장이 없도록 해야 한다. 하지만 이미 본래의 임무를 위한 전투를 개시한 경우에는 최소한의 병력만을 이용하여 이에 대처하는 것이 통상적이다. (이하 후술)

이 조항도 『적군야외교령』의 규정을 염두에 둔 것이다. 실제로 소련군은 조우전에서 기계화 병단을 운용하여 적 제대의 주력을 타격하는 것을 최우선 순위에 두고 있었다(『적군야외교령』 제146항). 이러한 소련군 기계화 병단의 공격에 대하여 일본군은 주력이 아니라 최소한의 병력으로 대처하고자 한 것이다.

제57항 (생략) 적 기갑부대에 대한 반격을 위해서는 기회를 잃지 말고 보병과 포병의 화력을 집중하여 우선적으로 그 기간부대를 파쇄하거나, 혹은 적을 혼란하게 만들어 각개격파해야 한다.

상황에 따라서는 여기에 전차를 운용할 수도 있다. (이하 생략)

적 기갑부대에 대항하여 반격할 때 보병과 포병의 화력을 집중하고, 적의 기간부대를 파쇄하거나, 적을 혼란하게 하여 각개격파하도록 규정하고 있다. 또한, 상황에 따라서는 전차를 투입할 수도 있다고 하고 있다. (뒤에서 설명하겠으나, 전차는 기본적으로 중점방면에서 보병지원에 투입하도록 하고 있다.)

덧붙여 설명하자면, 소련군은 적 전차의 습격을 받으면, 제대 내의 모든 포병과 전차를 투입하여 이를 격멸하도록 하고 있었다(『적군야외교령』 제153항). 당시 사단급 부대의 포병 화력 및 전차 전력의 측면에서 일본군을 크게 앞서고 있던 소련군은 일본군보다 더 적극적으로 포병과 전차의 투입을 규정하고 있었던 것이다.

그리고 이 조항의 마지막 부분에서는 다음과 같이 기술하고 있다.

제57항 (생략) 어떤 상황에서도 적 기갑부대와 연계한 항공기 부대의 공격에 많은 주의를 기울여야 한다.

소련군은 조우전 이전에 행군 중인 적을 비행대로 공격하여 혼란에 빠뜨리는 것을 매우 중시하고 있었다(『적군야외교령』 제144항). 이러한 것을 염두에 두고 이 조문도 작성된 것이라고 할 수 있다.

전투를 위한 전진

이어서 제2편 「공격」의 제1장 「전투를 위한 전진」은 첫 조항에서 다음과 같이 기술하고 있다.

제58항 전투가 예상되는 전진의 경우, 야전군은 통상적으로 각 사단에 작전지역을 할당하고, 필요한 야전군의 직할부대, 그중에서도 전차, 포병, 항공기 등을 배속하거나, 각 사단의 행동을 지정한다. 필요하다면 제2선의 병단을 예비로 하여 필요로 하는 목표를 향해서 전진하게 한다.

일본군은 다른 국가들처럼 '군단'에 해당하는 제대가 없었고, 야전군 예하에 바로 사단을 두고 있었다. 그래서 통상적으로 야전군이 사단들에게 작전지역과 필요한 야전군의 직할부대를 직접 할당하였고, 필요에 따라서는 제2선 병단을 후방에 배치하였다.

제59항 사단장은 야전군 명령에 기초하여 피아의 일반상황, 특히 예상되는 전장의 주변지형, 도로망 등의 상태를 판단하고, 사단의 목표를 결정하며, 이에 대한 전진을 편성한다.
전투지휘에 관한 고려에 기초하여 전진편성을 결정한다. 이러한 전진편성은 기동이 용이하고 적에 대한 즉응태세에 있어서 우월을 기대할 수 있다. 이를 위해서는 병력 운용이 편리하도록 통상적으로 수개의 제병과 협동부대로 구분하여 전진한다. (이히 후술)

사단장은 야전군의 명령에 기초하여 도로망 등의 상황을 판단하고, 사단의 목표를 결정해서 전진하도록 하고 있다. 전진 편성은 전투를 고려하여 결정하고, 기동을 용이하게 하여 적에 대하여 적시에 유리한 태세를 취하도록 규정하고 있다. 구체적으로 말하자면 최초부터 수개의 제병과 협동부대로 편성하여 전진하도록 하고 있다.

제59항 (생략) 그러나 지형이 광활하여 우세한 적 기갑부대와 항공기의 공격을 받을 우려가 매우 클 경우에는 이에 대한 반격 및 이후의 전개가 쉽도록 각 제대의 장경을 단축함으로써, 적시에 관계위치에 배치할 수 있도록 한다. 또한 필요한 대항수단을 정비하여 긴밀한 연계를 유지하며 전진할 수 있도록 한다. (이하 후술)

이 조문도 소련군『적군야외교령』의 규정을 염두에 두고 있다. 앞서 설명한 것처럼 소련군에서는 조우전 이전에 행군 중인 적 부대를 비행대의 공격을 통해 혼란에 빠뜨리는 것 중시하고 있었고, 적 제대 주력의 타격을 기계화 병단의 최우선 순위에 두고 있었다.

이에 대응하여『작전요무령』은 개활지에서 적 기갑부대와 비행대에게 공격받을 우려가 크면, 공격전진의 제대 장경을 줄임으로써 부대 간의 연계성을 높여서 전진하도록 권장하고 있었던 것이다. 달리 생각하면, 이 정도로 일본군은 소련군의 기갑부대와 항공부대의 공격을 두려워하고 있었다.

그리고 이 조항의 마지막 부분에서는 다음과 같이 기술하고 있다.

제59항 (생략) 야음을 이용하여 전진하고, 날이 밝은 이후에 전투를 개시해도 앞의 2개 항목에 따라 실시한다.

(이 책의 제2장「행군」에서 언급한 것처럼) 일본군은 행동의 기도비닉과 우세한 적 기갑부대 등에게 활동의 여유를 주지 않기 위해서 야간행군

이 유리하다고 강조하고 있었다(『작전요무령』 제1부 제263항). 이에 대해 소련군도 『적군야외교령』에서 「야간행동」을 별도의 대항목인 '장'(『작전요무령』의 '편'에 해당)으로 두고 있으며, 그 서두에서 '야간행동은 현대전에 있어서 상태(常態)'라고 규정할 정도로 야간행동을 강조하였다. 그 결과, 서로 야음을 틈타 전진하다가 양군이 조우전을 벌이게 되는 일도 충분히 있을 수 있었다. 이 조문 역시 이러한 사정을 바탕으로 했을 것이다.

조우전의 전투방법

이어서 조우전에 대하여 살펴보겠다. 제2편 「공격」의 제2장 「조우전」은 첫 조항에서 다음과 같이 규정하고 있다.

제67항 조우전의 중요한 방법은 선제(先制)에 있다. 이를 위해서 적보다 먼저 전투를 준비하고, 유리한 상태에서 군대를 전개하며, 전투의 첫 행동부터 전장을 지배해야 한다.

이처럼 『작전요무령』은 조우전에서 '적보다 앞서 행동하는 것'의 중요성을 강조하고 있다. 구체적으로는 적보다 먼저 전투를 준비하여 유리한 상태로 전개하고, 전투의 첫 행동부터 주도성을 확보하는 것이다. 이에 대해 소련군은 '조우선'에서 적의 기선을 제압하고 신속한 공격을 실시함으로써 적이 이에 대한 대응에만 급급하도록 몰아붙이는 것이 중요하다고 하였다(『적군야외교령』 제141항). 소련군도 일본군과 동일하게 조우전에서의 선제를 중시하고 있었던 것이다.

그럼, 일본군은 어떻게 적(그중에서도 제1의 가상적이었던 소련군)의 기선을 제압하려 했던 것일까?

제68항 아군은 예측하고 적은 예측하지 못함이 선제 획득의 제1의 요건이다. 이를 위해서 사단장 이하는 사전에 각종 조치를 강구하여 적시적절한 정보를 획득하는 데 노력해야 한다.

이처럼 사단장 이하에게 적절한 정보를 적시에 획득하는 데 노력하도록 요구하였다. 구체적으로는 세밀한 수색을 통해 먼저 적을 발견하여 사전에 조우전을 예측하고, 이를 예측하지 못한 적과 대면하도록 하는 것이다. 오늘날의 군사용어로는 '정보우세'이며, 이를 통해서 적의 기선을 제압하도록 하고자 했던 것이다.

그러나 이러한 '정보우세'를 확보하기 위해서는 사단 수색부대의 편제 보강과 지상부대를 직접 지원하는 정찰기의 성능향상 등 구체적인 수단의 강화를 간과할 수 없다. 이 때문에 『작전요무령』이 제정되기 1년 전인 1937년부터 기존의 기병연대(2개 기병중대를 기간)를 대신해서 반(半)기계화된 수색대(1개 기병중대와 1개 장갑차중대를 기간)를 예하에 둔 새로운 편제의 보병사단을 편성하기 시작하였다. 또한, 같은 해에 결정된 「육군항공본부 항공병기 연구방침」에 따라 새로운 직협정찰기의 개발도 시작하였다.

그러나 소련군도 조우전에 대비한 행군편성을 사전부터 채택하도록 하고 있었기 때문에(『적군야외교령』 제145항), 일본군이 의도했던 '아군은 예측하고 적은 예측하지 못함'은 그리 쉬운 일이 아니었다.

이를 인식했기 때문이었는지, 이어지는 조항에서는 다음과 같이 기술하고 있다.

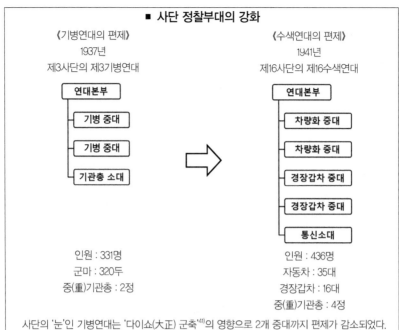

■ 사단 정찰부대의 강화

《기병연대의 편제》
1937년
제3사단의 제3기병연대

연대본부
├ 기병 중대
├ 기병 중대
└ 기관총 소대

인원 : 331명
군마 : 320두
중(重)기관총 : 2정

《수색연대의 편제》
1941년
제16사단의 제16수색연대

연대본부
├ 차량화 중대
├ 차량화 중대
├ 경장갑차 중대
├ 경장갑차 중대
└ 통신소대

인원 : 436명
자동차 : 35대
경장갑차 : 16대
중(重)기관총 : 4정

사단의 '눈'인 기병연대는 '다이쇼(大正) 군축'[41]의 영향으로 2개 중대까지 편제가 감소되었다. 이후에는 정보수집 능력의 강화를 위해서 증강되었고, 일부 사단에서는 소규모 기갑부대인 수색연대로 개편되었다.

　제69항 조우전에 있어서 각종 수단을 강구해도 상황이 명확해지지 않는 경우가 다반사이고, 또한 선제 획득의 호기는 순식간에 사라져 버린다. 이 때문에 지형을 정밀하게 관찰하거나 시시각각 변화하는 적 상황에 관한 충분한 정보를 기다린 다음에 조치하는 것은 대부분 실패에 이르게 한다. 따라서 각급 지휘관은 기회를 놓치지 말고 그 기도를 확정한 다음, 단호한 결의로 신속하게 조치해야 한다.

---

41) 역자주〉 제1차 세계대전의 종결(1918년 11월) 이후, 국제질서의 재편과 더불어 일본 국내에서는 보통선거제와 양대정당제의 정착으로 '다이쇼(大正) 데모크라시'가 만개하였다. 이러한 정치적 안정을 바탕으로 일본 정당들은 육·해군의 군비축소에 역점을 두었다. 당시 제정 러시아의 붕괴와 워싱턴 조약의 성립으로 가상적국인 러시아와 미국의 위협이 대폭 경감되었고, 연속된 군축협상으로 세계적인 군축이 진행되고 있었기 때문이었다. 또한, 대전 이후의 경제불황 속에서 과다한 군사비는 재정적으

조우전에서는 다양한 수단을 강구해도 상황을 명확히 밝혀낼 수 없는 것이 당연하다고 하고 있다. 게다가 선제의 기회는 순식간에 지나가 버리기 때문에, 정보가 충분히 수집되는 것을 기다린 다음에 조치하는 것은 실패하는 경우가 많다고 하고 있다. 따라서 각급 지휘관은 기회를 놓치지 말고 신속하게 조치하지 않으면 안 된다고 강조하고 있다.

다시 말해, 앞 조항(제68조)에서는 조우전에 앞서 적시적절한 정보획득을 요구하면서도, 이어지는 조항(제69조)에서는 최선을 다해도 상황을 명확히 밝혀낼 수 없는 것이 당연하다고 하고 있는 것이다. 이러한 조문들로 인해서 일본군 지휘관 중에서 수색을 포함한 정보활동을 경시하는 인원이 생겨난 것은 당연한 결과일 것이다.

한편, 소련군도 일본군과 동일하게 조우전에서 적 상황을 명확히 알 수 없는 것이 일반적이라고 하면서, 적 상황의 판명을 기다리며 주저하는 것은 기선제압의 이점을 잃게 한다고 지적하고 있다. 이 때문에 '적 상황이 불분명하더라도 아군이 적을 압도할 수 있는 지형인지만을 판단하여 주공방향을 결정할 수 있다'고 하고 있다(『적군야외교령』 제142항). 이 정도까지 소련군은 신속한 공격을 요구하고 있었다.

이처럼 조우전에 있어서 소련군이 신속한 공격만을 강조했던 것에 비해서, 일본군은 적절한 정보를 적시에 획득하는 것을 요구하면서도 정보가 부족해도 신속하게 조치할 것을 요구했다. 여기서 소련군의 '명쾌함'을 느낄 수 있으며, 이와는 대조적인 일본군의 '애매모호함'도 볼 수

로 부담이 되었기 때문이었다. 해군은 워싱턴 군축회의의 합의에 따라 주력 전함의 감축 및 보유제한 의무를 이행하였고, 육군은 야마나시와 우가키 육군장관에 의해 연속적으로 군축을 추진하였다. 당시 육군은 두 번의 군축으로 당시 군사력의 30%에 해당하는 약 10만 명이 감축되었고, 육군의 평시 병력은 약 20만 명으로 축소되었다.

있다.

참고로 독일군은 조우전에서 적의 기선을 제압하는 것과 이를 위해 불분명한 상황 속에서도 신속히 행동하여 현장에서 명령을 하달할 것을 요구하고 있으나(『군대지휘』 제375항), 「조우전」의 항목에서는 수색에 대해 특별히 다루고 있지 않았다. 한편, 프랑스군은 애초부터 통제되지 않는 조우전을 회피하도록 하고 있었다(『대단위부대 전술적 용법 교령』 제201항).

지금까지의 내용을 정리하면, 처음부터 조우전을 회피하도록 하고 있던 프랑스군은 예외로 하고, 일본군을 비롯한 소련군과 독일군은 조우전에 관한 전술교범의 조문에서 '적의 기선을 제압하는 것'의 중요성을 지적하고 있으며, 이를 위해서 신속하게 행동할 것을 요구하고 있었다. 하지만 일본군은 조우전에서 적시적절한 정보수집까지 요구하고 있었다.

이처럼 일본군이 조우전에 앞서 정보수집을 중시했던 이유는 소련군 수색부대의 능력이 낮았기 때문일 것이다. 제3장 「수색」에서 설명했던 것처럼 『적군야외교령』에서는 각 부대의 전투를 통한 수색이나 전투 그 자체를 통해서 적 상황을 밝히는 것을 중시하고 있었다. 또한, 소련군은 수색부대 지휘관에게 고도의 능력을 요구하지 않았다. 극단적으로 말해서 수색대는 전투만 수행하고, 적진 앞의 장애물과 반격해 오는 적의 중화기 배치 등에 관련된 정보는 사단 참모 등의 시찰을 통해서 상급지휘관에게 보고하면 된다고 생각하고 있었다. 일본군은 『적군야외교령』의 번역과 연구를 통해서 이렇게 낮은 소련군의 수색능력을 파악하고 있었던 것이다.

아마도 일본군 교범 집필진은 이러한 소련군의 낮은 수색능력을 이용해서 정보우세를 확보하고자 했을 것이나, 이와 동시에 조우전에서 선제의 이익도 크다고 생각하였기 때문에, 이처럼 애매모호한 내용이 되어버렸을 것이다.

조우전에서 각 부대의 운용방법

이어서 조우전에서 각 부대의 운용방법을 살펴보겠다.

제70항 (생략) 사단장은 기회를 놓치지 말고 각 제대에 적당한 전진 방향을 지시하고, 포위를 위한 태세를 형성해야 한다. (중략)
각급 지휘관은 독단전행이 필요한 경우에 모든 수단을 강구하여 상급지휘관의 의도에 충족하도록 행동해야 한다. (이하 생략)

이처럼 조우전에서 일본군 사단은 적을 포위하고자 하였고, 그 과정에서 각급 지휘관의 독단전행을 요구했다.

제71항 항공기, 기병, 그 밖에 수색을 임무로 하는 부대는 각각 그 임무에 따라 전방 및 측방을 널리 수색하고, 적 상황 중에서 특히 그 병력의 배치, 도달지점 및 시각 등을 신속하게 보고(통보)하며, 이를 통해서 지휘관, 특히 사단장이 적시적절한 편성을 할 수 있도록 하고, 이와 동시에 아군 행동의 기도비닉을 유지하는 데 노력해야 한다.
앞의 항목 이외에 기병은 적보다 먼저 요충지를 점령하는 것이 유리하다. 또한, 적 사령부, 포병 등을 기습하여 위력을 발휘할 수 있다.

항공기와 기병 등의 수색부대는 전방 및 측방을 널리 수색하고, 사단장에게 적 상황을 신속하게 보고하도록 하고 있다. 이를 통해서 본대는 앞서 설명한 것처럼 적절한 정보를 적시에 획득함으로써 '아군은 예측하고 적은 예측하지 못함'을 달성하고자 한 것이다. 추가적으로 기병은 적보다 먼저 요충지를 점령하거나, 적의 사령부와 포병 등을 기습하도록 하고 있다.

제72항 조우전에 있어서 전위의 행동은 본대의 전투에 크게 영향을 미친다. 따라서 전위 부대장은 상급 지휘관의 기도에 기초하여, 또한 필요하다면 독단으로 전위를 편성하고, 기회를 놓치지 말고 전투의 첫 행동을 유리하게 만들도록 노력해야 한다. 이때, 비록 전투를 초래하거나 과도하게 정면을 확장하게 만들지라도, 전투를 지탱할 수 있는 요충지를 점령하는 것에 주저해서는 안 된다. (이하 생략)

상급지휘관의 기도에 기초하여 전위의 사령관은 필요하다면 독단으로 편성을 결정함으로써 첫 전투를 유리하게 하도록 노력할 것을 강조하고 있다. 구체적으로는 비록 전투가 벌어지거나 전투정면이 과도하게 확장될지라도 주저하지 말고 아군의 전투 행동을 지탱할 수 있는 요충지('지탱점')를 점령하도록 하고 있다.

제73항 사단장은 본대의 포병을 적시에 앞으로 나아가게 하고, 필요하면 신속히 전위 등의 전투에 투입하여, 선제를 확실하게 확보할 수 있게 해야 한다. (이하 생략)

이처럼 사단 본대의 포병을 앞으로 진출시켜서 전위 등의 전투를 지원하는 운용방법도 '소련군이 포병의 절반을 전위에 배속하도록 하는 조항(『적군야외교령』 제149항)'을 염두에 둔 것이다.

제74항 적의 약점을 포착하여 신속하게 이를 공격할 경우나, 전위 등이 획득한 이익을 확보하거나 증대해야 할 경우, 사단장은 각 제대 및 축차적으로 도착하는 본대의 부대들에게 즉시 전투에 투입하도록 해야 한다. 하지만 이를 필요로 하지 않는 상황에서는 모든 부대들을 통일하여 전투에 참여시키도록 노력해야 한다. (이하 생략)

사단장은 기본적으로 모든 부대를 통일하여 전투에 참여시키도록 하고 있었다. 다만, 적의 약점을 신속하게 공격하고자 하거나 전위 등의 전과를 확보하거나 확장하고자 하면, 이동 중인 부대들이 즉시 전투에 투입할 수 있는 조치를 취하도록 요구하고 있다.

통상적으로『작전요무령』은 기본원칙과 함께 예외적인 상황도 규정하고 있으나, 여기서는 먼저 예외적인 상황을 앞에서 기술하고 있다는 것에 주의해야 한다.

제81항 사단장은 전차를 중점방면의 보병 결전에 참여하도록 하는 것이 통상적이다. 하지만 요충지를 쟁탈하거나, 적의 전개를 혼란에 빠뜨리거나, 포병과 사령부를 급습하는 등 전세를 좌우하는 호기(好機)를 포착하면 강력한 전차부대를 전방으로 진출시킬 수 있다.

전차부대는 기본적으로 중점방면에서 보병부대를 직접지원 하도록 하고 있다. 다만, 호기를 포착하면 전차부대를 진출시켜서 전장의 요충지를 탈취하거나, 적의 전개를 교란하거나, 적의 포병과 사령부를 급습하는 일도 가능하다고 하고 있다.

제82항 전차가 보병을 직접 지원하는 경우에 적의 중화기 등을 공격하는 것이 통상적이고, 이러한 전차는 공격목표의 상태, 지형 등에 따라서 보병의

정면 또는 측방에서 사용된다. (중략)

　강력한 전차부대를 멀리 추진할 때는 이를 지원하기 위해서 기동력을 부여한 다른 부대를 배속시키는 것이 유리하다.

보병을 직접 지원하는 전차부대는 적의 중화기 등을 공격하도록 하고 있다. 전차부대를 멀리 추진할 때는 기동성이 높은 다른 부대를 배속하도록 기술하고 있는데, 구체적으로는 차량화 편제의 보병부대와 공병부대 등이다.

실제 사례를 들면, 태평양 전쟁 초기의 말라야 진공작전에서 제6전차연대의 1개 중전차(中戰車)중대와 1개 경전차소대에 제42보병연대의 1개 보병중대와 1개 공병소대로 증강하여 '시마다(島田) 전차대'를 편성하였고, 이를 선두에서 활용하여 슬림 강 부근의 방어선을 빠르게 돌파할 수 있다.

제83항 (중략) 사단 포병은 가능하면 통일하여 사용해야 하나, 정면이 광대하고 지형이 은폐에 적합하지 않으며, 특히 각 방면에서 불시에 전투가 발생할 것 같은 경우에는 전투 초기부터 필요로 하는 포병을 제1선 보병부대에 배속해야 한다.

사단 포병은 가능하면 통일하여 사용하도록 하고 있다. 다만, 각 방면에서 불시에 조우전이 발생할 것 같은 상황에서는 전투 초기부터 필요로 하는 포병을 제1선의 보병부대에 배속하도록 권장하였다. 여기서도 기본원칙과 동시에 예외적인 상황을 규정하고 있다.

제91항 포병은 공격 전진의 초기에 주로 적 포병 및 원거리 사격용 적 기관

총 등을 포격하여 보병의 전진을 용이하게 만들고, 이어서 그 주요 화력을 적 보병에게 집중하여 아군 보병을 직접 지원한다. 한편, 일부 화력을 이용하여 적 포병을 제압하거나 적 후방부대의 증원을 방해해야 한다. (이하 생략)

포병부대는 초기에 보병부대의 기동을 지원하고, 이어서 보병부대의 공격을 직접지원하는 것이 주된 임무였다. 그러나 적 포병부대의 제압과 적 후방부대의 증원 차단은 그렇게 중시하지 않았다.

제97항 항공부대는 지상전투를 직접 지원하면서 적시에 적의 중요한 부대, 그중에서 기갑부대, 포위행동 중인 부대, 강력한 포병, 적의 요충지 등을 공격하여 지상전투를 유리하게 만들어야 한다. 이때, 항공부대는 호기에 투입하고, 이와 함께 지상부대는 기회를 놓치지 말고 그 전과를 이용한다.

소련군『적군야외교령』에서는 기종별로 각 비행대의 주된 임무와 목표를 세밀하게 규정하고 있으나, 일본군『작전요무령』에서는 그처럼 일일이 규정하고 있지는 않다. 전반적인 목표를 열거한 다음에 추상적인 문구인 '호기'에 투입하고, 그 전과를 지상부대가 이용할 것을 요구하고 있을 뿐이다. 이는 일본군이 소련군 정도로 지상전에 대한 항공부대의 협력을 중시하지 않았다는 것을 보여주고 있다. 또한 교범으로 모든 사항을 빠짐없이 규정하고자 했던 소련군의 경향도 보여주고 있다.

제99항 전선의 보병이 지근거리까지 근접하면, 지휘관은 피아의 상황, 특히 보병·포병의 사격 및 전차 활동의 효과, 그 밖에 적으로부터 획득할 수 있는 이익을 간파하여, 기회를 놓치지 말고 돌격을 결행해야 한다.
이때, 전차는 약진하고 포병은 사거리를 연신함으로써 아군의 돌격에 대한 적의 방해를 배제한다. 또한, 적의 증원을 차단하여 돌격의 성공을 용이

하게 만들어야 한다. (이하 후술)

이 조항에서는 전선의 보병부대가 적의 지근거리까지 이르게 되면, 지휘관은 '피아의 상황 등을 판단하여 기회를 놓치지 말고 돌격을 결행하라'라고 극히 추상적인 내용만을 기술하고 있다. 또한, 보병부대를 지원하는 전차부대와 포병부대에 관해서도 '적의 방해를 배제하고 증원을 차단하라'라는 극히 일반적인 내용만을 기술하고 있다. 다시 말해, 공격에 있어서 가장 중요한 돌격시작 시기의 구체적인 판단기준과 순서 등을 전술교범에서 밝히지 않고 있다.

일본군은 육군대학교의 참모여행과 야전부대의 연습을 통해 지휘관·참모에게 다양한 상황에서 요구되는 판단과 결심을 교육하였다. 이 책의 제2장 「행군」에서 필자는 일본군이 전술교범에 '판단의 기준'을 제시하는 방법과 전술교범의 목적에 대하여 "다른 국가들과 근본적으로 다른 사고방식을 가지고 있는 것 같다"고 언급하였다. 그 이유 중에 하나를 밝히자면, 당시 일본군은 전술상의 판단기준 등 중요한 사항을 교범에서 조문으로 기술하지 않고, 교관의 구전(口傳) 등의 방법으로 교육하였던 것이다.

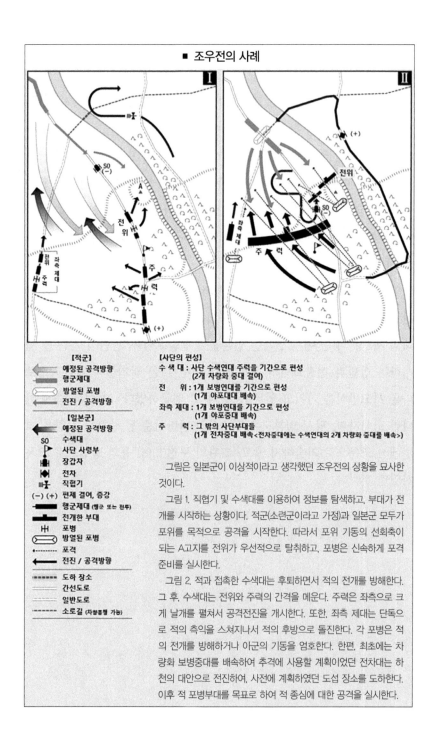

■ 조우전의 사례

【적군】
⬅ 예정된 공격방향
⬅ 행군제대
⬅▷ 방열된 포병
⬅ 전진 / 공격방향

【일본군】
⬅ 예정된 공격방향
SO 수색대
🚩 사단 사령부
장갑차
전차
직협기
(−) (+) 편제 결여, 증강
행군제대 (행군 또는 전투)
전개한 부대
방열된 포병
포격
⬅ 전진 / 공격방향

▪▪▪▪▪▪ 도하 장소
간선도로
일반도로
소로길 (차량통행 가능)

【사단의 편성】
수 색 대 : 사단 수색연대 주력을 기간으로 편성
        (2개 차량화 중대 결여)
전   위 : 1개 보병연대를 기간으로 편성
        (1개 야포대대 배속)
좌측 제대 : 1개 보병연대를 기간으로 편성
        (1개 야포대대 배속)
주   력 : 그 밖의 사단부대들
        (1개 전차중대 배속<전자중대에는 수색연대의 2개 차량화 중대를 배속>)

그림은 일본군이 이상적이라고 생각했던 조우전의 상황을 묘사한 것이다.

그림 1. 직협기 및 수색대를 이용하여 정보를 탐색하고, 부대가 전개를 시작하는 상황이다. 적군(소련군이라고 가정)과 일본군 모두가 포위를 목적으로 공격을 시작한다. 따라서 포위 기동의 선회축이 되는 A고지를 전위가 우선적으로 탈취하고, 포병은 신속하게 포격 준비를 실시한다.

그림 2. 적과 접촉한 수색대는 후퇴하면서 적의 전개를 방해한다. 그 후, 수색대는 전위와 주력의 간격을 메운다. 주력은 좌측으로 크게 날개를 펼쳐서 공격전진을 개시한다. 또한, 좌측 제대는 단독으로 적의 측익을 스쳐지나서 적의 후방으로 돌진한다. 각 포병은 적의 전개를 방해하거나 아군의 기동을 엄호한다. 한편, 최초에는 차량화 보병중대를 배속하여 추격에 사용할 계획이었던 전차대는 하천의 대안으로 전진하여, 사전에 계획하였던 도섭 장소를 도하한다. 이후 적 포병부대를 목표로 하여 적 종심에 대한 공격을 실시한다.

조우전의 최종단계

이 조항(제99항)의 마지막 부분과 적 제1선부대의 격파를 다룬 규정 (제102항)을 살펴보면서, 조우전에 관한 설명을 마무리하겠다.

　제99항 (생략) 인접부대가 돌격으로 전환하면, 각 부대는 기회를 놓치지 말고 협력하여 돌격을 실시해야 한다.

　적에게 근접하고도 돌격하지 못하고 일몰을 맞이할 경우에는 해 질 무렵을 이용하여 돌격을 감행하도록 노력해야 한다.

인접부대가 돌격으로 전환하면, 각 부대는 이와 협력하여 돌격하도록 하고 있다. 또한, 적에게 근접했어도 돌격하지 못하고 일몰을 맞이하게 되면, 해가 진 뒤의 어스레한 상태를 이용하여 돌격하도록 권장하고 있다.

　제102항 제1선 부대가 당면한 적을 격파하면 즉시 이를 추격하고, 사단장은 기회를 놓치지 말고 예비대 등을 이용하여 포위를 완성하거나, 돌파구 양측의 적을 석권하거나, 애로지형으로 몰아붙여 일거에 이를 섬멸해야 한다. 어느 경우든 신속하게 적의 퇴로를 차단하도록 주의를 기울여야 한다. (생략)

제1선부대가 당면한 적을 격파하면, 사단장은 예비대를 투입하여 적을 포위하거나, 돌파구 양측의 적을 석권하거나, 애로지형으로 적을 밀어붙여서 일거에 섬멸하도록 요구하고 있다.

진지공격의 준비

이어서 일본군의 진지공격과 야간공격, 기계화부대의 전투 등에 대해서 어떻게 규정하고 있는지를 살펴보겠다.

첫 번째는 진지공격이다. 『작전요무령』은 제2부 제2편 「공격」의 제3장에서 「진지공격」을 다루고 있으며, 그 서두인 제1절 「공격준비」의 첫 조항에서 다음과 같이 규정하고 있다.

제105항 방어진지를 점령한 적에 대해서는 기동을 이용하여 진지 밖에서의 결전을 강요할 수 있다. 따라서 고급지휘관은 전반적인 상황을 고려해서 적 진지를 우회할지, 혹은 이를 공격할지를 고려해야 한다. (이하 후술)

방어진지에 틀어박혀 있는 적에 대해서는 상황에 적합한 기동, 예를 들어 적 진지 후방으로 우회하는 움직임을 보여줌으로써 진지 밖에서의 결전을 강요하도록 권장하고 있다. 앞서 언급한 것처럼 이러한 규정만 봐도 일본군이 기동력을 활용하여 싸우는 '기동전 지향의 군대'였다는 것을 알 수 있다. 그러나 적 진지를 공격해야만 하는 경우에는 다음에 주의하도록 요구하고 있다.

제105항 (생략) 진지공격에 있어서 공자는 통상적으로 적 상황과 지형을 수색하며, 공격의 시기 및 방향 그리고 방법을 선정하는 데 필요한 시간적 여유를 확보한다. 이를 통해서 사전에 면밀한 계획을 세우고, 또한 충분히 준비하여 통일된 공격을 실시해야 한다. 그렇다고 해서 시일을 지체함으로 인해서 적이 진지를 강화하거나, 새로운 병력으로 보강될 시간을 주지 않도록 주의해야 한다.

진지공격은 사전에 면밀한 계획을 세우고 충분히 준비한 다음에 공격할 필요가 있다. 그러나 이러한 공격준비에 시간을 사용할수록, 직에게 방어를 강화할 수 있는 시간을 부여하게 된다. 이 때문에 진지공격에서도 불필요하게 시간을 소비해서는 안 된다고 하고 있다.

제109항 적 진지의 상태, 특히 방어 강도는 공격계획에 큰 영향을 준다. 따라서 적 진지와 그 주변 지형에 대한 정찰은 상황이 가용하면 사단장의 통일된 계획에 기초하며, 각 부대가 협력함으로써 신속하게 성과를 거두도록 노력해야 한다. (이하 후술)

적 진지와 그 주변에 대한 지형정찰은 사단장 수준의 통일된 계획 아래에서 각 부대가 협력하여 실시하도록 하고 있다. 이렇게 수집된 정보를 바탕으로 사단사령부 등에서 공격계획을 작성하게 된다.

제109항 (생략) 수색은 공략하고자 하는 적 진지의 모든 종심에 대하여 적극적이며 세밀하게 실시하고, 주전투지대의 위치를 명확히 밝혀내야 한다. 그리고 가능하면 그 상태, 병력, 배치, 특히 포병의 배치를 식별하는 데 노력해야 한다. (이하 후술)

적 진지에 대한 수색에서는 주전투지대의 위치를 확실하게 파악하는 것이 특히 중요하다고 하고 있다. 그 이유는 적의 견고한 경계진지를 주전투지대라고 오인할 경우에 이를 돌파하기 위해서 예비대까지 투입하게 되면 주전투지대를 공격할 병력이 부족해지는 문제가 발생하기 때문이다.

게다가 이 조항에서는 가능하면 적의 주전투지대 상태, 병력과 배치, 특히 포병의 배치를 식별하도록 하고 있다. 통상적으로 진지방어는 진지 그 자체의 '방어력'과 포병의 '화력'을 근간으로 구성되기 때문에, 당연한 내용이라고 할 수 있다. 참고로 이 조항도 소련-만주 국경지대의 공격을 의식한 것으로 볼 수 있다.

제109항 (생략) 봉상적으로 확실한 적 상황은 적의 경계부대를 구축(驅逐)한 이후에나 비로소 알 수 있다. 이 때문에 전위는 적의 소규모 부대를 적시에 구축하여 적 상황을 수색할 수 있도록 노력해야 한다. (중략)
만약에 적이 강력한 부대를 이용하여 경계진지를 점령하고 있을 때는 사단장의 통일된 편성을 이용하여 먼저 경계진지를 공략한 다음에 주전투지대에 대한 수색을 실시해야 한다. (이하 생략)

이미 설명했듯이 제1차 세계대전 후반 이후에 진지방어는 주전투지대의 전방지역에 '전초진지'를 구축하여 소규모 경계부대를 배치하거나, '경계진지'와 '전진진지'를 구축하여 강력한 경계부대를 배치하였다.

이에 대비하여 『작전요무령』에서는 아군의 전위부대 등으로 적의 경계부대를 몰아내고, 적 상황을 수색하도록 강조하고 있다. 그러나 적이 강력한 경계부대를 배치하고 있을 경우에는 먼저 사단 수준의 작전계획에 기초하여 적의 경계진지를 공략하고, 그 이후에 다시 주전투지대를 수색하도록 하고 있다.

참고로 독일군은 적의 전진진지를 굳이 공격하지 않고, 제병과 협동의 소규모 공격군으로 나누어 적 전진진지 사이의 간격을 통과하면서 주전투지대를 향해 침투하도록 하고 있다(『군대지휘』 제391항). 또한, 프랑스군은 공격 이전의 '접촉' 시에 아군의 전위가 적 전선의 취약한 부분, 즉 적의 전초와 전초 사이의 간격 등을 침입하도록 하고 있다(『대단위부대 전술적 용법 교령』 제218항). 다시 말해, 독일군과 프랑스군 모두 적의 주진진대를 향해서 공격부대를 신속하게 '침투' 또는 '침입'하도록 규정하고 있다.

이에 비해 소련군은 먼저 아군의 항공기와 기병, 수색대대를 이용한 수색을 통해서 적의 경계부대와 주전투지대의 배치를 탐색하도록 하고 있다. 이어서 강력한 포병이 배속된 아군 전위부대로 적의 경계부대를 소탕함과 동시에 패주하는 적 부대와의 접촉을 유지하며 전진하고, 비록 일부일지라도 그대로 적의 주전투지대에 돌입할 것을 권장하고 있다 (『적군야외교령』 제165항, 제169항).

이러한 규정만 놓고 보면, 진지공격에 있어서 소련군이 가장 공격적이고, 이어서 독일군과 프랑스군이다. 의외로 일본군은 경계진지를 공략한 다음에 다시 주전투지대를 수색하도록 하고 있어서 '가장 신중하다'라고 할 수 있다.

하지만 『작전요무령』은 이어지는 조항에서 다음과 같이 규정하고 있다.

제110항 (생략) 경계진지를 공략한 다음에 추가로 필요한 준비를 갖추고 주전투지대에 대한 공격을 실행하는 것이 통상적이지만, 상황이 가용하다면 경계진지의 공략에 이어서 즉시 주전투지대를 공격하는 것이 유리하다.

다시 말해, 상황만 허락한다면 적의 경계진지의 공략에 이어서 즉시 주전투지대를 공략하는 경우도 있는 것이다.

다만, 어느 방법을 채택할 것인지 '판단의 기준'에 관해서는 '상황이 이를 허락하면'이라고 기술하고 있을 뿐이며, 교범의 다른 내용들과 마찬가지로 명확하지 않다. 아마도 여기서 기술하고 있는 주전투지대의 공격방법에 관해서도 구체적인 '판단의 기준'을 전술교범에 구체적인 문구로 명시하는 것이 아니라, 훈련과 연습 등을 통해서 교육했을 것이다.

다른 부대들의 운용방법

이어서 진지공격시에 보병을 지원하는 부대들의 운용방법에 대하여 살펴보겠다. 먼저 전차부대이다.

> 제114항 전차는 보병이 가장 필요로 하는 시기 및 지점이나, 적이 가장 고통스러워하는 시기 및 지점에 대하여 되도록이면 많은 수를 집결하여 동시에 사용하도록 해야 한다. (이하 후술)

전차는 아군 보병이 가장 필요로 하는 시기 및 장소, 혹은 적이 가장 고통을 느끼는 시기 및 장소에 가능한 집중해서 동시 투입하도록 기술하고 있다.

한편, 프랑스군은 다수의 전차를 광정면에 분산하여 배치하고, 몇 개의 제대로 나누어 투입하도록 하고 있다(『대단위부대 전술적 용법 교령』제230항). 일본군은 제1차 세계대전 이후에 프랑스 경전차인 르노-FT와 르노-NC를 도입하였으나, 프랑스군과는 다른 운용방법을 발전시켰던 것이다.

> 제114항 (생략) 이를 위해서 적 진지의 최전선을 탈취하는데 필요한 지점의 장애물을 파괴하고, 그 장애물 뒤에 배치된 중화기를 공격한다. 또한, 진지 내부에 대한 공격, 그중에서도 특히 포병의 적절한 협동을 기대하기 어려

운 지점에 있는 장애물과 중화기군(重火器群) 등을 유린함으로써 보병의 돌격을 지원한다. 필요한 경우에는 적 진지 깊숙이 적시에 돌진하여 포병, 사령부 등을 급습한다. (이하 후술)

전차는 적의 최전선 진지 중 중요지점에 설치된 철조망 등의 장애물을 파괴하고, 이와 함께 배치되어 있던 보병포 등의 중화기를 공격한다. (통상적으로 장애물은 단독으로 운용되면 공격 측의 공병 등에 의해서 간단히 처리되기 때문에, 통상적으로 방어화력과 연계하여 배치함으로써 이를 방지한다.) 이어서 아군의 포병지원이 어려운 적 진지 내부의 장애물과 중화기 등을 파괴하면서 아군 보병의 돌격을 지원한다. 또한, 필요시에는 적 진지 후방 깊숙이에 있는 포병과 사령부 등을 급습하도록 하고 있다.

제114항 (생략) 상황에 따라서는 이러한 임무를 연속해서 수행하는 경우가 적지 않다. 이때, 소요에 충분하지 못한 전차를 적진 깊숙이 돌진시켜 고립을 초래하는 것은 통상적으로 효과가 없다.
전차 병력이 많을 경우에는 '보병을 직접 지원하는 전차군'과 '전방으로 추진하여 종심 전투를 담당하는 전차군'으로 구분하여 운용할 수 있다. (이하 후술)

통상적으로 소수의 전차를 적진 깊숙이 돌진하도록 하면 효과가 없으나, 전차의 수가 많을 경우에는 '보병 직접지원 임무의 전차군'과 '정진(挺進) 임무의 전차군'으로 구분하여 운용할 수도 있다고 하고 있다.
당시, 일본군 전차부대의 주력으로서 배치되었던 97식 전차는 보병지원을 주 임무로 개발되었으나, 트럭 등의 차량에 승차한 보병과 함께 기동할 수 있을 정도의 속력을 보유하여 '정진임무'에도 운용할 수 있었다. 이러한 운용방법은 소련군이 전차부대를 보병부대의 직접지원을 주 임무로 하는 '보병지원 전차군'과 적 종심에 있는 사령부 등의 습격과 적의 퇴로 차단을 주 임무로 하는 '원거리행동 전차군'으로 나누어 운영하는 방식에 가깝다.

다만, 소련군은 일본군의 97식 중전차(中戰車)처럼 한 종류의 전차를 두 가지 임무에 사용하지 않고, 비교적 속도가 느린 '보병지원용' T-26 경보병전차와 속도가 빠른 '원거리 작전용' BT 고속전차라는 두 가지 모델을 개발하였고, 보병에 대한 직접지원을 주 임무로 하는 사단 전차대대와 원거리 행동을 주 임무로 하는 독립 전차여단에 각각 배치하였다.

제114항 (생략) 통상적으로 전차는 달성해야 하는 임무와 지형에 따라서 작전지역을 선정한다. 그리고 보병을 직접 지원할 때는 대부분 정면에서 사용하고, 해당 정면의 보병 지휘관에게 배속하는 것이 통상적이다. 그 밖의 경우에는 통상적으로 사단장 직할로 운용한다.

이처럼 보병을 직접지원할 때는 보병부대 지휘관이 전차를 지휘하고, 그 밖의 정진임무 등에서는 상급지휘관인 사단장이 직접 지휘하도록 하고 있다.

이어서 포병부대의 운용방법에 대하여 살펴보자.

제115항 포병진지는 적 진지의 종심 깊숙이까지 위력을 발휘할 수 있게 되도록이면 적 가까이에 배치해야 한다. (이하 생략)

이처럼 되도록이면 포병을 전방에 배치하도록 요구하고 있다.
일본군이 최초부터 '기동전'을 지향하고 있었고 화포를 끄는 군마의 체격이 빈약하였기 때문에, 사단 포병의 대부분을 차지하고 있던 견인식 및 적재식 화포의 중량을 줄이게 되어 사정거리가 짧아졌다. 그러나 여기서 규정하고 있는 운용방법대로라면, 짧은 사거리로 인한 단점을 어느 정도 보완할 수 있었을 것이다.

제116항 진지공격시에 포병은 가능한 주도면밀하게 준비하여 통일된 지휘의 이점을 확보하는 것이 중요하다. 하지만 지형, 전투정면 등의 관계로 인해서 통일된 지휘의 이익을 거두기 어렵거나, 적 진지 내부에 대한 직접지원에 전념해야 할 경우에는 필요한 포병 전력을 제1선의 보병 지휘관에게 배속하는 것이 유리하다. (이하 생략)

진지공격시에 포병은 기본적으로 통합해서 운용한다. 다만, 통합운용의 이익이 적을 경우나, 진지 전투 중인 보병에 대한 직접지원에 전념해야 할 때는 분할하여 보병부대 지휘관에게 배속한다.
마지막은 항공부대이다.

제121항 항공부대는 지상전투를 직접 지원하면서 그 행동은 상황에 따라 달라진다. 통상적으로는 적 전차, 강력한 포병, 적 진지의 요충지 등을 공격하여 제1선 부대의 전투를 지원하거나, 적 2제대 · 기갑부대 · 교통의 요충지를 공격하여 지상부대의 전과확장을 지원한다.

앞서 설명한 『작전요무령』의 제97항 「조우전」과 동일하게 이 조문 역시 소련군 교범처럼 기종별 각 비행대의 주요 임무와 목표를 세부적으로 규정하고 있지 않다.

■ 사단의 진지공격 사례

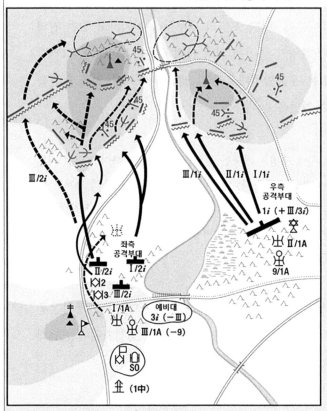

※ **부대편성**

○ **우측 공격부대** (지휘관 : 보병단장)

　1보병연대

　　– 우측 제1선 : 1대대

　　– 좌측 제1선 : 2대대

　　– 좌측 정진대 : 3대대

　　– 예비 : 3보병연대 3대대

　1야포병연대 2대대

　1야포병연대 9중대(10cm 유탄포)

　1공병연대 1중대

○ **좌측 공격부대** (지휘관 : 보병 제2연대장)

　2보병연대

　　– 우측 제1선 : 1대대

　　– 좌측 제1선 : 2대대

　　– 예비 : 3대대

　　– 전차 : 배속 전차연대 2 · 3중대

　1공병연대 2중대

○ **사단 포병대** (야포병 제1연대장)

　1야포병연대(결여 : 2대대, 9중대)

　배속 1개 중포병 중대(10cm 캐논포)

○ **사단 예비대**

　3보병연대(결여 : 3대대)

○ **사단장 직할**

　사단수색대

　배속된 전차연대의 주력(결여 : 2 · 3중대)

　1공병연대의 주력(결여 : 1 · 2중대)

범례

사단 전투사령부	방열된 유탄포	[적군]	
보병단 전투지휘소	방열된 캐논포	진지	
포병연대 관측소	I/1i 제1보병연대 제1대대	철조망	
i 보병연대	I/1A 제1야포병연대 제1대대	중기관총	
A 야포병 연대	(-Ⅲ) 제3대대 결여	45mm대전차포	
보병부대	(+Ⅲ) 제3대대 배속	관측소	
전차연대	(1中) 1개 중대	포병진지	
수색연대	공격	주요도로	
전차중대 (숫자는 부대 번호)	돌파후 작전방향	일반도로	
방열된 야포	돌파목표		
야포의 차후 방열위치	집결지		

위의 그림과 표는 일본군 사단의 진지공격 사례와 이를 위한 부대편성(임무에 따른 임시 편성)이다. 주요 도로를 따라 이동하는 좌측 공격부대가 주공이고, 이러한 주공의 측면을 위협하는 하천의 동안(東岸) 지역을 이동하는 우측 공격부대가 조공이다. 중앙의 하천에 의해서 전장 지형은 동서로 분단되어 있다. 이 때문에 조공인 우측 공격부대는 보병단장[42]의 지휘하에 일부 포병부대가 배속되어 있다. '사단 포병대'는 좌측의 고지 부근에 아군이 진출할 때까지 적시적인 엄호사격이 가능하도록 1개 포병대대를 전방으로 추진한다. 또한, 사단장 직할부대로 배속된 전차연대와 수색연대는 진지공략 이후에 추격대로 편성하여 운용한다.

---

42) 사단 예하의 보병연대를 통제하는 직책으로 작전 시에는 독립된 '지대(支隊) 지휘관'으로서 임명된다.

진지공격의 방법

진지공격의 구체적인 순서를 살펴보겠다.

　제117항 전개 명령을 수령한 각 부대는 질서와 연계를 유지하고, 필요로 하는 경계를 실시하며, 되도록이면 차폐하면서 공격준비 위치로 이동한다. (이하 생략)

　제125항 야음을 틈타 적에게 접근하여 공격준비 위치에 도착한 다음, 새벽 녘부터 공격을 실시하는 것이 유리하다. (이하 생략)

공격부대는 적에게 발각되지 않도록 하여 공격준비 위치로 이동하도록 요구하고 있다. 이를 위해서 야음을 이용하여 적에게 접근하고, 여명을 이용한 공격이 유리하다고 하고 있다. 실제로 일본군은 『작전요무령』이 제정되기 전년도에 시작된 '지나사변(支那事變)'에서도 야간이동과 여명공격(attack at dawn)을 많이 사용하였다.

　제135항 돌격을 위해서는 적시에 강한 화력을 이용하여 적을 제압하거나 장애물을 개척하고, 측방 화력을 제압하거나 파괴하는 등 돌격편성으로 상황에 적용해야 한다. (이하 후술)

이처럼 『작전요무령』에서는 돌격 시에 화력을 이용하여 적을 제압하거나 적 진지 앞의 장애물을 개척하고, 돌격부대의 측면을 공격하는 적의 측방화력을 제압하거나 파괴하는 것을 특별히 중시하고 있다. 적어도 전술교범의 규정상에 있어서 일본군은 무턱대고 적 진지로 돌격하는 부대가 아니었다.

제135항 (생략) 돌격의 기회가 보이면, 아군 화력을 최고로 발휘하여 적을 제압해야 한다. 이를 위해서 사단장은 필요하면 포병에게 새로운 임무를 부여하고, 보병과 포병의 부대들은 각종 방법을 강구하여 중요한 지점에서 화력의 우세를 확보해야 한다.

이처럼 『작전요무령』은 중요지점에서 화력의 우세를 확보해야 한다고 반복해서 규정하고 있다.

하지만 다음과 같은 규정도 기술하고 있다.

제145항 돌격지원을 위한 충분한 포병사격을 기대할 수 없는 경우도 적지 않다. 이러한 경우에도 보병은 자체 중화기의 위력을 최고로 발휘하여 적을 압도하면서 적 진지에 근접하여 돌격을 결행해야 한다. (이하 생략)

이처럼 『작전요무령』에서는 포병지원이 불충분한 경우도 많기 때문에, 보병은 자체 화기(보병포, 중기관총, 척탄통 등)로 적을 압도하면서 돌격해야 한다고 기술하고 있다. 실제로 제2차 세계대전에서 포병의 탄약 부족 등으로 인해 이러한 상황이 벌어지는 경우가 적지 않았다. 이 때문에 적을 충분히 제압하지 못한 채로 돌격하거나, 적이 화력을 발휘하기 어려운 야습을 선택할 수밖에 없었다.

제138항 돌격의 모든 준비가 완료되면, 상급지휘관은 피아의 상태를 잘 관찰하여 부하를 지도하며, 통일된 돌격을 실시하는데 노력한다. 또한, 각종 수단을 강구하여 돌격을 시작해야 한다. (이하 생략)

이 조항에서도 '피아의 상태'의 어디를 잘 관찰해야 하는지, 또한 '각종 수단'에는 어떠한 것이 있는지 구체적인 기술이 없다. 아마도 이러한 사항에 대해서도 연습 등을 통해서 교육하였을 것이다.

제139항 돌격의 기회가 다가오면, 돌격 지원을 위해서 포병은 적의 제1선 및 후방의 요충지에 격렬한 화력을 지향하여 적 화망 및 지휘조직을 파괴·제압하고, 보병도 화력을 최고로 발휘하여 포병화력과 더불어 적을 압도 및 제압한다. 그동안에 제1선의 보병은 적극적으로 적에게 접근하고, 포병의 사격 연신과 함께 마지막 포탄의 탄착에 이어서 즉시 돌입해야 한다. (이하 생략)

여기서도 적을 압도하는 화력발휘의 중요성을 강조하고 있다. 그리고 지원포격의 최종탄에 이어서 즉시 적 진지로 돌입하도록 기술하고 있다.

제141항 돌격에 이어서 적 진지 내부에 대한 축차적인 공략이 시작되면, 전투 상태는 극히 혼란스럽게 되어 각급 지휘관의 독단을 필요로 하는 경우가 매우 많아진다.
적 진지에 돌입하는 보병은 화력전(火力戰)과 백병전을 병행하며, 사력을 다해 부여받은 목표를 향해서 오로지 돌진해야 한다. (이하 후술)

적 진지 돌입 이후의 진내전투에서 각급 지휘관의 독단을 요구하고 있다. 일반적으로 일본군의 이미지는 '백병돌격'을 떠올리기 쉬우나, 『작전요무령』에서는 지근거리 선부인 진내전투에서 '백병전뿐만 아니라 화력전투도 병행하여 기술하고 있다'는 것에 유의해야 한다.

제141항 (생략) 보병 지휘관은 돌격이 성공한 방면에 대해서 예비대를 적시에 진출시켜 제1선 부대가 획득한 전과를 확장하거나, 또는 예비대를 전선

에 운용하여 적의 역습을 격퇴한다. 또한, 필요하다면 돌격부대의 측면을 엄호하게 하여 전투의 성과를 완수해야 한다. (이하 생략)

이 조항처럼 다음 조항에서도 구체적인 판단기준은 제시하지 않고, 막연한 일반론만을 기술하고 있다. 그 이유는 이미 언급한 바와 같다.

제142항 적 진지 내부의 공격이 진전되어 공격목표를 확보할 수 있다고 예상되면, 사단장은 기회를 놓치지 말고 추격을 실시하도록 전투를 지도해야 한다.

필자는 『작전요무령』 중에서 특히 다음 조항을 주목하고 있다.

제144항 돌격이 도중에 돈좌(頓挫)된 경우에도 제1선 부대는 모든 수단을 강구하여 신속히 그 원인을 제거하고, 돌격을 반복해야 한다. 이에 따라 후방부대가 없을 경우라 하더라도 간부와 병사는 용기를 발휘하여 이미 점령한 지점을 확보하여 용맹하게 사격을 실시하고, 기세를 회복하여 재차 돌격함으로써 그 목적을 달성하는 데 적극적으로 노력해야 한다. (이하 생략)

이 조항에서는 돌격이 도중에 돈좌되어도 제1선 부대는 '모든 수단을 강구하여' 돈좌의 원인을 제거하고 돌격을 반복할 것을 요구하고 있다. 다른 조문들처럼 그 수단에 대해서는 구체적인 기술이 없다.

실제 사례로써 과달카날섬에 상륙했던 선발대인 이치기 지대(一木 支隊, 제28보병연대를 기간으로 편성)의 전투를 들 수 있다. 부대의 주력은 1942년 8월 21일 새벽에 일루 강을 넘어서 돌격을 시행했으나, 적의 격렬한 방어 포격으로 인해서 돈좌되었다. 당시 지대장이었던 이치기 기요나오(一木 淸直) 대좌는 예비대로 남겨두었던 기관총 중대와 대대포 소대를 투입하는 등 '모든 수단을 강구하여' 돌격이 돈좌된 원인인 적의 방어 포격을 제압함으로써, '그 원인을 배제'하고 다시 돌격하고자 하였다. 그러나 이를 통해서도 적의 방어 포격을 제압할 수 없었고, 역으로 09시경에는 일루 강의 상류를 도하하여 접근한 적에게 배후를 공격받았다. 이에 이치기 지대는 '이미 점령하고 있던 지점을 확보'하고자 하였으나, 결과적으로 전선인 일루 강에서부터 후방인 테나루 강에 이르는 지역에서 포위되었다. 추가로 오후에는 제1해병대의 전차대대 B중대 소속 M3A1 경전차 6대가 강을 건너 이치기 지대의 배후를 유린했으며, 결국에는 15시경에 괴멸되었다.

이처럼 이치기 지대는 『작전요무령』의 규정대로 전투를 수행했다고 할 수 있다. 이러한 조항들은 일본군이 주로 상정하고 있었던 소련-만주 국경의 적 진지대에 대하여 어려운 상황 속에서도 돌격을 반복하여 돌파하기 위한 규정이었으나, 결과적으로 '무모한 공격이 되어버렸다'고 할 수 있다.

■ 이치기 지대의 공격

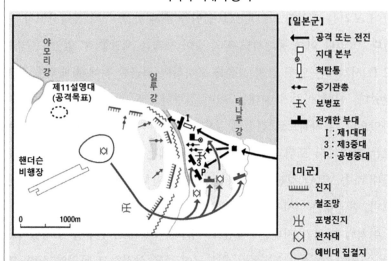

본문에서 설명한 것처럼 이치기 지대의 전투는 『작전요무령』의 내용을 충실하게 적용하였다. 그러나 압도적인 미군의 화력 앞에서 패배했다.

■ 이치기 지대의 공격 편성

구분	부대	임무
제1선 공격부대	제1대대 (제3중대 결여)	제11설영대 부근을 공격
제2선 공격부대	제3중대 공병중대	제1선 공격부대가 제11설영대 부근을 탈취하면 동시에 초월하여 야모리 강 부근을 탈취·확보
예비대	군기소대 기관총 중대 대대포 소대	예비대는 지대 본부 후방을 전진. 특히 기관총 중대와 대대포 소대는 적시에 제1선부대의 공격에 협력하도록 준비

* 이치기 지대의 인원과 장비 : 인원 916명, 대대포 2문, 중기관총 8정, 척탄통 12문
 - 『전사총서 남태평양육군작전〈1〉』을 기초로 작성

야간공격

이어서 일본군이 '특기'라고 자신하였던 야간공격에 대하여 살펴보겠다.

제146항 야간은 부대의 협동동작과 지휘통제가 곤란하고, 기동에 착오가 생기기 쉽다. 그러나 기도를 감추어 피해를 예방하고, 항공기와 전차 등의 각종 방해를 감소시킨다. 또한, 탄약이 부족해도 전투력을 발휘할 수 있다는 이익이 있다.

야간행동에 숙련된 정예부대는 이러한 단점을 극복하고 장점을 이끌어 낼 수 있으며, 특히 소수의 병력으로 다수의 적에 대항하여 공격에 성공할 수 있다.

이 조항에서는 야간공격의 단점과 함께 적 항공기와 전차에 의한 방해가 어려워진다는 점, 제한된 시계로 인해 지근거리 전투가 되기 때문에 포병과 보병의 탄약이 부족해도 백병전을 통해 전투력을 발휘할 수 있다는 점 등의 장점을 기술하고 있다.

그중에서 '적 항공기와 전차 등에 의한 방해'는 『적군야외교령』에서 규정하고 있는 항공부대와 전차부대의 운용방법을 염두에 둔 것이다.

제153항 야간공격에 임하는 보병은 준비를 주도면밀하게 하고, 또한 불시에 적에게 접근하여 백병전을 치르고, 일거에 결전을 요구해야 한다. (중략)

야간의 돌격은 지근거리에서 시작하고, 각급 지휘관은 확실하게 부하를 지휘하여 신속하고 맹렬하게 그 공격목표를 향해서 돌진해야 한다. (이하 후술)

야간공격에 있어서 주력인 보병은 지근거리에서 돌격을 개시하고, 적에게 몰래 접근하여 백병전을 통해서 승패를 결정하는 전투방식을 통해서 일본군은 항공기, 전차, 포병 등 극동 소련군에 비해 열세했던 전력을 극복하고자 하였다.

기계화 및 기병 부대의 전투, 진지전

마지막으로 기계화 및 기병 부대의 전투와 진지전에 대해서 간단하게 살펴보겠다. 제2부 제6편 「제병협동의 기계화 부대[43]와 대규모 기병 부대의 전투」의 제2장 「공격」은 첫 조항에서 다음과 같이 기술하고 있다.

> 제258항 기계화 (기병) 부대의 전투 방법은 지형과 기동력을 이용하여 매우 담대한 포위를 감행하거나, 적의 측면과 배후를 지향한 급습에 유리하다. (중략) 이미 전개한 이후에도 상황이 가용한다면 예비대 등의 기동력을 이용하여 적을 포위할 수 있다. (이하 생략)

기계화 부대와 기병 부대의 전투로서 '포위'와 '측면 및 배후의 급습'을 권장하고 있다. 애초부터 일본군은 공격 전반에 있어서 '포위섬멸'을 주안으로 하고 있었기 때문에, 이러한 의미에서 근본적으로 차이가 없다. '기동전' 지향의 일본군 관점에서 보병·기병·기계화 부대는 모두 기동력을 활용하여 전투를 수행한다는 측면에서 본질적으로 차이가 없었다.

---

43) 역자주〉 일본군은 전차와 장갑차 등을 편제하고 있는 부대를 '장갑부대'라고 하며, 여기에 자동차 적재 또는 자동차 견인의 보병부대, 포병부대, 공병부대 등을 편성한 부대를 '기계화 부대'라고 부른다. 한편, '장갑부대'와 '기계화 부대'를 통틀어서 '기갑부대'라고 하는데, 이 책에서는 우리식 표현인 '기계화 부대'를 통칭으로 사용한다.

마지막 제7편 「진지전 및 대진」의 제1장 「진지전」은 그 원칙을 다음과 같이 규정하고 있다.

제276항 진지전에서의 전투원칙은 근본적으로 기동전과 다른 것이 아니지만, 특히 적 진지의 시설, 전투자재 등에 따라 전투의 계획 및 실시를 한층 조직적으로 해야 한다. 그렇다고 해서 계획에 구애되어 혼란한 전황에서 전기를 놓치는 일이 없도록 해야 한다.

이처럼 '진지전'에서의 전투원칙이 '기동전'과 근본적으로 다르지 않다고 하고 있다. 다만, 전투의 계획과 실시를 한층 조직적으로 실시할 것을 요구하고 있다. 한편으로 계획에 너무 집착해서 호기를 놓치는 일이 없도록 강조하고 있다.

전술사상의 주도성 상실

지금까지 설명한 것처럼 『작전요무령』에서의 일본군 공격전술은 소련군 『적군야외교령』에 대한 대응을 의식하고 있는 부분이 많다. 즉, 일본군 전술은 소련군 전술사상에 대한 대응(reaction)이었고, 일본군만의 주체적인 전술사상을 찾아보기 힘들다.

아이러니하게도 『작전요무령』은 소분에서 '주도권 확보의 중요성'을 강조하고 있으면서도 그 전술사상의 근간은 적 전술에 대한 대응이라는 '수동'에 빠져있었다. 이는 소련군과의 전투를 의식하면서 집필한 『작전요무령』의 근본적인 문제점이라고 할 수 있다.

소련군이 『적군야외교령』에서 확립했던 전술사상은 훗날 헬기를 이용한 공중기동과 '작전기동그룹(Operational Maneuver Group, 약어 OMG)'이 추가되었지만, '전종심 동시타격' 등의 근본적인 부분은 소련이 붕괴되었던 1991년까지 이어졌다. 이에 위기감을 느꼈던 냉전기의 미군이 혁신적인 '공지전투(AirLand Battle)'를 개발하게 만든 요인이 되었을 정도로 선진적인 전술이었다. 이처럼 시대를 앞서 있던 소련군의 전술사상과 비교했을 때, 일본군의 전술사상이 후진적이었던 것은 당연한 결과였다.

제5장 방어

이 장에서는 각 국가들이 방어에 대하여 전술교범에서 어떻게 규정하고 있는지 살펴보겠다. 제4장에서 독일군부터 살펴본 것처럼 독일군 『군대지휘』부터 다루겠다. 이는 당시 독일군이 다른 국가들과는 다른 독특한 사고방식을 가지고 있었기 때문이다.

독일군의 방어

'방어'와 '지구저항'으로 구성된 '방지(防支)'

일본 육군대학교 연구부는 『군대지휘』 반포로부터 5년이 지난 1941년에 이를 정리하여 『최근 독일 병학(兵學)의 별견(瞥見)』이라는 책을 발간하였다. 이 책의 내용 중에는 독일 참모본부가 발행한 군사잡지인 『군사학 전망』의 1939년도 제4호에 게재되었던 쉐르프 중령[44]의 논문을 번역하여 요약한 「지구저항에 관한 논쟁」이라는 제목의 글이 포함되어 있다. 이 논문에서는 다음과 같이 기술하고 있다.

1936년에 발행된 독일군 『군대지휘』(1938년에 일본 육군대학에서 번역하여 출판)에 '지구저항'이라는 특수한 전투방법을 수록하여 세계의 주목을 받았다. (원문 주 : 『군대지휘』에서는 '지구저항'을 '방어'와 동격으로 다루고 있으며, 「방지(防支, Abwehr)」의 내용 속에 '방어'와 '지구저항'을 함께 수록하고 있다. 또한, '주전투지대의 전연(Hauptkampfline, HKL)'이라는 방어 개념처럼, 지구저항에서는 '저항선(Widerstandline)'이라는 개념이 있다.)

통상적인 '방어'에 추가해서 '지구저항'이라는 특수한 전투방식을 제시하여 독일군 『군대지휘』가 세계의 주목을 받았다는 것이다. 실제로, 『군대지휘』는 제8장 「방지」에서 '방어'와 '지구저항'을 규정하고 있다. 또

---

44) 필자는 훗날 국방군 최고사령부의 전사 담당이었던 쉐리프 장군(Major General Walter Scherff, 1898년~1945년)이라고 추정함.

한, 제10장 「지구전」에서는 '지구전'의 주요한 전투방법으로써 '지구저항'을 제시하고 있다. (독일어로 '방어'는 Verteidigung이고, '지구저항'은 Hidhaltender Widerstand이다.)

이러한 '지구저항'은 도대체 어떤 전투방법이었을까? 그리고 『군대지휘』는 왜 '지구저항'과 '방어'를 동격으로 두었고, 또한 이러한 개념들을 총칭하여 '방지'라고 했던 것일까? 이를 명확하게 이해하기 위해서는 우선 제1차 세계대전 중에 있었던 방어전술의 변천과 전간기(戰間期)에 있었던 방어와 관련한 논쟁의 내용이 배경지식으로 필요하다. 이를 위한 적합한 자료가 앞서 소개한 「지구저항에 관한 논쟁」이다.

구체적으로 「지구저항에 관한 논쟁」은 독일군을 중심으로 하여 △제1차 세계대전시의 '방어'에 대한 사고방식, △제1차 세계대전 중에 있었던 방어전술의 변천, △전간기에 있었던 방어에 관한 논쟁들, △이러한 것들의 영향을 받은 교범규정의 변화, △이에 대한 필자인 쉐르프 중령의 의견 등을 내용으로 삼고 있다. 이러한 내용들을 통해서 당시 독일군 장교들이 '지구저항'을 어떻게 받아들이고 있었는지 알 수 있다. 아마도 다른 열강국가들에서도 비슷한 논쟁이 있었을 것으로 생각되나, 이와 관련한 적합한 자료를 필자는 찾을 수 없었다.

이 장에서는 지금까지 전술교범을 중심으로 논지를 전개했던 것과 달리, 먼저 「지구저항에 관한 논쟁」을 참조하면서 방어에 관한 독일군 사고방식의 변화를 살펴보고자 한다. 이러한 변화과정은 다른 열강국가들의 방어에 관한 전술교범의 규정을 이해하는 데도 크게 도움이 될 것이다.

지구전이란 무엇인가?

이야기는 제1차 세계대전 이전까지 거슬러 올라간다. 당시에는 전장의 크기에 비해서 동원병력이 적었기(병력 밀도가 낮았기) 때문에, 제1차 세계대전의 서부전선처럼 전장의 한쪽 끝에서 반대쪽 끝까지 연결된 길고 종심 깊은 전선을 형성할 수 없었다. 이 때문에 통상적으로 피아 모두가 전략적 요충지에 병력을 집중하였고, 그곳에서 짧은 전선을 형성하여 '회전'을 벌였다. (러일전쟁의 요양회전과 봉천회전 등이 그 사례에 해당한다.)

일반적으로 당시의 '방어'는 '전력을 다해서 방어진지를 확보하는 것'을 의미하였다. 방어 측이 적의 공격을 분쇄하여 퇴각시키면 승리였고, 반대로 방어진지를 확보하지 못하고 퇴각하면 패배를 의미했다. 또한, 이러한 통상적인 '방어'와는 별도로 시간적 여유 등을 확보하기 위해서, 결전을 회피하며 적을 견제하거나 고착하는 '지구전'이라는 전투방식도 이미 존재하고 있었다. 승부를 결정짓는 전투, 즉 '결전'을 회피한다는 의미에서 이러한 '지구전'은 '결전'과 대칭된 위치에 있는 개념이었다(참고로 「지구저항에 관한 논쟁」에서는 '지구전'을 'Hinhaltendes Gefecht'라고 기록하고 있다. 제2차 세계대전 이후, 독일 연방군에서는 'Gefecht'를 제병과 협동부대인 '사단~여단 수준의 전투'라고 정의하고 있다.).

지구전에서 결전을 회피하는 것은 시간을 벌기 위해서 뿐만 아니라, 아군의 전력을 온존하고자 하는 목적도 있었으나, 당시에는 '전력의 온존'보다도 '시간의 확보'를 중시하고 있었다. 하지만, 오늘날의 '지체행동'처럼 적 공격에 대해서 적당히 후퇴하면서 필요한 시간을 버는 것, 즉 '공간과 시간의 교환'을 명확하게 의식하고 있었던 것은 아니었다. (【칼럼 7】 참조)

그러나 제1차 세계대전 이전의 독일군에서는 통상적인 작전으로써 지구전을 실시하지 않았고, 명령서에서도 '지구전'이라는 단어 사용을 피했다. 비록 실질적으로는 지구전을 실시하더라도, 이는 '지휘관의 의도'와 '계획의 복안'에만 머물고 있었을 뿐, 실제로는 단순한 방어, 즉 전력을 다해서 사수할 것을 명령하였고, 필요시에는 시간적인 제한을 부여했을 뿐이었다(즉, 시간이 되면 퇴각하도록 하였다).

이러한 방법을 채택한 이유는 비록 의도적인 후퇴라고 할지라도 일부 고급지휘관과 참모 등을 제외한 대부분 장병에게 '후퇴 = 패배'를 의미하고 있었고, '패배했다'고 생각하게 된 장병들을 후방에 계획된 차후 진지를 다시 사수하도록 하는 것이 '사기'와 '통솔' 등의 측면에서 곤란했기 때문이다.

제1차 세계대전의 후반이 되자, 독일군은 최전방의 제1진지대를 단순한 '경계진지'로 인식하고 그 사수에 집착하지 않게 되었다. 구체적으로 제1진지대에서는 유연하게 후퇴하면서 적이 포탄을 낭비하도록 하고, 이와 동시에 '주저항진지'인 제2진지대에서는 전진해 오는 적 공격부대에 대해서 포격으로 타격을 준 다음, 이어서 제2진지대의 공격과 그 전방에서의 역습을 실시하는 전술을 채택하였다. 전력을 온존하기 위해서 적의 포격을 회피하며 후퇴한 장병들은 차후 역습을 위해서 실시한 전술적 후퇴를 '패배'로 받아들이지 않게 되었다. 이처럼 단순히 방어진지를 고수하려 하지 않고, 방어진지 내부에서 부대를 유연하게 이동해가며 방어하는 방법을 '유동방어(Bewegliche Verteigigung)'라고 하였다.

또한, 제1차 세계대전 후반인 1917년 3월에 독일군은 서부전선의 중앙부를 후방에 준비한 진지대인 '지그프리트 선'까지 의도적으로 후퇴시키는 '퇴피(退避)전술(Ausweichtaktik, 이 작전은 어디까지나 'taktik', 즉 '전술'이라는 것에 주의)'을 실시했다. '유동방어'의 관점에서 보면, 이러한 대규모 후퇴도 후방 진지대를 향한 '확대된 전술적 후퇴'라고 인식해도 큰 위화감이 없을 것이다(이 후퇴는 전선의 돌출부를 직선화해서 예비 병력을 염출한다는 목적으로 실시한 '전략적 후퇴'의 맹아로써 인식할 수 있지만, 원문에서는 '퇴피전술'이라고 명칭하고 있어 전략적 수준으로 인식하고 있지 않았다는 것을 알 수 있다.).

　더욱이 「지구저항에 관한 논쟁」에 의하면, 이러한 전투방법(유동방어와 퇴피전술)의 목적은 "아군 부대를 적의 우세한 포격에서 벗어나게 하며, 공간의 상실을 감수하면서도 인원과 자재의 희생을 감소시키는 것에 있지만, 이를 '지구전으로서 인식하는 것은 잘못이다"라고 하였다. 그 이유는 '지구방어'가 차후에 있을 결전을 위해서 우세한 병력을 투입하지 않는 것에 비해서, '퇴피전술'과 '유동방어'는 예비대의 투입도 주

지도에서처럼 지그프리트 선(연합군 측의 호칭은 '힌덴부르크 선')으로의 후퇴는 그 규모에서 '전략적 후퇴'라고 할 수 있으나, 독일군은 '퇴피전술'로서 인식하였다.

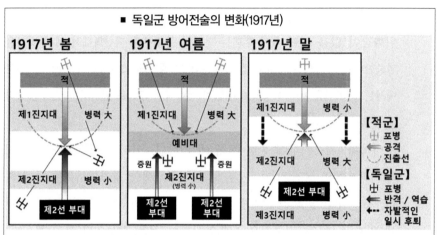

■ 독일군 방어전술의 변화(1917년)

1917년 봄	1917년 여름	1917년 말
적	적	적
제1진지대　병력 大	제1진지대　병력 大	제1진지대　병력 小
제2진지대　병력 小	예비대	제2진지대　병력 大
제2선 부대	증원　증원	제2선 부대
	제2진지대 (병력 小)	제3진지대　병력 小
	제2선 부대　제2선 부대	

【적군】
포병
공격
진출선
【독일군】
포병
반격 / 역습
자발적인 일시 후퇴

제1차 세계대전시에 '일선진지'로부터 시작된 방어진지는 다수의 진지선이 중첩된 '수선진지'로 변하였다. 이어서 '진지대 진지'로 종심이 증가하게 되었고, 이러한 '진지대 진지'에서의 전술은 위의 그림처럼 변하게 되었다. 최초에 독일군은 제1진지대의 병력을 많게 하고, 제1진지대를 돌파한 적에 대한 역습을 위해서 제2선 부대를 투입하였다. 그러나 연합군이 제1진지대와 제2진지대 사이에 탄막을 이용하여 역습을 저지하게 되자, 예비대를 제1진지대의 후방에 배치하게 되었다. 그러나 이것도 연합군의 준비포격 때문에 어렵게 되자, 1917년 말 무렵에는 제1진지대의 병력을 축소하고, 공격을 받으면 일시적으로 후퇴한 다음에 역습을 실시하는 유연한 '유동방어'로 전술을 바꾸었다.

저하지 않기 때문이다. 결국에 '퇴피전술'과 '유동방어'는 방어진지의 유지에 전력을 다하는 것이기 때문에, 본질적으로 '지구전'이 아닌 완강한 '방어'라는 것이다.

　요약하면 제1차 세계대전시 독일군에게 있어서 지구전은 '지휘관의 의도'로서 존재했어도 '부대의 작전'으로서 시행되지 않았고, 실질적으로 명령서에는 완강한 '방어'뿐이었다는 것이 「지구저항에 관한 논쟁」의 필자인 쉐르프 중령의 견해였다.

'지구전투(持久戰鬪)'의 도입

제1차 세계대전 이후인 1921년에 독일군은 새로운 전술교범인 『연합병과의 지휘 및 전투』를 반포하였다. 이른바 『젝트 교범』이다. 『젝트 교범』은 제21장 「특수전」에서 '지구전'에 대하여 상세하게 규정하고 있으나, 제1차 세계대전 당시와 동일하게 "지휘관이 지구전 성격의 전투를 의도하고 있어도, 예하 부대에게 전투의 목적을 알릴 필요가 없다"고 하고 있다. 다시 말해, 지구전 성격의 전투에서도 여전히 각 부대는 단순한 '방어' 명령만을 받았던 것이다.

이러한 규정에 대해서 독일군 내부에서는 '지휘관이 부하들에게 전투의 목적을 밝히지 않는 것은 상하 간의 신뢰를 무너뜨린다'는 비판과 함께 '지구전에서도 전투의 목적을 명시하고, 각 부대는 이러한 전투방법을 연습하고 숙련해야 한다'는 의견이 생겨났다. 이러한 의견들이 받아들여져서 1927년에는 병무청 장관이었던 빌헬름 하이에(Wilhelm Heye, 1869년~1947년)의 명의로 다음과 같은 교시가 내려졌다.

지구전투(Hinhaltender Kampf)의 목적은 적을 기만하며 지선(地線)별로 철수하여 △적 병력이 계속해서 전개하도록 강요하고, △적 포병도 어쩔 수 없이 다시 전개하도록 만드는 것이다.

다시 말해, 지구전투는 많은 포병을 이용하여 유동적으로 수행함으로써 원거리에서부터 적이 어쩔 수 없이 진개하노복 만드는 것이다. 또한, 중기관총의 사정거리를 충분히 이용함으로써 적 보병이 전개하거나 정지하도록 만드는 것이다. (이하 생략)

이처럼 '지구전투(Hinhaltender Kampf)'[45]는 적을 기만하면서 언덕의 능선처럼 방어에 적합한 지선별로 철수하는 것이다. 그리고 포병을 이용한 원거리 사격을 통해 적 부대의 전개를 강요하고, 또한 중기관총의 긴 사정거리를 활용해서 적 보병부대를 정지시키는 것이다. 이를 공격 측의 입장에서 보면, 방어 측이 후퇴할 때마다 화포를 마차에 연결하여 전진하고, 방어 측이 공격할 때마다 정지하여 다시 전개하도록 강요받게 된다. 이때마다 방어 측은 상당한 시간을 벌게 되는 것이다. 이러한 전투방법 자체는 오늘날의 '지체행동'과 다르지 않다. 다만, 조문에서는 '적 부대에게 전개를 강요하는 것'만을 강조하고 있으며, '지체행동'과 같이 '공간과 시간을 교환한다'는 것을 명확히 의식하고 있지는 않다.

'지구전투'를 둘러싼 비판과 논쟁

이처럼 '지구전투'의 구체적인 방법이 명확히 제시되자, 이번에는 '지구저항'[46]에 있어서도 '주전투지대 전연'을 설정해야 하는지에 대한 논쟁이 발생하였다. 통상적인 '방어'에서는 주전투지대와 그 전연(HKL)을 설정한다. 방어에서 HKL은 마지막 예비대를 투입해서라도 전투의 최종 국면까지 확보해야 하는 선을 의미한다. 이에 비해서 '지구저항'에서 HKL은 예비대를 투입하면서까지 단호하게 확보할 것을 요구하고 있지 않다. 이 때문에 지구저항에서도 HKL을 설정하면, '일반적인 방어에서

---

45) 참고로 제2차 세계대전 이후의 독일 연방군에서는 'Kampf'를 단일 병과의 '연대~중대 수준의 전투'로 정의하고 있다. 다만, 'Kampf'는 '전투' 전반을 의미하기도 한다.
46) 당시 독일군 내부에서는 병무청 장관이 교시한 공식용어인 '지구전투'와 다른 '지구저항'이라는 용어가 암묵적으로 사용되었다.

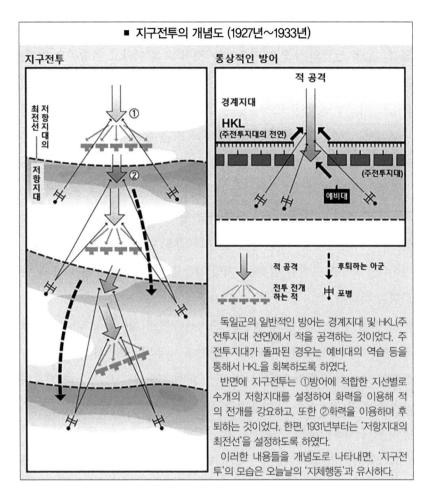

■ 지구전투의 개념도 (1927년~1933년)

지구전투

통상적인 방어

최전선

저항지대의

저항지대

적 공격

경계지대

HKL
(주전투지대의 전연)

(주전투지대)

예비대

적 공격

후퇴하는 아군

전투 전개
하는 적

포병

독일군의 일반적인 방어는 경계지대 및 HKL(주
전투지대 전연)에서 적을 공격하는 것이었다. 주
전투지대가 돌파된 경우는 예비대의 역습 등을
통해서 HKL을 회복하도록 하였다.

반면에 지구전투는 ①방어에 적합한 지선별로
수개의 저항지대를 설정하여 화력을 이용해 적
의 전개를 강요하고, 또한 ②화력을 이용하며 후
퇴하는 것이었다. 한편, 1931년부터는 '저항지대의
최전선'을 설정하도록 하였다.

이러한 내용들을 개념도로 나타내면, '지구전
투'의 모습은 오늘날의 '지체행동'과 유사하다.

는 단호히 확보해야만 하는 HKL의 의미가 약해진다'는 우려가 생겨났
던 것이다. 한편, 지구저항에서도 공격 측이 진짜 방어라고 믿게 만들어
야 하므로, 동일하게 HKL을 설정해야 한다고 하는 반론도 있었다.

이렇게 의견이 분분했기 때문에 병무청 장관이었던 쿠르트 폰 함머슈
타인(Kurt von Hammerstein-Equord, 1878년~1943년)은 1931년에 「지구
전투 지휘의 준거」라는 방침을 하달하게 되었다. 이 지침의 제1장에는
'지구전투'의 목적으로서 "아군 전력을 유지하는 것은 지구전투 지휘의

진수이고 가장 요망되는 것"이고, "이러한 전투방법은 적에게 끊임없이 인적·물적 전력의 소모를 강요하는 것이 요점"이라고 기술하고 있다. 그러나 이러한 기술은 '지구저항'의 주된 목적이 아군 전력의 온존에 있는 것인지, 적 전력의 소모에 있는 것인지 명확하지 않았다. 실제로 군 내부에서는 '아군 전력을 유지하는 것과 적을 유효하게 저지하는 것은 모순적인 요구'라는 비판도 있었다.

또한, 이 방침의 제3장에서는 '저항지대의 전투행위는 통상적으로 저항과 후퇴를 교차하며 실시한다'라고 규정하고 있다. 기존의 순차적인 '방어'의 전투방법이 아니라, '저항'과 '후퇴'의 반복이라고 하고 있는 것이다. 그러면 여기서 말하는 '저항'이란 통상적인 '방어'와 어떻게 다르다는 것일까?

이 방침에서는 "저항의 핵심은 준비한 저항지대(Widerstandzone)에 존재하는 중화기에 있다. 또한, 저항지대 내부의 보병 전투는 깊은 종심지역 내에서 유동적으로 실시한다. (중략) 적의 공격으로 인해 진지를 포기해야 할 경우에는 후방부대의 화력지원을 받으며 철수하고, 그 후방에 다시 저항지대를 구축한다"고 규정하고 있다.

요약하면, 일반적인 방어에서는 '주전투지대의 전연(HKL)'을 설정하지만, 이에 비해 지구전투에서는 '저항지대(Widerstandzone)의 최전선'을 설정하도록 하고 있다[47]. 오늘날의 관점에서는 말장난처럼 느껴질 수도 있으나, 당시 독일군 내부에서는 이러한 논쟁이 진지하게 이루어지고 있었다.

---

47) 『군대지휘』에 규정하고 있는 '저항선(Widerstandline)'과는 다르다는 것에 주의해야 한다.

독일군 전술사상의 한계

이러한 방침이 반포되자, 이번에는 "이러한 전투방법은 적으로부터 이탈하는 적절한 시기를 포착하기 매우 어렵다"라는 비판이 생겨났다. 연습과 전술교육에서는 시간으로 철수시기를 지시하거나, "야간에 되면서 제1선을 철수하고……"라고 명시하기도 하였으나, 이에 대해서도 '형식주의이다', '실전에 적합하지 않다'라는 비판이 계속되었다.

이러한 비판을 바탕으로 1933년에 반포된『군대지휘』에서는 마침내 '지구저항'을 '완전히 특별한 종류의 전투방법'이라고 하며, 일반적인 '방어'와는 다른 것으로써 취급하고 있다. 「지구저항에 관한 논쟁」에서는 그 이유를 "지구저항을 방어 속에 포함하게 되면, 전력을 다해 항전해야 하는 방어의 본래 의미가 약해질 것을 우려했기 때문이다"라고 하였다. 이때까지도 독일군은 '지구저항'의 도입으로 인해서 일반적인 '방어'의 완강함이 약해지는 것을 우려했다.

이를 보면 제1차 세계대전시 진지 내에서 부대를 유연하게 운용하는 '유동방어'를 시행했던 독일군조차도 '공간과 시간을 교환하며 유연하게 후퇴'하는 지체행동을 도입하기에는 시기상조였다는 것을 알 수 있다. 이리하여 서두에서 언급한 것처럼 1936년에 개정된『군대지휘』에서는 당시까지 '완전히 특별한 종류의 전투방법'인 '지구저항'을 통상적인 '방어'와 동격으로 취급하였고, 두 가지 모두를 총칭하여 '방지(防支)'라고 하게 된 것이다.

이렇게 우왕좌왕하던 과정은 독일군이 '지구저항'이라는 개념을 적절하게 정리하지 못하던 모습을 보여주고 있다고 할 수 있다. 이에 대하여 쉐리프 중령은 「지구저항에 관한 논쟁」에서 "지구저항은 실제로 이를 실시하는 개별 부대의 입장에서 방어와 전투중지의 반복에 지나지 않는다"라고 하였다. 또한, 1936년 판『군대지휘』가 규정하고 있는 '저항선'에 대해서도 "시간이 한정된 방어라고도 할 수 있기 때문에 HKL를 적용할 수 있다"고 주장하였다. 더욱이 '지구저항'은 "그 목적을 달성하기 위한 수단으로써 '방어'와 '후퇴'를 이용하고 있으므로, 그 수단에 지나지 않는 '방어'보다 상위개념으로 인식할 수 있다"고 지적하였다.

다른 많은 독일 군인들도 '지구저항'에 대해서 의문을 가지고 있었던 것 같다. "지구저항에 대한 불평이 쌓여서 각종 의문들이 계속 발표되었고, 군사학계를 떠들썩하게 하고 있다"고「지구저항에 관한 논쟁」은 기술하고 있다. 다만, '지구저항'이 각종 전투방법 중에서 가장 어려운 방법이라는 것에는 의견이 일치하고 있었다. 군 수뇌부에서도 1936년 5월의 포고에서 "육군장관이 임석했던 '지구저항'의 연습조차 성공한 사례가 없다"고 밝힐 정도였다.

또한, '독일 기갑부대의 아버지'로 유명한 구데리안 장군도 "이 전투방법은 매우 애매해서 연습에서 보는 이들을 만족시키는 경우를 한 번도 본 적이 없다"고 회상록에 기록할 정도로 '지구저항'에 대하여 회의적이었다. 이러한 가장 큰 이유는 앞서 설명한 것처럼 '적으로부터 이탈하는 시점을 포착하기가 매우 어려웠다'는 점이다. 결국, 1938년 5월에『군대지휘』의 일부가 개정되었다. 그 개정의 요점은 '지구저항'의 내용 중에서 '저항선에서의 전투를 강조하고 저항선 중간지역에서의 전투를 줄이는 것'이었고, 결과적으로는 '시간이 한정된 방어'에 매우 가까워졌다.

이러한 경위를 토대로 쉐리프 중령은 "베르사유 조약에 의한 병력 제한이라는 독일군의 특수한 사정이 지구저항에 크게 작용했다"는 견해를 밝혔다. 독일군은 제1차 세계대전의 강화조약인 베르사유 조약에 의해서 불과 10만여 명으로 병력이 제한되었으나, 1935년에 히틀러의 재군비 선언과 동시에 이를 파기하였다. 오늘날의 관점에서 보면, 독일군의 '지구저항'은 적어도 부대 수준의 실제행동이 '지체행동'에 가까웠으며, 오늘날의 '지체행동'으로 발전할 가능성도 적지 않았다. 그러나 쉐리프 중령은 "베르사유 조약이라는 특수한 사정에 의한 것"이라고 일축해 버렸던 것이다.

그리고 쉐리프 중령은 "결국에 '지구전'과 '지구저항'을 구별하는 것은 어렵다. 따라서 『군대지휘』에서 '지구저항'을 채택한 것은 형식에 경직된 감이 일정 부분 존재한다. 공격적인 작전방침으로 전향한 오늘날에는 이를 삭제해도 별다른 지장은 발생하지 않을 것으로 생각한다. 다만, 그러한 경우에 『군대지휘』의 「방어」에는 '열세한 병력을 이용한 한정된 시간 내의 방어'를 추가할 필요가 있다"라고 글을 맺고 있다. 베르사유 조약을 파기하고 공세적인 작전방침으로 전환하였기 때문에, 지구저항에 관한 규정을 삭제해도 지장이 없다는 결론을 내린 것이다.

요약하면 제2차 세계대전 이전에 있었던 독일군 내부의 논쟁을 통해서 【칼럼 7】의 '방어', '지체', '지체행동'과 같은 각종 방어행동에 대한 개념을 독일군이 명쾌하게 정리하지 못했다는 것을 알 수 있다. 이러한 독일군 전술사상의 한계를 느끼고 있는 것은 필자만이 아닐 것이다.

【칼럼 7】현대의 방어, 지체, 지체행동

일본 육상자위대에서는 일반적인 의미의 '방어' 및 '지체'와 함께 전술교범에서 규정하고 있는 '지체행동'을 다음과 같이 구별하고 있다.

먼저, '방어'의 목적은 일정지역을 마지막까지 확보하는 것이다. 이러한 목적을 달성하기 위해서 전력을 희생하는 것도 마다하지 않는다. 이에 비해, '지체'의 목적은 일정 시간을 버는 것이다. 이를 위해서 전력을 희생하기도 하고, 일정지역을 적에게 넘겨주기도 한다. 다시 말해 시간을 벌 수만 있다면, 무엇을 해도 상관없다. 극단적이지만, 전력을 얼마든 희생해도 상관없다고 한다면, 지역별로 방어부대를 배치하고 사수명령을 하달하여 이러한 부대들이 전멸할 때까지 시간을 버는 방법도 가능한 것이다. 마지막으로 '지체행동'은 결정적인 전투를 회피하고 아군의 전력을 온존하면서, 일정 시간을 버는 것을 목적으로 한다. 이를 위해서는 일정지역을 적에게 넘겨줄 수 있다. 이러한 '지체행동'에는 '전력의 온존'과 '시간을 버는 것'이라는 두 가지 요소가 존재하며, 이를 모두 충족시키기는 좀처럼 쉽지 않다.

이러한 오늘날의 개념규정과 제2차 세계대전 이전에 제정된 각국의 전술교범 규정을 비교해 보면, 제1차 세계대전 이전에 있었던 '결전'과 대칭되는 '지구전'이라는 고전적인 개념이 '지체'와 '지체행동'이라는 오늘날의 개념으로 발전·정리되어 가는 과정을 볼 수 있다. 또한, 육상자위대가 '지체'와 '지체행동'을 왜 구별하고 있는지도 동시에 이해할 수 있다.

■ 육상자위대의 수세적 전술행동과의 비교 (▥ : 중요 항목)

육상자위대					독일군
구분	후퇴행동	방어	지체	지체행동	지구저항
전투력	전투를 회피하여 온존함	희생할 수밖에 없음	희생하는 경우나 희생하지 않는 경우도 있음	본격적인 전투를 회피하고 온존함	본격적인 전투를 하지 않음. 또는 전투를 회피하여 온존함
지역	희생할 수밖에 없음	일정지역을 확보함	희생하는 경우와 희생하지 않는 경우도 있음	(무한정은 아니나) 일정지역을 적에게 넘겨줌	상황에 따라서 일정 지역을 적에게 넘겨줌
시간	희생할 수밖에 없음	개념상 영구히, 실제는 일정 기간을 획득	일정기간을 획득	일정기간을 획득	일정기간을 획득

독일군의 '지구저항'과 오늘날의 '지체행동'이 개념상으로 매우 유사하다는 것을 알 수 있다. 다만, '지구저항'은 '지체행동'과 달리 '공간과 시간의 교환'을 명확하게 의식하고 있지 않다. 또한, '후퇴행동'은 전투력의 온존이라는 의미에서 『군대지휘』에 규정되어 있는 '퇴각'보다도 제1차 세계대전의 '퇴피전술(Ausweichtaktik)'에 가깝다.

'방지(防支)'에 대한 기본적인 사고방식

독일군이 1936년 판『군대지휘』에서 '방어'와 '지구저항'을 어떻게 규정하고 있었는지 살펴보도록 하겠다. 앞서 설명했듯이『군대지휘』는 제8장「방지」에서 통상적인 '방어'와 함께 '지구저항'도 규정하고 있다. '방어'와 '지구저항'의 구체적인 방법을 각각 살펴보기 전에, 여기서는 먼저 이 두 가지 모두를 포함하는 개념인 '방지'에 대해서 독일군이 어떠한 사고방식을 가지고 있었는지 살펴보겠다.

앞서 설명했듯이 독일군은 '기동전 지향의 군대'였다. 이는 다음과 같은 제6장「공격」의 서두 규정을 통해서도 알 수 있다.

제314항 공격은 기동, 사격, 충격(Stoss), 그리고 이것들이 지향하는 방향에 의한 효과를 발휘하는 것이다. (이하 생략)

공격은 우선적으로 '기동'을 통해서, 그리고 이어서 '사격'과 '충격'을 통해서 효과를 발휘한다고 규정하고 있다. 달리 말해, 독일군 공격에 있어서 가장 중요한 요소는 '기동'이었던 것이다.

한편, 제8장「방지」는 서두에서 다음과 같이 규정하고 있다.

제427항 방지는 주로 화력을 통한 효과를 요구한다. 이 때문에 방자는 되도록이면 사격의 효과를 강화해야 한다. (이하 후술)

이처럼 '방지'는 주로 '화력'을 통한 효과를 요구하는 것이라고 하고 있다. 이어서 이 조항은 다음과 같이 기술하고 있다.

제427항 (생략) 공자와 비교해서 방자의 이익은 △전장에 관해서 더욱 상세히 알고 있는 것, △지형을 더욱 잘 이용할 수 있는 것, △공사를 통해 지형을 보강하고 엄호시설을 구축할 수 있는 것, △진지에 위치한 화기의 효력이 기동하는 공자보다 우월한 것 등이다.

여기서는 방어 측의 이점으로써 공격 측보다 전장을 잘 알고 있는 것, 지형을 더욱 잘 이용할 수 있는 것, 공사(예를 들어 애로지형의 입구에 장애물을 설치하여 방어부대 앞에서 장애물 처리를 강요하는 것)를 통해서 지형을 보강할 수 있는 것, 특히 대피호 등의 엄호시설을 구축할 수 있는 것, 진지에 은닉하여 배치한 화기의 효과가 기동하면서 접근하는 공격 측보다 우월하다는 것 등을 들고 있다. 요약하면 독일군은 공격해 오는 적에 대하여 지형과 진지를 이용하여 화력으로 '방지'하도록 하고 있다.

이러한 '화력을 중심으로 하는 방지'라는 사고방식은 이를 실행하는 지형의 선정기준에서도 엿볼 수 있다.

제429항 방지(防支)를 위한 지형은 주로 정황을 통해서 결정한다.
통상적으로 양호한 관측은 포병과 보병 중화기의 강력한 사격효과를 발휘하기 위한 가장 중요한 조건이다. 그렇지만 아군 보병이 적 관측으로부터 벗어날 수 있는 지형을 주로 고려할 수도 있다. 또한, 전차공격에 대비해서 하천, 늪지, 급경사면 등과 같이 자연장애물을 이용한 엄호를 주로 고려하여 선정할 수도 있다. (이하 생략)

'방지'를 실시하는 지형은 정황에 따라서 결정되지만, 통상적으로 화력 발휘를 위해서 아군 포병의 낙탄 관측에 좋은 장소를 중시하여 선정하도록 하고 있다. 다만, 적의 포병관측으로부터 아군 보병이 은폐되도록 하거나[48], 적 전차의 공격에 대비하여 늪지 등과 같이 기동하기 어려운 지형을 선정할 수도 있다고 하고 있다. 하지만, 지형의 이용에 있어서 '화력'의 발휘를 더욱 중시하도록 하고 있었다.

그리고 사격의 기본방침에 대해서는 다음과 같이 규정하고 있다.

제432항 탄약 상황이 가용하고 근거리에서의 사격개시를 통해서 적을 기습할 필요가 없다면, 최대 사거리 사격을 통한 효과를 추구해야 한다. 이후에 적이 전진해 올수록 더욱 격렬한 방지 화력을 발휘해야 한다. (이하 생략)

탄약이 풍부하고 적을 가까이 접근시켜 기습적으로 사격할 필요가 없다면, 최대 사거리에서부터 사격을 시작하도록 하고 있다. 그리고 적의 전진과 함께 더욱 격렬한 화력을 가하도록 하고 있다. 이러한 규정들을 보면, 제2차 세계대전 이전의 독일군에서는 '거점진지의 보병부대가 적의 공격부대를 구속하고, 이어서 후방에 예비로 두었던 기갑부대의 기동력을 활용하여 적 공격부대의 측·후면을 공격'하는 '기동방어'를 거의 고려하고 있지 않은 것처럼 느껴진다.

실제로 '방지'의 총칙 부분에서 예비대에 관해서 다루고 있는 내용은 다음의 조문뿐이며, 그 운용방법도 '기동방어'와는 거리가 있다.

제433항 (생략) 의탁(依託)이 없는 측면의 엄호를 위해서는 통상적으로 예비대가 필요하다. 그 외에는 강력한 예비대를 보유함으로 인해서 방지(防支) 정면의 화력을 빈약하게 만들어서는 안 된다.

---

48) 능선을 사이에 두고 적과 반대 측에 있는 경사면에서 진지를 구축하는 '반사면진지'는 그 전형적인 사례라고 할 수 있다.

여기서는 방어에 이용할 수 있는 자연장애물이 없는 측면의 엄호를 위해서 예비대가 필요하다고 할 뿐이며, 그 외에는 강력한 예비대의 보유로 인해서 정면의 화력이 약해져서는 안 된다고 규정하고 있다. 이러한 규정대로라면 공격해 온 적 부대에게 후방의 강력한 예비대인 기갑부대로 '기동타격'을 가하는 것은 어렵다.

방어에 대한 기본적인 사고방식

그럼, 기동방어를 고려하고 있지 않았던 독일군은 ('지구저항'이 아닌) 일반적인 '방어'에 대해서 어떻게 생각하고 있었을까? 제8장 「방지」의 '총칙' 부분에 이어서 「방어」의 첫 조항에서는 다음과 같이 규정하고 있다.

> 제438항 부대가 방어를 실시하는 지역은 '진지'이다.
> 각 진지의 가장 중요한 부분을 '주전투지대'라고 하며, 최후까지 이를 확보해야 한다.
> 주전투지대의 전방에 있는 '전진진지(前進陣地)' 및 '전투전초(戰鬪前哨)'도 역시 '진지'에 속한다. (이하 생략)

이처럼 독일군은 일반적인 '방어'에 있어서 고정적인 '진지방어'를 고려하고 있다. 또한, 진지 중에서도 가장 중요한 '주전투지대'를 마지막까지 확보하도록 요구하고 있다.

> 제439항 일반적으로 진지는 적이 이를 공격할 수 없게 하거나, 혹은 공격을 단념하게 만들 수 있다면, 그 목적을 달성한 것이다. (이하 생략)

이번 장의 서두에서 설명한 것처럼 적어도 제1차 세계대전 이전까지 독일군에게 '방어'란 '전력을 다해서 방어진지를 고수하는 것'을 의미하였다. 그러나 제1차 세계대전 후반이 되자, 고정적인 진지방어임에도 제1진지대의 고수에 집착하지 않고 진지 내에서 부대를 유연하게 이동시키며 방어하는 '유동방어'를 실시하였다. 그리고 제2차 세계대전 이전에 제정된 『군대지휘』에서는 다음과 같이 규정하게 되었다.

제442항 주전투지대의 방어를 위해서는 모든 병력을 종심으로 두텁게 배치해야 한다. 종심 깊은 배치는 적 화력을 분산시키고, 종심으로 갈수록 아군 화력의 밀도를 높게 하며, 우세한 적 화력에 대한 국지적인 퇴각을 가능하게 한다. 이는 공자가 주전투지역에 침입해도 방어를 계속할 수 있게 한다. (이하 생략)

이 조항을 살펴보면, 우세한 적의 포병 화력에 대해서는 국지적인 퇴각을 허용하고, 주전투지역 내에서 방어전투를 실시하는 등 기본적으로 제1차 세계대전 후반에 실시하였던 '유동방어'와 동일한 방침을 채용하고 있다는 것을 알 수 있다. 즉, 제2차 세계대전 직전의 독일군 방어는 기본적으로 제1차 세계대전 후반과 동일한 것이었다.

방어의 실시

다음으로 '방어'의 구체적인 실시방법을 살펴보겠다.

제456항 전진진지는 △전투전초 전방의 요충지가 조기에 공자에게 빼앗기는 것을 막고, △아군 포병의 진진관측소 이용을 가능하게 하며, △적에게

진지의 위치를 기만하여 적이 조기 전개하도록 한다. 통상적으로 전진진지는 주전투지대에 있는 포병 일부의 사거리 내에 위치하도록 선정해야 한다. (중략) 전진진지의 수비부대는 적에게 각개격파 되지 않도록 적시에 철수해야 한다. (이하 생략)

통상적으로 '전진진지'는 '주전투지대'의 전방에 위치하며, 또한 주전투지대에 전개한 일부 아군 포병의 사거리 내에 배치한다. 이러한 '전진진지'의 주요 역할은 '전투전초' 전방에 있는 요충지가 공격 측에게 탈취되는 것을 늦추고, 아군 포병이 전진관측소를 운용하도록 하며, 주전투지대 등의 위치를 기만하여 적 부대가 조기 전개하도록 강요하는 것이다. 이 조항에서도 '전진관측소의 운용'을 가장 먼저 제시하고 있어서, 방어에 있어서 '화력'의 발휘를 가장 중시하고 있다는 것을 알 수 있다. 그리고 이러한 전진진지의 수비대는 적에게 각개격파 되지 않도록 적절히 철수하도록 하고 있다.

제457항 전투전초는 △주전투지대의 수비대에게 전투준비를 갖출 시간의 여유를 부여하고, △그 배치를 통해서 공격지대에 대한 주전투지대의 관측을 보완하고, △공자에게 주전투지대의 위치를 기만한다. (중략)
전투전초는 통상적으로 주전투지대를 점령하고 있는 보병부대에서 차출하고, 원소속 부대의 지휘를 받는다. (중략)
전투전초는 주전투지대의 사격을 방해하지 않고, 또한 위험에 처하지 않도록 유의하면서 철수해야 한다. (이하 생략)

주전투지대의 전방에 위치한 '전투전초'는 통상적으로 주전투지대의 보병부대로부터 차출되어 주전투지대의 수비대가 전투준비를 갖출 시간을 벌거나, 주전투지대의 위치를 기만한다. 그리고 마지막으로 주전투지대의 아군 사격을 방해하거나 적에게 격파되지 않도록 하면서 철수할 것을 요구하고 있다. 다시 말해, 앞에서 설명한 전진진지의 수비대처럼 전투전초도 적에게 각개격파 되지 않도록 철수를 허용하고 있다.

제458항 주전투지대의 방어는 계획적으로 준비된 모든 병과의 사격 동작을 기초로 한다. (중략)

주전투지대의 모든 지역은 원거리에 이르기까지 빈틈없이 화력으로 제압해야 한다. (중략)

적이 주전투지역에 접근할수록 더욱 밀도 높은 화력을 가해야 한다.

주전투지대에 돌입한 적에 대해서도 모든 병과의 사격과 협동을 확실하게 해야 한다.

'주전투지대'의 방어는 '계획적인 사격을 기초로 한다'고 밝히고 있다. 구체적으로는 화력을 이용해서 원거리의 적을 철저히 제압하고, 적 부대가 접근할수록 더욱 강력한 화력을 발휘하도록 하고 있다. 또한, 주전투지대 내로 적이 돌입하면, 협동하여 사격하도록 하고 있다. 이를 통해서도 알 수 있듯이, '주전투지대'의 방어에 있어서 근간은 역시나 '화력'이었다.

각 부대의 운용방법

방어에 있어서 각 부대의 구체적인 운용방법을 살펴보겠다. 먼저 포병부대이다.

제459항 포병은 접적전진 중인 적에 대하여 전진진지에 위치한 방열 장

소, 필요하다면 주전투지대의 전방에 위치한 방열 장소에서부터 전투를 실시한다.

이처럼 접근해오는 적 부대에 대하여 전진진지와 주전투지대 전방에서부터 포병사격을 하도록 하고 있다. 당시 독일군은 포병을 전진진지 및 주전투지대의 전방까지 추진하여 배치하도록 하고 있었다.

제460항 사단 포병의 대부분은 주전투지대 전방의 모든 지역에 대하여 집중포격이 가능해야 한다. 포병 지휘관은 이러한 집중포격이 계속될 수 있도록 지도해야 한다. (중략)
사단장은 방어 시작부터 또는 방어 실시 중에 보병을 직접 지원하는 포병부대, 혹은 보병에 배속시킬 포병부대를 결정한다. 사단장은 포병 지휘관 직속으로 충분히 강력한 포병부대를 남겨둠으로써 마지막까지 화력전에서 결정적인 영향을 발휘할 수 있어야 한다. (이하 생략)

사단 포병의 대부분은 주전투지대의 전방에 화력을 집중할 수 있도록 하고 있다. 사단장은 방어전투의 개시와 전투 중에 보병부대를 직접지원하는 포병부대와 보병부대에 배속하는 포병부대를 선정하지만, 포병 지휘관의 예하에도 충분한 포병부대를 반드시 남겨두어서 마지막까지 결정적인 화력전투를 실시할 수 있어야 한다고 하고 있다. 이를 통해서도 알 수 있듯이, 사단 수준의 '방어'에 있어서 그 근간이 되는 것은 사단 포병의 '화력'이었다.
이어서 보병부대이다.

제462항 보병은 되도록이면 조기에 맹렬한 사격을 개시한다. 보병의 사격은 중(경)화기의 사격계획을 기초로 한다. 아군 포병이 빈약할 때도 중기관

총 및 (정황에 따라서) 박격포를 이용하여 원거리에 있는 적의 접근을 제압해야 한다. (이하 후술)

보병부대는 포병부대보다 화기의 사거리가 짧지만, 그래도 되도록이면 조기에 사격을 시작하도록 하고 있다. 그리고 아군 포병의 화력이 적을 경우에도 비교적 긴 사거리의 중기관총과 상황에 따라서는 박격포를 이용해서 적 부대의 접근을 제압하도록 규정하고 있다.

제462항 (생략) 공자가 주전투지대에 근접하면, 종심을 이용한 보병의 방어가 시작된다. (중략) 강력한 적의 화력에 대해서는 피해가 적은 지역으로 일시적으로 퇴각할 수 있다.

적 부대가 주전투지대에 접근해오면, 적의 포화를 피해 일시적으로 퇴각하는 등의 유연한 방어전투를 전개하도록 하고 있다. 이것이야말로 제1차 세계대전 중에 독일군이 고안해낸 '유동방어'의 모습이라고 할 수 있다.

제463항 주전투지대 일부를 상실했을 때는 화력을 이용하여 침입한 적을 격멸하는데 최선의 노력을 기울여야 한다. 이에 실패했을 때는 적이 획득한 지역을 기반으로 진지를 구축하기 전에 돌입지점 부근에 있는 보병과 지원부대로 즉시 역습(Gegenstoss)하여 적을 격멸해야 한다. (이하 후술)

만약 주전투지대 일부에 적이 침입하면, 먼저 화력으로 이를 격멸하도록 요구하고 있다. 그래도 적을 격멸하지 못하면, 적이 점령한 지역을 기반으로 진지를 구축하기 전에 그 주변의 보병과 이를 지원하는 공병 등으로 신속하게 '역습'을 실시하여 격퇴하도록 규정하고 있다.

제463항 (생략) 이러한 조치가 실패하거나 적의 대규모 돌입이 시작되면, 부대 지휘관은 반격(Gegenangriff)을 통해서 빼앗긴 지역을 회복할 것인지, 아니면 주전투지대의 전연을 변경할 것인지를 결정한다. (중략)

주전투지대 일부에 침입한 적을 즉시 격퇴하지 못하거나 대규모 돌입을 허용한 경우에 부대 지휘관, 즉 제병과 협동부대의 지휘관은 앞서 설명한 '역습'보다 규모가 큰 '반격'을 실시할 것인지, 아니면 최종적으로 확보하지 않으면 안 되는 주전투지대의 전연을 후방으로 조정할 것인지를 결심하도록 하고 있다.

다음은 공병부대이다.

제466항 경계지대에서 공병은 저지 장애물의 설치에 운용한다.

주전투지대에서 공병은 장애물, 위장 공사, 그 밖의 구축에 운용한다. 보병이 수행하기 어려운 설치 임무를 하는 경우에는 공병을 보병부대에 배속하는 것이 타당하다. (이하 생략)

공병은 '경계지대', 즉 주전투지대의 전방에서 적의 기동을 저지하는 바리케이트 등을 설치하고, 주전투지대에서는 장애물 등을 구축하도록 규정하고 있다. 또한, 보병을 직접지원할 경우에는 보병부대에 공병을 배속하여 운용하도록 하고 있다.

이어서 전차부대이다.

제467항 전차는 공격적으로 운용해야 한다. 전차는 부대 지휘관의 예하에 있는 결승을 위한 예비대이며, 특히 반격 및 적 전차의 제압에 적합하다. (이하 생략)

전차는 방어 시에 예비대로 확보해 두었다
가, 마지막에 비장의 카드로 사용했다.
사진은 제505중전차(重戰車) 대대의 Ⅵ호
전차 E형 티거 Ⅰ.
강력한 전투력을 가진 티거 전차는 독립
중(重)전차대대에 배치되었고, 결정적인
순간에 운용하였다.

전차부대는 반격과 적 전차의 제압에 적합하여 공격적으로 운용하도
록 기술하고 있다. 구체적으로는 상급부대 지휘관이 직접 운용하는 예
비병력으로서 확보해 두었다가, 필요시에 투입하여 적 공격을 분쇄함으
로써 방어전투를 승리로 이끈다고 하고 있다.

다만, 이러한 운용방법은 제2차 세계대전 후반에 실시된 동부전선의
'제3차 하르코프 전투(The Third Battle of Kharkov, 1943년)'처럼 기갑부
대의 기동력을 활용한 본격적인 '기동방어'가 아니고, 어디까지나 '진지
방어'의 예비대로서 운용하는 방법에 지나지 않았다. 그러나 이러한 운
용방법은 훗날 본격적인 '기동방어'로 발전하였을 것이다.

마지막으로 비행대와 방공대이다.

제469항 비행대는 방어를 지원할 수 있다.
구축기는 적의 항공수색을 방해한다. 구축기가 충분할 때는 근접하는 지
상의 적을 공격할 수 있다. 폭격기는 저 비행장 및 하차 시섬을 공격할 수
있다. (이하 생략)

구축기는 적 직협정찰기의 공중수색을 저지하고, 이와 동시에 아군
진지로 접근하는 적 부대도 공격하도록 하고 있다. 또한, 폭격기는 적
직협정찰기 등이 이착륙하는 비행장과 철도 등의 적 부대 하차지점을

■ 보병사단의 방어배치 사례

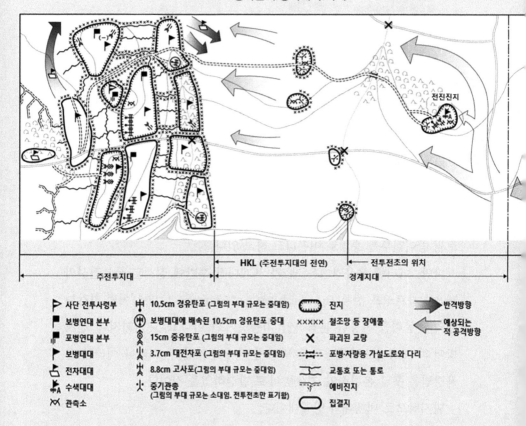

HKL (주전투지대의 전연)

전투전초의 위치

주전투지대

경계지대

전진진지

▷ 사단 전투사령부	▟ 10.5cm 경유탄포 (그림의 부대 규모는 중대임)	⬭ 진지
▐ 보병연대 본부	Ⓜ 보병대대에 배속된 10.5cm 경유탄포 중대	×××× 철조망 등 장애물
▐ 포병연대 본부	15cm 중유탄포 (그림의 부대 규모는 중대임)	× 파괴된 교량
▷ 보병대대	3.7cm 대전차포 (그림의 부대 규모는 중대임)	포병·차량용 가설도로와 다리
⌂ 전차대대	8.8cm 고사포(그림의 부대 규모는 중대임)	교통호 또는 통로
▟A 수색대대	중기관총 (그림의 부대 규모는 소대임. 전투전초만 표기함)	예비진지
✕ 관측소		⬭ 집결지

반격방향

예상되는 적 공격방향

그림은 보병사단의 방어배치 사례이다. 포병은 주전투지대의 전방 및 전진진지에 배치되어, 적의 전개지점인 십자로를 포병 사정거리 안에 두고 있었다. 포병과 차량부대가 후방으로 신속히 이동할 수 있도록 가설도로를 설치하였다. 또한, 주전투지대의 진지는 대부분이 대대 단위로 거점화되어 있으며, 그 사이를 교통호로 연결하여 유연한 이동과 역습을 실시할 수 있었다. 더욱이 전차가 기동하기 쉬운 지형에는 대전차 지뢰 등을 설치하였다. 또한, 전차는 적의 포병 사거리 밖에서 대기하고 있다가, 적에 의한 돌파구가 확장될 경우에 즉각 반격에 나설 수 있도록 하였다.

공격하도록 규정하고 있다.

제470항 방공부대는 적이 근접하면서 시행하는 공중수색을 방해해야 한다. 이를 위해서 일부 전력을 원거리까지 추진해서 운용하고, 필요하다면 주전투지대의 전방에서도 운용한다. (이하 생략)

방공부대는 구축기와 동일하게 적의 공중수색을 저지하도록 하고 있다. 이를 위해서 일부 고사포 부대를 경계지대에 배치할 수도 있고, 중요지역을 방호하는 방공부대가 아닌 야전 방공부대를 야전포병과 동일하게 주전투진지의 전방에 배치할 수도 있다고 하고 있다. 참고로 제2차 세계대전에서 독일군은 8.8cm 고사포를 대전차 사격에 사용하거나, 2cm 고사기관포를 대보병 사격에 사용하기도 하였다.

방어의 최종 국면

다음은 방어의 최종 국면에 대하여 살펴보겠다.

제471항 후방진지로 방어를 전환할 때는 전투중지, 후퇴, 방어 재개에 관해서 사전에 규정해야 한다. (중략)
부대 지휘관은 기회를 놓치지 말고 결심하고, 또한 적이 아군의 기도를 저지할 수 없도록 조치해야 한다. (이하 생략)

후방진지로 물러설 때는 전투중지와 후퇴 등의 절차에 관해서 사전에 규정하도록 하고 있다. 그리고 지휘관은 후퇴가 적에게 저지되기 전에 그 시기를 결심하도록 요구하고 있다.

제472항 적 공격이 돈좌(頓挫)되고 방자의 병력이 충분할 때는 공세로 전환한다. (이하 생략)

적 공격이 돈좌되고 아군 병력이 충분할 경우에는 공세로 전환하도록 하고 있다.

제474항 전투의 승패가 결정되지 않고 종료되거나 작전이 정지되면, 공자와 방자 모두 본격적인 전투를 치르지 않고 서로 대치하게 되며 진지전과 유사한 상황에 이르게 된다. 이럴 때는 기존의 진지를 유지할 것인지, 아니면 더욱 후방에 새로운 진지를 선정할 것인지를 결정해야 한다. (이하 생략)

만약 전투의 결착 없이 서로 진지를 구축하여 대치하는 '대진(對陣)'에 가까운 상황이 되면, 현재의 방어진지를 유지할 것인지, 후방에 새로운 방어진지를 선정할 것인지를 결심해야 한다고 하고 있다.

지금까지의 '방어' 내용을 정리하면, 독일군은 주전투지대의 전방과 지대 내의 화력을 이용하여 적 부대를 격파하고, 우세한 적의 포격에 대해서는 국지적인 퇴각을 허용하는 유연한 진내전투를 통해서 '적 부대의 격퇴'를 기본으로 하고 있었다.

방어와 지구저항의 차이

다음은 '지구저항'에 대해서 살펴보겠다. 그 전에 먼저 통상적인 '방어'와 '지구저항'의 차이점부터 설명하겠다. 『군대지휘』는 제2장 「지휘」

에서 다음과 같이 규정하고 있다.

제41항 (생략) 방어(Verteidigung)는 적의 공격을 실패에 이르게 하는 것이다. 이를 위해서는 일정 지역에서 적의 공격을 맞이하여 해당 지역을 최후까지 확보해야 한다. (중략)

지구저항(Hinhaltender Widerstand)은 본격적인 전투를 치르지 않고 적에게 큰 피해를 주면서 저지하는 것으로, 이를 위해서는 적시에 적의 공격을 회피하거나 일부 지역을 포기하는 것이 필요하다.

앞서 설명했듯이 독일군에게 '방어'는 일정지역을 마지막까지 확보하고, 이를 통해서 적의 공격이 실패하도록 만드는 것이었다(다만, 국지적인 퇴각은 시행한다). 이에 비해서 '지구저항'은 본격적인 전투 없이 적의 공격을 회피하거나 지역을 넘겨주거나 하면서 적 부대에게 되도록이면 큰 피해를 주며 적의 공격을 저지하는 것이다.

여기서 기술하고 있는 '적의 공격을 저지한다'는 것의 구체적인 내용은 제8장 「방지」의 소항목인 「방어」에서 다음과 같이 기술하고 있다.

제438항 부대가 방어를 실시하는 지역은 '진지'이다.

각 진지의 가장 중요한 부분을 '주전투지대'라고 하며, 최후까지 이를 확보해야 한다.

한편, 제8장의 다른 소항목인 「지구저항」에서는 다음과 같이 규정하고 있다.

제476항 지구저항은 일정한 저항선에서 실시한다. 상황에 따라서는 다른 저항선에서 다시 이를 계속한다. 이를 위해서는 저항을 계속하거나, 또는 전

투를 하지 않고 새로운 저항선으로 퇴각할 수 있다. (이하 후술)

방어는 '진지'에서 실시하지만, 지구저항은 '저항선'에서 실시한다. 그리고 방어에서는 진지 내의 '주저항지대'를 마지막까지 확보하지만, 지구저항에서는 당시 상황에 따라 저항을 계속하거나 전투 없이 후방의 새로운 '저항선'으로 퇴각할 수 있다고 기술하고 있다.

제476항 (생략) 저항선의 방어는 적의 강력한 부대가 많은 시간과 피해를 감수하며 조기에 공격준비를 실시하도록 만드는 것이다. (이하 후술)

저항선의 방어는 우세한 적 부대에게 조기 전개를 강요하여 시간을 낭비하도록 하고, 그 과정에서 아군의 공격으로 인한 피해가 발생하도록 하는 것이다. 다시 말해, '시간을 버는 것'과 '적에게 피해를 가하는 것'이라는 두 가지를 목적으로 하고 있다.
이 조항은 이어서 현재의 저항선부터 다음 저항선까지의 사이, 즉 '중간지구'의 방어에 대하여 다음과 같이 규정하고 있다.

제476항 (생략) 저항선 사이의 지구(중간지구)에 대한 방어는 적의 접근을 지체시키고, 이를 통해서 다음 저항선의 준비에 필요한 시간적 여유를 확보하도록 한다.

중간지구에서의 방어는 적의 전진을 늦추고, 다음 저항선의 준비에 필요한 시간적 여유를 확보하는 것이라고 하고 있다. 다시 말해, 중간지구에서는 '시간을 버는 것'만을 목적으로 하고 있다.
정리하면, 통상적인 '방어'는 적의 공격을 실패시키는 것이 목적이고, 이를 위해서는 진지 내의 주전투지대를 최후까지 확보하도록 하고 있다. 이에 비해서 '지구저항'은 시간을 버는 것과 적에게 손해를 입히는 것이 목적이며, 상황에 따라서는 후방의 새로운 저항선으로 퇴각하기도 한다. 이러한 점이 통상적인 '방어'와 '지구저항'의 가장 큰 차이점이다.

두 종류의 지구저항

『군대지휘』에서는 제6장 「공격」과 대칭이 되는 개념으로 제8장 「방지」를 두고 있으며, 제8장은 「방어」와 「지구저항」이라는 두 개의 소항목으로 구성되어 있었다. (참고로 제7장은 「추격」이다.)

이러한 「지구저항」의 첫 조항은 다음과 같이 기술하고 있다.

제475항 지구저항은 적이 우세하기 때문에 어쩔 수 없이 실시하게 되거나, 또는 자발적으로 실시한다. 후자의 경우에는 적이 우세한 병력을 이용하여 접근해 올 경우에만 실시해야 한다. (이하 후술)

지구저항은 우세한 적에 대하여 어쩔 수 없이 실시하거나, 우세한 적이 접근할 때 자발적으로 실시한다고 하고 있다. 이 조항은 이어서 다음과 같이 구성하고 있다.

제475항 (생략) 지구저항은 전투의 개시를 위해서 또는 전투 간의 응급수단으로써 종종 유리하게 이용된다. 지구전에 있어서 지구저항의 의의에 관해서는 제10장 「지구전」을 참조한다.

지구저항은 전투를 개시하기 위해서나 전투 간의 응급수단으로써 종종 이용될 수 있다고 하고 있다. 이것이야말로 '방지'의 일부인 '지구저항'이라 할 수 있다.

한편, 제10장「지구전」을 살펴보면, 다음과 같이 규정하고 있다.

제531항 (중략) 아군 병력을 애석(愛惜)하며, 게다가 적에게 되도록이면 큰 피해를 주는 것도 중요하다. (이하 생략)

제532항 지구저항은 지구전에 있어서 가장 주요한 전투방법이다.

당시 독일군에게는 아군 전력을 온존하거나 시간의 여유를 얻기 위해서 '결전'을 회피하며 적을 견제하는 '지구전'이라는 전투방식이 있었다. 이러한 지구전의 주된 전투방법으로써 '지구저항'을 제시하고 있다.

다시 말해, 『군대지휘』에서는 '공격'에 대치되는 '방지'의 일부분인 '지구저항'과, '결전'에 대치되는 '지구전'의 주요 전투방법인 '지구저항'이라는 두 종류가 있었던 것이다.

저항선의 구성

그럼 '지구저항'의 구체적인 내용에 대해서 상세하게 살펴보겠다. 먼저 지구저항이 실시되는 '저항선'에 관한 내용부터 설명하겠다.

제477항 저항선은 적의 접근을 원거리부터 관측할 수 있어 포병의 위력을 발휘할 수 있게 하거나, 견고한 자연장애물이 저항선 앞에 존재하거나, 적

이 전개하기 위해서 반드시 통과해야만 하는 애로지역이 존재할 때에 유리하다. (이하 후술)

저항선은 접근해오는 적에게 효과적인 포격이 가능한 시계가 좋은 장소이거나, 적 기동에 장애가 되는 지형(예를 들어 산림), 적이 통과해야만 하는 애로지역 등에 설정하면 유리하다고 하고 있다.

제477항 (생략) 저항선을 산림 내로 선정하면 관측 및 포병의 위력 발휘는 저항자와 공자 모두에게 불리하다. 하지만 공자는 기동이 어려워지고 우세함의 진가를 충분히 발휘할 수 없게 되는 것에 비해, 저항자는 지형을 더욱 잘 이용할 수 있게 된다.
저항선 내부나 그 후방에 존재하는 은폐 가능한 지역은 저항자의 전투중지 및 철퇴를 용이하게 한다. (이하 후술)

저항선을 산림 내에 선정하면 포병의 관측과 사격이 어렵게 되기 때문에, 저항 측과 공격 측 모두가 불리해진다. 하지만 공격 측이 기동하기 어려워지고 병력의 우위를 활용하기 어렵게 되는 것에 비해서 저항 측은 산림을 이용하여 저항할 수 있게 된다. 만약에 저항선의 내부나 그 후방에 공격 측으로부터 보이지 않는 장소가 있다면, 저항 측이 전투를 중지하고 철수하는 것을 용이하게 한다.

제477항 (생략) 각종 저지 장애물은 저항선과 중간지구 방어에 도움이 된다.
축성공사를 통해서 지형을 견고하게 하는 것은 예외적인 사례이고, 위장공사를 이용하는 것을 권장한다.

저항선의 전방과 중간지구에는 저지 장애물을 설치한다. 다만, 통상적으로는 지형을 보강하는 축성공사를 실시하는 것이 아니라, 위장공사를 통해 본격적인 방어진지가 있는 것처럼 적을 기만하는 것이다. 앞서 설명했듯이 제476항에서는 '중간지구에 대한 방어는 다음 저항선의 준비에 필요한 시간적 여유를 획득하기 위함'이라고 하고 있으며, 그 '준비'란 저지 장애물이나 위장공사와 같은 간단한 것이었다.

제478항 저항선의 위치는 부대 지휘관이 이를 명령한다.
저항선의 상호 거리는 지형, 시계, 아군의 기도 및 적의 행동에 따라서 차이가 있다.
시계가 좋은 지형에서는 적 포병이 어쩔 수 없이 진지변환에 이르게 할 정도로 저항선 간의 거리를 크게 해야 한다. 산림 내에서는 근소하게 선정한다.

저항선의 위치는 부대 지휘관이 지시하도록 하고 있다. 저항선과 저항선 사이의 거리는 상황에 따라 차이가 있으나, 시계가 좋은 지형에서는 적 포병이 진지변환을 하지 않으면 다음 저항선을 포격할 수 없게 할 정도의 거리를 두어야 한다고 규정하고 있다. 다만, 시계가 좋지 않고 포병관측이 어려운 산림 내에서는 이보다 가깝게 선정할 수도 있다고 하고 있다.

제479항 통상적으로 부대 지휘관은 저항선과 함께 포병 및 보병 중화기의 관측소 위치를 지시한다. 방열진지는 저항선의 후방 가까이에 배치한다. (이하 후술)

부대 지휘관은 통상적으로 저항선의 위치와 함께 아군 포병과 보병포 등의 관측소 위치도 함께 지시하며, 포병이 전개하는 진지는 저항선의 바로 후방에 배치하도록 하고 있다.

제479항 (생략) 저항선 앞의 지형이 개활지일 경우, 저항선에 위치한 부대는 일반적으로 관측소와 방열진지를 경계하는 정도로만 운영한다. (이하 후술)

저항선의 전방이 개활한 지형일 경우, 저항선에 배치하는 부대는 아군 관측소와 포병진지 등의 경계병력에 지나지 않는다고 하고 있다. 따라서 저항선의 전투는 포병 등의 화력에 거의 전적으로 의존하고 있다고 볼 수 있다.

제479항 (생략) 저항선이 견고한 자연장애물이나 애로지역의 후방에 위치할 경우에는 그 이익을 이용하며 장기간 저항할 수 있도록 비교적 강력한 병력으로 점령해야 한다. (이하 후술)

역으로 저항선의 전방에 장애물이 되는 지형과 애로지역이 있는 경우에는 이를 이용하여 장기간 저항하기 위해서 비교적 많은 병력을 저항선에 배치하도록 하고 있다.

제479항 (생략) 시계가 불량한 지형에서는 통상적으로 비교적 강대한 병력을 이용하여 저항선을 점령해야 한다. 통상적으로 산림 내에서는 저항선을 수비하는 보병이 저항의 주체이다.

저항선 부근이 시계가 나쁜 지형일 경우에도 저항선에 비교적 많은 병력을 배치하도록 규정하고 있다. 그리고 특히 포병의 화력 발휘가 어려운 산림에서는 포병이 아닌 보병이 주력이 된다고 강조하고 있다.

제480항 저항선과 중간지구의 방어 지속시간 및 방어 강도는 상황에 따라 달라진다. (이하 생략)

각 저항선과 그 중간지구에서 방어하는 경우에 그 지속시간과 방어의 완강함(예를 들어 예비병력을 얼마나 투입할 것인가) 등은 당연히 상황에 따라 차이가 있다.

제482항 부대 지휘관은 되도록이면 다음 저항선으로의 철수 시간을 지시한다.
시계가 불량한 지형이나 광대한 정면일 경우에는 철수 시기의 결정을 하급지휘관에게 위임하거나, 적 주력이 일정한 선을 통과하면 철수를 시작할 수 있도록 사전에 지시해둘 수 있다.

되도록이면 부대 지휘관이 다음 저항선으로의 철수시기를 직접 지시하도록 하고 있다. 다만, 시계가 나쁘거나 광정면일 경우에는 철수 시기의 결정권을 하급지휘관에게 위임하거나, 적 주력이 통과하면 철수를 시작하는 선을 사전에 지시해 둘 수도 있다고 규정하고 있다.

지구저항의 실시

이어서 지구저항의 구체적인 실시방법을 살펴보겠다.

제487항 적과의 거리, 아군 병력, 속력 혹은 기동력, 지형 등이 가용하다면, 저항선 전방의 원거리에서부터 적의 전진기동을 방해해야 한다.

몇 가지 조건이 충족된다면 저항선보다 훨씬 전방지역에서부터 적의 전진을 방해하도록 요구하고 있다.

제488항 전투전초는 저항선의 전방에서 보병 중화기와 포병 일부를 이용한다. 또한, 은폐지에서는 경기관총과 소총으로 적의 접근을 어렵게 한다. 이를 통해서 아군의 방어방법과 저항선의 위치에 대하여 적을 기만한다. (이하 후술)

저항선의 전방에서는 전투전초가 중기관총과 보병포, 그리고 일부 포병을 이용하여 전투를 실시한다. 또한, 시계가 좋지 않은 지형에서는 사정거리가 짧은 경기관총과 소총을 이용하여 사격함으로써 적의 접근을 어렵게 한다. 이때, 본격적인 방어가 아니라는 것을 적이 깨닫지 못하게 하고, 이와 함께 저항선의 정확한 위치를 적이 포착하지 못하도록 기만한다.

제488항 (생략) 저항선의 전방에서 운용되었던 모든 부대는 점차 저항선으로 후퇴하여 저항선의 수비대를 증원하거나, 향후 저항선의 수비대를 수용하기 위한 후방의 다음 저항선에서 운용한다.

저항선의 전방에 전개된 아군 부대는 점차 후퇴하여 저항선의 수비대를 증강하거나, 후방의 다음 저항선에서 운용된다.

제489항 저항선의 방어는 접근하는 적에 대한 포병의 방해사격과 저항선 전방의 아군 부대에 대한 포병의 지원사격을 통해서 개시된다. (중략) 통상적으로 사격은 최초부터 적 보병을 지향해야 한다. (이하 생략)

저항선의 방어는 접근하는 적 부대에 대한 방해사격과 저항선 전방에 전개한 아군 부대에 대한 지원사격 등 포병부대의 사격에서부터 시작한다고 하고 있다. 통상적으로 이러한 사격은 적의 포병부대가 아니라 최초부터 적의 보병부대를 겨냥한 것이라고 강조하고 있다.

제490항 보병은 주로 보병 중화기를 이용하여 저항선 방어에 참여한다. (중략) 저항선에서 가까운 지역 또는 저항선 내부에 존재하는 지형에 엄폐할 수 있다면, 기관총과 소총도 사용할 수 있다.

한편, 보병부대는 주로 보병포 등의 중화기를 운용하여 저항선에서의 방어에 참여하지만, 지근거리이거나 산림 등의 지형지물로 엄폐된 상태라면 보병포보다도 사거리가 짧은 기관총과 소총으로도 사격에 참여한다. 다시 말해, 보병부대는 백병전이 아니라, 포병부대와 동일하게 '화력'을 이용하여 방어를 전개하도록 하고 있다.

제491항 저항선에서의 전투 중지는 본격적인 전투 없이 해 질 무렵까지 저항선을 유지할 수 있으면 가장 쉽다. 이러한 경우에 전투로부터 이탈하는 부대는 잔류부대의 엄호하에 통상적으로 다음 저항선을 향해 바로 후퇴한다. (이하 생략)

저항선에서의 전투 중지는 본격적인 전투 없이 해 질 무렵까지 저항선을 유지할 수 있다면 가장 간단하다고 하고 있다. 다시 말해, 야간이 되면 전투를 중지하고, 야음을 틈타서 적 부대로부터 이탈하기 쉽다는 것이다. 이러한 경우에 이탈하는 부대는 통상적으로 아군 잔류부대의 엄호하에 중간지구에서의 방어전투를 실시하지 않고, 즉시 다음 저항선까지 바로 후퇴하게 된다.

전술개념의 혼란과 미숙

전쟁 전체의 귀추를 결정하는 '결전'과 이를 회피하는 '지구전'이라는 거시적인 전투방식과 그 수단인 '공격'과 '방어 혹은 지구저항'이라고 하는 미시적인 전투방법은 애초부터 그 차원이 다르다[49]. 그러나 『군대지휘』의 구성을 보면, 제6장 「공격」에 대치되는 제8장 「방지」 중에서 통상적인 '방어'와 함께 '지구저항'을 병렬로 두고 있다. 그리고 이와는 별도로 제10장 「지구전」에서 주요한 전투방법으로써 '지구저항'을 제시하고 있다. 다시 말해, '거시적인 전투방식'과 그 수단인 '미시적인 전투방법'이라는 각각 차원이 다른 내용들로 복잡하게 뒤얽힌 구성을 하고 있다. 이와 같은 구성을 보면, 당시 독일군은 '지구저항'을 포함한 전술개념을 잘 정리하지 못했다는 것을 알 수 있다.

오늘날의 관점에서 생각해보면, 먼저 상위개념인 '결전'과 '지구전'이라는 거시적인 전투방식을 규정하고, 이를 바탕으로 하위 개념인 '공격'과 '방어 혹은 지구저항'이라는 미시적인 전투방법을 열거한 다음에, '이를 적절하게 조합하여 수행함으로써 결전 및 지구전의 목적을 달성해야 한다'라고 구성했어야 하지 않을까?

또한, 당시의 독일군 내부에서는 (쉐르프 중령의 논문처럼) '지구전과 지구저항을 구별하기 어렵다'는 의견과 함께 '지구저항은 그 목적을 달성하기 위한 수단으로서 방어와 철수를 이용하기 때문에, 수단에 지나

---

49) '전략〉작전〉전술'이라는 '전투의 계층(level of war)' 구조와는 다른 차원의 문제이다. '결전'을 지향하느냐, '지구전'을 지향하느냐에 따라서 전술 수준뿐만 아니라 전략 수준과 작전 수준에서의 방침도 자연스럽게 바뀌기 때문이다. 예를 들어 '결전'은 지향하는 '단기결전전략', '지구전'을 지향하는 '지구작전'과 같이 그 전략적·작전적 수준의 방침이 결정된다.

지 않는 방어 보다 상위의 개념으로 인식할 수 있다'는 의견이 있었다. 이것만 보아도 당시 독일군에서는 '지구전'이라고 하는 거시적인 전투방식과 그 주요 수단인 '지구저항' 사이의 수준 차이를 확실하게 인식하지 못했다는 것을 알 수 있다. 오늘날의 관점에서 보면, '지구전'은 그 목적을 달성하기 위한 수단으로써 '지구저항'을 이용하기 때문에, 수단에 지나지 않는 '지구저항'보다도 상위의 개념이라고 하는 것이 타당하다고 할 수 있다.

추가적으로 당시 독일군 내부에서는 '지구저항이 실제로 이를 시행하는 단위부대의 수준에서는 방어와 전투중지의 혼합에 지나지 않는다'는 의견과 함께 '베르사유 조약을 파기하여 공격적인 작전방침으로 전환했기 때문에, 지구저항에 관한 규정을 삭제해도 지장이 없다'는 의견도 있었다. 이처럼 '공격적인 작전방침으로의 전환'을 '지구전의 폐기'로 인식한다고 하면, 지구전의 주요 수단인 지구저항은 불필요해진다. 그러나 '최종적으로 결전을 지향한다'고 하더라도 상황에 따라서는 일시적인 응급책으로써 '아군 병력의 온존'과 '시간 벌기'를 목적으로 하는 '지구저항'을 실시할 수도 있다. 예를 들면, 결전을 위한 전장에 주력부대의 진출이 늦어지면, 선견부대는 주력부대가 도착할 때까지 '시간을 벌기 위해서' 지구저항을 시행할 수 있다.

그러나 만약에 '지구저항'에 관한 규정을 모두 폐기해버리면, 방어 시에 '방어'와 '퇴각' 이외에는 전술적인 선택지가 없어진다. 하지만, 아군 병력을 온존하면서 시간을 벌고자 할 경우에도 전력을 다해 방어를 실시한다면 병력이 소모될 것이고, 그렇다고 해서 퇴각만 한다면 충분한 시간을 벌 수 없을 것이다. 이 때문에 '지구저항'이라는 개념이 필요했던 것이다. 그러므로 『군대지휘』에서는 제10장 「지구전」과는 별도로 제8장 「방지」에서 일반적인 '방어'와 함께 '지구저항'을 병렬적으로 규정했을 것이다.

참고로 오늘날 군대에서는 '결전'과 '지구전'이라는 개념규정은 없으며, 수세적인 행동에 관해서도 '전투력', '공간', '시간'이라고 하는 세 가지 요소를 기준으로 '방어'와 '지체행동', 그리고 (통상적으로는 실시하지 않는 단순한) '지체'라는 세 가지 종류의 행동('후퇴행동'을 포함하면 네 가지 종류)으로 분류하여 정리하고 있다.(〔칼럼 7〕참조) 이에 비해, 당시 독일군은 '결전'과 '지구전'이라는 고전적인 개념에서 벗어나지 못하였고, 이를 전제로 하였기 때문에 '방지'라고 하는 (오늘날의 관점에서 보면) 기묘한 개념을 무리하게 염출하게 되었으며, 거시적인 전투방식인 '지구전'과 미시적인 전투방법인 '방지'라는 두 가지 계층에 '지구저항'을 각각 규정함으로써 복잡해진 것은 아닐까? 결국, '지구저항'이라는 개념은 (오늘날의 '지체행동'이라는 개념에 이르지 못했던) '당시 독일군 전술개념의 미숙함을 상징한다'고 할 수 있다.

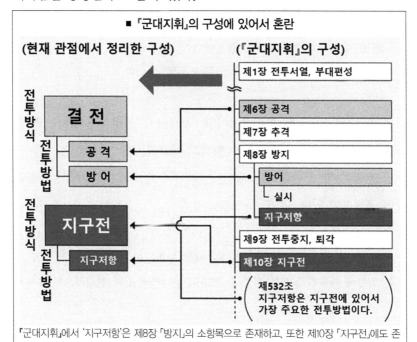

■ 『군대지휘』의 구성에 있어서 혼란

(현재 관점에서 정리한 구성)　　　(『군대지휘』의 구성)

『군대지휘』에서 '지구저항'은 제8장 「방지」의 소항목으로 존재하고, 또한 제10장 「지구전」에도 존재하는 복잡한 구성으로 되어 있었다. 그러나 본문에서 설명한 것처럼 '전투방식'과 '전투방법'이라는 두 가지 계층으로 나누어 생각한다면, '지구저항'의 지위와 목적이 명확해진다.

프랑스군의 방어

수세의 지위

프랑스군의 전술교범에서 방어에 대하여 어떻게 규정하고 있었는지 살펴보겠다. 먼저, 『대단위부대 전술적 용법 교령』의 제2편 「활동수단과 활동방법」 제2장 「활동방법」에서는 군(軍)의 운용을 '공세'와 '수세[50]'로 나누어 각각의 기본개념을 규정하고 있다.

먼저, '공세'에 관해서는 제2장 제1관 「공세」의 첫 조항에서 다음과 같이 규정하고 있다.

제108항 공세는 가장 우수한 활동방법이다. (중략)
공격만이 유일하게 결정적인 성과를 획득할 수 있다.

공세는 가장 우수한 활동방법이고, 공세만이 '결정적인 성과', 즉 승부를 결정짓는 성과를 가져올 수 있다고 하고 있다.

반면에 '수세'에 관해서는 제2장 제2관 「수세」의 첫 조항에서 다음과 같이 규정하고 있다.

제111항 전반적인 또는 국지적인 수세는 지휘관이 그 활동지대의 전체 또는 일부에 대하여 공세를 취할 수 없다고 판단하였을 때 일시적으로 채용하

---

50) 역자주〉 원문에서는 '수세(防勢)'라는 용어를 사용하고 있으나, 이 책에서는 우리식 표현인 '수세(守勢)'로 사용하겠다.

는 것이다. (이하 후술)

수세는 지휘관이 공세를 취할 수 없다고 판단한 경우에만 어디까지나 일시적으로 채용하는 것이라고 하고 있다. 게다가 이 조항은 이어서 다음과 같이 기술하고 있다.

제111항 (생략) 수세로는 결정적인 성과를 얻을 수 없다. 따라서 이를 부득이하게 실시하다가도 열세함이 사라지면, 지휘관은 공세로 전환하여 적군이 유지할 수 없는 상태에 이르게 해야 한다.

수세로는 전투를 결정짓는 성과를 얻을 수 없다고 규정하고 있으며, 아군의 열세가 해소되면 공세로 전환하도록 하고 있다.

여기서 독일군『군대지휘』를 살펴보면, 제8장「방지」의 소항목인「방어」에서 다음과 같이 규정하고 있다.

제472항 적 공격이 돈좌되고 방자의 병력이 충분할 때는 공세로 전환한다. (이하 생략)

이처럼 독일군은 적 공격이 돈좌된 시점에 아군 병력이 충분하면 공세로 전환한다고 기술하고 있다. 프랑스군에서는 아군의 열세가 해소되면 바로 공세로 전환하도록 하고 있는 것에 비해서, 독일군은 아군 병력이 충분할 경우에 공세로 전환하도록 하고 있는 것이다. 이를 달리 말하면, 프랑스군은 독일군에 비해 아군 병력이 적은 단계에서도 공세로 조기 전환하도록 하고 있는 것이다.

지금까지 설명했듯이 애초부터 프랑스군은 화력을 중심으로 하는 '진지전 지향의 군대'였다. 또한, 독일과의 국경 근처에 '마지노선'이라는 요새 선을 구축했었기 때문에, 강력한 진지를 기반으로 한 방어적인 성격의 군대라는 이미지가 강했다. 그러나 프랑스군은 '진지전에서의 공세'를 경시했던 것은 결코 아니었다. 오히려 '진지전의 방어'에 있어서 독일군보다도 조기에 공세로 전환하도록 하고 있었다. 이러한 의미에서 프랑스군은 독일군보다도 '공세 지향의 군대'였다고 말할 수 있다[51].

참고로 제1차 세계대전 이전의 프랑스군에서는 러일전쟁의 전훈 등을 기초로 비록 큰 피해가 발생하더라도 공세를 계속하여 승리하고자 하는 이른바 '극한공격주의(offensive à outrance)'가 주류를 이루고 있었다. 그리고 제1차 세계대전 발발 직전에는 이러한 극단적인 공격지향주의에 기초한 공격을 염두에 둔 「제17호 계획」을 책정하였고, 실제로 제1차 세계대전이 발발하자 독일 국경방면의 공세에서 큰 피해가 발생하였다. 이러한 뼈아픈 교훈을 바탕으로 제2차 세계대전 직전의 프랑스군은 지휘관의 판단에 따라 일시적으로 수세를 채택하는 것을 허용하였기 때문에, 이전과 비교해서 공세지향주의가 약해졌다고 할 수 있다.

이에 비해서 같은 시기의 독일군은 조기 공세 전환에 신중했을 뿐만 아니라, "기존의 부대편성으로 공격을 계속할 수 없을 때는 △부대편성의 변경, △새로운 병력의 투입, △화력 운용의 재편성을 해야만 공격을 계속할 수 있다. 이러한 방책을 시행할 수 없을 때는 공격을 계속하여 부대의 전투력을 위험에 처하게 하기보다는 공격을 중지하는 것이 통상적으로 한층 타당하다"고 전술교범에서 밝히는 등 무리한 공격에 대해서 신중했다(『군대지휘』 제325항).

---

51) 참고로 이 책의 제1장 【칼럼 2】에서도 언급했던 '마지노선'의 우선적인 기능은 아군의 동원 완료 시점까지 비교적 적은 병력으로 엄호하는 것이었다. 마지노선에서 적 공격을 분쇄함으로써 승리하고자 구축한 것이 아니었다.

단일진지의 철저한 수세

제2편 제2장 「활동방법」은 제2관 「수세」의 세 번째 조항에서 다음과 같이 기술하고 있다.

제113항 단일진지의 방어를 이용한 수세는 축차적인 수개의 진지 상에 편성되며, 또한 이동할 수 있다. 이러한 수세는 적의 전진을 현저하게 지체시키고, 시간을 획득하게 한다. 다만, 지역의 상실은 수용해야만 한다. (이하 후술)

여기서는 '단일진지에 의한 수세는 수개의 진지를 이용하여 축차적으로 실시하고, 이러한 진지들을 이동하면서 실시하는 경우가 많다'고 기술하고 있다. 실제로 제1차 세계대전의 서부전선에서 방어진지는 '일선형 진지(一線陣地)'에서 '다선형 진지(數線陣地)'로, 한층 깊은 종심을 가진 '진지대 지대(數帶陣地)'로 발전하였다[52]. 그리고 적 공격부대가 비록 제1진지대를 돌파하더라도 후방의 진지대에서 방어를 계속하였다. 이러한 '진지대 지대'를 이용한 방어의 경우, 『대단위부대 전술적 용법 교령』에서는 '적 전진을 늦추어 시간을 벌 수 있는 한편, 지역의 상실은 받아들여야 한다'라고 기술하고 있다.

이러한 기술내용을 보면, 당시 프랑스군은 오늘날의 군대처럼 적 공

---

52) 최초에는 하나의 참호선으로 구성된 '일선형 진지(一線陣地)'에서 거점 상의 추진진지, 주진지, 예비진지 등으로 구성된 '다선형 진지(數線陣地)'를 구축하게 되었고, 참호로 연결된 거점이나 산병호로 구성되어 수 ㎞의 종심을 가지는 '진지대(陣地帶)'로 발전되어 갔다. 이어서 전방 진지를 공격한 적의 포병부대가 화포를 전진시키지 않으면 후방진지를 공격할 수 없도록, 제1진지대의 후방으로부터 수 ㎞를 떨어뜨려 2~3개 진지대를 구축한 '진지대 지대(數帶陣地)'를 구성하게 되었다.

격에 대해서 적당히 후퇴하면서 시간을 버는 것, 즉 '공간과 시간의 교환'을 어느 정도 의식하고 있었다고 할 수 있다.

그리고 이러한 전투행동은 구체적으로 다음과 같은 방법을 채택하고 있다.

제113항 (생략) 축차저항의 방어는 상황에 따라 적 공격준비 완료에 앞서 후방의 축차진지로 철수할 수 있다. 때로는 진지 점령부대가 단순한 초기 저항을 실시한 뒤, 본격적인 전투를 회피하며 퇴각할 수도 있다. 하지만 이러한 작전은 그 실시가 매우 곤란하고, 특히 장갑병기에 대해서는 더욱 그러하다. (이하 후술)

복수의 진지에서 축차적으로 저항하는 방어방법에서는 적이 공격준비를 완료하기 전에 후방의 진지로 철수할 수도 있다고 하고 있다. 또한, 진지를 방어하는 부대가 초기의 저항만을 실시하고, 본격적인 전투를 회피하며 퇴각할 수도 있다고 하고 있다. 그러나 이러한 작전은 매우 어렵고, 특히 적에게 (후퇴하는 아군 부대를 신속하게 추격할 수 있는 전차와 장갑차 등) 장갑병기가 있을 때는 어렵다고 기술하고 있다.

여기서 다시 독일군 『군대지휘』를 살펴보면, 제8장 「방지」의 소항목인 「지구저항」에서 다음과 같이 규정하고 있다.

제476항 지구저항은 일정한 저항선에서 실시한다. 상황에 따라서는 다른 저항선에서 다시 이를 계속한다. 이를 위해서는 저항을 계속하거나, 혹은 전투하지 않고 새로운 저항선으로 퇴각할 수 있다. (이하 후술)

독일군의 '지구저항'은 '저항선'에서 실시하며, 상황에 따라서 저항을 계속하면서 또는 전투 없이 후방의 다음 '저항선'으로 퇴각하도록 하고 있다.

다시 말해, 프랑스군과 독일군 모두 전술교범에서 매우 유사한 전투 방법을 규정하고 있었다. 게다가 독일군도 프랑스군『대단위부대 전술적 용법 교령』의 조문과 유사하게 '이러한 전투방법은 적으로부터 이탈하는 적당한 시기를 포착하기 매우 어렵다'고 하고 있었다(「지구저항에 관한 논쟁」 참조).

이러한 문제점에 대해서 프랑스군은 앞서 설명한 제113항의 마지막 부분에서 다음과 같이 대응하도록 하고 있다.

제113항 (생략) 따라서 이를 실시하는 것은 특별히 필요하거나, 또는 상황에 따른다. 선정된 일정 진지에서 철저한 방어를 수행하는 것을 통상적인 원칙으로 해야만 한다.

다시 말해, '축차저항의 방어'를 실시하는 것은 특별한 필요 및 상황에 한정하고 있고, 통상적으로는 하나의 진지를 철저하게 방어하도록 하고 있었다. 이것이 프랑스군 수세의 기본방침이었다.

이어서 제2편의 제3장 「활동의 제요소」는 제1관 「화력」의 두 번째 조항에서 다음과 같이 기술하고 있다.

제116항 수세에 있어서 연속적이고 심대하며, 사전에 준비한 설비와 함께 지형을 잘 이용한 화력조직은 적에게 놀라운 정도의 저지 위력을 나타낸다. 이와 같은 정면은 집결에 장기간이 소요되는 많은 병력과 자재를 사용하지 않으면 돌파할 수 없다.

수세에 있어서 단절 없이 연속적이고 종심이 깊으며, 사전에 준비된 설비와 지형을 잘 이용한 화력조직은 놀라운 저지력을 발휘한다고 하고 있다. 이 때문에 적이 많은 병력과 자재를 장기간에 걸쳐서 집중하지 않으면, 아군 진지가 돌파되는 일은 없을 것이라고 단언하고 있다. 이는 제1차 세계대전에서 프랑스군이 교묘하게 구축된 적 진지대를 좀처럼 돌파할 수 없었던 교훈을 반영한 것이다.

요약하면, 프랑스군은 '축차저항의 방어'를 매우 어렵다고 생각했던 반면에, '일정한 진지에서의 방어'를 절대적으로 자신하고 있었다.

수세회전의 세 가지 형태

이어서 수세회전의 구체적인 수행 방법에 대하여 살펴보겠다.

『대단위부대 전술적 용법 교령』의 제5편 「회전(會戰)」은 제1장 「회전의 개황」의 첫 조항에서 다음과 같이 규정하고 있다.

제200항 회전의 목적은 적의 유형적 및 무형적 위력을 타파하는 데 있다. 공세는 적을 진지로부터 구축하고, 방어준비를 파쇄하며, 또한 병력의 괴멸을 수행하는 것이다. 수세는 적 공격을 격퇴하여 위치를 보전하는 것이다. (이하 생략)

이 조항은 '공세는 적을 진지에서 구축하여 파멸시키는 것'이고, '수세는 적의 공격을 격퇴하여 지역을 확보하는 것'이라고 규정하고 있다. 다시 말해, 수세에서는 적을 격퇴하여 퇴각시키면 '승리', 반대로 아군이 퇴각하여 적에게 지역을 빼앗기면 '패배'라는 것이다.

제204항 수세회전을 실시하기 위해서 지휘관은 '저항진지'라고 하는 단일진지를 결정하고, 이 진지에서 모든 수단을 강구하여 전투를 실시한다. (중략)

이 진지는 원칙적으로 밀도를 높게 하고, 상황에 따라 임무에 차이가 있는 전초부대를 이용하여 엄호한다. (이하 후술)

수세회전에서는 '저항진지'라고 하는 단일진지를 결정하여 전투를 실시하도록 하고 있다. 한마디로 이는 '진지방어'를 의미하며, 기동력을 활용하여 적 공격부대를 타격하는 '기동방어'를 전혀 고려하지 않았다는 것을 알 수 있다.

제204항 (생략) 만약에 적이 저항진지 내로 진입하면 역습을 이용하여 이를 구축해야 한다. 이러한 역습에도 불구하고 적이 진지를 탈취하면, 후방의 진지에서 전투를 다시 실시한다. (이하 생략)

만약에 적이 저항진지로 진입하면 역습하여 적을 몰아내지만, 적이 진지를 탈취했을 때는 후방의 차후진지에서 전투를 재개하도록 하고 있다. 이는 애초부터 축차적인 저항을 의도하고 있는 것이 아니라, 적에게 저항진지를 **빼앗겨** 어쩔 수 없이 선택하게 되는 것이라는 데 유의해야 한다.

이어서 제5편 제3장「수세회전」은 수세의 형태에 대하여 더욱 상세하게 규정하고 있다.

제247항 수세의 일반적인 특성은 제2편에서 정의하고 있으며, 그 형태는 상황에 따라서 다음 세 가지 중에서 하나가 된다.

- 퇴각 의사 없는 수세 : 적의 여하에 상관없이 부여받은 진지를 고수하는 것

－ 퇴각기동 : 의도적으로 실시하는 후퇴이며, 그 목적은 적에게 축차적인
　　　저항을 가하거나, 적과 접촉하면 퇴각함으로써 시간의 여유를 획득하
　　　거나, 선정된 진지로 적을 유인하는 것
　－ 퇴각 : 패전 이후에 후위의 엄호하에서 주력을 적 압박에서 벗어나게
　　　하는 것
　이러한 세 가지 중에서 첫 번째가 기본이 되며, 다른 두 가지는 특별 상황
에 따른 예외에 지나지 않는다.

　프랑스군은 수세를 다음 세 가지 형태로 분류하고 있다. ①퇴각 의
사 없는 수세(비록 적이 아무리 우세하더라도 그 진지를 고수하는 것),
②퇴각기동(시간을 벌거나 적을 유인하는 것을 목적으로 시행하는 자
발적인 퇴각. 적에게 축차적인 저항을 가하며, 접촉하게 되면 퇴각
한다), ③퇴각(전투에서 패배하여 아군 후위부대의 엄호하에 주력부대
를 적의 압박에서 벗어나게 하는 것)이다.

　앞서 설명한 것처럼 『대단위부대 전술적 용법 교령』에서는 부대의 활
동을 '공세'와 '수세'로 나누고 있다. 그중에서 '수세'를 '퇴각 의사 없는
수세', '퇴각기동', '퇴각'으로 분류한 다음에, 후자의 두 가지를 예외적
이라고 하고 있다. 깔끔하게 정리하여 단순화한 개념 규정이다.

　이에 비해서 독일군 『군대지휘』는 '공격'에 대치되는 '방지'의 내용 중
에서 통상적인 '방어'와 '지구저항'을 동격으로 두고 있으며, 이것과는
별도로 '지구전'의 주요 수단으로써 '지구저항'을 들고 있다. 앞서 설명
한 것처럼 '결전'과 '지구전'이라는 거시적인 전투방식과 그 수단인 '공
격'과 '방어 혹은 지구저항'이라는 미시적인 전투방법이 뒤섞여 있는 구
성을 하고 있었다.

　반면에 『대단위부대 전술적 용법 교령』은 애초부터 '결전'과 '지구전'
이라고 인식하지 않고, 부대 활동을 '공세'와 '수세'로 구분하여 인식하

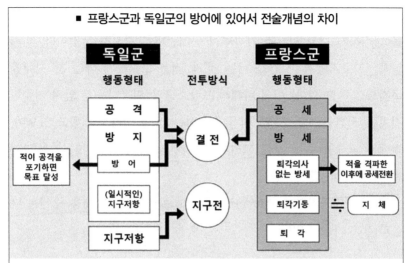

■ 프랑스군과 독일군의 방어에 있어서 전술개념의 차이

그림은 프랑스군과 독일군의 전술개념을 독일군의 '결전'과 '지구전'을 기준으로 하여 비교한 것이다. 독일군이 방어에서도 결전이 성립한다고 생각하였던 것에 비해, 프랑스군은 적을 격파하더라도 공세로 이전하지 않으면 결전은 성립하지 않는다고 규정하고 있다. 또한, 프랑스군은 독일군의 지구전 개념을 가지고 있지 않았기 때문에, 독일군보다도 공세 성향이 강한 군대였다고 할 수 있다. 한편, 프랑스군의 '퇴각기동'은 현대의 '지체'에 가깝다.

앞서 설명했던 것처럼 독일군에서는 '방지'의 내용 중에서 '일시적인 지구저항'과 '지구저항'을 명확하게 구분하고 있었던 것은 아니지만, 이 그림에서는 편의상 정리하여 표시하였다.

고 있다. 그리고 이 중에서 '공세만이 결전적인 성과를 얻을 수 있다'고 하고 있다(다시 말해, '수세'로는 결전적인 성과를 얻을 수 없으며, 따라서 '수세'는 애초부터 '결전'이 될 수 없다고 규정하고 있는 것이다).

한편, 독일군 『군대지휘』는 제8장 「방지」의 「지구저항」에서 다음과 같이 기술하고 있다.

제476항 지구저항은 일정한 저항선에서 실시한다. (생략) 저항선의 방어는 적의 강력한 부대가 많은 시간과 피해를 감수하며 조기에 공격준비를 실시하도록 만드는 것이다. (이하 후술)

이처럼 '지구저항'의 '저항선'에서 실시하는 방어는 적 부대에게 시간을 낭비하게 하고 피해를 가하면서 공격준비를 강요하는 것이다. 다시 말해, '지구저항'은 '시간을 버는 것'과 '적을 소모하게 하는 것' 모두를 목적으로 하고 있다. 이에 비해서 프랑스군의 '퇴각기동'은 앞서 기술한 것처럼 '시간을 버는 것'과 '적을 유인하는 것'을 목적으로 하고 있으며, 적에게 피해를 주는 것은 고려하고 있지 않다. 이것이 '지구저항'과의 큰 차이점이라 할 수 있다.

여기서 「지구저항에 관한 논쟁」을 다시 살펴보면, 그 내용 중에는 다음과 같은 기술이 있다.

프랑스군이 사용하는 퇴각기동(Manoevre en retraiti)을 독일군의 지구저항과 동일시하는 것은 적당하지 않다. 또한, 프랑스군도 퇴각을 수세의 하나로써 보고 있으며, 지구저항과 지구전 사이에 어떠한 차이도 두고 있지 않다.

이처럼 근본적인 목적이 다른 프랑스군의 '퇴각기동'과 독일군의 '지구저항'을 동일시하는 것은 적당하지 않다. 또한, 프랑스군이 '퇴각'을 '수세'의 일부로서 보고 있다는 것도 틀림없다(『대단위부대 전술적 용법 교령』제247항 참조).

그러나 '지구저항과 지구전 사이에 어떠한 차이도 두고 있지 않다'는 것은 잘못되었다. 애초부터 프랑스군은 '지구저항'과 '지구전'이라는 개념을 규정하고 있지 않았다. 독일군은 전쟁의 귀추를 결정짓는 '결전' 이외의 전투방식이 있다는 것을 인식하고 있었고, 프랑스군은 결전적인 성과를 얻을 수 있는 '공세' 이외의 전투방식이 있다고 인식하고 있었다. 그리고 이러한 전투방식을 독일군은 '지구전'과 그 주요한 수단인

'지구저항'이라고 규정하였고, 프랑스군은 '수세'와 그 내용 중의 '퇴각기동'이라고 규정하였다.

지금까지의 내용을 정리하면 프랑스군과 독일군은 전투를 인식하는 방법에 있어서 유사한 부분도 있었으나, 그 정리방법인 '전술개념의 구조'에 있어서는 큰 차이가 있었다.

퇴각 의사 없는 수세

이어서 제5편 「회전」의 제3장 「수세회전」에서 규정하고 있는 '퇴각 의사 없는 수세', '퇴각기동', '퇴각'을 순서대로 살펴보겠다. 먼저 '퇴각 의사 없는 수세'이다.

제3장 「수세회전」의 제1관 「퇴각 의사 없는 수세」는 ①「일반특성」에서 다음과 같이 규정하고 있다.

제248항 적의 여하에 상관없이 부여받은 지역을 유지해야 하는 방어는 자연 및 인공 장애물을 통해서 엄폐 가능한 저항진지에 편성하고, 다음과 같이 전투를 지도한다. (이하 후술)

프랑스군에서 방어는 하천과 절벽 또는 바리케이드와 지뢰 등 자연 및 인공 장애물로 엄폐되는 '저항진지'에서 실시하도록 하고 있다.

이러한 저항진지에서의 방어는 다음과 같은 순서로 실시한다.

제248항 (생략) 먼저 전진부대와 장사정 포병의 화력과 파괴활동을 이용하여 원거리에서 적을 지체시킨다. 이어서 보병과 포병의 화력을 이용하여

적 부대들을 분산시키며, 이를 통해서 공격에 실패하도록 노력한다. 마지막으로 공자가 장애물을 통과하는 시점에 보병과 포병의 모든 화력을 집중한다.

필요하다면 전투는 저항진지의 내부에서 예비대의 투입을 이용해서 계속한다. (이하 후술)

먼저 본대에서 파견한 전진부대와 장사정 포병의 사격 및 파괴활동을 통해서 적의 전진을 지체시킨다. 여기서 말하는 '파괴활동'이란 적의 교통망 이용을 방해하기 위해서 실시하는 것으로, 구체적으로 적이 진격해 올 수 있는 교량을 설치한 폭약과 포격으로 파괴하거나, 진격로 상의 나무를 쓰러뜨려 두는 것 등을 말한다. 이어서 적 공병에 의한 교량 수리 및 목책 철거작업 등을 아군 전진부대와 장사정 포병의 사격으로 방해하는 것이다.

다음으로 아군 포병과 보병의 화력으로 적 보병과 이를 지원하는 공병 등을 분리하게 만들거나, 적의 주력인 보병을 산개하게 하여 적의 공격을 실패시킨다. 이 단계에서는 적 부대를 직접 격파하는 것이 목적이 아니라, 어디까지나 '적의 부대들을 분산시키는 것'이 목적이다.

마지막으로 아군 진지 앞에 설치된 철조망 등의 장애물을 적이 통과하는 시점에 아군 보병 및 포병의 모든 화력을 집중한다. 여기서는 적 부대를 직접 격파한다. 이 조문을 자세히 보면, 진지방어에 있어서 프랑스군이 단순히 장애물을 중시하고 있는 것이 아니라, 장애물과 화력의 연계를 중시하고 있다는 것을 알 수 있다.

참고로 독일군은 프랑스군처럼 장애물과 화력의 연계를 중시하고 있지 않고, 오히려 화력에만 치중하는 경향이 강했다.

저항진지의 선정

다음은 방어진지의 구체적인 구성을 살펴보겠다.

제1관 「퇴각 의사 없는 수세」의 ②「방어진지」는 첫 조항에서 다음과 같이 규정하고 있다.

제249항 방어진지는 본질적으로 하나의 저항진지를 가지며, 저항진지는 많은 경우에 전초부대의 엄호를 받는다.

프랑스군의 방어진지는 통상적으로 '저항진지'와 이를 엄호하는 '전초 부대'로 구성하고 있었다.

이 중에서 '저항진지'에 대해서는 ②「방어진지」의 「1. 저항진지」에서 다음과 같이 규정하고 있다.

제251항 저항진지는 방어진지의 주요한 부분을 구성한다. (중략)

저항진지의 선정에는 다음과 같은 주요 조건을 적용해야 한다.

지휘관이 적의 공격을 파괴하고자 결정한 지역에 '일반탄막'이라고 하는 모든 병기의 화력을 구성할 수 있어야 한다.

이러한 탄막은 높은 밀도를 형성하고 연속적이며 종심을 가져야 한다. 이 것은 방어진지 또는 이를 엄호하는 지역에 존재하는 보병·포병의 화기와 대전차 화기의 협조된 화력을 통해서 형성된다. (이하 후술)

방어진지의 주요 부분인 '저항진지'에서는 지휘관이 적의 공격을 파괴하고자 결정한 지역에 '일반탄막'이라고 하는 모든 화기를 이용한 화력 장막을 형성한다고 하고 있다. 이처럼 특정 지역에 화력을 집중하여 적의 공격을 파괴하는 화력 운용은 '킬 존(Kill Zone)'이라고 부르는 현대적인 화력 운용과 유사하다.

이에 비해 독일군의 방어진지는 적이 접근할수록 화력이 강해지도록 구성하고 있다(『군대지휘』 제458항). 이러한 화력운용의 차이는 프랑스군과 독일군의 진지방어에 있어서 큰 차이점이었다.

한편, 이 조항은 이어서 다른 한 가지의 선정조건을 기술하고 있다.

제251항 (생략) 공자의 침입, 특히 장갑병기에 대해서는 파괴공사와 함께 탄막사격을 통한 소탕사격이 가능하도록 선정된 자연 및 인공 장애물을 이용해서 방자를 엄호할 수 있어야 한다. (이하 생략)

공격 측의 침입, 특히 장갑병기(전차와 장갑차 등)의 침입에 대해서 아군이 탄막사격으로 소탕사격이 가능하게 하는 자연 및 인공 장애물에 의해서 엄호받을 수 있어야 한다고 하고 있다. 구체적으로는 다리를 폭파한 하천과 대전차 지뢰, 콘크리트 대전차 장애물(용치) 등이 있다. 이를 보아도 프랑스군의 진지방어에서는 장애물과 화력의 연계를 중시하고 있었다는 것을 알 수 있다.

제2차 세계대전 이전의 프랑스군이 '특정 지역에 화력을 집중하는 운용방법'과 '장애물을 화력과 연계하는 방어방법'을 채택하고 있는 것은 아마도 제1차 세계대전 후반에 독일군이 운용했던 '돌격부대의 침투전술'과 연합군이 사용했던 '전차·보병 협동의 참호돌파전법' 등의 전훈을 반영한 결과일 것이다.

아군 저항진지에 대한 적 보병의 침투와 전차의 돌진을 자연 또는 인공 장애물로 저지함과 동시에 대전차 화기를 포함한 모든 화기를 이용한 '화력 장막'으로 격파하겠다고 하는 것이다.

이에 비해 독일군의 진지방어는 적 화력이 강력하면 피해를 줄이기

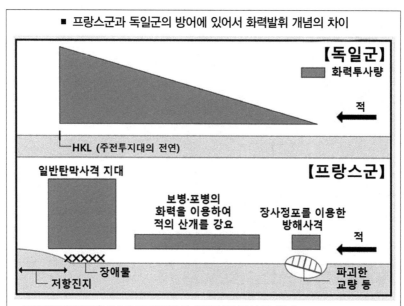

■ 프랑스군과 독일군의 방어에 있어서 화력발휘 개념의 차이

【독일군】
■ 화력투사량

적 ←

└ HKL (주전투지대의 전연)

일반탄막사격 지대

【프랑스군】

보병·포병의
화력을 이용하여
적의 산개를 강요

장사정포를 이용한
방해사격

적 ←

xxxxx └ 장애물
└ 저항진지

파괴한
교량 등

독일군의 방어화력은 HKL에 가까워질수록 화력의 투사량이 증가한다.
반면에 프랑스군의 방어화력은 원거리의 '전진방해사격'부터 시작하여, 보병·포병의 화력을
이용한 '적 산개 강요사격', 그리고 저항진지 전면의 '일반탄막사격'으로 구분된다. 하지만, 주가
되는 것은 장애물과 연계된 '일반탄막사격'이다.

위해서 수비병력을 일시적으로 퇴각시키는 것도 인정하고 있었다(『군대
지휘』제462항). 또한, 방어진지의 '주전투지대'에 적의 침입을 허용하면,
이를 화력으로 격멸하거나 보병 등으로 즉시 역습하여 격퇴하도록 하
였다. 그리고 적을 바로 격퇴할 수 없거나 적의 대규모 돌입을 허용한
경우에는 대규모 반격을 하거나 (최종적으로 확보하지 않으면 안 되는)
'주전투지대의 전연'을 후방으로 조정할지 결심하도록 하고 있다(『군대지
휘』제463항).

다시 말해, 프랑스군은 장애물과 화력 장막을 조합하여 협소한 특정
정면에서 적 부대를 격파하는 방어방법을 채용하고 있었던 것에 반해,

프랑스 보병연대의 주력 대전차 화기였던 호치키스 25mm 대전차포 Mle1934. 구경은 작지만, 독일군의 3.7cm 대전차포 Pak36을 뛰어넘는 위력을 가지고 있었다. 이러한 대전차 화기를 대전차 장애물 등과 조합하여 사용했다.

호치키스 8mm 중(重)기관총 Mle1914를 사용하는 사격팀.
이 기관총은 프랑스군의 주력 중기관총으로써 방어전투의 핵심이었다.

독일군은 주전투지대의 내부에서도 수비병력이 유연하게 이동하는 '유동방어'라고 하는 종심 깊은 방어방법을 채용하고 있었다. 이것이 독일군과 프랑스군의 진지방어에 있어서 가장 큰 차이점이었다.

전초부대의 임무

이어서 프랑스군의 '전초부대'에 대하여 살펴보겠다.

　제252항 저항진지는 통상적으로 전초부대에 의해서 엄호받는다.
　전초는 다음 임무를 가진다.
　－ 적의 접근을 감시하고, 지휘관에게 정보를 제공한다.

- 적 보병 중화기의 화력 및 장갑병기의 침입에 대하여 저항진지의 수비
  병력을 방호한다.
- 수비병력이 전투준비를 완료하는 데 필요로 하는 시간을 부여한다.
- 상황에 따라서는 저항진지에 부여된 임무에도 참가한다.
(이하 후술)

저항진지를 엄호하는 '전초부대'의 주요 임무는 적의 접근을 감시하
고, 적이 보병포와 전차 등으로 아군 저항진지를 직접 공격하는 것을 방
지하며, 저항진지의 수비병력이 전투준비를 완료하는 데 필요한 시간을
버는 것이다.

제252항 (생략) 이러한 임무들은 원칙적으로 2개 제대, 즉 감시제대와 저
항제대가 분담한다. 다만, 상황에 따라서는 감시임무를 부여한 단일제대만
을 운용할 수 있다. (이하 후술)

전초의 임무들은 원칙적으로 '감시제대'와 '저항제대'가 분담하지만,
'감시제대'만을 운용하는 경우도 있다[53].

제252항 (생략) 저항제대의 위치는 적을 관측할 수 있는 관측소들을 포함
하고, 양호한 사계를 가지며, 감시제대를 수용할 수 있어야 한다. 또한, 저항
진지의 화력, 특히 특정 포병부대(저항진지의 전투참가를 위해서 특별하게
지정된 포병)의 화력을 이용하여 지원할 수 있어야 한다. (이하 후술)

이 중에서 '저항제대'를 운용할 때는 관측소를 통해 양호한 시계와 사

---

53) 일반적으로 '제대'란 부대를 종 방향으로 길게 종심을 형성하며 배치한 부대들을 가
리킨다.

계를 확보할 수 있고, 철수한 '감시제대'를 수용할 수 있으며, 동시에 후
방의 저항진지로부터 아군 포병부대가 지원포격을 실시할 수 있는 위치
로 선정한다.

제252항 (생략) 전초는 상황에 따라 다음과 같은 목적으로 저항진지의 임
무를 수행할 수 있다.
– 저항진지 전방의 중요한 지점(관측소, 일반탄막이 미치지 않는 지역을 일
시적으로 사격할 수 있는 지탱점 등)을 일시적으로 확보하고자 할 경우
– 적 공격 기세를 분산하고자 할 경우
(이하 생략)

이러한 임무는 본래 저항진지의 임무이지만, 전초가 이를 담당하는
때도 있을 수 있다.

참고로 독일군의 방어진지는 최후까지 확보해야 하는 '주전투진대'와
그 전방의 '전진진지' 및 '전투전초'로 구성되어 있다(『군대지휘』 제438항).
그중에서 '전진진지'의 주요 역할은 △전투전초 전방의 요충지가 조기에
공자에게 빼앗기는 것을 막고, △아군 포병의 전진관측소 이용을 가능
하게 하며, △적에게 진지의 위치를 기만하여 조기 전개하도록 하는 것
이었다(『군대지휘』 제456항). 또한, '전투전초'의 주요 역할은 주전투지대
의 수비병력이 전투를 준비할 수 있는 시간을 벌거나, 주전투지대의 위
치를 기만하는 것이었다(『군대지휘』 제457항).

이러한 내용들을 자세히 살펴보면, 프랑스군 '저항진지 · 전초부대'와
독일군 '전진진지 · 전투전초'의 역할이 각각 미묘한 차이가 있다는 것을
알 수 있다. 특히, 프랑스군의 '전초부대'는 저항진지의 위치를 기만하
거나 적 부대의 조기 전개를 강요하는 것을 임무로 하고 있지 않다.

이는 프랑스군의 저항진지가 (독일군처럼 주전투진지에 가까워질수록 화력이 강해지는 것이 아니므로, 진지 전단의 위치를 기만하거나, 석 부대에게 조기 전개를 강요하여 시간을 벌기보다는) 장애물과 화력 장막을 연계하여 적 부대를 격파하고자 하였기 때문이다.

방어계획의 작성

다음은 프랑스군의 특징인 '계획성 중시'에 대하여 살펴보겠다.

제3장 「수세회전」 제1관 「퇴각 의사 없는 수세」는 ③「방어의 편성 및 준비」의 첫 조항에서 다음과 같이 기술하고 있다.

제254항 수세가 지휘관의 주도권을 제한한다고 할지라도, 지휘관은 상황이 가용하다면 방어의 전개를 예측해야 하는 절대적인 책무를 가진다.

이러한 예측에 대해서는 제19항 「방어계획」[54]에서 이미 언급하였다.

(이하 후술)

일반적으로 수세는 공세와 달리 주도권을 잡기 어렵지만, 그래도 지휘관은 방어전투의 전개를 예측하여 방어계획을 작성하도록 요구하고 있다.

제254항 (생략) 이러한 계획은 지휘관의 작전개념에 따라 작성하며, 적에게 금지해야 하는 공격방향의 선정을 기초로 한다. 그 선정에는 해당 방면이 적에게 줄 수 있는 모든 이익과 방어 지휘관이 이후에 공격 재개를 위해서

---

54) 제19항은 이 책의 제3장 프랑스군 내용을 참조

보유해야 하는 활동의 자유를 고려해야 한다. (이하 생략)

방어계획은 적이 특정 방향으로 진격함으로써 얻을 수 있는 이익(예를 들어 후방 차단, 포위 등)과 이후의 아군 반격 등을 고려하여 적이 진격해서는 안 되는 방향의 선정을 기초로 작성하도록 하고 있다.

이 책의 제3장 등에서도 언급한 것처럼, 프랑스군은 계획성을 매우 중시하였다. 이는 공세뿐만 아니라, 주도권을 장악하기 어려운 수세에서도 변함이 없었다. 그러나 현실적으로 주도권을 가진 적에 대한 대응에만 급급한 상황이 되면, 앞으로의 상황을 예측하여 계획을 세울 수 있는 여유가 없어진다. 실제로 서방진공작전에서 프랑스군은 독일군에게 선수를 빼앗겨 수동적으로 대응하게 되었고, 그 결과는 잘 알려진 바와 같다.

퇴각기동과 퇴각

다음으로 시간 벌기와 유인을 목적으로 자발적인 퇴각하는 '퇴각기동'에 대해서 살펴보겠다.

제3장의 제2관 「퇴각기동」은 서두에서 다음과 같이 규정하고 있다.

제273항 퇴각기동은 원거리 사격에 유리하고, 단절된 지형이나 장애물의 엄호를 받는 진지들에 위치한 부대들의 축차적인 작전을 통해서 실시된다. 각 제대는 원칙적으로 근접전투를 회피하고, 또한 지형으로 완전히 은폐되거나 단절된 경우를 제외하고는 주로 야음을 틈타 다음의 부대위치를 향하여 퇴각한다. (이하 생략)

이러한 '퇴각기동'은 원거리 사격이 가능하고 절벽 등으로 단절된 지형 및 장애물로 엄호받는 지형을 점령하고 있는 수 개의 부대들을 이용해서 축차적으로 실시한다. 그리고 각 제대는 원칙적으로 근접전투를 회피하고, 주로 야간을 이용하여 후방의 다음 제대 위치까지 한 번에 후퇴하도록 하고 있다.

제274항 퇴각기동에 있어서 각 부대는 축차진지 상에 균등하게 분산 배치해서는 안 된다. (중략)

각 축차진지를 점령하는 병력은 지휘관이 요망하는 저지시간에 따라 차이를 두며, 또한 부여된 시간, 지형 및 적 상황을 이용한 방어의 난이도에 따라 결정해야 한다.

각 진지의 부대 병력은 균등하게 배치하지 말고, 적을 저지해야 하는 시간과 지형, 적 상황 등에 따라서 결정하도록 하고 있다.

이러한 조항들을 보면, 당시 프랑스군은 오늘날의 '지체행동'과 같이 적의 공격에 대하여 적절히 후퇴하면서 시간을 버는 것, 즉 '공간과 시간의 교환'을 어느 정도 명확하게 인식하고 있었다는 것을 알 수 있다. (반면에 독일군은 이를 명확하게 인식하지 못하고 있었다.)

마지막은 어쩔 수 없이 실시하게 되는 '퇴각'에 대한 내용이다. 제3장의 제3관 「퇴각」에서는 다음과 같이 규정하고 있다.

제275항 공세회전 또는 수세회전이 실패로 끝나서 어쩔 수 없이 퇴각해야 하는 경우, 지휘관은 후위의 엄호 하에 그 주력을 적으로부터 이탈시킨다. (중략)

후위는 적이 접근하기 전에 화력망을 구성할 수 있도록 전선에서 상당히 먼 거리에 전개해야 한다. (중략)

야음은 교전부대들이 이탈하는 데 유리하게 작용한다. (이하 생략)

회전이 실패로 끝나서 어쩔 수 없이 퇴각해야 할 때는 후위로 엄호하면서 적으로부터 주력을 이탈시키도록 하고 있다. 이러한 후위는 적 부대가 접근해 오기 전에 전선 후방에 전개하여 화망을 준비하고, 적으로부터 이탈할 때는 야간을 이용하는 것이 유리하다고 하고 있다.

진지의 사수(死守)를 교범에 명시

한편, 제3장의 제1관 「퇴각 의사 없는 수세」는 첫 조항에서 다음과 같이 기술하고 있다.

제248항 이러한 진지(저항진지) 상에서 방자는 최후까지 저항하고, 퇴각하기보다는 오히려 그곳을 사수해야 한다. (이하 생략)

이처럼 프랑스군에서는 '퇴각 의사 없는 수세'에서 '사수'를 요구하였다.

더욱이 『대단위부대 전술적 용법 교령』은 제5편 「회전」에 이어서, 제6편 「야전군의 회전」, 제7편 「군단의 회전」, 제8편 「보병사단의 전투」 등 계층별로 각각의 세부 규정을 기술하고 있다. 그중에서 제6편 「야전군의 회전」은 제2장 「야전군의 수세」의 제1관 「퇴각 의사 없는 수세」에서 다음과 같이 규정하고 있다.

제319항 수세회전에서 야전군의 임무는 군단 및 사단의 임무와 근본적으로 차이가 있다.

군단과 사단은 방어 임무를 부여받은 저항진지를 퇴각 의사 없이 고수하는 임무만을 가진다.

야전군은 수세회전에서 그 병력과 자재의 중요도에 비례하여 임무를 지정할 수 있다.

야전군 사령관은 앞 항목의 목적을 달성하기 위해서 (중략) 저항진지가 돌파될 경우를 고려하여 후방에 편성한 축차진지의 설비를 이용함으로써 방어의 규모와 융통성을 증가시켜야 한다. (이하 생략)

다시 말해, 수세회전에 있어서 자발적인 퇴각인 '퇴각기동'과 통상적인 '퇴각'을 선정할 수 있는 것은 야전군 사령관뿐이며, 그 예하의 군단장과 사단장은 명령에 따라 저항진지를 '사수(死守)'할 뿐이라고 하고 있다. 또한, 저항진지가 적에게 돌파될 경우를 고려하여 사전에 그 후방에 진지를 준비하는 것은 야전군 사령관의 임무이며, 군단장과 사단장의 임무는 아니었다.

일반적으로 프랑스군은 제2차 세계대전 초반에 비교적 단기간에 항복하여 '유약한 군대'라는 이미지가 강하다. 그러나 앞서 언급한 것처럼 제1차 세계대전 이전에는 비록 큰 피해가 발생하더라도 공세를 계속하여 승리를 추구하는 '극한공격주의'를 채택하고 있었고, 실제로도 제1차 세계대전 초기에 독일국경 방면에서 무모한 공격으로 큰 피해가 발생하였다. 그리고 제2차 세계대전 직전의 프랑스군도 전술교범에 '사수'를 병기할 성도였으며, 군단장과 사단장에게는 '퇴각기동'과 '퇴각'을 허락하지 않고 명령에 따라 저항진지를 '사수'할 것만을 요구하고 있었다.

소련군의 방어

방어에 대한 기본적인 사고방식

소련군『적군야외교령』은 제8장「방어」의 첫 조항에서 다음과 같이 규정하고 있다.

> 제224항 방어는 다음의 경우에 실시한다.
> (1) 결전방면에 병력을 집결시키기 위해서 다른 정면의 병력을 절약하고자 할 경우
> (이하 후술)

놀랍게도 방어의 목적으로서 소련군이 제일 먼저 제시한 것은 '결전방면(전투의 귀추를 결정하는 방면)에 병력을 집중하기 위해서 다른 방면의 병력을 절약하는 것'이다.

애초부터『적군야외교령』은 서두인 제1장「강령」의 세 번째 항목에서 다음과 같이 규정함으로써 '중점방면에 대한 병력과 자재의 집중'을 중시하고 있다.

> 제3항 모든 곳에서 적보다 우세를 점하는 것은 불가능하다. 승리를 확실히 하는 수단은 중점(重點) 방면에 병력과 자재를 집결하여 해당 방면에서 결정적인 우세를 점하는 것이다. 그 이외 방면의 병력은 단순히 적을 견제할 수 있을 정도면 충분하다.

중점방면의 결정적인 우세를 위해서 다른 방면은 적을 견제할 정도의 병력 규모로 한정하고 있다.

이 책의 제4장에서도 설명한 것처럼, 일반적으로 제2차 세계대전 당시 소련군의 공세라고 하면, 전선의 곳곳에서 해일처럼 다수의 병력으로 공세를 가하는 이미지가 강했다. 특히, 독소전 후반의 독일군 전투수기에서는 "항상 압도적인 병력의 소련군에게 공격받고 있는 것처럼 느꼈다"라는 내용이 많았다.

그러나 독소전에서 양군의 실제 병력비는 1944년 6월에 시작된 '바그라티온 작전' 이전까지 고작 2대1 정도의 우세에 지나지 않았다. 그래도 "소련군이 압도적인 병력으로 공세를 가했다"라고 독일군이 느꼈던 것은 '결전방면에서의 병력 집중'과 '다른 방면에서의 병력 절약'이 교묘하게 시행되었다는 것을 보여 주고 있다고 할 수 있다. 이는 소련군의 지휘가 뛰어났다는 하나의 증거라고 할 수 있다.

앞서 기술한 내용에 이어서 제224항에서는 다음 네 가지를 방어의 목적으로 제시하고 있다.

제224항 (생략)
  (2) 공세에 필요한 병력이 집결할 때까지 시간의 여유를 획득하고자 할 경우
  (3) 결전방면의 공격 성과를 기다리기 위해서, 다른 방면에서 시간의 여유를 획득하고자 할 경우
  (4) 특정 지역(지선, 노보 능)을 확보하고자 할 경우
  (5) 방어를 통해 적의 공격력을 파괴하고, 이후 공세전환을 실시하고자 할 경우
(이하 후술)

두 번째로 제시하고 있는 것은 공세에 필요한 병력을 집중하기 위한

'시간을 버는 것', 그 다음으로는 결전방면 이외 지역에서 '시간을 버는 것'을 제시하고 있다. 이어서 '특정 지역의 확보'와 적 공격력의 파괴에 따른 '공세전환'을 들고 있다.

한편, 독일군 교범에서는 '방어는 진지를 유지하고 적 공격을 단념시키면, 그 목적을 달성한 것이다'라고 하고 있다(『군대지휘』 제438항, 제439항). 즉, 독일군에 있어서 방어의 주된 목적은 '지역의 확보'이며, 『적군야외교령』에서 네 번째로 제시하고 있는 목적을 주안으로 하고 있다. 프랑스군 교범에서는 '수세는 공세에 나설 수 없는 경우에 일시적으로 채용하는 것이며, 열세가 해소되면 공세로 전환해야 한다'고 하고 있다(『대단위부대 전술적 용법 교령』 제11항). 또한, 수세의 기본으로 삼고 있는 '퇴각 의사 없는 수세'에서는 '사수(死守)'를 요구하고 있다(『대단위부대 전술적 용법 교령』 제248항). 다시 말해, 프랑스군에 있어서 방어의 주된 목적은 '공세전환'과 '지역의 확보'이며, 『적군야외교령』에서 다섯 번째와 네 번째로 제시하고 있는 목적을 주안으로 하고 있는 것이다.

이를 정리하면, 각 국가 모두가 상당히 다른 목적을 지향하고 있었다는 것을 알 수 있다. 이러한 차이가 발생한 이유는 각 국가가 주된 전장으로 상정하고 있던 '지역 특성의 차이'를 들 수 있다. 소련군이 주된 전장으로 상정하였던 동유럽과 만주의 국경지역은 독일군(프랑스와 폴란드의 국경지역)과 프랑스군(독일과의 국경지역)이 상정한 지역에 비해서 광활하였기 때문에, 결전방면을 선택할 수 있는 폭과 기동의 자유가 컸다. 실제로 제1차 세계대전의 서부전선에서는 전선이 고착되어 참호전이 길게 지속된 것에 비해, 광활하고 상대적으로 병력 밀도가 낮았던 동부전선에서는 서부전선 정도로 고착되지 않았다.

이러한 전훈을 반영하여 이 조항의 마지막 부분에서는 다음과 같이 규정하고 있다.

제224항 (생략) 다른 방면에서의 공세 또는 공세전환을 동반하는 방어, 특히 적의 측면을 향한 공세를 수반한다면, 적을 완전한 괴멸로 이끌 수 있다.

이처럼 소련군 전술교범에서는 '방어정면 이외에서의 공세'와 '방어 이후의 공세전환', 특히 '적의 측면에 대한 공세'를 통해서 적을 괴멸할 수 있다고 하고 있다.

이상의 내용을 정리하면, 독일군과 프랑스군의 방어는 ('사수'를 포함하여) 진지 확보를 통해서 적 공격의 격퇴 또는 조기 공세전환을 주안으로 하고 있었던 것에 비해, 소련군의 방어는 광대한 전역 중에서 결전방면에 병력을 집중하기 위해 다른 방면의 병력 절약을 주안으로 하고 있었다. 이를 달리 말하면, 독일군과 프랑스군의 시점이 눈앞의 방어진지에 한정되어 있었던 것에 비해서, 소련군은 복수의 방면으로 구성된 광대한 전역 전체를 시야에 두고 있었으며, 그중에서 '결전방면에서의 공격'과 '그 이외 방면에서의 방어'를 연동시키고자 하였다.

이처럼 '특정 방면의 작전과 다른 방면의 작전을 연계(synchronize)시켜서 보다 거시적인 전략 수준의 승리를 지향한다'는 사고방식은 '작전술'의 개념을 반영한 것이라고 할 수 있다. '작전술'은 제2차 세계대전 이전에 소련군에서 용어로 정립한 것으로 소련군 방어전술의 최대 특징이라고 할 수 있다.

방어진지의 구성

다음은 소련군 방어진지의 구체적인 구성을 살펴보겠다.

제225항 현대전의 방어는 모든 종심에 대하여 동시 공격을 시도하는 우세한 적의 공격력에 대항할 수 있어야 한다. (이하 후술)

당시 소련군의 공세는 적의 모든 종심을 동시에 공격하는 '전종심 동시타격'을 기본으로 하고 있었다(이 책의 제4장 소련군 부분을 참조). 이를 방어에도 적용하여 적의 '전종심 동시타격'에 대항할 수 있도록 한 것이었다.

제226항 현대전의 방어에 있어서 우선 구비해야 하는 요건은 대전차 방어조직이다. (이하 생략)

이처럼 소련군은 방어에 있어서 우선적으로 필요한 것은 대전차 방어조직이라고 강조하고 있다.

이 교범이 반포된 시점은 1936년이며, 제2차 세계대전에서 독일군이 기갑부대를 주력으로 하여 '전격전'의 위력을 전 세계에 선보이기 이전이었다. 이러한 시점에서 대전차 방어조직을 중시하고 있는 소련군의 방어는 시대를 앞서는 선진적인 것이었다.

이어서 방어진지의 구체적인 구성을 '적과 이격되어 있는 경우', '퇴각 중에 진지 점령을 실시하는 경우', '적과의 전투 (접촉) 중에 방어로 전환하는 경우'로 나누어서 각각 다음과 같이 규정하고 있다.

제227항 적과 이격되어 있는 경우, 또는 퇴각 중에 진지 점령을 실시하는 경우의 방어는 통상적으로 다음과 같은 요소로 구성된다.
(1) 진지대 전방의 기술적 또는 화학적 장애지대
　　장애지대는 소수의 보병 및 포병으로 구성된 전진부대를 이용해서 수비한다.

진지대의 제1선과 장애지대 전연과의 이격은 지형의 상태에 따라서 차이가 있으며, 통상적으로 약 12㎞이다.

(2) 직접전투경계부대와 강력한 경계부대의 점령지구

진지대의 전연으로부터 1~3㎞를 이격한다.

(3) 주전투지대 (사단 타격부대를 포함)

(4) 후방진지대

주전투지대로부터 12~15㎞ 후방에 준비한다.

전투 경과(적과의 접촉) 중에 방어로 이전하는 경우에는 통상적으로 전방의 장애지대를 설치하지 않고, 이후의 기도와 방어의 편리를 고려하여 주전투지대를 선정한다.

먼저 아군 진지대 전방에 지뢰 등의 기술적인 또는 독가스 등의 화학적인 '장애지대'를 설정하고, 소수의 전진부대를 배치한다. 이어서 진지대의 전연 가까이에 강력한 '직접전투경계부대'를 배치한다. 그리고 역습에 이용할 사단 수준의 '타격부대'를 포함한 '주전투지대'을 둔다. 마지막으로 주전투지대의 후방에는 '후방진지대'를 준비한다. 한편, 적과의 전투(접촉) 중에 방어로 이행하는 경우에는 전방의 '장애지대'를 두지 않는다고 하고 있다. 이것이 제2차 세계대전 이전에 소련군이 구상했던 방어진지의 기본적인 구성이다.

이어서 『적군야외교령』은 부대 규모에 따라 각자 담당하는 지역의 정면과 종심을 구체적인 수치 형태로 기술하고 있다. 앞서 설명했던 깃처럼, 이러한 기술방법은 소련군 교범의 특징이나.

제229항 방어에서 저격군단과 저격사단은 일정 정면의 진지대를 담당하며, 저격연대는 수개의 대대 지구(地區)로 구성된 연대 수비지역을 담당한다.

저격사단이 수비하는 진지대 : 정면 8~12km, 종심 4~6km

저격연대의 수비지역 : 정면 3~5km, 종심 2.5~3km

저격대대의 수비지구 : 정면 1.5~2.5km, 종심 1.5~2km

(이하 후술)

이어서 진지대 전연의 형상과 위치 등을 기만하기 위해서 다음과 같은 조치를 요구하고 있다.

제229항 (생략) 진지대 전연의 시작, 병력배치, 대전차 지구의 위치 및 진지대의 종심에 관해서 적을 기만하기 위해서는 다음과 같이 조치해야 한다.

(1) 진지대 전연의 시작은 일정 형식에 빠지는 일 없이 지형을 따르거나, 혹은 고지의 전방사면을 이용하거나 그 반사면을 이용하고, 특수한 지형지물에 위치하는 것은 피한다. (이하 후술)

방어진지는 적으로부터 보이지 않는 반대 사면을 이용하는 '반사면 진지'만이 아니라, 때로는 전방사면도 이용하는 등 일정한 패턴에 빠지는 것을 경계하고 있다.

제 229항 (생략)

(2) 진지대 전연의 시작을 기만하기 위해서는 적의 공격에 용이한 지역에 강력한 경계부대를 배치하여 진지대 제1선을 가장하고, 여기에 돌입한 적을 주전투지대 제1선의 십자포화를 이용하여 격멸하도록 한다. (이하 후술)

진지대 전연의 위치 등을 기만하기 위해서는 강력한 경계부대를 배치하여 마치 진지대의 제1선처럼 위장하고, 만약에 적 부대가 돌입하면 진짜 진지대의 제1선에서 십자포화로 격멸하라고 기술하고 있다.

제 229항 (생략)

(3) 적이 차폐된 접근로와 유리한 포병진지 및 관측소를 확보하기 어렵
고, 적 보병과 전차의 전개를 차폐할 수 없는 지선에 진지대의 전연을
설정한다.

(4) 자연적인 대전차 장애물이 풍부하고, 기술적인 장애물의 설치가 용이
한 지선을 따라서 제1선을 설정한다.

(이하 생략)

또한, 진지대의 전연은 차폐된 경로로 적이 접근하거나 적절한 위치에
포병진지와 관측소를 둘 수 없는 장소와 적 보병과 전차의 전개를 감출
수 있는 지형(예를 들어 숲이나 움푹 팬 땅)이 없는 장소에 설정한다. 추가
로 절벽 등의 자연적인 대전차 장애물이 많고, 지뢰지대 등의 장애물을
쉽게 설치할 수 있는 개활지 등을 따라서 진지대의 제1선을 배치한다.

이처럼 진지대 설정에 관한 세 번째 항목에서 처음으로 지형의 이용
을 다루고 있다. 이러한 내용 순서를 보면, 소련군이 지형의 이용보다도
진지대 전연의 형상과 위치 등의 기만을 중시하고 있었다는 것을 알 수
있다.

각 부대의 배치

다음으로 진지대 내부의 각 부대 배치에 대하여 살펴보겠다. 먼저 보
병부대이다.

제231항 진지대에서 보병(대전차포를 포함)의 배치는 적 포병에 대하여 각 대대와 중대의 배치 지역을 판단하기 어렵게 하고, 적 전차에 대한 자연적 및 인공적 장애물의 발견을 어렵게 하는 것을 고려해서 결정한다. (중략)

소련군은 진지대에 배치되는 보병부대(대전차포 배속)를 적 포병이 알아내기 어렵고, 적 전차가 절벽 등의 장애물을 발견하기 곤란한 능선 전방사면과 후방사면에 넓게 분산하여 배치하였다.

다음은 포병부대이다.

제232항 (생략) 방어 시에 포병은 종심 상에 수개의 선으로 배치한다. (중략)
보병지원 포병 또는 원거리 포병의 진지 선정은 가급적 자연적 및 인공적 대전차 장애물, 지뢰, 발견이 어려운 장애물 등을 이용하여 이를 엄호하도록 노력해야 한다. (중략)
각 포병진지는 전차를 사격하기 위해서 800m의 직접 사계를 가지고 있어야 한다. (이하 생략)

포병부대는 각종 장애물 등으로 엄호하고, 수개의 선으로 종심 배치하도록 하고 있다. 이때 각 포병진지는 대전차 사격을 고려하여 직접 사격할 수 있도록 800m의 사계를 확보하도록 하고 있다.

제233항 각 병단의 고유 및 배속된 전차는 타격부대로 편성한다. (중략)
만약에 시간적 여유가 있다면, 전차를 역습 출발 위치에 은폐하여 배치할 수 있도록 전차호를 준비해야 한다.

저격사단 예하의 전차대대, 군단과 야전군에서 배속된 독립 전차여단 등은 역습을 위한 '타격부대'에 편성하도록 하고 있다. 그리고 시간적 여유가 있다면, 역습 개시 위치에 전차를 은폐할 수 있도록 전차호를 준비할 것을 요구하고 있다.

방어진지의 특징

여기서는 소련군 방어진지 자체의 특징을 제시하고자 한다.

제231항 (생략) 대대의 수비지구는 독립되어 사주방어를 할 수 있어야 한다.
제246항 저격대대장은 그 지구의 수비를 담당하고, 완전히 포위될 경우를 고려하여 방어전투를 준비해야 한다.

이처럼 소련군 저격대대의 수비지구는 독립된 사주방어 진지로 구축함으로써 대대 단위로 완전히 포위될 것에 대비한 방어전투를 준비하도록 하고 있다. 이러한 사주방어 진지는 제1차 세계대전 후반에 독일군이 많이 사용했던 침투전술에 대한 대비를 목적으로 한 것이다. 이러한 사주방어 진지를 이용하면, 대대 수비지구의 간격 등을 통해서 적 보병이 소부대로 후방에 침투해도 대대 단위로 저항을 계속할 수 있다.

실제로 제2차 세계대전의 독소전에서 독일군 부대가 소련군 부대를 포위해도 마지막 한 개의 대대까지 완강하게 저항을 계속하며 간단히 항복하지 않았다. 이것이 가능했던 것은 전술교범의 이러한 규정이 존재하였기 때문이다.

그리고 소련군 방어진지는 다음과 같이 또 다른 특징을 가지고 있었다.

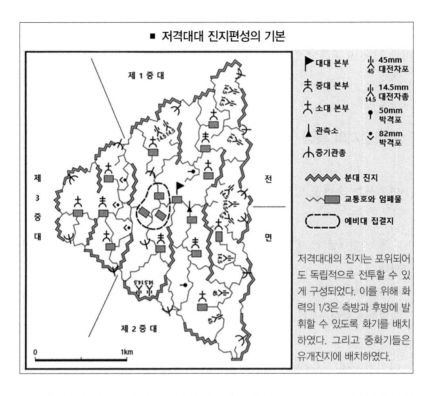

■ 저격대대 진지편성의 기본

제 1 중 대

제 3 중 대

제 2 중 대

전 면

0　　　　　1km

▶ 대대 본부　　　🔥45 45mm 대전자포
🔥 중대 본부　　　🔥145 14.5mm 대전자총
🔥 소대 본부　　　● 50mm 박격포
▲ 관측소　　　　　◆ 82mm 박격포
🔥 중기관총
〰〰 분대 진지
〰▭ 교통호와 엄폐물
( ) 예비대 집결지

저격대대의 진지는 포위되어
도 독립적으로 전투할 수 있
게 구성되었다. 이를 위해 화
력의 1/3은 측방과 후방에 발
휘할 수 있도록 화기를 배치
하였다. 그리고 중화기들은
유개진지에 배치하였다.

제230항 진지대의 제1선, 타격부대와 포병진지의 위치는 대전차 방어에 적합하도록 고려하여 선정한다. (전차의 접근이 어려운 지형지물의 이용, 측방진지의 배치 등)

(이하 후술)

이처럼 진지대의 제1선은 물론 역습용 타격부대와 포병진지의 위치에 관해서도 대전차 방어를 고려하여 선정하도록 하고 있다. 예를 들어 진지 전방에 절벽과 늪지 등 적 전차가 통과하기 어려운 지형이 있는 장소를 선정하는 것이다.

제230항 (생략) 진지대 내부에는 대전차 지구를 설정하고, 여기에 타격부대를 배치한다. 이를 통해서 포병진지 및 전투사령부를 엄호한다.

대전차지구는 환형(環形)으로 배치하고, 또한 상호 간에 간격은 대전차포의 유효한 직사화기를 이용하여 화력으로 제압할 수 있도록 배치해야 한다.

더욱이 진지대의 내부에는 '대전차 지구'를 설정하도록 하고 있으며, 여기에 타격부대를 배치하여 후방의 포병진지와 사령부를 방호하도록 하고 있다.

제230항 (생략) 진지대 제1선에서는 각각의 대전차 장애물을 이용해서 대전차 포병을 엄호하며, 진지대 내부에서는 대전차 지구의 내부에 대전차 포병을 배치한다. 대전차포 일부는 반대사면의 엄호하에 분산하여 배치하는 것이 유리하다.
　대전차호, 지뢰지대, 그 밖의 장애물은 적의 정면감시로부터 은폐가 가능하면서도 대전차포 사격이 가능하도록 배치해야 한다. (이하 생략)

진지대의 제1선에서는 대전차 지뢰 등의 장애물로 대전차 포병을 엄호하고, 진지 내부에서는 '대전차 지구'의 내부에 대전차 포병을 배치한다. 적 전차를 저지할 수 있는 대전차호와 대전차 지뢰 등의 장애물은 저지된 적 전차를 사격할 수 있는 대전차포와 조합하여 배치하고, 이러한 대전차포는 정면의 적으로부터 은폐되도록 배치한다.

이는 제2차 세계대전시 동부전선에서 흔히 볼 수 있었던 독일군의 대전차 진지인 '파크프론트(Pakfront)'와 유사하다. 이러한 개념을 소련군도 1936년에 개정한 교범에서 구체적으로 규정하고 있었다는 것을 알 수 있다. 실제로 '쿠르스크 전투(1943년)'에서 소련군은 대전차 방어를 중핵으로 하는 진지방어를 이용하여 강력한 중전차(重戰車)와 중구축전차(重驅逐戰車)를 포함한 독일군의 강력한 기갑부대의 집중공격에 대항하였다. 다시 말해, 제2차 세계대전 이전에 소련군이 고안한 방어진지

■ 저격사단 주전투지대 편성의 사례

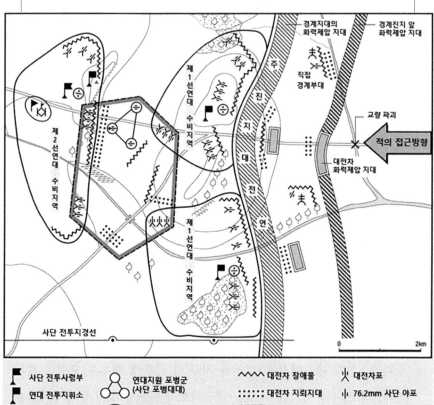

소련군의 방어에서 가장 중시하는 것은 대전차 전투였다. 이를 위해서 설치된 것이 '대전차 지구'라는 개념이었다. 이는 적이 대량의 전차를 이용하여 돌파하는 것을 전제로 하여 고안된 것이었다. 구체적으로 진지 내에 배치된 대전차 화기와 그 화망을 포함한 지구로써 이는 방어체계의 근간이 되었다. 또한, 대전차 지구뿐만 아니라 주전투지대의 전방에도 대전차 화력제압 지대를 설정하는 등 적 전차를 격파하는 데 노력하였다. 또한, 경계지대의 화력제압 지대는 주전투지대 전연에서 약 600m의 폭으로 설정하였으며, 이곳의 정면 1㎡에 매초 5발의 총·포탄을 사격하는 것을 하한선으로 하였다.

소련군 대전차 방어진지에 배치된 76.2mm 야포인 ZIS-3.
사단 포병용 야포였지만, 초속이 빨랐기 때문에 대전차포로서도 뛰어난 성능을 가지고 있었다.

소련군이 주로 사용했던 구경 14.5mm 대전차총인 1941년형 덱탸료프(PTDR-41)
대전차포와 비교해 위력은 약했지만, 대전차 진지에 대량으로 배치하여 독일군 전차의 장갑 중에서 얇은 곳을 노렸다.

는 당시에는 아직 존재하지 않았던 강력한 기갑부대에 대항할 수 있을 정도로 선진적이었다.

방어부대의 전투편성

이어서 진지방어의 구체적인 수행방법에 대하여 살펴보겠다. 『적군야외교령』의 제5장 「전투지휘의 원칙」은 다음과 같이 규정하고 있다.

제106항 부대는 행군편성 또는 전투편성을 통해서 행동한다. (중략)
전투편성은 타격부대와 견제부대로 구성하고, 수개의 선(2개 또는 3개)으로 배치한다. (중략)
전황의 필요에 따라 불의의 사태에 대비하기 위해서 일정 규모의 예비대를 보유한다. (이하 생략)

소련군은 행군을 실시하는 '행군편성'이나, 공격 및 방어를 실시하는 '전투편성'에 따라 행동하도록 하고 있었다. 이 중에서 '전투편성'은 예하 부대를 '타격부대'와 '견제부대'로 나누어서 운용하였다. 그리고 전황에 따라 필요할 경우, 불의의 사태에 대비하기 위해서 '예비대'를 운용하였다. 반면에 독일군은 주요 임무를 담당하는 '주력'에 추가하여 다양한 사태에 대비하기 위한 '예비대'를 기본적으로 항상 보유하도록 하였다.

공격 시에 소련군은 '타격부대'와 '견제부대'을 다음과 같이 운용하도록 규정하고 있다.

제107항 공격편성에서 타격부대는 주공정면에서 사용해야 한다. (이하 생략)
제109항 공격편성에서 견제부대는 적을 차등정면(次等正面)에 구속하기 위해서 국부(局部)공격을 이용하여 적이 주공방면으로 병력을 전환할 수 없도록 해야 한다. (이하 생략)

공격 시에는 '타격부대'를 주공방면에 투입하고, 그 외의 방면에서는 '견제부대'를 이용하여 적을 구속함으로써 아군의 주공방면으로 전환할 수 없도록 하고 있다.

한편, 방어 시에는 '타격부대'와 '견제부대'를 다음과 같이 운용한다.

동부전선의 평원을 돌진하는 T-34 전차대와 보병부대. 방어에 성공하여 전황이 유리해지면 전차대 등 타격부대의 성과를 확장하고, 공세로 전환하도록 하였다.

제110항 방어편성에서 견제부대는 화력을 이용하여 진지 앞의 적 보병과 전차의 공격력을 파괴하는 것을 임무로 한다.

적 전차 및 보병이 제1선에 돌입하면, 견제부대는 끊임없이 화력 장벽을 구성하고, 국부적인 역습을 반복하여 적을 혼란에 빠지게 함으로써 타격부대의 역습을 용이하게 만든다.

방어편성에서 타격부대는 역습을 통해서 견제부대를 돌파한 적을 파괴하고 진지를 회복한다.

상황이 유리해지면 타격부대의 전과를 확장하고, 혼란에 빠진 적에 대하여 모든 전선에서 공세로 전환해야 한다.

먼저 '견제부대'가 진지 전방의 적 보병과 전차의 공격력을 화력으로 파괴한다. 그럼에도 적 전차와 보병이 진지대의 제1선에 돌파하면, '견제부대'는 계속해서 화력 장벽을 구성하고, 국지적인 역습을 시행하여 적을 혼란에 빠지게 함으로써 아군 '타격부대'의 역습을 보조하도록 하고 있다. 또한, '견제부대'를 돌파하여 진지대로 진입한 적에 대하여 '타격부대'가 역습을 통해서 파괴하고 진지를 회복한다. 그리고 상황이 유리하게 진전되면 그대로 '타격부대'의 전과를 확장하고, 공격으로 전환하도록 요구하고 있다. 다시 말해, 소련군은 (이 책의 제4장에서도 언급했듯이) 예하 부대를 처음부터 주요 임무별로 '견제부대'와 '타격부대'로 구분하고, 이들을 지휘관의 자유재량이 아닌 교범의 규정대로 운용하고자 하였다.

반면에 독일군은 적이 주전투지대에 돌입하면 즉시 인근 보병과 그 지원부대(공병 등)로 역습을 시행하도록 하고 있다(『군대지휘』 제463항). 그리고 이러한 역습에 실패하거나 적의 대규모 돌입이 시작되면 예비대를 투입하여 반격할 것인지, 혹은 과감히 주전투지대의 전연을 후방으로 조정할 것인지를 지휘관이 판단하도록 하고 있다. 이를 달리 말하면, 독일군은 '적의 주전투지대 침입'과 '아군 역습의 실패'라고 하는 불의의 사태에 대하여 사전에 확보해둔 예비대를 투입하여 반격할 것인지, 혹은 후퇴할 것인지를 지휘관이 결정하도록 하였다. 즉, 독일군에서는 예비대의 주요 임무를 소련군의 '견제부대' 및 '타격부대'처럼 교범에서 최초부터 정하고 있는 것이 아니라, 지휘관의 재량에 따라서 다양한 사태에 운용함으로써 유연하게 대처하도록 하였던 것이다.

이와는 대조적으로 교범의 조문으로 빠짐없이 규정하고 있던 소련군의 방식을 '경직되어 있다'고 비판하는 것은 경솔하다. 소련군의 이러한 방법은 독일군처럼 하급 지휘관의 능력에 크게 기대할 수 없었던 '지휘관 능력의 한계'를 정확히 판단한 결과이며, 그러한 상황에서도 어느 정도의 성과를 거두기 위한 현실적인 방책이라고 볼 수 있다. 왜냐하면 무능한 지휘관의 재량에 맡겨서 아무것도 하지 못하는 것보다 교범의 규정대로 행동하도록 하는 편이 대부분의 경우에 더 나은 결과를 가져오기 때문이었다.

진지방어의 순서와 각 부대의 운용방법

다음은 진지방어의 구체적인 방법에 대하여 살펴보겠다.

제225항 (중략) 방자는 진지대의 전방에서 적 보병의 공격을 파괴하는 것뿐만 아니라, 다음과 같이 방어를 실시해야만 한다.
  (1) 진지대 내부로 적 전차의 진입을 저지한다.
  (2) 전차의 돌파는 대전차 자재를 이용하여 격파함과 동시에 보병을 분산시키고, 차폐된 기관총과 소총의 화력을 이용하여 보병의 전진을 저지한다.

(3) 진지 내로 진입한 전차에 대해서는 포격 및 전차를 이용한 역습을 통해서 격파한다.

(4) 보병과 전차가 함께 진지 내로 진입하면, 화력을 이용해서 교란하고, 역습을 통해서 격파한다.

우선 적 보병의 공격을 아군 진지대의 전방에서 분쇄하고, 적 전차가 진지대 내부로 침입하는 것을 저지한다. 돌파 국면에서는 대전차포의 격파 사격과 함께 적 전차와 보병을 분리하고, 기관총과 소총으로 적 보병의 전진을 저지한다. 계속해서 적 보병과 전차가 진내로 진입하면 화력으로 혼란시킨 다음에 역습하여 격파한다.

앞서 기술했던 것처럼 진지대 전방에서의 적 보병 격파, 적 전차의 진지진입 저지, 돌입한 적 전차의 격파와 적 보병의 전진 저지, 보전분리(步戰分離) 등에는 '견제부대'의 화력을 이용하고, 마지막 역습에는 '타격부대'를 이용한다.

이 중에서 진지대 전방에서 적 보병을 파괴하는 방법은 진지 전방의 장애물과 화력 장막의 조합을 이용하여 적 보병을 격파하는 프랑스군에 가깝다(『대단위부대 전술적 용법 교령』 제251항). 또한, 진내전투의 수행 방법은 주전투지대에 진입한 적을 화력으로 격파하거나, 즉시 역습하여 격퇴하도록 규정하고 있는 독일군과 유사하다.

이어서 각 부대의 운용방법을 살펴보겠다. 먼저 보병부대이다.

제231항 (생략) 방어에서 보병의 전투력은 결국 적 보병에 대한 섬멸적인 근거리 화력에 있다. 따라서 보병은 결승의 순간에 이르기까지 화력 자재를 보전하는 데 노력하고, 소총과 경기관총 사수는 조기에 위치가 노출되는 것을 피해야 한다. (중략) 따라서 원거리에 대한 사격은 진지대의 중기관총이 담당한다. (중략)

보병의 전투력은 근거리 화력이기 때문에, 소총과 경기관총은 적이 지근거리에 이르기까지 사격 없이 위치를 숨기고, 원거리 사격은 중기관총이 담당하도록 하고 있다.

다음은 포병부대이다.

제232항 보병지원 포병군과 보병의 협동은 방어에서도 공격과 동일한 모습이다. (이하 생략)

공격 시의 '보병지원 포병군'과 보병의 협동에 관해서 규정한 조항은 다음과 같다.

제114항 (생략) 보병(기병)지원 포병군은 보병(기병)과 그 배속전차를 지원하는 것을 임무로 하고, 사단 포병의 전부와 사단에 배속된 포병을 이용해서 편성하며, 저격연대 중에서 주로 타격부대를 지원한다. (이하 후술)

이 책의 제4장에서 설명한 것처럼, 사단 예하의 포병부대와 사단에 배속된 군단 직할 및 야전군 총예비의 포병부대로 구성된 '보병지원 포병군'은 주로 '타격부대'의 보병과 이에 배속된 전차를 지원하도록 규정하고 있다.

제114항 (생략) 보병지원 포병군의 각 대대와 중대는 각각 지원해야 하는 보병 대대와 중대에 배속된다.

1개 저격대대를 지원하는 보병지원 포병군 내의 부대를 '보병지원 소포병군(小砲兵群)'이라고 칭한다. 보병지원 포병군과 소포병군 지휘관은 보병 지휘관에 대하여 예속 관계에 있지 않지만, 오로지 그 전투 요구를 달성하는 데 노력한다. (이하 생략)

보병지원 포병군은 대대와 중대 단위로 분할하여 화력지원의 대상인 보병대대(중대)에 배속한다. 이처럼 각 보병대대에 배속된 포병군을 '보병지원 소포병군'이라고 하며, 이러한 포병군 지휘관은 보병부대 지휘관의 영구적인 지휘(예속)에 있지 않고 일시적인 지원 관계에 지나지 않지만, 그 요구에 대응하도록 규정하고 있다.

제233항 각 병단의 고유와 배속 전차는 타격부대로 함께 편성한다. (이하 생략)

이 책의 제4장에서 언급한 것처럼, 저격사단 예하의 전차대대와 상급부대(군단, 야전군 등)로부터 배속받은 독립 전차여단 등은 '타격부대'에 편성하여 역습에 사용하도록 하는 것이다.

각 부대의 행동

다음은 각 부대의 방어시 행동을 주요 제대별로 살펴보겠다. 우선 군단부터이다.

제249항 대부분의 경우에 군단장은 예비대를 편성하고, 만약 적 돌파의 위협이 예상되면 군단 예비와 상급부대로부터 증강된 병력(야전군 예비), 그리고 상황이 비교적 완만한 정면에 존재하는 사단에서 차출한 병력을 이용하여 타격병단을 편성한다. 이를 이용하여 역습을 실시하여 돌파한 적을 격파하고 진지대를 회복해야 한다. (이하 생략)

이처럼 군단에는 예비대를 편성하도록 규정하고 있다. 기본적으로 소련군에서는 전황상에 필요한 경우에만 예비대를 확보하도록 하였지만, 예외적으로 군단과 야전군 등의 상급부대는 대부분의 경우에 예비대를 보유하였다. 그리고 군단·야전군의 예비대와 함께 다른 정면의 사단에서 차출한 부대를 이용하여 군단 수준의 '타격병단'을 임시로 편성하여 돌파한 적 부대를 역습함으로써 아군 진지대를 탈환하였다.

제248항 사단장은 적 주력에 대하여 사단 포병의 저지사격을 집중해서 보병과 전차를 분리하도록 노력해야 한다.

적 전차가 진지대 내부로 돌파해오면, 사단장은 기동적인 대전차 예비대를 운용함과 동시에 사단 전차를 이용하여 적 전차를 습격한다. 적 전차를 격퇴하고 적 보병을 혼란에 빠지게 한 경우, 사단장은 각 연대의 역습을 통일하고, 사단 역시 기회를 놓치지 말고 타격부대를 이용한 역습을 실시함으로써 상실한 진지를 회복해야 한다. (이하 생략)

사단장은 적 주력부대의 보병과 전차가 분리되도록 사단 포병의 저지사격을 집중한다. 그리고 적 전차가 진지대 내부로 돌입해오면, 사단의 대전차 예비대와 전차로 습격한다. 이를 통해서 적 전차를 격퇴하고 보병을 혼란에 빠뜨리면, 예하 연대의 역습을 통제하고, 사단 수준의 '타격부대'로 역습하여 아군 진지를 회복하도록 하고 있다.

제247항 연대장은 적 주력집단에 대하여 포병 화력을 집중하고, 저지부대인 대대의 전투를 지도한다.

적 전차가 아군의 제1선을 통과하여 돌파해오면, 이에 대하여 연대장은 (배속된 경우에) 기동적인 전차 예비대를 지향한다.

적 보병이 진지대 내부로 돌파해오면, 연대장은 모든 화력을 이용하여 그 전진을 저지하고, 연대의 타격부대와 전차를 운용하여 이에 대한 역습을 실

시한다. (이하 생략)

연대장은 적 주력집단에 대하여 연대에 배속된 포병부대의 화력을 집중함과 동시에 적을 저지하고 있는 저격대대의 전투를 지휘한다. 만약에 적 전차가 아군 제1선을 돌파해오면, 전차 예비대를 배속받았으면 이를 이용해서 역습한다. 또한, 적 보병이 아군 진지 내로 돌파해오면, '저지부대'의 화력으로 전진을 저지함과 동시에 연대 수준의 '타격부대'와 배속받은 전차로 역습하도록 하고 있다.

제246항 저격대대장은 지구(地區)의 수비를 담당한다. (중략)
제1선대대의 주요 임무는 적 보병과 전차에 대하여 보병화기와 대전차포 등 모든 화력을 이용해서 이를 압도하고, 이를 통해서 수비지구를 확보하는 것이다.
대대장은 지원 포병과의 연락을 항상 유지하고, 기관총과 포병의 화력을 함께 사용하여 적 보병을 전차로부터 분리하도록 노력해야 한다. (이하 후술)

저격대대장은 지원 포병과 편제된 기관총으로 적 보병과 전차를 분리하고, 이를 통해서 대대의 수비지역을 확보한다. 추가로 이 조문은 대대 수준의 역습에 관해서 다음과 같이 규정하고 있다.

제246항 (생략) 대대의 타격부대를 이용한 역습은 난기간 내에 시행되어야 한다.

벌써 눈치챈 독자들도 있겠지만, 각 조항의 번호를 보면 알 수 있듯이 『적군야외교령』은 이 책에서 기술하고 있는 순서와는 반대로 저격대대장→연대장→사단장→군단장의 순서로 기술하고 있다. 다시 말해, 상급부대의 행동을 분석(breakdown)하여 하급부대의 행동을 규정하는 것이 아니라, 하급부대로부터 상급부대 순으로 하여 구체적인 행동을 상향식(bottom-up)으로 기술하고 있다. 이것은 프랑스군『대단위부대 전술적 용법 교령』과는 정반대의 작성방식이며,『적군야외교령』의 큰 특징이라고 할 수 있다.

더욱 특징적인 것은 저격대대, 연대, 사단 등 부대의 규모가 다르지만, 각 부대의 행동은 기본적으로 유사하다는 것이다. 예를 들어 각 저격대대의 행동을 규모만 크게 한 것이 연대의 행동이고, 각 연대의 행동을 규모를 크게 한 것이 사단의 행동인 것이다(유일한 예외는 군단의 행동이며, 앞서 설명한 것처럼 예비대를 편성하여 적 돌파에 대비하도록 하고 있다). 다시 말해 하급지휘관의 관점에서 본다면, 상급 지휘관의 판단과 상급부대의 행동이 자신의 판단과 지휘하고 있는 부대의 행동을 그대로 규모만 확대함으로써 쉽게 이해하고 파악할 수 있도록 한 것이다.

이러한 구조 역시 독일군처럼 하급 지휘관의 능력에 기대할 수 없었던 소련군이 어느 정도의 성과를 거두기 위해서 마련한 방책의 하나로 볼 수 있다.

이동방어와 퇴각

마지막으로 '이동방어'와 퇴각에 대하여 살펴보겠다.

제256항 이동방어는 모종의 작전구상을 이용하여 비록 약간의 지역을 희생하더라도 이를 통해서 시간적 여유를 확보하고, 또한 병력의 궤멸을 회피하고자 할 경우에 실시한다. (이하 후술)

소련군의 '이동방어'는 일부 지역을 상실하는 대신에 병력을 온존하면서 시간적 여유를 확보하기 위해서 실시한다. 이는 오늘날의 '지체행동' 개념과 거의 유사하다. 이에 반해 독일군은 '결전'과 '지구전'이라는 개념에서 벗어나지 못했기 때문에, 오늘날의 '지체행동' 개념에 이르지 못하였다. 한편, 프랑스군은 수세의 한 형태인 '퇴각기동'에서 적 공격에 대하여 적절히 후퇴하면서 시간을 버는 것, 즉 '공간과 시간의 교환'을 어느 정도 명확히 인식하고 있었다. 다시 말해, 독일·프랑스·소련 중에서 오늘날의 '지체행동'에 가장 근접한 개념을 가지고 있었던 것은 소련군이었고, 그다음이 프랑스군이었으나, 독일군만이 크게 뒤처져 있었다.

이러한 소련군의 '이동방어'에 대한 구체적인 수행방법은 다음과 같다.

제256항 (생략) 이동방어는 결전을 회피하며, 은밀한 이탈과 새로운 진지 점령의 반복, 그리고 여러 차례의 방어전투를 통해서 수행된다. (중략)

일정 지선에서 다음 지선으로의 퇴각은 상호 축차적으로 실시되거나, 혹은 후위의 엄호하에서 실시된다. (중략)

이동방어에서는 전개 중인 적을 짧게 타격하거나, 혹은 무모하게 전진하는 적을 격멸하는 등의 다양한 호기를 이용하는 것이 중요하다.

'이동방어'는 진지에서 방어하는 것이지만, 결전을 회피하고 은밀하게 적으로부터 이탈하여 다음 진지로 후퇴하는 것을 반복하도록 요구하고 있다. 이러한 후퇴 방법은 두 부대가 상호 번갈아 가며 물러나거나, 후위부대의 엄호하에서 하나씩 후퇴하는 형태로 실시한다. 이때 전개 중인 적 부대에 대하여 단기간의 공격을 가하거나, 무모한 전진을 실시하는 적을 맞이하여 공격하는 등 다양한 호기를 이용하여 적에게 타격을 가한다. 이러한 방법은 오늘날의 '지체행동'과 거의 유사하다. 이러한 '이동방어'는 독일군보다 앞서 있던 당시 소련군 전술개념의 선진성을 보여 주는 것이라 할 수 있다.

마지막으로 퇴각이다.

제257항 병단의 퇴각은 상급지휘관의 명령이 있는 경우에 한해서 실시할수 있다. 다만, 병단 지휘관이 부여된 임무에 기초하여 한층 유리한 태세로적과 전투하기 위해서 자신의 독단으로 병단의 일부를 후퇴시키는 것만은제한적으로 가능하다. (중략)

소련군에서는 상급 지휘관의 명령이 없는 한 독단으로 퇴각하는 것을금지하고 있었다. 하지만 프랑스군처럼 교범의 조문처럼 '사수'를 명시하고 있지는 않다(『대단위부대 전술적 용법 교령』 제248항). 오히려 소련군은 각 부대 지휘관이 주어진 임무의 범위 내에서 더욱 유리한 태세를 만들기 위해 독단으로 부대 일부를 후퇴시키는 것을 인정하고 있다.

소련군이라고 하면 교범의 조문에서 구체적인 수치의 형태로 지휘관의 행동을 빠짐없이 규정한다는 이미지가 강하다. 실제로도 그러했지만, 방어시의 부분적인 후퇴에 관해서는 (적어도 교범의 조항에 있어서) 의외로 유연했다는 것을 알 수 있다.

지금까지 소련군 방어의 내용을 정리하면, 기본적으로는 공격과 동일하게 교범의 조문으로 빠짐없이 규정하는 방법을 하고 있다. 그러나 '대전차 방어의 중시'와 '이동방어' 등에서 소련군 군사사상의 뛰어난 선진성을 엿 볼 수 있다.

■ 후퇴방법의 사례

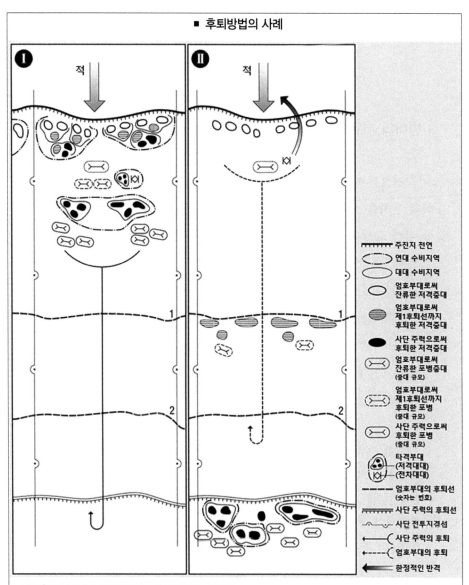

Ⅰ 적

Ⅱ 적

범례	
	주진지 전연
	연대 수비지역
	대대 수비지역
	엄호부대로써 잔류한 저격중대
	엄호부대로써 제1후퇴선까지 후퇴한 저격중대
	사단 주력으로써 후퇴한 저격중대
	엄호부대로써 잔류한 포병중대 (중대 규모)
	엄호부대로써 제1후퇴선까지 후퇴한 포병 (중대 규모)
	사단 주력으로써 후퇴한 포병 (중대 규모)
	타격부대 (저격대대) (전차대대)
	엄호부대의 후퇴선 (숫자는 번호)
	사단 주력의 후퇴선
	사단 전투지경선
	사단 주력의 후퇴
	엄호부대의 후퇴
	한정적인 반격

그림은 저격사단의 방어편성에서 후퇴방법의 사례이다.

〈그림Ⅰ〉 적과 접촉 중인 부대의 약 1/3은 후퇴를 엄호하기 위해서 잔류부대로써 그 장소에 남아 있고, 사단의 주력이 후퇴하는 부대를 엄호한다. 이를 이용하여 잔류부대 이외의 제1선 부대는 제1후퇴선으로 물러난다.

〈그림Ⅱ〉 잔류한 엄호부대는 다른 부대가 후퇴를 완료하면, 적과의 접촉을 단절하고 제1후퇴선에 배치된 부대의 엄호를 받으며 제2후퇴선으로 물러난다. 그리고 타격부대에 소속된 전차대대는 전진하는 적의 배후 등에 대하여 제한적인 반격을 실시한다.

실제로 후퇴는 중대 단위로 복수의 경로를 이용한다.

일본군의 방어

방어의 지위

『작전요무령』은 제2부 제1편 「전투지휘」에서 방어를 포함한 전투지휘의 원칙을 언급한 다음에, 제2편 「공격」에서 조우전과 진지공격 등에 관한 규정을, 제3편 「방어」에서 진지방어에 관한 규정을 각각 다루고 있다. 또한, 통상적인 공격 및 방어와는 별도로 제5편 「지구전」에서 지구전에 관한 규정을, 제7편 「진지전과 대진(對陣)」에서 견고한 '진지대지대(數帶陣地)'에서의 진지전과 '대진'[55] 상태에 관한 규정을 기술하고 있다.

먼저, 제2부 제1편 「전투지휘」는 제1장 「전투지휘의 요칙」의 첫 조항에서 다음과 같이 규정하고 있다.

제1항 전투에서 공격과 방어 중에 어느 쪽을 선택할지는 주로 임무에 기초하여 결정한다. 그렇지만 공격은 적 전투력을 파괴하고 이를 압도하여 섬멸하기 위한 유일 수단이며, 어쩔 수 없는 경우 이외에는 항상 공격을 결행해야 한다. 적 병력이 현저하게 우세하거나, 혹은 적에게 일시적으로 기선을 제압당한 경우에도 모든 수단을 강구해서 공격을 단행하고, 전세를 유리하게 해야 한다.

상황이 어쩔 수 없이 방어를 해야 할 경우일지라도 기회를 포착하여 공격을 감행함으로써 적에게 결정적인 타격을 주어야 한다.

---

55) 전투의 승패를 결정하지 않고 서로 대치한 상태

이처럼 어쩔 수 없는 경우 이외에는 항상 공격해야 한다고 규정하고 있다. 비록 적이 현저하게 우세하더라도 모든 수단을 강구하여 공격하도록 하고 있다. 이어서 제3편 「방어」는 서두인 「통칙」의 첫 조항에서 다음과 같이 기술하고 있다.

제162항 본 편에서는 현저히 우세한 적에 대항하여 방어하는 경우를 주로 기술하며, 추가적으로 공세를 기도하는 경우의 방어에 관해서는 특이사항으로 부기(附記, 원문에 덧붙여 기록)한다.

이러한 조항들을 보면, 일본군에게 방어는 현저히 우세한 적에 맞서 어쩔 수 없이 방어해야 하는 경우를 기본으로 하고 있다는 것을 알 수 있다.

한편, 제5편 「지구전」의 첫 조항에서는 다음과 같이 규정하고 있다.

제235항 시간적 여유를 획득하고자 할 경우나, 적을 견제·고착하고자 할 경우에는 통상적으로 결전을 회피하고, 지구전을 실시한다.

지구전에서는 수세의 입장인 경우가 많지만, 공세를 취하지 않으면 목적을 달성할 수 없는 경우 또한 적지 않다.

일본군은 '일반적인 공격 및 방어'를 '결전'에 포함하고 있으며, '결전'을 회피하는 경우를 '지구전'으로 구별하고 있다. 일반적으로 '결전'은 승부를 결정짓는 전투를 의미하며, '결전'에 있어서 '방어'는 사력을 다해서 방어진지를 유지하는 것이다. 이에 반해, '지구전'에서는 이러한 '결전 방식의 방어'가 아닌, 단순히 시간을 벌거나 견제하기 위한 '수세'를 채택한다. 하지만 일본군은 지구전에서도 '공세'를 채택해야 하는 경우가 적지 않다고 기술하고 있다. 그렇다고 해도 '지구전에서의 공세'는 승부를 결정짓기 위한 '결전적인' 공세가 아니라, 어디까지나 '시간 벌기와 견제'를 위한 공세인 것이다.

이어서 제7편 「진지전 및 대진」은 제1장 「진지전」의 서두에서 다음과 같이 정의하고 있다.

제275항 견고한 진지대 지대에서의 공격 및 방어(이러한 종류의 전투를 '진지전'이라고 칭함)에는 다양한 종류와 많은 수량의 전투자재가 필요하고, 전투 양상도 복잡하다.

일본군은 견고한 진지대 지대에서의 공격 및 방어를 '진지전'이라고 하면서 일반적인 공격[56] 및 방어와 명확히 구별하고 있다.

지금까지의 내용을 정리하면, 일본군은 '일반적인 공격 및 방어'('결전적인 공격 및 방어'라고 바꾸어 말할 수 있다)를 '지구전에서의 공세 및 수세'와 구별하고 있으며, 더욱이 '진지전에서의 공격 및 방어'를 '일반적인 공격 및 방어'와도 구별하고 있다. 이처럼 전투를 '결전'과 '지구전'으로 양분하는 사고방식은 '지구저항'의 개념이 생겨나기 이전의 독일군에 가까우며, 이러한 의미에서는 고전적인 개념구조라고 할 수 있다. 또한, '진지전'과 '대진(對陣)' 상태를 일반적인 전투와 구별하고 있는 이유는 '기동전'과 '단기결전'을 지향하는 일본군의 입장에서 위치를 고수하며 싸우는 '진지전'과 결정적인 전투 없이 계속해서 대치하는 '대진' 상태를 예외적인 상황이라고 생각했기 때문일 것이다.

---

56) 다른 국가에서는 통상적으로 일반적인 공격에 '진지공격'을 포함하고 있다.

방어에 대한 기본적인 사고방식

그럼, 일본군 전술교범에서는 방어를 어떻게 규정하고 있는지 살펴보 겠다. 제3편 「방어」는 서두인 「통칙」의 첫 조항에서 다음과 같이 기술하 고 있다.

제158항 방어의 주안은 지형의 활용, 진지공사의 시설물, 주도적인 전투 준비 등의 물질적 이익을 이용하여 병력의 열세를 보완하고, 또한 화력과 역 습을 함께 운용하여 적 공격을 파쇄하는 것이다.

일본군은 방어의 최종 목적으로써 '적 공격의 파쇄'를 들고 있다. '적 공격을 파쇄하여 격퇴하면 승리이고, 반대로 방어진지를 유지하지 못하 고 퇴각하면 패배'라는 사고방식은 앞서 설명한 것과 동일한 결전적인 사고방식이다. 방어의 수단으로는 지형의 활용, 진지공사 등의 '물질적 이익을 이용한 병력의 보완'과 '화력과 역습의 병용'을 제시하고 있다. 일반적으로 일본군은 '화력의 경시'와 '정신력의 과도한 중시'로 비난받 아왔다. 그러나 이 조항을 보면, 적어도 방어에서는 '화력'과 '물질적 이 익'을 중시하였다는 것을 알 수 있다.

이와 함께 일본 육군의 제1의 가상적이었던 '소련군과 비교해서 전술 사상이 뒤처져 있었다'는 것도 엿볼 수 있다. 소련군은 결전방면에 병력 을 집중하기 위해서 그 이외이 방면에서는 병력을 절약하는 것을 '방어 복적' 중에서 가장 먼저 제시하고 있다(『적군야외교령』 제224항). 한편, 일 본군은 눈앞의 방어진지만을 시야에 두고 그곳에서의 승리만을 고려하 고 있었다. 반면에 소련군은 복수의 방면으로 구성된 광대한 전역 전체 를 시야에 두고, 특정방면의 '방어'와 결전방면의 '공격'을 연동시키고자 하였다.

앞서 언급했듯이 같은 시기의 독일군과 프랑스군도 눈앞의 방어진지에만 시야가 머물고 있었기 때문에, 일본군의 사고방식만이 뒤처져 있었던 것은 아니었다. 당시의 소련군이 유독 넓은 시야를 가지고 있었던 것이다.

주전투지대의 선정

다음은 일본군의 방어진지에 대하여 살펴보겠다. 제3편 「방어」는 「통칙」의 두 번째 조항에서 다음과 같이 기술하고 있다.

제159항 방어에 있어서 1개 진지대('주전투지대'라고 칭함)를 가장 견고하게 하여, 해당 지대의 전방에서 적 공격을 파괴하는 것이 기본 목표이다.

하나의 '주전투지대'를 중심으로 하여 그 전방에서 적을 격파하는 것을 방어의 기본으로 하고 있다.

제165항 주전투지대는 보병의 저항지대, 주력 포병의 진지, 그 밖의 설비들로 구성된다. 주전투지대는 지형과 잘 조화되고, 보병의 저항지대와 포병 진지의 관계를 양호하게 하며, 아군 보병·포병의 화력을 해당 지대 전방에 가장 유효하게 협조·발휘할 수 있어야 한다. (이하 후술)

주전투지대는 보병의 '저항지대'와 주력 포병의 진지, 그리고 그 밖의 설비들로 구성하고 있다. 이러한 주전투지대는 지형과 잘 조화되고, 보병과 포병의 진지가 상호보완적이며, 화력을 유효하게 협조 및 발휘할 수 있도록 하는 것이 중요하다고 하고 있다.

　　제165항 (생략) 그리고 적의 화력 발휘를 어렵게 하고, 특히 진지의 주요한 부분을 적의 지상관측과 전차공격으로부터 벗어날 수 있는 지역에 선정한다면 유리하다. (이하 후술)

동시에 적 화력의 발휘가 어렵게 아군 진지의 주요부를 적 포병관측과 전차의 공격이 어려운 지역에 선정하도록 강조하고 있다. 이는 소련군의 강력한 포병부대와 우세한 전차부대를 고려한 결과일 것이다.

　　제165항 (생략) 그리고 적 전차의 위협이 큰 경우에는 자연 장애물을 이용할 수 있도록 저항지대의 위치를 선정하고, 이와 동시에 적의 보병 · 포병 · 전차의 협동전투를 곤란하게 하는 지형의 이용에 착안할 필요가 있다.

더욱이 적 전차의 위협이 큰 경우에는 적 보병, 전차, 포병의 협동이 어려운 지형을 이용하도록 요구하고 있다. 이것도 소련군의 전차부대를 고려한 결과라고 할 수 있다.

이러한 제165항의 내용들을 처음부터 다시 살펴보면, '지형과 잘 조화되고, 보병과 포병의 진지가 상호보완적이며, 화력을 유효하게 발휘할 수 있이야 한다'는 쭈선부지대의 위치선정에 필요한 조건들을 나열하고 있다. 또한, '그리고 ~ 것이 유리하다', '그리고 ~ 착안할 필요가 있다'라고 하면서 요구되는 조건을 계속해서 열거하고 있다.

이러한 조건들을 모두 만족한다면 이상적인 방어진지가 되겠지만, 현실에서는 모든 조건을 만족하는 장소가 존재하지 않는다. 어떤 한 조건은 만족하지만 다른 조건을 만족하지 않는 경우에 '당시 상황에 따라 어느 요소를 얼마나 중시할 것인지 고려'하여 주전투지대를 선정하게 된다. 그러나 이 조항에서는 어떠한 상황에서 어느 요소를 얼마나 중시해야 하는지에 대한 구체적인 '판단의 기준'을 제시하지 않고 막연한 일반론만을 기술하고 있다. 이와 같은 기술방법은 이후에도 계속된다.

제166항 진지 전방의 지형은 통상적으로 개활하고, 사계가 원거리일수록 유리하다. 그렇지만 상황에 따라서 그 일부는 근거리인 보병의 사계에 만족해야 할 경우도 있다. (이하 후술)

진지 전방의 지형은 화력 발휘에 유리한 개활지를 선정하도록 하고 있으나, 상황에 따라서는 그 일부가 근거리인 보병 화기의 사계에 만족해야 하는 경우도 있다고 하고 있다. 그러나 이러한 상황이 도대체 어떤 것인지에 대하여 자세한 설명은 없다.

제166항 (생략) 주전투지대의 지형은 전투를 지탱하는데 적합한 지역을 포함하고, 부대의 종심배치에 적합하며, 양호한 감시 및 관측소를 가지고 있어야 한다. 또한, 대전차 방어에 편리하고, 독가스의 체류 우려가 적으며, 그 내부 및 배후는 교통이 자유롭지만 적으로부터 차폐될 수 있어야 한다. (이하 후술)

주전투지대의 선정조건은 거점이 되는 지역이 있고, 관측소와 감시소를 두는데 좋은 장소라는 내용들을 제시하고 있다. 이 조항도 역시 바람직한 조건들만을 열거하고 있을 뿐이다.

제166항 (생략) 진지의 각 부분은 요구되는 조건들을 모두 충족하는 경우가 드물다. 따라서 병력의 편성, 진지공사 등을 이용해서 이를 보완해야 한다.

이처럼 마지막 부분에서는 요구 조건들을 모두 충족하는 경우가 드물어서, 병력배치와 진지공사로 보완해야 한다고 하고 있다.

이 조항에 기술되어 있는 것들은 잘못된 내용이 아니다. 그러나 상황별 판단기준이 모호하고 바람직한 조건들을 이것저것 열거하고 있으며, '부족하면 병력 편성과 진지공사로 보완한다'고 기술하고 있는 조문들을 기준으로 부대 지휘관이 적절하게 주진지를 선정할 수 있을지는 의문이다.

방어진지의 구성

다음으로 방어진지의 구체적인 구성을 살펴보겠다.

제167항 보병의 화력배치 요령은 저항지대 전방에 각종 보병화기의 밀도 높은 화망을 구성하고, 또한 화망 밖의 요충지 및 진지대 내부에도 필요하다면 유효하게 화력으로 제압할 수 있도록 해야 한다. (이하 후술)

보병의 화력은 '저항지대'의 전방에 높은 밀도의 화망을 구성하도록 배치한다. 동시에 그 화망 밖의 요충지와 진지대 내부에도 필요하다면 화력으로 제압할 수 있어야 한다고 기술하고 있다.

제167항 (생략) 적 보병에 대한 포병의 화력배치 요령은 경계진지의 전방으로부터 주전투지대의 바로 앞에 이르는 지역에 화력 대부분을 지향하고, 특히 주전투지대의 보병 화망 바로 앞과 화망 내부에 대한 밀도를 높게 한다. 또한, 주전투지대 내부에 대해서도 필요하면 화력을 지향할 수 있도록 해야 한다. (이하 후술)

보병에 대한 포병 화력 대부분은 주전투지대보다 앞에 위치한 '경계진지'의 전방에서부터 '주전투지대'의 바로 앞까지 지향하며, 특히 주전투지대의 보병 화망 바로 앞과 화망 내부와는 중첩되도록 한다. 동시에 주전투지대의 내부에도 필요에 따라서는 화력을 지향할 수 있도록 요구하고 있다.

제167항 (생략) 그리고 예상되는 적의 주공격 방면과 아군의 역습지역에 대한 화력의 밀도를 높여야 한다. 또한, 인접 병단의 작전지역 내부, 특히 부대 간의 접속부 근처에도 필요로 하는 화력을 지향할 수 있도록 해야 한다.

추가로 예상되는 적의 주공방향과 아군의 역습지역에 대해서도 화력의 밀도를 높게 하고, 더욱이 인접한 아군 부대와의 전투지경선 부근에도 필요한 화력을 지향하도록 요구하고 있다. 이 조항도 여느 조항들처럼 이것저것 열거하는 기술방식을 하고 있다.

제168항 진지는 방어의 방침에 따라 지형과 지휘의 편리를 고려하여 수 개의 지구(地區)로 나누고, 각 지구에는 보병이 주(主)가 되어 적당한 부대를 배치한다. (중략)
상황에 따라 각 지구의 점령부대는 진지 앞을 방어하거나, 적 전차를 사격

하는 등의 목적을 가지며, 포병 일부나 필요에 따라서는 공병 일부를 배속받는다. (이하 생략)

방어진지는 지형과 지휘의 편이성을 고려하여 수 개의 '지구'로 분할하고, 각 지구에는 보병을 주력으로 하는 부대를 둔다. 또한, 상황에 따라서는 약간의 포병과 공병 일부를 배속하도록 하고 있다.

제169항 경계부대는 각 지구별로 차출하여 적 상황을 수색하거나 주전투지대를 엄호하도록 한다. 때로는 경계부대 전부 또는 일부를 이용해서 적의 공격을 지체시키는 등 전진진지의 점령부대에 준하는 임무를 부여할 수 있다. (중략)
경계부대의 병력은 상황, 특히 임무, 지형에 따라 다르겠지만 가급적 소수로 편성한다. (이하 생략)

방어진지의 각 '지구' 수비대에서 차출된 경계부대는 적 상황에 대한 수색 임무와 아군 주전투지대의 엄호 임무를 담당한다. 또한, 때로는 적의 공격을 지체시키는 등 전진진지의 부대에 준하는 임무를 담당하기도 한다고 하고 있다.

제179항 경계지대의 요충지가 적에게 조기 피탈되는 것을 방지하거나, 잘못된 전개방향으로 적을 지향하게 하거나, 적의 접근을 어렵게 하는 등의 목적으로 진지 전방에 일시적으로 전진진지를 점령한다. 그 병력 및 편성은 목적, 지형 등에 따라 다르겠지만 필요 최소한으로 제한하고, 신중하게 고려하여 선정하며, 특히 임무를 명확히 부여해야 한다. (이하 생략)

경계지대(주전투지대의 전방지역)에 있는 요충지가 적에게 조기 탈취되는 것을 방지하고, 잘못된 전개방향으로 적을 지향하게 하고, 적의 접근을 어렵게 하는 것을 목적으로 주전투지대 전방에 '전진진지'를 점령하도록 하고 있다. 앞서 기술한 경계부대와 이러한 전진진지의 역할은 타 국군과 비교해서 특별히 다른 것이라고 할 수 없다. 특별한 것을 굳이 찾는다면, '배치병력을 최소한으로 제한하는 것이 기본이다'라고 하는 것이 눈에 띌 정도이다.

각 부대의 배치와 역할

이어서 각 부대의 배치와 역할을 살펴보겠다. 먼저 보병부대이다.

제181항 (생략) 지구(地區) 점령부대는 통상적으로 보병을 경계부대, 제1선부대, 예비대로 구분한다. 그리고 제1선부대는 보병의 저항지대에 있어서 방어의 주체가 된다. (이하 후술)

각 지구 수비대의 보병은 전방으로 차출된 '경계부대', 저항지대의 주력인 '제1선부대', 주로 역습에 투입되는 '예비대'로 구분된다.

제181항 (생략) 저항지대는 통상적으로 제1선의 보병대대가 이를 점령한다. 그리고 각 대대의 진지는 독립적으로 유지될 수 있도록 구성하고, 높은 밀도의 화망을 편성하며, 진지 앞의 요충지에는 통상적으로 화력을 급습적으로 집중할 수 있도록 준비해야 한다. (이하 생략)

저항지대는 통상적으로 1개 보병대대가 독립적으로 진지를 확보하도록 규정하고 있다(앞서 설명한 『적군야외교령』에도 유사한 규정이 존재한다).

제2차 세계대전에서 일본군 보병대대가 고립되어 큰 피해가 발생해도 끈질기게 방어진지를 사수한 배경에는 이러한 규정이 존재했다.

　　제170항 전차는 통상적으로 역습에 사용한다. 이를 위해 최초에는 사단장 직할의 예비로 운용하고, 사용방면이 결정되면 가능한 한 신속하게 해당 방면의 제1선부대에 배속시키는 것이 통상적이다. (중략)
　　상황에 따라서는 공격 준비 중인 적에 대하여 전차를 이용하여 급습함으로써 혼란에 빠뜨릴 수 있다.

　방어 시에 전차부대는 기본적으로 역습에 투입한다. 이러한 전차부대는 역습방면이 결정될 때까지 사단장 직할로 두지만, 역습방면이 결정되면 그 방면의 제1선부대(통상은 보병부대)에 배속시킨다고 하고 있다.
　참고로 독일군은 방어에 있어서 전차부대를 '결전을 위한 예비대'라고 하며, 반격에 있어서 '비장의 카드'로 인식하고 있었다(『군대지휘』 제467항). 이에 비해, 일본군은 역습 시에 전차부대를 보병부대에 배속시켜 지원하고, 상황에 따라서는 공격준비 중인 적을 급습하여 혼란을 조장하는 등 '비장의 카드'라고 생각하기 어려운 운용방법을 채택하고 있었다. 당시 전차부대의 공격력에 대하여 일본군은 독일군이 기대하던 만큼의 큰 기대를 하지 않았던 것 같다.

훈련 중에 11년식 경기관총을 사용하는 보병. 경기관총은 각 분대에 1정씩 배치되어 분대의 지원화기로서 중요하게 운용되었다.

다음은 포병부대이다.

제171항 포병은 화력요청에 대한 화력운용이 가능하게 하는 것이 주(主)이다. 가능한 종심을 두고 배치하며, 임무에 따라서는 적을 원거리에서 저지하고, 최후의 시기에 이르기까지 그 위치를 변경하지 않고도 보병을 지원할 수 있어야 한다. 이와 함께 적 포병에 의한 피해를 줄이며, 필요한 시기에 충분한 위력을 유감없이 발휘할 수 있어야 한다. (이하 후술)

방어 시에 포병부대는 원거리의 적을 포격하며, 또한 마지막 전투까지 진지 변환을 하지 않고도 아군 보병부대를 지원할 수 있도록, 가능한 종심을 두어 배치한다(참고로 공격 시에는 가능한 적과 가까이에 배치하도록 한다). 이는 아마도 소련군의 연속적인 '제파식 공격'으로 인해서 아군 포병의 진지변환이 불가능할 것이라는 판단을 기초로 하였을 것이다(소련군의 제파식 공격에 관해서는 이 책의 4장 소련군 부분을 참조).

제171항 (생략) 적의 접근기동과 공격준비를 방해할 목적으로 최초부터 주전투지대의 전방에 일부 포병을 배속할 수도 있다.
상황에 따라 포병을 보병의 저항지대 내에 배치해야 하면, 특히 저항지대 전방과 내부에서의 전투, 그리고 역습에 있어서 행동의 자유를 잃지 않도록 주의해야 한다. (이하 생략)

포병부대 일부를 적 부대의 접근과 공격준비를 방해할 목적으로 주전투지대의 전방에 배치할 수 있다고 기술하고 있다. 또한, 포병부대를 (후방의 포병진지가 아닌) 보병의 저항지대 내부에 배치해야 할 때는 저항지대의 전투와 역습에도 확실하게 화력지원이 가능하도록 주의해야 한다고 강조하고 있다. 다만, 소련군처럼 "800m의 직접사계를 가져야 한다"와 같은 구체적인 규정은 없다.

제173항 공병은 진지 중요부의 설치, 장애물의 설치, 진지 내부 및 후방의 교통로 구축, 진지 전방의 교통망 파괴, 축성자재의 정비 등 주로 기술적인 능력이 필요한 작업을 담당한다.

공병부대는 보병부대 등이 할 수 없는 전문적인 기술력이 필요한 작업을 주로 담당한다. 다시 말해서 단순한 개인호의 구축 등은 보병 자체적으로 실시하도록 하고 있다.

제175항 예비대의 위치는 아군의 기도, 병력, 적 상황, 지형 등을 고려하여 예상되는 전황에 적합한 방어 목적을 달성하는 데 도움이 되도록 결정하고, 적절히 산개하도록 한다. 또한, 필요하면 진지공사를 실시한다.

예비대의 위치에 관해서도 고려해야 하는 사항을 열거하고 있으나, '어떠한 상황에서 어느 요소를 얼마나 중시해야 하는지'에 대한 구체적인 판단기준을 제시하지 않고 막연한 일반론만을 기술하고 있다.

방어전투의 실시

구체적인 방어전투의 실시방법을 살펴보겠다. 제2장 「방어전투」의 첫 조항에서는 다음과 같이 규정하고 있다.

제192항 비행기, 기병, 진지 전방에 파견된 각 부대, 제1선부대 등은 당면한 상황, 그중에서도 특히 적의 병력 편성, 도달지점, 후속부대의 유무와 상

태, 공격준비의 정도 등을 적시에 보고하여 상급지휘관의 전투지휘에 도움이 되어야 한다. 그리고 이러한 수색은 주야를 가리지 않고 계속해야 한다. (이하 생략)

비행기와 기병, 진지 전방에 파견된 부대와 제1선부대 등은 주야를 가리지 않고 수색을 실시하며 당면한 상황, 그중에서도 특히 적 주력의 편성과 위치, 후속부대의 유무와 상태, 공격준비의 상황 등을 적시에 보고하도록 강조하고 있다.

제193항 시기적절한 포병의 사격은 방어 전투에 있어서 특히 중요하며, 사단장은 이와 관련하여 명령해야 한다. (중략)
적의 접근 시에 포병, 그중에서도 특히 장사정포는 교통로 상의 요충지에 대하여 적시에 사격을 실시하고, 그 외의 포병을 이용하여 적의 행동을 방해하기 위한 사격을 실시한다. (중략)
적 공격준비 시에 일반적으로 (방어 목적상에 침묵이 필요하지 않은 경우) 포병은 유리한 목표에 대하여 적시에 사격을 실시한다. (이하 생략)

포병부대의 사격은 사단장의 명령에 따라 시작한다. 적의 접근 시에는 장사정포로 교통로 상의 요충지를 적시에 포격하고, 그 외의 화포로 적의 행동을 방해하도록 한다. 적의 공격준비 시에는 특히 아군 포병부대의 존재를 적에게 감출 필요가 있을 때를 제외하고 '유리한 목표'를 적시에 포격하도록 하고 있다.

그렇다면 여기서 말하는 '유리한 목표'란 구체적으로 무엇을 말하는 것일까? 적의 관측소인지, 이동 중인 보병부대인지, 아니면 포병부대인지 구체적인 기술은 없다.

제194항 적 병력이 아군에 접근하면, 경계부대는 되도록이면 오랫동안 요충지를 확보하고, 적의 수색을 방해하도록 노력해야 한다. 또한, 적극적으로 적 상황을 수색하며, 적의 공격 기도를 탐지하도록 노력해야 한다. 이를 위해서는 적의 소부대, 척후 등에 대하여 적극적으로 행동해야 한다.

그리고 적의 본격적인 공격에 대하여 어느 정도로 저항을 지속할지는 부여받은 임무에 따른다. (이하 생략)

주전투지대 전방에 배치된 경계부대는 적의 소부대와 척후에 대하여 적극적으로 행동하고, 진지 전방의 요충지를 되도록이면 장기간 확보하며, 적의 수색을 방해함과 동시에 적 상황을 수색하도록 하고 있다. 만약에 적이 본격적인 공격을 감행한다면, 얼마나 완강히 저항할지는 상급지휘관으로부터 부여받은 임무에 달려있다고 하고 있다. 다시 말해, 무조건 요충지를 완강히 확보해야만 하는 것은 아니었다.

제196항 적 보병이 공격전진을 시작하면, 포병은 적시에 화력을 집중하여 그 전진을 저지해야 한다. 이때에도 필요에 따라서는 포병 일부를 이용하여 적 포병을 사격하며, 또한 필요하다면 적 후방을 사격할 수도 있다.

포병부대는 적의 주력인 보병부대가 공격전진을 개시하면, 화력을 집중하여 전진을 저지한다. 다만, 이때에도 일부 포병부대는 필요에 따라서 적 포병부대를 포격하거나, 저 후방을 포격하도록 하고 있다. 그러나 여기서도 어떠한 경우에 어느 정도의 포병부대를 할당해서 대포병 사격을 해야 하는지, 어떠한 경우에 적 후방의 어느 목표를 포격해야 하는지에 관한 내용은 없으며, '필요에 따라서', '필요하다면'과 같이 막연한 문구로 기술하고 있다.

제196항 (생략) 적이 접근하면, 포병의 사격과 함께 보병도 중화기를 이용하여 유리한 목표 또는 사전에 계획한 요충지에 대하여 화력을 집중한다. 이어서 적이 아군 보병의 화망 안에 침입하면, 보병과 포병의 협조를 더욱 긴밀하게 하고 각종 화기의 특성을 발휘하여 적을 압도한다. 적이 점차 근접함에 따라서 보병은 더욱 침착하게 화력을 최고로 발휘하고, 특히 측방화기의 위력을 발휘한다. 또한, 포병은 그 주력을 이용하여 맹렬히 화력을 집중함으로써 아군 진지 전방에서 적을 파괴해야 한다. (이하 생략)

적이 접근하면, 포병부대와 함께 보병부대도 보병포 등의 중화기로 유리한 목표와 사전에 선정한 요충지에 화력을 집중한다. 이어서 적이 아군 보병의 소화기 화망에까지 침입하면, 포병과 보병의 협조를 긴밀하게 하고 각종 화기의 특성을 활용해서 적을 압도한다. 아군 보병은 적병이 접근하면 할수록 침착하게 화력을 최대한으로 발휘하고, 특히 적의 측면에 해당하는 위치에 배치된 측방화기의 위력을 발휘하도록 한다. 또한, 포병은 주력의 화력을 집중하여 아군 진지의 전방에서 적을 파괴하도록 하고 있다.

이 조항은 첫 부분에서 보병의 중화기를 이용하여 사전에 선정한 요충지에 화력을 집중한다는 구체적인 방법을 언급하고 있다. 그러나 그다음 부분에서는 '협조를 긴밀하게 하고', '화기의 특성을 발휘하고' 등과 같이 추상적인 문구로 기술하고 있을 뿐이며, 이를 위해서 무엇을 어떻게 해야 하는지에 대한 구체적인 방법을 언급하지 않고 있다.

92식 보병포를 운용하는 보병
70mm 구경의 92식 보병포는 보병대대를 지원하는 화포이며, 1개 보병대대에 2문이 편제된 보병포 소대가 편성되어 있었기 때문에 '보병포'라고 불렀다. 보병의 대표적인 중화기로써 방어 시에는 포병의 야포와 함께 접근해 오는 적 부대를 공격하였다.

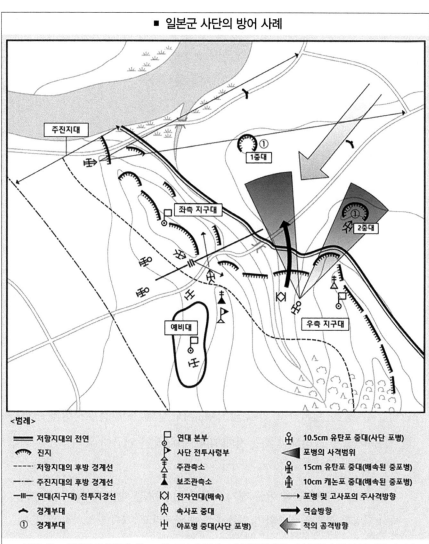

■ 일본군 사단의 방어 사례

주진지대

① **1중대**

좌측 지구대

① **2중대**

예비대

우측 지구대

<범례>

═══	저항지대의 전연	연대 본부		10.5cm 유탄포 중대(사단 포병)	
⌒	진지	사단 전투사령부		포병의 사격범위	
----	저항지대의 후방 경계선	주관측소		15cm 유탄포 중대(배속된 중포병)	
-·-·	주진지대의 후방 경계선	보조관측소		10cm 캐논포 중대(배속된 중포병)	
-Ⅲ-	연대(지구대) 전투지경선	전차연대(배속)		포병 및 고사포의 주사격방향	
⌃	경계부대	속사포 중대		역습방향	
①	경계부대	야포병 중대(사단 포병)		적의 공격방향	

　그림은 15cm 유탄포 2개 중대, 10cm 캐논포 1개 중대, 1개 전차연대를 배속받은 사단의 방어를 나타내고 있다. 이 방어작전의 기본방침은 역습을 이용하여 적을 강안으로 몰아붙여 포위섬멸하는 것이다. 이를 위해서 우측 지구대의 전진진지를 강화(보병 2개 중대, 속사포 1개 중대, 사단포병의 10.5cm 유탄포 1개 중대로 지원)하고, 적을 좌측 지구대의 정면으로 유인하여 그 측면을 전차를 포함한 역습부대를 이용해서 공격한다는 작전구상이다.

　이를 위해 '최초에는 사단장 직할의 예비로 두고, 사용방면이 결정되면 가능한 신속하게 해당 방면의 제1선부대에 배속한다'고 규정하던 전차를 전방으로 추진하여 운용하고 있다. 그러나 이것은 지형상에 이 방면에서의 역습이 가장 유리하다고 판단하였기 때문이고, 이러한 의미에서 '사용방면이 결정된 상황'이라고 할 수 있다.

　한편, 전진진지를 지원하던 10.5cm 유탄포는 역습이 시작되면 역습부대의 지원을 담당하게 된다. 또한, 장사정의 10cm 캐논포 중대는 적의 공격준비가 시작되면, 적 후방의 'T자 도로'와 같은 요충지를 포격한다.

진전(陣前) 역습과 공세전환의 시기

이어서 적 공격이 돈좌(頓挫)된 이후에 실시하는 '역습'과 '공세전환'에 대한 규정을 살펴보겠다.

제200항 적의 공격이 아군 진지 전방에서 돈좌된 경우에 해당 지구의 지휘관은 피·아 전반의 상황을 판단하고, 사단장의 차후 전투지휘를 고려하여 역습을 실시함으로써 적을 격멸한다. (중략) 포병은 시기를 놓치지 말고 보병의 역습에 협력해야 한다.

적 공격이 진지 전방에서 돈좌되면, 방어진지의 지구 지휘관(통상 보병부대 지휘관)은 전반적인 상황을 판단함과 동시에 사단장의 이후 전투지휘를 고려하여 역습을 실시함으로써 적을 격멸하도록 규정하고 있다. 포병부대도 보병부대의 역습에 협력하도록 강조하고 있다.

이 조항도 전반적인 상황의 무엇을 어떻게 판단할 것인지에 관한 판단의 기준 등을 제시하고 있지 않으며, 사단장의 차후 전투지휘의 어떠한 점을 어떻게 고려해야 하는지에 대한 구체적인 언급이 없다.

제202항 만약에 적이 아군 진지 내부로 침입하면, 해당 지구의 지휘관은 즉시 다양한 화력을 집중하여 이를 혼란에 빠뜨리고, 기회를 놓치지 말고 예비대 등을 운용하여 과감한 역습을 실시하며, 포병은 적의 제1선과 후방부대를 차단함으로써 적을 격멸해야 한다. (이하 생략)

만약에 적이 아군 진지 내부로 침입하면, 해당 지구의 지휘관은 화력을 집중하여 적을 혼란에 빠뜨리고, 이어서 예비대를 투입하여 역습하도록 규정하고 있다. 이때 포병부대는 적의 제1선부대와 후방부대의 사이(소련군이라면, 제1제대와 제2제대의 사이)에 저지탄막을 형성하여 적의 제1선부대를 고립시키고, 이를 격멸하도록 기술하고 있다. 이 조항은 적 격멸의 방법을 구체적으로 기술하고 있으나, 그 외의 조항들에서는 구체적인 기술이 결여되어 있다.

제203항 비록 공세를 기도하지 않은 경우에도 사단장은 항상 당면한 상황을 상세하게 관찰하여, △적의 공격이 돈좌된 경우, △적이 과실을 범한 경우, △아군이 제1선부대의 역습성과를 유리하게 확장할 수 있을 경우 등의 호기(好機)를 포착하면 주력을 이용해서 공격을 결행해야 한다. (이하 생략)

사단장은 공세로의 이전을 생각하지 않은 경우에도 적의 공격이 돈좌되거나 적이 실수를 범했을 때, 또는 아군 제1선부대의 역습성과를 확장할 수 있을 경우 등의 호기를 포착하면 주력을 이용하여 공격하도록 하고 있다.

제204항 공세를 기도하는 방어에 있어서는 적시에 공세전환을 실시한다. (이하 생략)

또한, 최초부터 공세로의 전환을 생각하고 있는 경우에는 적시에 공세로 전환하도록 하고 있다.

제206항 공세전환은 모든 준비를 완료하고 호기를 만들어서 일거에 급습적으로 감행하는 것이 유리하다. 그렇다고 해서 준비의 완전에 부심(腐心)하거나, 사전에 작성한 계획에 구애되어 전기(戰機)를 놓치는 일이 없어야 한다.
공세전환의 시기는 통상적으로 사전에 계획하는 것이지만, 전투의 경과 중에 적의 공격이 돈좌될 경우나 적의 과실을 발견했을 경우에는 이를 교묘하게 이용해야 한다.

공세전환은 사전에 계획하여 일거에 감행하는 것이 유리하지만, 호기를 발견하면 이를 이용하는 것이 중요하다고 하고 있다.

제207항 공세이전은 적 주력을 아군 진지 정면에 구속하고, 강력한 부대를 이용해서 그 배후 또는 측면을 향해서 포위하는 것이 유리하다. 그렇다고 해도 상황(특히 지형, 측방과의 관계 등)에 따라서는 진지 전방에서 적에게 피해를 가하는 시점을 이용하여 정면공세로 전환하는 것이 적합할 경우 또한 적지 않다. (이하 생략)

이러한 공세이전은 아군 진지 정면의 적 주력을 구속한 다음에 강력한 아군 부대를 이용해서 적의 측면과 배후로 돌아 들어가 포위하는 것이 가장 유리하지만, 상황에 따라서는 정면 공세가 유리한 경우도 있다고 하고 있다. 이처럼 '이것도 있지만, 저것도 있다'는 기술방식에 애매함을 느끼는 것은 필자만이 아닐 것이다.

퇴각에 대한 기본적인 사고방식

다음은 퇴각에 대하여 살펴보겠다. 제2부 제4편 「추격 및 퇴각」의 제2장 「퇴각」은 첫 조항에서 다음과 같이 기술하고 있다.

제221항 퇴각 전투의 주안은 신속하게 적과 이격하는 것이다. 이를 위해서 사단장은 퇴각을 결심하면 신속하게 후방을 정리하고, 가능하면 수개의 제

대로 나누어 병진할 수 있도록 편성한다. 또한, 명확하게 각 제대의 목표, 퇴각지역, 도로, 퇴각개시 시기, 퇴각순서, 수용 부대, 수용 진지, 퇴각 시의 경계 등을 지시하여 퇴각에 착수하게 한다. 이때 사단장은 먼저 적으로부터 이탈하여 퇴각의 시행을 확인한 다음에, 적당한 지점으로 움직여서 퇴각해 오는 부대를 장악함으로써 이후의 조치를 실시한다. (이하 생략)

이처럼 일본군은 '적으로부터 이탈하여 거리를 두는 것'을 퇴각의 주요 목적으로 하였다.

한편, 제2부 제1편「전투지휘」의 제1장「전투지휘의 요칙」에서는 다음과 같이 규정하고 있다.

제15항 전투의 경과가 불리하게 되어도 퇴각의 시행을 결정하는 것은 원칙적으로 상급지휘관의 명령을 기초로 한다.

여기에 기술되어 있는 것처럼 일본군에서는 비록 상황이 아무리 불리해져도 현장 지휘관의 독단에 의한 철수는 기본적으로 인정하지 않았다. '노몬한 사건'에서 '노로' 고지와 '후이' 고지의 독단적인 철수와 이후 지휘관의 자결은 이 조항을 배경으로 하고 있다.

반면에 일본군 제1의 가상적이었던 소련군은 각 부대 지휘관이 주어진 임무의 범위 내에서 더욱 유리한 태세를 만들기 위해서 독단으로 부대 일부를 후퇴시키는 것을 인정하고 있었다(『적군야외교령』제257항). 경직된 지휘통제의 이미지가 강한 소련군이지만 이러한 점에서는 일본군보다 유연했다.

반대로, 프랑스군은 제3장 제1관「퇴각 의사 없는 수세」에서 '방자는 최후까지 저항하고, 퇴각하기보다는 오히려 그곳을 사수해야 한다'라고 하며 '사수'를 명시하였다(『대단위부대 전술적 용법 교령』제248항). 일본군은 독단적인 철수를 인정하지 않았으나, 적어도 프랑스군처럼 '사수'를 교범에 명시하지는 않았다.

지구전에 대한 기본적인 사고방식

다음은 지구전에 대해서 살펴보겠다. 제5편 「지구전」의 첫 조항에서 는 다음과 같이 규정하고 있다.

> 제235항 시간적 여유를 획득하고자 할 경우나 적을 견제하고자 할 경우에 는 통상적으로 결전을 회피하고 지구전을 실시한다.
> 지구전에서는 수세를 채택하는 경우가 많지만, 공세를 채택하지 않으면 목적을 달성할 수 없는 경우 또한 적지 않다.

이미 기술한 것처럼 일본군은 전투를 '결전'과 '지구전'으로 구분하고 있었으나, '지구전'을 실시하는 경우에도 '결전에 이르지 않는 공세'를 채택하는 경우가 적지 않다고 하고 있다. 그리고 이어지는 조항에서는 다음과 같이 기술하고 있다.

> 제236항 (중략) 부여받은 임무에 기초하여 공세를 채택할 경우에는 항상 단호한 결심을 통해 공세를 실행하고, 수세를 채택할 경우에는 전력을 다해 서 지시받은 지역 또는 진지를 확보해야 한다.

이 조문을 보면 수세의 경우에는 지시받은 지역과 진지를 전력으로 확보할 것을 요구하고 있으며, 적의 공격에 대하여 적절하게 후퇴하면 서 필요한 시간을 버는 것, 즉 '공간과 시간을 교환한다'는 전술개념인

'지체행동'의 개념은 보이지 않는다.

그렇지만 한편으로 다음과 같은 기술내용도 있다.

제238항 (생략) 수 개의 진지에서 축차적으로 저항하며, 지구(持久)의 목적을 추구할 경우에 지휘관은 이후의 기도를 위해서 강력한 부대를 예비로 두고, 후방을 정리하며, 이후에 점령하고자 하는 진지 및 퇴로의 정찰을 실시하는 준비를 해야 한다. 이때 필요한 부대를 후방의 진지에 사전 배치하는 것이 유리하다. (이하 생략)

이처럼 오늘날의 '지체행동'과 유사한 '복수의 진지를 설정하여 축차적으로 저항하는 방법'도 기술하고 있다. 다만, 제1선 부대를 적으로부터 이탈시켜 후방의 진지에 배치하는 것이 아니라, 사전에 필요한 부대를 후방의 진지에 배치하는 방법을 제시하고 있다.

정리하면, 일본군의 '지구전'은 그 방법에 있어서 오늘날의 '지체행동'의 개념에 가까웠지만, '공간과 시간을 교환한다'는 명확한 개념은 없었다고 할 수 있다.

전술교범의 역할

마지막으로 일본군 전술교범의 역할에 대하여 설명하겠다.

지금까지 살펴본 것처럼 『작전요무령』에는 '어떠한 상황에서 어느 요소를 얼마나 중시해야 하는지에' 대한 구체적인 판단의 기준을 제시하지 않고, 막연한 일반론만을 기술하고 있는 조항들을 많이 볼 수 있다. 이처럼 명확한 판단기준을 제시하지 않는 원인에는 앞서 언급했던 것처럼 '이러한 판단기준을 전술교범에서 구체적인 문구로 명시하지 않고, 육군대학교의 교육, 각 부대의 연습, 참모본부의 참모여행 등을 통해서 지도하고 있었다'는 것을 들 수 있다.

이처럼 판단기준을 구체적인 문구로 기술하고 있는 타국군의 전술교범과는 그 역할에 있어서 근본적으로 차이가 있었다. 다시 말해 일본군이 전술교범에 요구했던 것이 타국군의 전술교범과는 큰 차이가 있었던 것이다. 이러한 사실을 무시하고 타국군의 전술교범과 동일한 잣대로 평가할 수 없다.

제6장 각 교범의 평가

프랑스군의『대단위부대 전술적 용법 교령』

프랑스군『대단위부대 전술적 용법 교령』은 제1차 세계대전의 교훈을 바탕으로 1921년에 제정되었던『대부대 전술적 용법 교령 초안』에서 몇 가지 사항을 보완한 것에 지나지 않았다. 그 이유는 서두의「육군성 장관에게 제출하는 보고서」에 기술되어 있다.

이번 교령 편찬위원회는 그 이후에 전투 및 수송 수단이 크게 진보하였다는 것을 인지하고 있으나, 이러한 기술들의 진보가 선각자들이 제시했던 전술 영역의 근본원칙을 크게 변경시키는 것이 아니라고 판단하였다.

이처럼 프랑스군은 제1차 세계대전 이후에 있었던 전투 및 수송 수단의 기술적 진보가『대부대 전술적 용법 교령 초안』에서 규정했던 근본원칙을 크게 변경하는 것이 아니라고 생각하였다.

다음으로 이 교범에서 기술하고 있는 특징적인 내용들을 요약하면 다음과 같다. 우선, 공격과 관련해서는 '적을 우회하거나 측면을 타격하고자 해도 적은 항상 방어정면을 형성하여 대항하기 때문에, 결국에는 정면공격으로 돌파해야 한다'라고 인식하고 있었다. 게다가 공격정면이 커질수록 기대할 수 있는 성과도 더욱 커진다고 하면서, 포위공격과 측면공격을 시도할 것이 아니라 공격정면의 폭을 확대할 것을 요구하였다.

한편, 방어와 관련해서는 '잘 준비된 화력조직은 놀라운 저지력을 발휘하기 때문에, 적이 장기간에 걸쳐서 강력한 병력과 다수의 자재를 집중하지 않으면 아군 진지가 돌파될 일이 없다'고 단정하고 있었다. 이러한 인식을 바탕으로 적이 아무리 우세하더라도 진지를 사수하는 '퇴각 의사 없는 수세', 시간적 여유의 획득과 적의 유인을 목적으로 축차적으로 저항하면서 자발적으로 퇴각하는 '퇴각 기동', 패배 이후에 아군 후위(後衛)의 엄호를 받으며 주력부대를 적의 압박에서 벗어나게 하는 '퇴각'이라는 세 가지로 '방어'를 구분하고, 이 중에서 '퇴각 의사 없는 수세'를 기본으로 하고 있었다.

이러한 '퇴각 의사 없는 수세'는 '각 방자는 최후까지 저항하고, 퇴각하기보다는 오히려 그곳을 사수해야 한다'라고 하며 '사수(死守)'를 명시하였다. 한편, '퇴각기동'은 적의 공격에 대하여 '적절한 시기에 후퇴하면서 시간을 버는 것'으로 오늘날 군대의 '지체 행동'처럼 '공간과 시간을 서로 교환한다'는 것을 명확하게 의식하고 있었다.

이밖에 기동계획, 정보계획, 연락계획, 각 부의 사용계획 등을 작성하도록 규정하며 '계획성을 매우 중시하였다'는 특징도 들 수 있다. 반면에 불확실 요소가 크고 통제되지 않는 '조우전'은 회피하도록 하였다. 이러한 내용으로부터 당시 프랑스군이 상황의 변화가 비교적 적은 '진지전'을 주로 상정하고 있었고, 상황이 자주 변화하는 '기동전'을 크게 고려하지 않았다는 것을 알 수 있다.

이 교범의 성격 자체를 살펴보면, 단순히 전술에 대한 '방법론'을 다루고 있는 것이 아니라, 군사(軍事)에 관한 '이론서'의 성격이 강하다는 특징이 있다. 구체적으로는 '공세'와 '수세', '화력'과 '기동' 등 군사작전의 근원적인 부분부터 교범에서 설명하고 있다. 공세는 '적을 진지로부터 구축(驅逐)하고 파괴하는 것', 수세는 '적의 공격을 격퇴하고 진지를 확보하는 것'이라고 정의하고 있다. 또한, 전투의 주요 요소는 '화력'이며, 이러한 '화력이 전진하면 공격', '정지하고 있으면 방어'라고 기술하고 있다. 이에 따라 '전진 기동'은 '화력을 적에게 가져가기 위한 수단에 지나지 않는다'고 하고 있다.

한편, 이 교범에서는 모든 '공격 회전'을 '준비기', '실행기', '전과확장기'라는 세 시기로 구분하였다. 하지만 실제로는 이러한 순서대로 이루어진다고 한정하지 않고, 각 시기에 관한 규정도 '지휘관에게 단순히 방침을 제시할 뿐'이라고 기술하고 있다. 다시 말해, 각 지휘관은 이러한 지침을 기초로 (이론상의 구분과는 별도로) 실제 상황과 주어진 임무에 따라서 적합한 수단과 방법을 스스로 선택하지 않으면 안 되었다.

한마디로 말해, 『대단위부대 전술적 용법 교령』은 '승리하기 위한 매뉴얼'로서 '판단의 기준'과 '해답'을 제시하는 것이 아니라, 지휘관이 '스스로 생각하기 위한 참고서'로서 해답을 도출하기 위한 '이론적인 기반'과 '지침'을 제시하고 있었다.

독일군의 『군대지휘』

독일군 『군대지휘』의 가장 특징적인 점은 '창조성'과 '유연성'을 매우 중시하고 있다는 점이다. 예를 들어 서두의 첫 조항에서 "전술은 하나의 술(術)이며, 과학을 기초로 하는 자유롭고 창조적인 행위이다"라고 정의하고 있다. 또한, 두 번째 조항에서는 "새로운 교전 수단의 출현은 전쟁 방식을 계속해서 변화시킨다. 이 때문에 적시에 그 출현을 예견하고 그 영향을 정당하게 평가하여 신속하게 이용해야 한다"고 요구하고 있다. 독일군이 제1차 세계대전 중에 출현했던 전차라는 새로운 무기체계를 제2차 세계대전 초반부터 놀라울 정도로 효과적으로 운용할 수 있었던 배경에는 이러한 조항들을 들 수 있을 것이다.

전투와 관련해서는 '승리의 기초는 병력수가 아니라 탁월한 지휘와 높은 전투능력에 있다'는 인식에 따라 지휘관들에게 높은 수준의 능력을 요구하고 있다. 한 가지 예를 들면, 수색부대를 지휘하는 척후반장에게까지 임무에 대한 정확한 이해, 작전에 따른 민첩한 행동, 야간 지형의 활용 및 각종 지형에 대한 주파 능력, 냉정하고 신속한 독립행동 등을 요구하였다. 또한, '병력의 열세는 각 부대의 높은 전투능력으로 보완할 수 있다'고 하고 있다. '비록 병력이 열세라도 신속한 행동과 높은 기동력, 기만 등을 이용하면 결정적 지점에서 우위에 설 수 있다'고 구체적인 방법을 제시하고 있다.

이러한 기술내용들을 보면, 독일군이 기동력을 중심으로 하는 '기동전'을 중시하였다는 것을 알 수 있다. 이 교범의 본문 앞에 수록된 「포고문」에는 "본 교령에는 기동전에 있어서 제병과 협동작전의 지휘, 진중근무 및 전투에 관한 원칙을 기술하고 있다"고 밝히고 있다. 같은 시기의 프랑스군은 '진지전'을 중시하였으나, 이와는 대조적으로 독일군은 '기동전'을 전제로 하고 있었던 것이다.

공격과 관련해서는 '포위공격이 정면공격보다 효과가 크다'고 단정하고 있으며, '적 종심 깊숙이까지 포위하면 적을 섬멸할 수 있다'고 하면서 '포위섬멸'을 권장하고 있다. 이에 비해 프랑스군은 '어떠한 기동이라도 결국에는 정면공격이 된다'고 기술하고 있어, 독일군과 상당한 차이를 보이고 있다. 또한, 조우전에서는 '선수를 쳐서 적이 아군 행동에 대한 대응에만 급급하도록 몰아붙이는 것이 중요하다'고 강조하고 있다. 한마디로 말하면 '주도권 확보'이며, 이를 위해서 '비록 상황이 불명확하더라도 신속하게 행동하고, 즉시 명령을 내리는 것이 불가결하다'고 강조하고 있다. 이러한 점도 '계획성'을 중시하며 통제되지 않는 조우전을 회피했던 프랑스군과는 대조적이라고 할 수 있다.

한편, 방어와 관련해서는 일정 지역을 최후까지 확보함으로써 적의 공격을 실패시키는 통상적인 '방어'에 추가하여, 적의 공격을 회피하거나 지역을 내어주면서 적 부대에게 되도록이면 큰 피해를 가하며 저지하는 '지구저항(持久抵抗)'이라는 전술도 규정하고 있는 것이 특징이다. 교범의 세부 구성을 보면, 제6장 「공격」과 대치되는 제8장 「방지(防支)」에서 '방어'와 '지구저항'에 관하여 규정하면서, 이와 동시에 제10장 「지구전」 중에서도 중요한 전투방법으로써 '지구저항'을 제시하고 있다. 다시 말해, '공격'에 대치되는 '방지'의 일부분인 '지구저항'과, '결전'에 대치되는 '지구전'의 주요 전투방법인 '지구저항'이라는 두 종류의 '지구저항'을 규정하고 있다. 통상적으로 승패를 결정짓는 '결전'과 이를 회피하는 '지구전'이라는 '거시적인 전투방식'과 그 수단인 '공격'과 '방어 또는 지구저항'이라는 '미시적인 전투방법'은 그 차원이 다르다. 그런데도 교범의 구성을 보면 거시적인 전투방식과 그 수단인 미시적인 전투방법이 뒤섞여 있었다.

당시 독일군은 '결전'과 '지구전'이라는 고전적인 개념에서 벗어나지 못하였고, 또한 '지구저항'을 포함한 방어 행동의 개념을 명쾌하게 정리하지 못하고 있었다. 반면에 프랑스군의 '퇴각기동'과 소련군의 '이동방어'는 오늘날의 '지체행동'처럼 '공간과 시간을 서로 교환한다'는 것을 어느 정도 명확히 인식하고 있었기 때문에, 적어도 수세행동에 있어서는 독일군보다 이론적으로 앞서고 있었다.

다음으로 교범의 성격 자체를 살펴보면, 지휘관이 전술적인 '결심'을 할 경우에 필요한 '판단의 기준'을 제시하고 있는 조항들이 눈에 띈다. 구체적인 조문을 제시하면 다음과 같다. "인접 행군제대에서 시작된 전투에 참여하기 위해서 자신의 임무와 행군목표로부터 이탈하고자 할 경우에는 더욱 큰 성과를 단념하는 것이 아닌지 따져봐야 한다"고 기술하고 있다. 다시 말해, 독일군은 행군제대의 하급지휘관들에게도 독단적인 '결심'을 할 수 있을 정도의 판단능력을 요구하고 있었고, 그 판단의 기준으로써 '독단행동을 통해서 얻을 수 있는 성과와 기존 임무를 달성함으로써 예상되는 성과를 비교하라'고 교범의 조문으로 명시하고 있었다.

한마디로 말해, 독일군 『군대지휘』는 지휘관에게 '창조성'과 '유연성'이라는 뛰어난 자질과 능력을 요구하고 있었으며, 이와 함께 전장에서 요구되는 결심을 위한 '판단의 기준'을 제시하고 있었다.

소련군의『적군야외교령』

소련군『적군야외교령』의 가장 큰 특징은 다양한 사항들을 구체적인 수치로 규정하고 있는 조항들이 많다는 것이다. 예를 들어 "저격사단이 수비하는 진지대(陣地帶)는 정면 8~12Km, 종심 4~6km. 저격연대의 수비지역은 정면 3~5Km, 종심 2.5~3Km. 저격대대의 수비지구는 정면 1.5~2.5Km, 종심 1.5~2Km이다"와 같은 기술방식이다. 또한, 독일군은 지휘관이 결심하도록 위임할만한 사항도 소련군에서는 교범으로 규정하고 있는 내용들이 적지 않다. 구체적인 조문을 제시하자면, "기계화 병단의 경계부대는 척후(통상적으로 전투차량 2대)를 이용하여 수색을 실시한다. 척후가 주력과 이격할 수 있는 거리는 2Km 이내로 하고, 척후의 후방에는 직접 적 상황의 시찰을 담당하는 전차가 후속해야 한다"와 같이 척후의 차량 수와 주력과의 거리까지 상세하게 규정하고 있다. 이처럼 기본적으로 소련군은 지휘관에게 상황에 따라 유연하게 '결심'을 할 수 있는 능력을 요구하지 않고 교범의 규정대로 시행할 것을 요구하고 있었다. 이러한 점은 '창조성'과 '유연성'을 중시하며 지휘관에게 고도의 능력을 요구하였던 독일군과 대조적이라고 할 수 있다.

교범에 기술되어 있는 전술과 관련된 내용은 다음과 같다. 소련군은 '행군편성'이나 '전투편성' 중에서 어느 한쪽으로 행동한다고 하고 있다. 그중에서 '전투편성'은 크게 '타격부대'와 '견제부대'로 나누고, 이를 2선 혹은 3선으로 배치하며, 추가적으로 전황의 필요에 따라 일정 규모의 예비대를 후방에 배치하도록 하고 있다. 그리고 공격 시에는 '주공 정면과 그 이외의 정면으로 나누어 공격하라'는 내용이 교범의 조항에 명시되어 있다. 이를 달리 말하면 소련군 지휘관에게는 이러한 규정에 반하는 '결심의 자유'가 기본적으로 인정되지 않았다는 것이다. 이 교범에서 기술하고 있는 소련군 공격 전술의 가장 큰 특징은 적 진지대 후방의 예비대를 포함하여 방어 배치된 모든 부대를 동시에 타격하는 '전종심 동시타격'이다. 이는 1991년에 소련이 붕괴할 때까지 계승되었을 정도로 시대를 앞선 선진적인 개념이었다.

방어와 관련해서는 결전방면에 병력을 집중하기 위해서 다른 방면의 병력 절약을 최우선 목적으로 규정하고 있다. 같은 시기에 독일군과 프랑스군의 시점이 눈앞의 방어진지의 전투행동에 국한되어 있었던 것에 비해서, 소련군은 다수의 방면으로 구성된 넓은 전역(戰域) 전체를 시야에 두고 있었고, 결전방면에서의 공격과 다른 방면에서의 방어를 연계(synchronize)시키고 있었다. 이처럼 일정 방면에서의 '작전'과 다른 방면에서의 '작전'을 연계시키고, 더욱 거시적인 '전략' 수준의 승리를 지향하는 사고방식은 제2차 세계대전 직전에 소련군이 세계 최초로 명확하게 개념을 정립하였던 '작전술'을 반영한 결과이다. 또한, '이동방어' 전술은 '지역의 상실'과 '병력의 온존·시간적 여유 획득'을 상호 교환하기 위하여 실시한다고 기술하고 있다. 이것은 오늘날 '지체행동' 개념과 크게 다르지 않다. 앞서 설명했던 것처럼 같은 시기의 독일군과 비교해보면 알 수 있듯이 당시로서는 선진적인 개념이었다.

이 교범의 성격 자체를 살펴보면, 다양한 사항을 간소한 문장과 수치로 규정하고 있어, 마치 패스트푸드점의 아르바이트생을 위한 작업 매뉴얼과 같은 느낌을 준다. 이는 전술교범에 제시한 이론과 방침을 바탕으로 실제 상황에 적합한 방법을 고안하도록 하는 프랑스군과 전술교범에 기록되어 있는 판단기준을 기초로 결심하도록 하는 독일군과는 근본적으로 다른 사고방식이었다. 이는 아마도 소련군이 하급지휘관의 능력에 크게 기대할 수 없었기 때문에, 미숙한 하급지휘관의 낮은 능력을 가지고도 어느 정도의 성과를 거두기 위한 현실적인 방책이었다. 반면에 이 교범은 '이동방어'와 '작전술' 등의 선진적인 전술과 군사사상도 수록하고 있었다.

한마디로 말해, 『적군야외교령』은 미숙한 장병들을 위한 매뉴얼이었지만, 소련군 군사사상의 뛰어난 선진성도 엿볼 수 있는 교범이기도 하였다.

일본군의『작전요무령』

일본군『작전요무령』의 특징은 다른 문헌들에서도 많이 언급되고 있는 '정신력의 강조'이다. "훈련을 자세하고 치밀하게 하여 필승의 신념을 견고히 하며, 군기를 엄정하게 하여 공격정신이 가득 차서 넘치는 군대는 물질적인 위력을 능가하여 승리를 얻을 수 있다"는 자주 인용되는 조문이다. 이처럼 '필승의 신념을 기초로 한 공격정신은 물질적 위력을 능가하여 승리하게 한다'라고 강조하고 있었다.

전술과 관련해서는 주도성의 확보, 적의 의표를 찌르는 기습, 이러한 것들을 이용한 '속전즉결'과 '포위섬멸'을 중시하고 있으며, 이는 독일군『군대지휘』에 기술되어 있는 내용과 유사하다. 일본군만의 독자적인 점은 제1의 가상적국이었던 소련군『적군야외교령』에 대한 대응을 의식한 부분일 것이다. 구체적인 예를 들자면,『적군야외교령』은 공격 시에 주공 정면에서 압도적인 우세 확보를 중시하고 있으며, 조우전 시에 적의 기선을 제압하고 신속히 공격하여 적이 이에 대응하지 못하도록 몰아붙이는 것을 중시하고 있었다. 이에 대하여『작전요무령』은 '비록 적 병력이 현저하게 우세하거나 적에게 기선을 제압당하더라도 모든 수단을 강구하여 공격을 감행할 것'을 규정함으로써『적군야외교령』의 내용에 완벽히 대응하고 있었다.

게다가『작전요무령』의 각 조문을 살펴보면, 독일군『군대지휘』의 내용을 중심으로 하고, 다른 국가의 전술교범 중에서 좋은 부분들을 채택하여 약간의 각색을 추가한 것처럼 보인다. 예를 들어『작전요무령』에서는 "행군은 작전행동의 기초를 이루는 것이고, 그 계획의 적절함과 실시의 확실함은 제반 기도에 좋은 효과를 발휘하는 요소이다"라고 기술하고 있는데,『군대지휘』에서도 "군 전투행동의 대부분은 행군이다. 행군의 실시를 확실하게 하고, 더욱이 행군 이후에 군대가 침착하고 여유 있는 모습은 제반 기도에 좋은 효과를 발휘하는 요소이다"라고 규정하고 있다. 이러한 조문을 보고『작전요무령』과 유사하다고 느끼는 것은 필자만이 아닐 것이다.

이처럼 교범에 적힌 조문 내용만을 보면 독일군『군대지휘』와 유사하지만, 세밀하게 살펴보면 교범 자체의 성격이 크게 다르다는 것을 알 수 있다.『작전요무령』은 '어떠한 상황에서 어느 요소를 얼마나 중시해야 하는지'에 대한 구체적인 '판단의 기준'을 제시하고 있지 않고, 고려해야 하는 사항만을 열거하거나 막연한 일반론만을 기술하고 있는 조항이 많다. 구체적인 예를 들자면, 「방어」에서 '예비대의 위치는 아군의 기도, 병력, 적 상황, 지형 등을 고려하여 예상되는 전황에 적합한 방어 목적을 달성하는 데 도움이 되도록 결정하고, 적절히 산개하도록 한다. 또한 필요하면 진지공사를 실시한다'라고 기술하고 있다.

이러한 이유로 생각할 수 있는 것은 '일본군은 판단기준을 교범에 구체적인 문구로써 명시하지 않고, 육군대학교의 교육, 각 부대의 연습, 참모본부의 참모여행 등을 통해서 지도하고 있었다'는 것을 들 수 있다. 다시 말해, 일본군의 전술교범은 다른 국가의 전술교범과는 그 지위에서부터 근본적으로 차이가 있었다.

상이한 전술교범의 성격

　각 국가의 전술교범을 세밀히 살펴보면, 국가별로 공격과 방어에 관한 전술은 물론이고, '전투에 관한 인식'과 '군사사상'의 측면에서 중시하고 있는 부분'도 차이가 있었다는 것을 알 수 있다. 더욱이 '교범 자체의 성격' 역시 크게 달랐다.

　그중에서도 군사사상의 측면에서 가장 선진적이었던 것은 소련군이다. 특히, 다수의 방면으로 이루어진 광대한 전역 전체를 시야에 두고, '결전방면에서의 공격'과 '그 이외 방면에서의 방어'를 연계하는 '작전술'에 착안한 점은 매우 선진적이었다. 그런데도 제2차 세계대전의 독소전에서 소련군의 인적 피해가 컸던 것은 '정병주의'의 독일군 장병과 비교해서 소련군 장병의 수준이 질적으로 큰 차이가 있었기 때문이다. 그리고 이러한 질적 차이를 소련군 교범 작성자들은 잘 알고 있었으며, 이 때문에 매뉴얼과 같은 전술교범을 작성하였던 것이다.

　한편, 제2차 세계대전시에 각 국가의 군사작전은 각자 채택하고 있던 군사사상에 기반하고 있었으며, 또한 각 지휘관의 결심은 전술교범의 규성에 근거를 두고 있었다. 그리고 이러한 군사사상과 전술교범의 규정은 국가별로 크게 차이가 있었다. 그 차이를 고려하지 않고서는 군사작전과 지휘관의 결심을 깊게 이해할 수 없으며, 또한 정당하게 평가할 수 없다.

　예를 들면, 프랑스군의 한 부대가 조우전을 회피하기 위해서 후퇴하여 면밀한 계획을 다시 세웠을 경우, 독일군 군사사상을 기준으로는 높게 평가하기 어려울 것이다. 그러나 이는 당시 프랑스군 전술교범에서 규정하고 있는 전술행동이었고, 그런 의미에서 타당한 행동이었다. 만약에 이러한 프랑스군의 군사작전을 비판하고자 한다면, 이러한 결심을 한 부대의 지휘관이 아니라 그렇게 규정하고 있던 전술교범과 함께 그 기반을 이루고 있던 군사사상을 비판해야 할 것이다.

이 책이 전쟁사 연구에 있어서 각 국가의 군사작전과 지휘관의 결심에 대한 정당한 평가를 하는 데 도움이 된다면, 필자로서 이보다 더한 기쁨이 없을 것이다.

필자 후기

이 책은 역사잡지인 『역사군상(歷史群像)』(学研パブリッシング)의 2008년 6월호부터 2014년 2월호까지 총 33회에 걸쳐 연재한 「각국 육군의 교범을 읽다」를 대폭 수정하여 재구성한 것이다. 연재 중에는 하나의 기사로서 어느 정도의 완결성이 요구되었기 때문에, 한 권으로 묶기에는 중복되는 부분이 많아서 상당 부분을 수정하였다. 그리고 연재 종료 이후에 필자의 생각이 바뀐 부분도 있어서 연재 중의 시점과 다른 내용도 있다. 더욱이 재구성 과정에서 연재 중의 실수들이 발견되어 『역사군상』의 독자들에게는 이 자리를 빌려 깊이 사죄드린다.

마지막으로 다른 출판사에서 단행본으로 출판하는 것을 승낙해준 『역사군상』 편집장의 호시가와, 연재 중에 담당편집자이며 도표와 삽화를 작성해주었던 히구찌, 다른 출판사 잡지의 연재 기사를 단행본으로 출판하도록 해준 이카루스 출판사와 담당편집자인 아시이에게 깊은 감사를 드린다.

역자 후기

번역을 마치면서 이 책을 처음 접하게 되었던 계기를 소개하고자
한다. 2015년 한 해 동안 일본 육상자위대 지휘막료과정(我 육군대학)에
유학 중이던 역자에게 '용병사상사 세미나'는 지적 호기심을 자극하고
깨달음을 얻을 수 있었던 소중한 경험이었다. 이 세미나는 일본 간부학
교의 정규수업이 아니라 장교들이 월 1회 주말에 자발적으로 모여 군사
사상과 군사이론에 대한 연구내용을 발표하고 토론하는 '공부 모임'이
었다. 클라우제비츠의『전쟁론』, 미육군의 AirLand Battle, 미해병대의
MCDP 1 *Warfighting*을 연구주제로 반년에 1개씩 심도 깊게 다루었다.
이 모임에는 간부학교 교관과 학생장교뿐만 아니라, 예비역 장성, 정책
부서 및 야전부대 근무 장교, 민간 연구자 등이 참석하였다. 세미나 참
석을 거듭하면서 자위관들의 연구성과도 놀라웠지만, 정규 군사교육과
실무경험을 통해 전문성을 쌓은 자위관들과 대등하게 토론하던 민간 연
구자들의 존재도 낯설었다.

이 책의 저자인 타무라(田村)씨도 세미나에 매번 참가하던 민간인 중
에 한 명으로, 군사와 역사 잡지에 다수의 글을 게재하던 전쟁사 전문작
가였다. 이 책은 일본 역사잡지로 유명한「역사군상(歷史群像)」에 약 7년
간 총 33회에 걸쳐 연재한 내용을 재구성하여 2015년에 발간한 것이다.
당시 이 책은 세미나에 참석한 많은 장교들의 관심을 모았다. 저자의 의
도처럼 '제2차 세계대전시 주요국들의 군사작전과 지휘관의 결심을 이
해하는데 많은 참고가 된다'는 평가를 받았다. 역자도 이 책을 통해서

그동안 단편석으로 알고 있던 주요국 전술의 군사사상적 근원과 특징, 그리고 교범 기술방식의 차이에 대하여 알 수 있었다. 또한 지금까지 군 교육기관에서 학습했던 피아 전술에 대한 이해를 높일 수 있었다. 귀국 이후에 이 책의 내용을 지인들에게 소개했으나, 번역서가 나오기 전까지 한정된 인원만이 접할 수 있었다.

흔히 일본을 일컬어 '번역 왕국'이라고 한다. 이는 메이지유신(1868년) 이후 근대화 과정에서 전 세계의 고급 정보와 지식을 모국어로 읽을 수 있도록, 번역사업을 추진했던 전통과 노력이 오늘날까지 지속되고 있기 때문이다. 이 책도 과거 일본의 엘리트 장교들이 유럽의 각 국가들에서 유학했던 경험을 바탕으로 번역한 교범자료를 이용하고 있다. 제1차 세계대전을 목도했던 일본군은 주요국의 교범과 군사잡지 등이 발간되면, 바로 번역하여 최신 군사동향을 파악하고 새로운 전쟁양상에 대비하고자 하였다. 그런 과거의 번역자료를 기초로 현대적 관점에서 저자가 분석하고 재해석한 결과가 이 책이다. 저자가 서두에서 밝힌 것처럼 과거 유학파 장교들의 번역자료들이 없었다면, 이러한 주요국 교범에 대한 비교연구가 불가능했을 것이다.

역자도 우리나라의 척박한 군사학 분야에 양서(良書) 번역을 통한 콘텐츠 확충에 일조하고자 이 책을 번역하게 되었다. 이 책은 군 간부라면 읽어두어야 할 책으로도 손색이 없으며, 민간 연구자들에게는 주요국의 사단급 전술교범을 직접 접할 드문 기회가 될 것이다. 마지막으로 바쁜 일정에도 수많은 조언과 격려를 아끼지 않으신 한국전략문제연구소 주은식 부소장님과 흔쾌히 출판을 자처해주신 황금알 출판사 김영탁 대표님께 이 지면을 빌어 진심으로 감사를 표한다.

용어 정리